国家出版基金项目
NATIONAL PUBLICATION FOUNDATION

国家出版基金资助项目
"新闻出版改革发展项目库"入库项目
"十三五"国家重点出版物出版规划项目

特殊冶金过程技术丛书

加压湿法冶金及装备技术

张廷安　吕国志　张子木　刘　燕　著

北　京
冶金工业出版社
2019

内 容 提 要

本书总结了东北大学特殊冶金创新团队在加压湿法冶金过程与装备领域的前沿性研究结果，介绍了强磁场、微波焙烧等矿物预处理，钙化—碳化法中低品位铝土矿及拜耳法赤泥利用，转炉钒渣无焙烧加压酸浸，机械化学稀土矿溶出，加压氧化—液氯化浸金等技术。首次利用电位高压釜研究了硫化锌加压酸浸体系金属阳离子自催化机理；分析了加压体系下气泡微细化对反应过程气-液-固多相反应特性的影响；提出了搅拌管式反应器及射流式反应器等多种新型冶金装备。

本书可供冶金和材料相关专业的工程技术人员阅读参考，也可作为大专院校、科研院所的本科生和研究生的教学用书。

图书在版编目（CIP）数据

加压湿法冶金及装备技术/张廷安等著．—北京：冶金工业出版社，2019.5

（特殊冶金过程技术丛书）

ISBN 978-7-5024-7988-6

Ⅰ.①加…　Ⅱ.①张…　Ⅲ.①加压—湿法冶金—研究

Ⅳ.①TF111.3

中国版本图书馆 CIP 数据核字（2018）第 291917 号

出 版 人　陈玉千

地　　址　北京市东城区嵩祝院北巷 39 号　邮编　100009　电话　（010）64027926

网　　址　www.cnmip.com.cn　电子信箱　yjcbs@cnmip.com.cn

责任编辑　张熙莹　美术编辑　彭子赫　版式设计　孙跃红

责任校对　石　静　责任印制　李玉山

ISBN 978-7-5024-7988-6

冶金工业出版社出版发行；各地新华书店经销；北京捷迅佳彩印刷有限公司印刷

2019 年 5 月第 1 版，2019 年 5 月第 1 次印刷

787mm×1092mm　1/16；22.25 印张；534 千字；328 页

126.00 元

冶金工业出版社　投稿电话　（010）64027932　投稿信箱　tougao@cnmip.com.cn

冶金工业出版社营销中心　电话　（010）64044283　传真　（010）64027893

冶金工业出版社天猫旗舰店　yjgycbs.tmall.com

（本书如有印装质量问题，本社营销中心负责退换）

特殊冶金过程技术丛书

序

科技创新是永无止境的，尤其是学科交叉与融合不断衍生出新的学科与技术。特殊冶金是将物理外场（如电磁场、微波场、超重力、温度场等）和新型化学介质（如富氧、氯、氟、氢、化合物、络合物等）用于常规冶金过程而形成的新的冶金学科分支。特殊冶金是将传统的火法、湿法和电化学冶金与非常规外场及新型介质体系相互融合交叉，实现对冶金过程物质转化与分离过程的强化和有效调控。对于许多成分复杂、低品位、难处理的冶金原料，传统的冶金方法效率低、消耗高。特殊冶金的兴起，是科研人员针对不同的原料特性，在非常规外场和新型介质体系及其对常规冶金的强化与融合做了大量研究的结果，创新的工艺和装备具有高效的元素分离和金属提取效果，在低品位、复杂、难处理的冶金矿产资源的开发过程中将显示出强大的生命力。

"特殊冶金过程技术丛书"系统反映了我国在特殊冶金领域多年的学术研究状况，展现了我国在特殊冶金领域最新的研究成果和学术思想。该丛书涵盖了东北大学、昆明理工大学、中南大学、北京科技大学、江西理工大学、北京矿冶研究总院、中科院过程所等单位多年来的科研结晶，是我国在特殊冶金领域研究成果的总结，许多成果已得到应用并取得了良好效果，对冶金学科的发展具有重要作用。

特殊冶金作为一个新兴冶金学科分支，涉及物理、化学、数学、冶金、材料和人工智能等学科，需要多学科的联合研究与创新才能得以发展。例如，特殊外场下的物理化学与界面现象，物质迁移的传输参数与传输规律及其测量方法，多场协同作用下的多相耦合及反应过程规律，新型介质中的各组分反应机理与外场强化的关系，多元多相复杂体系多尺度结构与效应，新型冶金反应器的结构优化及其放大规律等。其中的科学问题和大量的技术与工程化需要我们去解决。

特殊冶金的发展前景广阔，随着物理外场技术的进步和新型介质体系的出现，定会不断涌现新的特殊冶金方法与技术。

"特殊冶金过程技术丛书"的出版是我国冶金界值得称贺的一件喜事，此丛书的出版将会促进和推动我国冶金与材料事业的新发展，谨此祝愿。

2019 年 4 月

总　序

　　冶金过程的本质是物质转化与分离过程，是"流"与"场"的相互作用过程。这里的"流"是指物质流、能量流和信息流，这里的"场"是指反应器所具有的物理场，例如温度场、压力场、速度场、浓度场等。因此，冶金过程"流"与"场"的相互作用及其耦合规律是特殊冶金（又称"外场冶金"）过程的最基本科学问题。随着物理技术的发展，如电磁场、微波场、超声波场、真空力场、超重力场、瞬变温度场等物理外场逐渐被应用于冶金过程，由此出现了电磁冶金、微波冶金、超声波冶金、真空冶金、超重力冶金、自蔓延冶金等新的冶金过程技术。随着化学理论与技术的发展，新的化学介质体系，如亚熔盐、富氧、氢气、氯气、氟气等在冶金过程中应用，形成了亚熔盐冶金、富氧冶金、氢冶金、氯冶金、氟冶金等新的冶金过程技术。因此，特殊冶金就是将物理外场（如电磁场、微波场、超重力或瞬变温度场）和新型化学介质（亚熔盐、富氧、氯、氟、氢等）应用于冶金过程形成的新的冶金学科分支。实际上，特殊冶金是传统的火法冶金、湿法冶金及电化学冶金与电磁场、微波场、超声波场、超高浓度场、瞬变超高温场（高达 2000℃ 以上）等非常规外场相结合，以及新型介质体系相互融合交叉，实现对冶金过程物质转化与分离过程的强化与有效控制，是典型的交叉学科领域。根据外场和能量/介质不同，特殊冶金又可分为两大类，一类是非常规物理场，具体包括微波场、压力场、电磁场、等离子场、电子束能、超声波场与超高温场等；另一类是超高浓度新型化学介质场，具体包括亚熔盐、矿浆、电渣、氯气、氢气与氧气等。与传统的冶金过程相比，外场冶金具有效率高、能耗低、产品质量优等特点，其在低品位、复杂、难处理的矿产资源的开发利用及冶金"三废"的综合利用方面显示出强大的技术优势。

特殊冶金的发展历史可以追溯到 20 世纪 50 年代，如加压湿法冶金、真空冶金、富氧冶金等特殊冶金技术从 20 世纪就已经进入生产应用。2009 年在中国金属学会组织的第十三届中国冶金反应工程年会上，东北大学张廷安教授首次系统地介绍了特殊冶金的现状及发展趋势，引起同行的广泛关注。自此，"特殊冶金"作为特定术语逐渐被冶金和材料同行接受（下表总结了特殊冶金的各种形式、能量转化与外场方式以及应用领域）。2010 年，彭金辉教授依托昆明理工大学组建了国内首个特殊冶金领域的重点实验室——非常规冶金教育部重点实验室。2015 年，云南冶金集团股份有限公司组建了共伴生有色金属资源加压湿法冶金技术国家重点实验室。2011 年，东北大学受教育部委托承办了外场技术在冶金中的应用暑期学校，进一步详细研讨了特殊冶金的研究现状和发展趋势。2016 年，中国有色金属学会成立了特种冶金专业委员会，中国金属学会设有特殊钢分会特种冶金学术委员会。目前，特殊冶金是冶金学科最活跃的研究领域之一，也是我国在国际冶金领域的优势学科，研究水平处于世界领先地位。特殊冶金也是国家自然科学基金委近年来重点支持和积极鼓励的研究

特殊冶金及应用一览表

名称	外场	能量形式	应用领域
电磁冶金	电磁场	电磁力、热效应	电磁熔炼、电磁搅拌、电磁雾化
等离子冶金、电子束冶金	等离子体、电子束	等离子体高温、辐射能	等离子体冶炼、废弃物处理、粉体制备、聚合反应、聚合干燥
激光冶金	激光波	高能束	激光表面冶金、激光化学冶金、激光材料合成等
微波冶金	微波场	微波能	微波焙烧、微波合成等
超声波冶金	超声波	机械、空化	超声冶炼、超声精炼、超声萃取
自蔓延冶金	瞬变温场	化学热	自蔓延冶金制粉、自蔓延冶炼
超重、微重力与失重冶金	非常规力场	离心力、微弱力	真空微重力熔炼铝锂合金、重力条件下熔炼难混溶合金等
气体（氧、氢、氯）冶金	浓度场	化学位能	富氧浸出、富氧熔炼、金属氢还原、钛氯化冶金等
亚熔盐冶金	浓度场	化学位能	铬、钒、钛和氧化铝等溶出
矿浆电解	电磁场	界面、电能	铋、铅、锑、锰结核等复杂资源矿浆电解
真空与相对真空冶金	压力场	压力能	高压合成、金属镁相对真空冶炼
加压湿法冶金	压力场	压力能	硫化矿物、氧化矿物的高压浸出

领域之一。国家自然科学基金"十三五"战略发展规划明确指出，特殊冶金是冶金学科又一新兴交叉学科分支。

　　加压湿法冶金是现代湿法冶金领域新兴发展的短流程强化冶金技术，是现代湿法冶金技术发展的主要方向之一，已广泛地应用于有色金属及稀贵金属提取冶金及材料制备方面。张廷安教授团队将加压湿法冶金新技术应用于氧化铝清洁生产和钒渣加压清洁提钒等领域取得了一系列创新性成果。例如，从改变铝土矿溶出过程平衡固相结构出发，重构了理论上不含碱、不含铝的新型结构平衡相，提出的"钙化—碳化法"不仅从理论上摆脱了拜耳法生产氧化铝对铝土矿铝硅比的限制，而且实现了大幅度降低赤泥中钠和铝的含量，解决了赤泥的大规模、低成本无害化和资源化，是氧化铝生产近百年来的颠覆性技术。该技术的研发成功可使我国铝土矿资源扩大 2～3 倍，延长铝土矿使用年限 30 年以上，解决了拜耳法赤泥综合利用的世界难题。相关成果获 2015 年度中国国际经济交流中心与保尔森基金会联合颁发的"可持续发展规划项目"国际奖、第 45 届日内瓦国际发明展特别嘉许金奖及 2017 年 TMS 学会轻金属主题奖等。

　　真空冶金是将真空用于金属的熔炼、精炼、浇铸和热处理等过程的特殊冶金技术。近年来真空冶金在稀有金属、钢和特种合金的冶炼方面得到日益广泛的应用。昆明理工大学的戴永年院士和杨斌教授团队在真空冶金提取新技术及产业化应用领域取得了一系列创新性成果。例如，主持完成的"从含铟粗锌中高效提炼金属铟技术"，项目成功地从含铟 0.1% 的粗锌中提炼出 99.993% 以上的金属铟，解决了从含铟粗锌中提炼铟这一冶金技术难题，该成果获 2009 年度国家技术发明奖二等奖。又如主持完成的"复杂锡合金真空蒸馏新技术及产业化应用"项目针对传统冶金技术处理复杂锡合金资源利用率低、环保影响大、生产成本高等问题，成功开发了真空蒸馏处理复杂锡合金的新技术，在云锡集团等企业建成 40 余条生产线，在美国、英国、西班牙建成 6 条生产线，项目成果获 2015 年度国家科技进步奖二等奖。2014 年，张廷安教授提出"以平衡分压为基准"的相对真空冶金概念，在国家自然科学基金委—辽宁联合基金的资助下开发了相对真空炼镁技术与装备，实现了镁的连续冶炼，达到国际领先水平。

微波冶金是将微波能应用于冶金过程，利用其选择性加热、内部加热和非接触加热等特点来强化反应过程的一种特殊冶金新技术。微波加热与常规加热不同，它不需要由表及里的热传导，可以实现整体和选择性加热，具有升温速率快、加热效率高、对化学反应有催化作用、降低反应温度、缩短反应时间、节能降耗等优点。昆明理工大学的彭金辉院士团队在研究微波与冶金物料相互作用机理的基础上，开展了微波在磨矿、干燥、煅烧、还原、熔炼、浸出等典型冶金单元中的应用研究。例如，主持完成的"新型微波冶金反应器及其应用的关键技术"项目以解决微波冶金反应器的关键技术为突破点，推动了微波冶金的产业化进程。发明了微波冶金物料专用承载体的制备新技术，突破了微波冶金高温反应器的瓶颈；提出了"分布耦合技术"，首次实现了微波冶金反应器的大型化、连续化和自动化。建成了世界上第一套针对强腐蚀性液体的兆瓦级微波加热钛带卷连续酸洗生产线。发明了干燥、浸出、煅烧、还原等四种类型的微波冶金新技术，显著推进了冶金工业的节能减排降耗。发明了吸附剂孔径的微波协同调控技术，获得了针对性强、吸附容量大和强度高的系列吸附剂产品；首次建立了高性能冶金专用吸附剂的生产线，显著提高了黄金回收率，同时有效降低了锌电积直流电单耗。该项目成果获2010年度国家技术发明奖二等奖。

电渣冶金是利用电流通过液态熔渣产生电阻热用以精炼金属的一种特殊冶金技术。传统电渣冶金技术存在耗能高、氟污染严重、生产效率低、产品质量差等问题，尤其是大单重厚板和百吨级电渣锭无法满足高端装备的材料需求。2003年以前我国电渣重熔技术全面落后，高端特殊钢严重依赖进口。东北大学姜周华教授团队主持完成的"高品质特殊钢绿色高效电渣重熔关键技术的开发与应用"项目采用"基础研究—关键共性技术—应用示范—行业推广"的创新模式，系统地研究了电渣工艺理论，创新开发绿色高效的电渣重熔成套装备和工艺及系列高端产品，节能减排和提效降本效果显著，产品质量全面提升，形成两项国际标准，实现了我国电渣技术从跟跑、并跑到领跑的历史性跨越。项目成果在国内 60 多家企业应用，生产出的高端模具钢、轴承钢、叶片钢、特厚板、核电主管道等产品满足了我国大飞机工程、先进能源、石化和军工国防等领域对高端材料的急需。研制出系列"卡脖子"材料，有力地支持了我国高端装备制造业发展并保证了国家安全。

自蔓延冶金是将自蔓延高温合成（体系化学能瞬时释放形成特高高温场）与冶金工艺相结合的特殊冶金技术。东北大学张延安教授团队将自蔓延高温反应与冶金熔炼/浸出集成创新，系统研究了自蔓延冶金的强放热快速反应体系的热力学与动力学，形成了自蔓延冶金学理论创新和基于冶金材料一体化的自蔓延冶金非平衡制备技术。自蔓延冶金是以强放热快速反应为基础，将金属还原与材料制备耦合在一起，实现了冶金材料短流程清洁制备的理论创新和技术突破。自蔓延冶金利用体系化学瞬间（通常以秒计）形成的超高温场（通常超过 2000℃），为反应体系创造出良好的热力学条件和环境，实现了极端高温的非平衡热力学条件下快速反应。例如，构建了以钛氧化物为原料的"多级深度还原"短流程低成本清洁制备钛合金的理论体系与方法，建成了世界首个直接金属热还原制备钛与钛合金的低成本清洁生产示范工程，使以 Kroll 法为基础的钛材生产成本降低 30%~40%，为世界钛材低成本清洁利用奠定了工业基础。发明了自蔓延冶金法制备高纯超细硼化物粉体规模化清洁生产关键技术，实现了国家安全战略用陶瓷粉体（无定型硼粉、REB_6、CaB_6、TiB_2、B_4C 等）规模化清洁生产的理论创新和关键技术突破，所生产的高活性无定型硼粉已成功用于我国数个型号的固体火箭推进剂中。发明了铝热自蔓延—电渣感应熔铸—水气复合冷制备均质高性能铜铬合金的关键技术，形成了均质高性能铜难混溶合金的制备的第四代技术原型，实现了高致密均质 CuCr 难混溶合金大尺寸非真空条件下高效低成本制备。所制备的 CuCr 触头材料电性能比现有粉末冶金法技术指标提升 1 倍以上，生产成本可降低 40% 以上。以上成果先后获得中国有色金属科技奖技术发明奖一等奖、中国发明专利奖优秀奖和辽宁省技术发明奖等省部级奖励 6 项。

富氧冶金（熔炼）是利用工业氧气部分或全部取代空气以强化冶金熔炼过程的一种特殊冶金技术。20 世纪 50 年代，由于高效价廉的制氧方法和设备的开发，工业氧气炼钢和高炉富氧炼铁获得广泛应用。与此同时，在有色金属熔炼中，也开始用提高鼓风中空气含氧量的办法开发新的熔炼方法和改造落后的传统工艺。

1952 年，加拿大国际镍公司（Inco）首先采用工业氧气（含氧 95%）闪速熔炼铜精矿，熔炼过程不需要任何燃料，烟气中 SO_2 浓度高达 80%，这是富氧熔炼最早案例。1971 年，奥托昆普（Outokumpu）型闪速炉开始用预热的富氧空气代替原来的预热空气鼓风熔炼铜（镍）精矿，使这种闪速炉的优点得到更好的发挥，硫的回收率可达 95%。工业氧气的应用也推动了熔池熔炼方法的开发和推广。20 世纪 70 年代以来先后出现的诺兰达法、三菱法、白银炼铜法、氧气底吹炼铅法、底吹氧气炼铜等，也都离不开富氧（或工业氧气）鼓风。中国的炼铜工业很早就开始采用富氧造锍熔炼，1977 年邵武铜厂密闭鼓风炉最早采用富氧熔炼，接着又被铜陵冶炼厂采用。1987 年白银炼铜法开始用含氧31.6% 的富氧鼓风炼铜。1990 年贵溪冶炼厂铜闪速炉开始用预热富氧鼓风代替预热空气熔炼铜精矿。王华教授率领校内外产学研创新团队，针对冶金炉窑强化供热过程不均匀、不精准的关键共性科学问题及技术难题，基于混沌数学提出了旋流混沌强化方法和冶金炉窑动量—质量—热量传递过程非线性协同强化的学术思想，建立了冶金炉窑全时空最低燃耗强化供热理论模型，研发了冶金炉窑强化供热系列技术和装备，实现了用最小的气泡搅拌动能达到充分传递和整体强化、减小喷溅、提高富氧利用率和炉窑设备寿命，突破了加热温度不均匀、温度控制不精准导致金属材料性能不能满足高端需求、产品成材率低的技术瓶颈，打破了发达国家高端金属材料热加工领域精准均匀加热的技术垄断，实现了冶金炉窑节能增效的显著提高，有力促进了我国冶金行业的科技进步和高质量绿色发展。

超重力技术源于美国太空宇航实验与英国帝国化学公司新科学研究组等于1979年提出的"Higee（High gravity）"概念，利用旋转填充床模拟超重力环境，诞生了超重力技术。通过转子产生离心加速度模拟超重力环境，可以使流经转子填料的液体受到强烈的剪切力作用而被撕裂成极细小的液滴、液膜和液丝，从而提高相界面和界面更新速率，使相间传质过程得到强化。陈建峰院士原创性提出了超重力强化分子混合与反应过程的新思想，开拓了超重力反应强化新方向，并带领团队开展了以"新理论—新装备—新技术"为主线的系统创新工作。刘有智教授等开发了大通量、低气阻错流超重力技术与装置，构建了强化吸收硫化氢同时抑制吸收二氧化碳的超重力环境，解决了高选择性脱硫难题，实现了低成本、高选择性脱硫。独创的超重力常压净化高浓度氮氧化物废气技术使净化后氮氧化物浓度小于240mg/m³，远低于国家标准（GB 16297—1996）1400mg/m³的排放限值。还成功开发了磁力驱动超重力装置和亲水、亲油高表面润湿率填料，攻克了强腐蚀条件下的动密封和填料润湿性等工程化难题。项目成果获2011年度国家科技进步奖二等奖。郭占成教授等开展了复杂共生矿冶炼熔渣超重力富集分离高价组分、直接还原铁低温超重力渣铁分离、熔融钢渣超重力分级富积、金属熔体超重力净化除杂、超重力渗流制备泡沫金属、电子废弃物多金属超重力分离、水溶液超重力电化学反应与强化等创新研究。

随着气体制备技术的发展和环保意识的提高，氢冶金必将取代碳冶金，氯冶金由于系统"无水、无碱、无酸"的参与和氯化物易于分离提纯的特点，必将在资源清洁利用和固废处理技术等领域显示其强大的生命力。随着对微重力和失重状态的研究以及太空资源的开发，微重力环境中的太空冶金也将受到越来越广泛的关注。

"特殊冶金过程技术丛书"系统地展现了我国在特殊冶金领域多年的学术

研究成果，反映了我国在特殊冶金/外场冶金领域最新的研究成果和学术思路。成果涵盖了东北大学、昆明理工大学、中南大学、北京科技大学、江西理工大学、北京矿冶科技集团有限公司（原北京矿冶研究总院）及中国科学院过程工程研究所等国内特殊冶金领域优势单位多年来的科研结晶，是我国在特殊冶金/外场冶金领域研究成果的集大成，更代表着世界特殊冶金的发展潮流，也引领着该领域未来的发展趋势。然而，特殊冶金作为一个新兴冶金学科分支，涉及物理、化学、数学、冶金和材料等学科，在理论与技术方面都存在亟待解决的科学问题。目前，还存在新型介质和物理外场作用下物理化学认知的缺乏、冶金化工产品开发与高效反应器的矛盾以及特殊冶金过程（反应器）放大的制约瓶颈。因此，有必要解决以下科学问题：（1）新型介质体系和物理外场下的物理化学和传输特性及测量方法；（2）基于反应特征和尺度变化的新型反应器过程原理；（3）基于大数据与特定时空域的反应器放大理论与方法。围绕科学问题要开展的研究包括：特殊外场下的物理化学与界面现象，在特殊外场下物质的热力学性质的研究显得十分必要（$\Delta G = \Delta G_{重} + \Delta G_{外}$）；外场作用下的物质迁移的传输参数与传输规律及其测量方法；多场（电磁场、高压、微波、超声波、热场、流场、浓度场等）协同作用下的多相耦合及反应过程规律；特殊外场作用下的新型冶金反应器理论，包括多元多相复杂体系多尺度结构与效应（微米级固相颗粒、气泡、颗粒团聚、设备尺度等），新型冶金反应器的结构特征及优化，新型冶金反应器的放大依据及其放大规律。

特殊冶金的发展前景广阔，随着物理外场技术的进步和新型介质体系的出现，定会不断涌现新的特殊冶金方法与技术，出现从"0"到"1"的颠覆性原创新方法，例如，邱定蕃院士领衔的团队发明的矿浆电解冶金，张懿院士领衔的团队发明的亚熔盐冶金等，都是颠覆性特殊冶金原创性技术的代表，给我们从事科学研究的工作者做出了典范。

在本丛书策划过程中，丛书主编特邀请了中国工程院邱定蕃院士、戴永年院士、张懿院士与东北大学赫冀成教授担任丛书的学术顾问，同时邀请了众多国内知名学者担任学术委员和编委。丛书组建了优秀的作者队伍，其中有中国工程院院士、国务院学科评议组成员、国家杰出青年科学基金获得者、长江学者特聘教授、国家优秀青年基金获得者以及学科学术带头人等。在此，衷心感谢丛书的学术委员、编委会成员、各位作者，以及所有关心、支持和帮助编辑出版的同志们。特别感谢中国有色金属学会冶金反应工程学专业委员会和中国有色金属学会特种冶金专业委员会对该丛书的出版策划，特别感谢国家自然科学基金委、中国有色金属学会、国家出版基金对特殊冶金学科发展及丛书出版的支持。

希望"特殊冶金过程技术丛书"的出版能够起到积极的交流作用，能为广大冶金与材料科技工作者提供帮助，尤其是为特殊冶金/外场冶金领域的科技工作者提供一个充分交流合作的途径。欢迎读者对丛书提出宝贵的意见和建议。

张廷安　彭金辉

2018 年 12 月

前　言

　　加压湿法冶金是特殊冶金技术之一，广泛应用于氧化铝、红土镍矿、闪锌矿及金矿等的分离提取、金属还原制备和矿物合成。我国的加压湿法冶金技术 60 余年的发展历史说明，无论是生产工艺、技术装备还是规模都已达到了世界先进水平。面对国内外有色金属市场竞争日益激烈、节能减排及环保意识的增强以及生产过程越发严苛的技术要求，加压湿法冶金越来越显示出与生俱来的技术优势。加压湿法冶金技术在复杂低品位难处理矿物的高效清洁利用、加压湿法合成与制备、加压湿法氢还原低碳冶金等方面将会展示其特有的技术魅力。

　　本书以东北大学特殊冶金创新团队在加压湿法冶金过程与装备领域的前沿性研究结果为基础编撰而成。本书共分 11 章，第 1 章概述了加压湿法冶金技术的概念、分类方法、发展历程、应用和技术优势等；第 2 章简要介绍了加压湿法冶金过程的相关基础理论，还特别介绍了分形动力学、加压下气泡微细化、高压电位测量方法及自催化的研究；第 3 章重点阐述了机械活化、强磁场和微波焙烧三种预处理方式对加压湿法冶金过程的影响；第 4 章介绍了"钙化—碳化法"（CCM）加压处理中低品位铝土矿及拜耳法赤泥清洁生产技术；第 5 章系统分析了闪锌矿氧压浸出过程中硫转化及酸平衡特性等基础理论及尾渣硫的回收新技术；第 6 章介绍了无焙烧直接加压酸浸提钒技术的基础理论及新工艺；第 7 章阐述了稀土矿"钙化固氟—酸浸"新工艺，并比对了直接加压钙化和机械活化作用下的钙化固氟过程；第 8 章介绍了金矿"加压预氧化—液氯化浸出"工艺的基础理论、工艺特点及浸出液的树脂矿浆吸附特性；第 9 章简要介绍了硼矿、红土镍矿以及钨钼资源的加压湿法冶金技术；第 10 章介绍了加压沉淀和加压合成；第 11 章重点阐述了外搅拌叠管式、自搅拌管式反应器以及射流式多相均混反应器。

　　本书的一条主线就是在加压湿法冶金新工艺及装备中始终贯穿节能减排之思想。例如：利用加压钙化—碳化法清洁生产氧化铝可提高中低品位铝土矿中氧化铝收率 20% 左右，可回收拜耳法赤泥中 90% 以上的氧化钠和大部分的氧化铝，尾渣可直接用作水泥工业的原料或进行土壤化处理，破解了拜耳法赤泥缺乏大规模、低成本消纳技术的世界性难题；直接加压酸浸的方式处理转炉钒渣技术通过取消现有提钒工艺的焙烧工序，既大幅度降低生产过程能耗又减少有害气体排放量 $450m^3$；利用"钙化固氟—酸浸"工艺处理稀土矿物，可有效地提高其中的氟、磷与稀土的分离效果，大幅度降低废水中氟排放量，采用机械化学分解技术处理氟碳铈矿，起到了良好的活化效果，减少了转型过程的液固比及生产过程的水循环量；通过强磁场预焙烧可将一水硬铝石矿的溶出温度降低至 190℃，从而降低其溶出过程能耗，提高一水硬铝石矿的溶出率；难处理金矿氧压预处理—液氯化技术可以取代氰化物浸出金，从源头避免氰化物的污染。本书的第二条主线提出了多种适用于加压湿法冶金生产及实验过程的装备原型，包括能够抑制管壁结疤的外搅拌叠管式溶出反应器、具有能量转换功能的自搅拌管式反应器、具有气泡微细化功能的射流式高压釜以及实现浸出过程电位在线测量的高压釜等。此外，本书还进行了一些加压湿法冶金的理论探索，例如矿物浸出过程分形动力学、锌矿氧压浸出过程中硫转化及酸平衡特性，铁在闪锌矿浸出过程的自催化作用规律，高温高压水溶液气、液、固三相中的气泡微细化等。加压湿法冶金过程的理论有待更进一步的深入研究，例如，高温水溶液物理化学及其研究方法，加压湿法冶金过程的界面反应多尺度与介尺度、化学反应与压力场的耦合作用和反应器模拟放大，以及加压湿法冶金材料一体化合成等理论。

　　本书大量参阅和引用了本团队赵秋月、鲍丽、畅永锋、张子木、朱小峰、王艳秀、张国权、张莹、田磊、黄宇坤、刘江、金创石等人的博士论文和潘璐、王小晓、牟望重、张旭华等人的硕士论文的研究工作，在此感谢他们对本书的特别贡献。

　　本书第 1 章由东北大学的张廷安、吕国志撰写，第 2 章由东北大学的张伟光、刘燕、张廷安撰写，第 3 章由东北大学的豆志河、刘江撰写，第 4 章由东北大学的张廷安、王艳秀、吕国志撰写，第 5 章由东北大学的刘燕、范阳阳和江西理工大学的田磊撰写，第 6 章由东北大学的吕国志、张伟光、张莹、张廷安撰写，第 7 章由东北大学的豆志河、刘江和郑州大学的黄宇坤撰写，第 8 章由朝鲜金策大学的金创石和东北大学的张廷安撰写，第 9 章由东北大学的张伟光、吕国志、牛丽萍撰写，第 10 章由东北大学的吕国志、张子木撰写，第 11 章由东北大学的张子木、赵秋月、刘燕撰写，全书由东北大学的张廷安定稿。

另外，我的学生瞿金为、郭旭桓、曹雪娇、陈杨、晁曦、张丽丽、石浩、刘冠廷、李传富等博士研究生和孙颖、李晓飞等硕士研究生承担了大量的文字整理和编辑工作，在此一并感谢他们为本书的出版作出的努力。

特别鸣谢国家科技部、国家自然科学基金委、云南省政府、辽宁省政府给予本书相关研究项目的支持。"钙化—碳化法中低品位铝土矿清洁利用技术"（项目号：U1202274）和"硫化锌精矿氧压浸出过程基础研究"（项目号：U1402271）先后获得国家自然科学基金—云南联合基金重点项目资助，"含铝硅矿相在钙化—碳化转型过程的转化特性"（项目号：51874078）和"低品位铝土矿钙化转型溶出中的多相反应工程学"（项目号：51204040）等研究得到国家自然科学基金项目资助，"转炉钒渣无焙烧直接加压酸浸技术与装备"（项目号：2012AA062303）研究获得国家"863 计划"项目资助，"基于我国一水硬铝石资源的新型溶出反应器的研究"（项目号：2005221012）获得辽宁省杰出青年人才基金资助项目资助，"后加钙自搅拌反应器的工艺原理研究"（项目号：2018T110230）获得中国博士后科学基金会特别资助。

在此，还特别感谢国家出版基金对本书出版的资助。

鉴于作者水平有限，书中不妥之处，望广大读者不吝指正。

张廷安

2019 年 3 月于沈阳

目　　录

1 绪 论

1.1 引言

湿法冶金是利用浸出剂将矿石、精矿、焙砂及其他物料中有价金属组分溶解在溶液中或以新的固相析出，进行金属分离、富集和提取的科学技术。由于这种冶金过程大都是在水溶液中进行，因此称湿法冶金[1]。

湿法冶金的历史可以追溯到公元前200年。西汉时期，我国就提出了从硫酸铜溶液中利用铁置换铜的方法，即胆铜法[2]。宋代已用胆铜法生产铜，主要著作是张潜的《浸铜要略》（1086~1100年），该书是最早的湿法冶金专著之一[3]。湿法冶金由于需要使用多种化学原料，它的发展有赖于化学工业的发展，需要化学工业为其提供所需的各种化学制品。1887年，拜耳发明用氢氧化钠溶液加热浸取铝土矿制取氧化铝，这是湿法冶金的一个重大发展。

在第二次世界大战期间，由于发展核武器等的需要，大量化学工程师及化学工作者参与了铀提取及铀合金方面的工作，铀的湿法提取及分离技术在这一阶段得到快速发展。随着原子能工业的发展，相关技术又被用到与原子能工业有密切关系的稀有金属（如锆、铪等）的提取，直至20世纪60年代初，普遍认为产量较小的稀有金属的提取技术发展也有赖于化学及化学工程方面的贡献[1,4]。

我国近代的湿法冶金工作始于20世纪50年代，主要着眼于量大面广的有色金属，如铜、镍、钴等，相关技术在处理我国复杂、低品位、难选冶的有色金属矿物时具有一定的优势。随着化工、机械及材料等学科的发展，湿法冶金技术已被广泛应用于铝、锌、钼、铀、稀土等多种有色金属提取过程[1~5]。

湿法冶金典型的工序为矿物的预处理、浸出、固液分离、净化分离，其中浸出是湿法冶金的核心。对于容易浸出的矿石，通常采用常压浸出的手段处理，但对于较难浸的矿石，常压浸出往往只能获得很低的金属浸出率。为强化浸出过程，提高矿物中有价组分的浸出效果，在密闭容器内将浸出过程的反应温度提高至常压液体沸点以上，使釜内压力高于常压，即所谓的加压湿法冶金。加压湿法冶金过程不仅改善了浸出反应的热力学条件，也改善了其动力学及物质传输条件。

按照压力来源，可将加压浸出过程分为三类：

（1）自加压浸出。在密闭容器中，当反应温度大于溶液沸点时，体系的主要压力来源是水蒸气产生的压力。如拜耳法生产氧化铝过程，使用拜耳法处理一水硬铝石型铝土矿过程的温度为260~280℃，铝酸钠溶液的相应压力为6~8MPa，处理三水铝石矿的温度范围是120~180℃，相应压力为0.2~1.2MPa。

（2）他加压浸出。在密闭容器中，当有气体参与反应时，压力来自于外加的反应气体。如钙化赤泥的碳化过程，该过程反应温度可低于100℃进行，但反应所需CO_2气体需达到 1MPa 左右，因此其压力来源主要为参与的 CO_2 气体。

（3）混合加压浸出。在密闭容器中，当既有气体参与，温度又高于溶液沸点时，其压力由反应气体与水蒸气共同组成。如直接加压酸浸提锌过程，需向反应器内（多为卧式反应釜）通入分压为 $0.5 \sim 1.0MPa$ 的氧气，而水蒸气压力也低于 1MPa（工业反应温度 $145 \sim 150\,{}^\circ\!C$）。

加压湿法冶金过程按浸出剂的种类可分为酸浸、碱浸、氨浸等，按处理的金属矿物类别可分为氧化矿浸出及硫化矿浸出。按浸出目的广义的讲，加压湿法冶金又分为加压浸出、加压还原（加压沉淀）、加压合成或制备。加压湿法冶金的分类如图 1-1 所示。

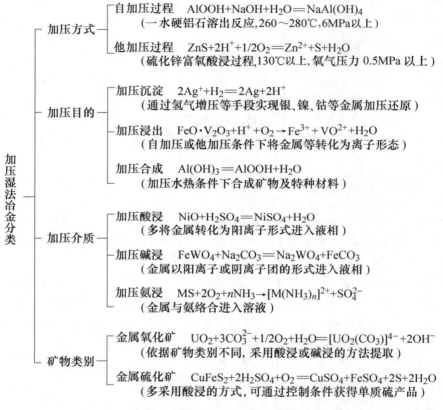

图 1-1 加压湿法冶金分类图

加压湿法冶金技术特点主要体现在以下三个方面：

（1）强化冶金过程。加压湿法冶金过程的热力学、动力学和传输特性均发生改善，尤其是传输过程得到强化，气、液、固三相在高温高压下随着气泡的剧烈运动得到充分混合，相界面增加，加速了冶金反应过程。与火法冶炼技术相比，加压湿法冶金方法对于复杂难处理资源的适用性更强。

（2）环境友好。加压湿法冶金设备的密闭性大大改善了普通湿法冶金的生产环境，使用氧压技术还可以消除硫化矿浸出过程产生的大量 SO_2 的困惑。火法冶炼技术处理中低品位复杂矿物过程中，容易产生大量的烟气和烟尘，导致大气中产生酸雾和酸雨等，对周围的环境和人员健康造成严重的影响。加压湿法冶金技术基本不存在上述问题。

（3）降低过程能耗。过去对加压湿法冶金的认识有个误区，即加压湿法冶金过程需要大量的能耗。其实不然，加压湿法冶金的温度通常在 $100 \sim 300℃$，与火法熔炼 $1000 \sim 2000℃$ 温度范围相比，理论能耗和散热均小得多，另外由于加压湿法冶金过程大大改善了动力学条件，从而提高了生产效率和单位产能。

1.2 加压湿法冶金技术的发展

加压湿法冶金起源于 1859 年。当时，俄国化学家尼柯莱·尼古拉耶维奇·贝克托夫在巴黎学习。在化学试验中，他发现：增大氢气压力并加热，可以从硝酸银溶液中沉淀出金属银。此后，维拉迪米·尼古拉耶维奇·伊帕蒂夫在圣彼得堡继续进行此项研究。他自 1900 年开始，对加压条件下的许多反应进行了一系列研究。在这些研究中就有用氢气从水溶液中析出金属及其化合物。为了这些试验，他花费了几年时间设计出一种安全而可靠的高压釜。1892 年，也在圣彼得堡，卡尔·约瑟夫·拜耳利用高压釜，在 170℃ 和加压条件下用 NaOH 浸出铝土矿，获得了铝酸钠溶液，通过晶种可从这种溶液中沉淀出纯的 $Al(OH)_3$。20 世纪 50 年代，在加压浸出方面做出代表性研究工作的是加拿大舍利特·高尔登矿业公司（Sherritt Gordon Mines）和化学建设公司（Chemical Construction Company）。舍利特·高尔登矿业公司在 1948 ~ 1954 年期间发展了舍利特氨浸法，1954 年在萨斯喀切温（Fort Saskatchewan）建立了第一个生产厂，用以处理硫化镍精矿。1969 年，澳大利亚的西方矿业公司克温那那厂（Western Mining）也采用了加压氨浸[5]。

20 世纪 60 年代，舍利特·高尔登矿业公司对加压酸浸进行了深入的研究。相比于氨浸工艺，该工艺的特点是可以同时提取原料中的钴[6]，因此多用于各种镍钴混合硫化物、含钴冰铜和含铜镍锍的处理过程[7]。以铜锍浸出过程为例，低钴铜锍多采用氨浸法处理，高钴铜锍（钴含量大于 3%）则优先选择酸浸工艺[8]。1962 年，舍利特·高尔登矿业公司在萨斯喀切温建立了加压酸浸系统，用于处理镍钴硫化物。1969 年，第一个处理含铜镍锍的加压酸浸工厂在南非的英帕拉铂公司（Impala Platinum）建成，之后，南非的其他铂族金属生产厂也相继建立。苏联的诺里尔斯克镍联合企业采用加压酸浸从磁黄铁矿精矿中回收镍、钴和铜[9]。

20 世纪 70 年代，加压酸浸在锌精矿处理方面取得了显著进展。舍利特·高尔登矿业公司的研究表明，采用加压酸浸—电解沉积工艺比传统的焙烧—浸出—电解沉积流程更经济。加压浸出的突出优点是能把精矿中的硫转化为单质硫，因而锌的生产不必与生产硫酸联系在一起。1977 年，舍利特·高尔登矿业公司与科明科公司联合进行了加压酸浸和回收元素硫的半工业化实验，并在特雷尔（Trail）建立了第一个锌精矿加压酸浸厂，新工艺与特雷尔厂原有的设施并存，这个厂的设计的精矿处理能力为 $190t/d$，1981 年投产。第二个直接加压酸浸的工厂建在蒂明斯（Timmins），设计的精矿处理能力为 $105t/d$，于 1983 年投产[10,11]。我国云冶集团 2004 年在云南永昌锌厂建成投产一套一段加压氧浸装置；2007 年，在云南澜沧锌厂建成投产一套两段加压氧浸装置，云南冶金集团在云南自主开发建成了 $10 \sim 20kt/a$ 电锌规模的氧压浸出装置，在国内外首次实现了高铁闪锌矿加压氧浸的工业应用。目前，云南永昌锌厂的主要生产指标为：锌浸出率达到 98%，锌回收率达到 94% ~ 95%，渣含锌小于 3%；云南澜沧锌厂的主要生产指标为：锌浸出率达到 99%，锌回收率达到 96%，渣含锌小于 2%。2009 年，黑龙江大兴安岭云冶矿业开发有限公司 $150kt/a$ 铅锌冶炼基地首期年生产电锌 2 万吨[12]。20 世纪 80 年代，加压浸出技术在有色金属工业中最引人注目的进展应是用加压预氧化难处理金矿代替焙烧。难处理金矿经过加压氧化处理后，大大有利于氰化浸出，此法对那些金以次显微金形式存在并包裹在黄铁矿或砷黄铁矿的晶格中而用一般方法难以使其解离出来的矿石尤其有效[13]。位于美国加利福尼亚州的麦克劳林金矿是世界上第一个应用加压氧化处理金矿的工业生产厂。该厂是在酸性介质中加压氧化，日处理硫化矿 2700t，1985 年 7 月压力釜开始运转。这个厂的建设对以后其他厂的建设有重要的指导作用。之后，巴西的桑本拓厂、美国内华达州的巴瑞克梅库金矿和格切尔金矿相继投产。此外，在 20 世纪 80 年代还有一批处理含铜镍硫、锌精矿的加压湿法冶金工厂投产，如德国鲁尔锌厂于 1991 年建成了加压湿法炼锌厂，1993 年加拿大哈德逊湾矿业公司建成了第四座加压浸出厂[14]。

20 世纪 90 年代，加压浸出工艺得到了进一步的发展。据不完全统计，90 年代已投产的加压浸出厂已超过 10 个，在澳大利亚相继有 3 个加压酸浸工厂投产，主要用于处理红土镍矿。1991 年，德国鲁尔锌厂（Ruhr Zink）建成了一套氧压浸出系统，设计能力为年产锌 50000t，高压釜规格为 ϕ3.9m×13m。开始主要处理锌精矿和利用威尔兹窑从钢厂烟灰中提取氧化锌后产出的还原渣，后改为只处理锌精矿。后因原料和生产成本的原因，该厂于 2008 年关闭。1993 年，加拿大哈德逊湾建成了世界上第一座采用全湿法两段氧压浸出工艺的锌冶炼厂，完全取代了原有的焙烧—浸出—电沉积工艺。一段高压釜为低酸浸出，二段高压釜为高酸浸出[15~18]。2003 年，第五座加压湿法炼锌厂在哈萨克斯坦投产建成[19]。

我国加压湿法冶金技术起步较晚，1958 年中国科学院化工冶金研究所陈家镛等人进行了氧化铜矿加压氨浸的试验[20]。从 1958~1964 年，中科院化冶所和东川矿务局通过相关试验，取得了铜浸取率 81%以上、经过滤洗涤及蒸馏回收等环节回收率达 74%的效果，并于 20 世纪 80 年代初建成了 100t/a 的中试试验厂，稳定运转期内平均浸取率 82.9%（最高 87%），残渣含铜 0.139%[1]。

我国最早的规模化加压湿法冶金技术应用于氧化铝工业，1960 年在郑州铝厂建成铝土矿加压碱性浸出，随后逐渐完成了全部拜耳法工艺转型。我国的拜耳法氧化铝生产技术先后开发了适用于中低品位一水硬铝石型铝土矿生产管道-停留罐溶出、选矿拜耳法、石灰拜耳法等技术，实现了该类低品位、难处理原料中氧化铝的高效回收[21]。目前，我国氧化铝产量达到 7000 万吨以上，占世界的 50%以上。2016 年 4 月，世界首条一水硬铝石百万吨生产线——华兴铝业二期年产 100 万吨氧化铝项目已在山西省吕梁市兴县正式投产[22]，标志着我国的氧化铝工业无论是技术还是装备都达到了世界领先的水平。

除氧化铝工业外，加压碱浸工艺还被用于铀的提取过程，我国相关企业多采用"加压碱浸—浓密—酸化萃取（或季铵萃取）"工艺流程，其中铀的浸出率达 85%以上，尾渣经洗涤后铀质量分数低于 0.02%[23]。

20 世纪 80 年代初，钼精矿加压酸浸在株洲硬质合金厂投入生产，而后形成的"加压碱浸—萃取工艺"于 1990 年在陕西宝鸡试产成功，生产能力为年产 200t 工业钼酸铵，该技术中钼的加压浸出率可达 98.5%以上，全流程钼的工艺回收率为 95.54%[24]。同期，白钨矿加压碱分解技术开始应用，采用该类技术处理后，80%~90%的 Na_2WO_4 以固体形态留在渣中，钨和碱处于基本分离的状态[25]。

1993 年，邱定蕃院士提出一种加压酸浸处理镍钼矿的新工艺，液固比 1∶5，氧分压 0.4MPa，反应温度 150℃，经过 2h 反应，钼转化率可以达到 98.3% 以上，镍浸出率达到 98.7%。同时，建成了中国第一座重金属加压精炼厂，使中国镍精炼从 20 世纪 50 年代水平跨入世界先进行列，该项目获 1995 年国家科技进步奖一等奖。

云南冶金集团王吉坤教授从 20 世纪末开始对锌精矿的氧压浸出技术进行试验研究[26,27]，主要采用两段浸出工艺，其中一段浸出过程锌的浸出率不低于 95%，二段浸出率不低于 98%，90% 以上的硫以单质硫的形式进入浸出渣。该技术于 2004 年建成年产 1 万吨的一段法加压酸浸示范企业，2005 年建成年产高铁锌精矿 2 万吨的两段法氧压酸浸厂，后在云南、内蒙古等地区进一步大规模应用。

蒋开喜教授带领的团队以"最小化学反应量原理"为指导，开发出了锌精矿"一段低温同步还原—二段高温氧压浸出"新技术，建成世界首家高效回收伴生有价元素的锌加压浸出厂，实现了硫化矿物的高效选择性氧化。开发出"一段低温同步还原+二段高温氧化技术"，加压浸出过程中控制一段温度 100~115℃、二段 150℃，同时实现了锌、镓、锗的高效浸出与铁的同步还原，锌、镓、锗的浸出率分别达到了 98.5%、96% 和 96% 以上，并实现了铅和银的定向富集。

加压湿法冶金技术的发展见表 1-1。

表 1-1 加压湿法冶金技术的发展

类型	年份	研究人员	国籍	反 应 式
沉淀	1859	Nikolai N. Beketoff[14]	法国	$2Ag^+ + H_2 \rightarrow 2Ag + 2H^+$
	1900	Vladimir N. Ipatieff[14]	俄罗斯	$2M^+ + H_2 \rightarrow 2M + 2H^+$
	1903	G. D. Van Arsdale[14]	美国	$Cu^{2+} + SO_2 + 2H_2O \rightarrow Cu + 4H^+ + SO_4^{2-}$
	1909	A. Jumau[14]	法国	$CuSO_4 + (NH_4)_2SO_3 + 2NH_3 + H_2O \rightarrow Cu + 2(NH_4)_2SO_4$
	1955	Sherrit Gondon[14]	加拿大	$[Ni(NH_3)_2]^{2+} + H_2 \rightarrow Ni + 2NH_4^+$
	1965	Anaconda[14]	美国	$CuSO_3 + (NH_4)_2SO_3 \rightarrow 2Cu^+ + SO_2 + 2NH_4^+ + SO_4^{2-}$
浸出	1892	Kal Josef Bayer[14]	俄罗斯	$Al(OH)_3 + OH^- \rightarrow [Al(OH)_4]^-$
	1903	M. Malzac[14]	法国	$MS + 2O_2 + nNH_3 \rightarrow [M(NH_3)_n]^{2+} + SO_4^{2-}$
	1927	F. A. Wenglein[14]	德国	$ZnS + 2O_2 \rightarrow Zn^{2+} + SO_4^{2-}$
	1940	Mines Branch[14]	加拿大	$UO_2 + 3CO_3^{2-} + 1/2O_2 + H_2O \rightarrow [UO_2(CO_3)]^{4-} + 2OH^-$
	1952	H. A. Pray, et al.[14]	美国	高温高压下气体在水中的溶解度
	1955	Sherrit Gondon[14]	加拿大	$NiS + 2O_2 + 2NH_3 \rightarrow [Ni(NH_3)_2]^{2+} + SO_4^{2-}$
	1959	Freeport Nickel[14]	美国	$NiO(红土镍矿中) + H_2SO_4 \rightarrow NiSO_4 + H_2O$
	1965	中科院化工研究所[19]	中国	$CoAs_3 + 9NaOH + 4.5O_2 \rightarrow Co(OH)_3 + 3Na_3AsO_4 + 3H_2O$
	1975	炼金工业[14]	加拿大	$2FeS_2 + 15/2O_2 + 4H_2O \rightarrow Fe_2O_3 + 4SO_4^{2-} + 8H^+$
	1980	Sherrit Gondon[14]	加拿大	$ZnS + 2H^+ + 1/2O_2 \rightarrow Zn^{2+} + S + H_2O$
	1981	株洲硬质合金厂[19]	中国	$FeWO_4 + 2NaOH = Na_2WO_4 + Fe(OH)_2$
	1994	Cyprus Amax Minerals Company[19]	美国	$2MoS_2 + 6H_2O + 9O_2 \rightarrow 2H_2MoO_4 + 4H_2SO_4$
	2003	Phelps Dodge[28]	美国	$CuFeS_2 + 2H_2SO_4 + O_2 \rightarrow CuSO_4 + FeSO_4 + 2S + 2H_2O$

类型	年份	研究人员	国籍	反 应 式
浸出	2006	魏昶，等[29]	中国	$(V_2O_3)X+2H_2SO_4+1/2O_2 \rightarrow V_2O_2(SO_4)_2+2H_2O+X$
	2011	张廷安，等[30]	中国	$FeO \cdot V_2O_3+H^++O_2 \rightarrow Fe^{3+}+VO^{2+}+H_2O$
	2018	张廷安，等[31]	中国	首台在线电位测量高压反应釜
合成	1932	Badger A E, et al.[32]	美国	钾长石+HF → $Al_2Si_2O_5(OH)_4$(高岭石)
	1968	De Kimpe, et al.[33]	美国	NaH(H 型沸石) → $Al_2Si_2O_5(OH)_4$(高岭石)
	1977	Sakiyama and Mitsuda[34]	日本	$CaO+Al_2Si_2O_5(OH)_4 \rightarrow 3CaO \cdot Al_2O_3 \cdot xSiO_2 \cdot (6-2x)H_2O$
	1982	攀枝花钢铁研究院[35]	中国	$FeO \cdot TiO_2+2HCl \rightarrow FeCl_2+H_2O+TiO_2$(人造金红石)
	1996	程虎民，等[36]	中国	$SnCl_4 \cdot 5H_2O \rightarrow 4HCl+SnO_2+3H_2O$(纳米 SnO_2)
	1999	Roberson H E, et al.[37]	美国	$MgO+Al_2O_3+SiO_2+Na_2CO_3 \rightarrow Na_{0.4}(Si_{6.4}Al_{1.6})(Mg_{7.8}Al_{1.2})O_{20}(OH)_{10}$(皂石)
	2002	Cengiz Kaya, et al.[38]	土耳其	$ZrO(CH_3COO)_2 \rightarrow ZrO_2$ 溶胶→纳米 ZrO_2
	2002	Chen Z Z, et al.[39]	中国	$CoCl_2 \cdot 6H_2O+2(AlCl_3 \cdot 6H_2O) = 8HCl+CoAl_2O_4+14H_2O$(发光颜料)
	2007	T. Mousavand, et al.[40]	日本	$Al(NO_3)_3 \cdot 9H_2O = 3HNO_3+AlOOH+7H_2O$(纳米薄水铝石)
	2013	赵娟，等[41]	中国	$Na_2SiO_3+6H_2O+Cu^{2+} = CuSiO_3 \cdot 6H_2O+2Na^+$(硅孔雀石)

1.3 加压湿法冶金理论的发展

加压湿法冶金过程的主要理论包括高温水溶液力学、多相界面反应动力学及传输理论。水溶液热力学多以优势区图（即 $\lg c_{Me}$-pH 图）和电位-pH 图来表征。多相动力学是包含传输过程的动力学，已发展起来各种模型。在加压条件下，水溶液反应体系的物性参数（如自由能、离子熵、活度系数、扩散系数等）均会发生一定程度的变化，热力学和动力学条件都会得到改善，湿法冶金过程会得到强化。

加压湿法冶金过程的热力学计算通常需要用到水溶液中离子的高温热力学数据，这些数据通常采用近似和经验规律的办法估算出来。如 20 世纪 60 年代，Criss 等人采用对应熵原理进行估算[42,43]，即先估算出高温条件下的热容值，再计算其自由能。但该方法更适用于 200℃ 以内的估算过程，若温度高于 200℃，则可靠性降低，且偏差随着反应温度的升高而加大。70 年代，Helgeson 等人[44,45]在少量实验数据的基础上，采用回归分析的办法获得专属于相关离子的热力学常数。该方法虽然还是半经验的方法，但所得数据的可信性已大幅提高，不过该方法所需的专属性常数比较多，应用起来也受到一定的限制。20 世纪 70 年代初，Liu 与 Lindsay 在 378～573K 条件下，测定了 NaCl 溶液质量摩尔浓度为 4mol/kg 时饱和溶液的蒸气压[46]，计算了整个温度和浓度范围内 NaCl 溶液的渗透系数并计算了 NaCl 和 H_2O 的活度系数以及其他的热力学性质。1978 年，Tremaine[47]从静电模型出发计算了包括三价稀土离子等的自由能，不过该模型在超过 548K 时，所得数据的可靠性降低。1979 年，杨显万等人采用离子熵对应原理估算了 $Cu-H_2O$、$Zn-H_2O$、$Co-H_2O$、$Pb-H_2O$ 系的高温电位-pH 图[48]，虽然获得的结果中有部分区域因数据缺乏而无法计算，但仍可为相关领域提供有价值的参考。80 年代，Urusova 和 Valyashko[49,50]针对碱土金属溶液做了大量的实验测量工作，提供了高达 673K、30MPa 的数据，包括溶解度、蒸气压与平均活度系数等。实验虽在高温高压下进行，但试验点明显偏少。比如对于 $CaCl_2$ 水溶液的平均活度系数，在 523K 以上仅有 10 个实验点。1986 年，李鹏九等人[51,52]采用 С. Н. Львов 的方法及变数转换等办法估算了数十个阳离子在 348~623K 之间的表观标准生成自由能，以及一价阴、阳离子于 50MPa 条件下，348~773K 之间的表观标准生成自由能。90 年代值得关注的成果是 Helgeson 等人[44]提出的用于估算热水溶液中离子和电解质标准偏摩尔性质的半经验模型-HKF 方程，该方程可利用高温高压下溶液中金属复合物的离解常数实验值以及常温常压下的标准偏摩尔性质回归模型参数，从而利用该方程预测高温高压电解质溶液的标准偏摩尔性质，如焓、熵、自由能以及热容等，并建立了计算软件包 SUPCRT92[53]。该模型的应用范围为 298~1073K、1~500MPa。随着计算机技术的不断发展，相关热力学计算手段也不断提升，如丁皓等人[54]采用分子模拟手段进行高温高压水溶液的热力学研究等。

近年来，有关加压溶液体系热力学参数相关研究较多，但针对加压湿法冶金过程的系统研究及相关模型报道较少[55~59]。由于相关研究多依赖系统的热力学实验数据，且加压湿法冶金过程多存在复杂离子体系，围绕相关复杂体系热力学参数的获取和相关模型的改进是加压湿法冶金过程热力学的研究方向。

对多相动力学、溶液传输特性以及相关溶液性质也都开展了不同程度的研究。1940 年，Allgood 等人[60]采用移动边界法测定了 15~45℃下 0.01~0.10mol/L 浓度下氯化钾在水溶液中的迁移数，发现低于 50%的转移数随温度的升高而增加。1954 年，Fogo 等人[61]测量了在 0.2~0.4g/mL 的蒸汽密度下，NaCl 在 378℃、383℃、388℃和 393℃下在蒸汽中的电导率。相关研究明确了氯化钠在所有蒸汽密度下都表现为弱电解质，氯化铯的强度与氯化钠相当，但氯化氢是一种弱得多的电解质等结论。1963 年，Horne 等人[62]测量了 KCl、KOH 和 HCl 水溶液在 4~5℃和 0.1~690MPa 范围内的比电导，主要结论包括：KCl 溶液电导的活化能随压力的变化与介质黏度的变化大致相同；HCl 溶液电导的活化能随压力的变化与 KCl 溶液和黏度的变化不同，因为电导的主要贡献来自 Grotthuss 型质子转移，而不是简单的平移离子运动；在较低的压力下，水分子的旋转似乎是速率控制步骤，但在 138MPa 以上，质子跃迁成为速率决定因素。1968 年，Barreira 等人[63]基于过渡态理论系统地研究了一系列烷基铵盐在无水硝基苯中电导随温度、压力和浓度的变化规律，特别注意了等容活化能和活化体积。这两个量都依赖于体系的自由体积，并且符合基于离子-溶剂络合物涨落的离子迁移动力学模型。1973 年，Matsubara 等人[64]用移动边界法测定了 KCl 水溶液中钾离子在高达 150MPa 下，0.01~0.1mol/L 在 25℃和 0.02mol/L 在 15~40℃的迁移数，得到了 K^+ 的转移数都随着压力的增加而减少，但这种下降趋势随着温度的升高而减弱的结论。1976 年，Ildefonse 等人[65]通过研究 550℃和 100MPa 水压下石英水镁石体系中镁橄榄石晶界的生长动力学，定量地确定了二氧化硅通过晶间流体的化学转移。1988 年，Oelkers 等人[66]利用示踪扩散系数法以及水溶液标准偏摩尔熵的状态方程和水电解质极限等效电导的修正 Arrhenius 表示法，估算了 30 种在高温高压下常见的一价阴离子、一价阳离子和二价阳离子的扩散系数。数据表明，扩散系数在 0~1000℃范围内随温度的升高而增大约两个数量级，而随着压力的增大而略有减小。1999 年，Sato 等人[67]在 453.2K 下及加压条件下测定了氮气-熔融聚丙烯、氮气-高密度聚乙烯和二氧化碳-高密度聚乙烯体系中气体在熔融聚合物中的扩散系数，其扩散系数表现出弱的浓度依赖性。21 世纪初，Zabaloy 等人[68]基于 Lennard-Jones 的自扩散系数、温度、密度和压力的解析关系，评估在所有流体状态下模拟真实流体自扩散系数的潜力，并生成了与 Lennard-Jones（LJ）流体的自扩散系数、温度和密度相关的状态方程。

近年来，有关溶液加压体系的传输特性仍有较多研究[69~72]，但主要集中在煤化工及有机合成等领域。金属矿物浸出的相关动力学研究虽然较多，基本多采用现有的动力学理论及模型，在此不一一列举。

总之，加压湿法冶金过程涉及高温水溶液热力学、气-液-固多相界面反应动力学以及界面传输理论，随着现在测量技术的发展和多尺度的相关理论的发展，加压湿法冶金理论会逐渐发展与完善。

1.4 加压湿法冶金技术的应用

加压湿法冶金在加压浸出、加压沉淀（制备）和加压合成方面具有广泛的应用，本节将在简述三种应用的基础之上，重点介绍加压浸出技术在硫化矿和氧化矿浸出的应用。

1.4.1 加压湿法冶金应用概述

1.4.1.1 加压浸出

金属氧化矿的加压浸出包括铝土矿、红土矿及稀土矿物的浸出等，根据矿物特点可使用碱浸或酸浸处理该类矿物。碱浸过程是利用氢氧化钠、氢氧化钾或氨水等碱性溶液分离金属氧化矿中的有价组分，其技术优势在于碱对于不同性质的金属氧化物具有较强的选择性，最典型的例子是拜耳法生产氧化铝技术。该技术于 1887 年由奥地利科学家 K. J. Bayer 提出，其原理是采用高摩尔比的铝酸钠溶液提取铝土矿中的氧化铝形成低摩尔比的铝酸钠溶液，再通过降温以及降低溶液浓度方式提高溶液中铝酸钠的过饱和度，并将过饱和的氧化铝转化为氢氧化铝的形式析出用于制备氧化铝产品。该方法具有流程短、能耗低等优势，目前全球 90% 以上的氧化铝是采用拜耳法生产的[73,74]。

金属氧化物的酸浸技术是利用盐酸、硫酸或硝酸提取金属氧化矿中的有价组分，浸出液再经提纯等处理过程获得金属氧化物等原料。其典型流程是红土镍矿加压酸浸过程，该技术始于 20 世纪 50 年代，首次用于古巴 Moa Bay 矿，称 AMAX-PAL 技术[75,76]。其原理是采用低浓度硫酸在 250℃ 以上的条件下通过控制体系 pH 值等条件，使矿物中的铁、铝、硅等杂质水解进入渣中，实现镍和钴的选择性浸出。目前该技术作为红土镍矿提取冶金的主要手段之一，被古巴、澳大利亚等多家镍、钴生产企业采用[77~79]。

金属硫化矿的加压酸浸主要包括闪锌矿、辉钼矿及黄铜矿的浸出等，采用加压湿法冶金技术处理该类矿物多使用酸浸过程，其中最典型的例子是硫化锌精矿富氧酸浸技术。锌精矿的加压浸出技术是舍利特·高尔登公司在 20 世纪 50 年代后期首先提出的[80]，最初的试验是在低于硫的熔点下进行，到 70 年代发现在添加表面活性剂的情况下可以在高于硫的熔点下浸出，这就使反应速度大为提高。该技术的最大优势在于加压浸出不形成铁酸盐，所以不再需要产生黄钾铁矾的浸出流程，而锌工业也可与 H_2SO_4 的生产和销售分离开来。随着加压浸出工艺的成功应用，预计将来的发展就是在酸性介质和氧压条件下处理铜和镍的硫化物精矿以解离金属和释放元素硫。用这种方法，将不会释放 SO_2，H_2SO_4 的生产也更加灵活。不仅可以有效地提取矿物中的有价金属元素，还可以通过控制过程参数使矿物中的硫转化为硫单质，大幅度地降低了生产过程中能耗以及废酸的排放量并提高生产过程的经济效益[12]。目前国内外相关从业人员对该类技术进行了大量的研究并建立了多条生产线。

1.4.1.2 加压沉淀

加压沉淀是在高温高压下从溶液中沉淀金属（主要是钴和镍）和金属氧化物（主要是 UO_2），可以采用氢气（对钴和镍）或二氧化硫（对铜）。在加压下用氢气沉淀金属的研究开始于 20 世纪初的圣彼得堡，50 年后，加拿大的舍里特·高登（Sherrit Gordon）矿山首次采用。目前，加拿大的所有镍币均以这种方法生产。反应式为：

$$M^{2+} + H_2 === M + 2H^+ \tag{1-1}$$

如果氢离子一经形成就被除去，那么大多数金属就会沉积下来。在氨性介质中沉淀镍和钴采用传统方法：

$$H^+ + NH_3 === NH_4^+ \tag{1-2}$$

虽然此技术与电积技术不相上下，但它产出副产品铵盐。克服此缺点的方法之一是在还原期间用氢氧化物中的 OH^- 中和产生的酸：

$$M(OH)_2 + 2H_2 === M + 2H_2O \tag{1-3}$$

对于镍和钴，反应发生在 270℃，比常用温度高得多，但产品粒度也细得多。为了生产氢氧化物，浸出液必须首先用合适的试剂中和。从碳酸盐浸出液中沉淀 UO_2 的反应如下：

$$[UO_2(CO_3)_3]^{4-} + H_2 === UO_2 + 2HCO_3^- + CO_3^{2-} \tag{1-4}$$

在南斯拉夫的凯尔纳（Kalna），此反应是在竖式高压釜内于 150℃ 和 1500kPa 下进行的，高压釜内装有部分烧结的 UO_2 颗粒作为催化剂。沉淀物在颗粒上长成，各个塔连续生产，直到堆积出 10t 产品为止。含铀 3~5mg/L 的还原尾液可循环加压浸出。用二氧化硫沉淀金属在室温下进行。当硫酸铜溶液中通入 SO_2 时，就会有硫化铜沉淀下来。但如果沉淀作用在 150℃ 和 350kPa 下进行则会析出金属铜。反应如下：

$$Cu^{2+} + SO_3^{2-} + H_2O === Cu + 2H^+ + SO_4^{2-} \tag{1-5}$$

此工艺的不足之处是铜的产率低和酸性环境造成的腐蚀问题。该工艺可通过添加亚硫化铵溶液代替 SO_2 加以改进，反应如下：

$$Cu^{2+} + SO_3^{2-} + 2NH_3 + H_2O === Cu + 2NH_4^+ + SO_4^{2-} \tag{1-6}$$

结果铜完全沉淀，而操作在碱性条件下进行，无腐蚀问题，但却产出了硫酸铵。从 Cu^{2+}-SO_2-H_2O 体系得到金属铜的另一种方法是水热法。在环流条件下，将 SO_2 通入铵性硫酸铜溶液以析出复盐 $CuSO_3(NH_4)_2SO_3$；用水浆化所得复盐并在 150℃ 下于高压釜内加热可析出金属铜，然后抽空高压釜放出所产生的 SO_2：

$$Cu_2SO_3 \cdot (NH_4)_2SO_3 === 2Cu + SO_2 + 2NH_4^+ + SO_4^{2-} \tag{1-7}$$

此工艺仅进行了工厂试验，因经济问题而未能进行下去[14]。

1.4.1.3 加压合成

加压合成或加压制备为加压湿法冶金的一个重要发展方向，是在高温（100~1000℃）和高压（10~100MPa）条件下，以水为溶剂，在密封的压力容器中，进行化学反应制备样品的方法。其特点是制备的粒子纯度高、分散性好、晶型可控，尤其是粒子的表面能低，无团聚或少团聚。水热合成的总原则是保证反应物处于高活性态，使该反应物具有更大的反应自由度，从而有机会获得尽可能多的热力学介稳态。从反应动力学历程来看，起始反应物的高活性意味着自身处于较高的能态，因而能在反应中克服较小的活化势垒。在该方法中，由于水处于高温高压状态，在反应中具有传媒剂作用；另外，高压下绝大多数反应物均能完全（或部分）溶解于水，从而加快反应的进行。按研究对象和目的，水热法可分为水热晶体生长、水热合成、水热处理和水热烧结等，已成功应用于各种单晶的生长、超细粉体和纳米薄膜的制备、超导体材料制备和核废料固定等研究领域[81,82]。

该方法可用于多种矿物或材料的制备，例如鲍丽[83]以三水铝石为原料，在氢氧化钠溶液中合成了纯一水软铝石矿物，固体样品的纯度达到 98.02%，经过水热合成过程后，颗粒形状由三水铝石集合体的晶型结构在高压和高温的条件下有的分裂成小的颗粒，有的集合体表面形态由原来的假六方板状变为细小片状的集合体，形成的片状结构表面光滑且致密（详见本书第 10 章）。郑朝振[84]通过纯物质合成的手段考察了合成过程参数对水化石榴石结构和成分的影响，并提出了"峰强法""晶面间距法""晶胞棱长法"等水化石榴石硅饱和系数的计算方法，对比 70 余组实验结果，三种方法的平均值可以良好的反映水化石榴石结构。蒋劼[85]以硝酸钴为钴源，聚乙二醇为分散剂，氢氧化钾或 NH_3-NH_4Cl 为沉淀剂，在水-正丁醇体系中通过改变反应温度、时间、原料浓度、填充度、PEG 相对分子质量、沉淀剂等条件，对合成过程中的各种实验参数进行初步研究优化工艺后，合成比表面积大、颗粒均匀度、分散性好的电池级球形 Co_3O_4 粉体。

1.4.2　铜的加压湿法冶金

1.4.2.1　Sepon 法[86]

采用两段浸出工艺（见图 1-2）从辉铜矿-黄铁矿型矿石中回收铜的一座工厂已于 2004 年在老挝撒汶列克特省投产。

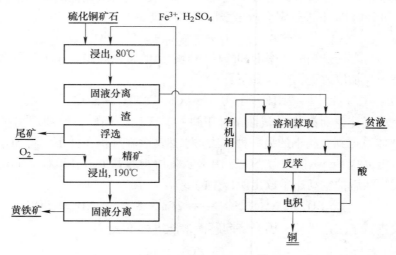

图 1-2　Sepon 法简化流程（老挝撒汶列克特省）

在该工艺中，第一段常压浸出在搅拌槽里进行，浸出温度 80℃，用来自第二段浸出的含 H_2SO_4 和 Fe^{3+} 的溶液作为浸出介质。经固液分离后，浸渣送浮选回路选别，目的是丢弃脉石矿物和得到硫化物精矿，后者送入第二段加压浸出处理；富液送到溶剂萃取—电积回路处理。第二段加压浸出是在 180~195℃、氧加压条件下高压釜里完成的。固液分离后得到的黄铁矿浸渣堆存，富液返回到常压浸出段。

1.4.2.2　Phelps Dodge 法[87]

2003 年，Phelps Dodge 公司设计的一座从黄铜矿精矿中回收铜的工厂在美国亚利桑那州巴格达德矿投产。浸出在 220℃、氧分压 700kPa（总压 3300kPa）条件下的高压釜里完成。固液分离得到酸性硫酸铜富液经萃取后，其尾液用作堆浸氧化铜矿石。堆浸流出的富液也进入溶剂萃取—电积回路循环处理（见图 1-3）。

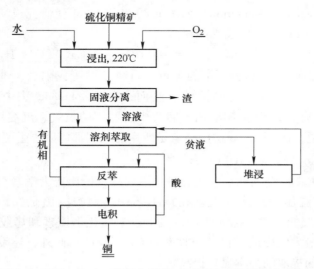

图 1-3　Phelps Dodge 法简化流程（亚利桑那州巴格达德矿）

1.4.2.3　Anglo American-Chile 法[88]

2003 年，Anglo American-Chile 公司设计的一座从黄铜矿-辉铜矿精矿（Mantos Blancos 精矿）中回收铜的试验工厂投入运行。浸出作业是在 180~220℃ 和有氧的条件下进行的，得到了较满意的结果。

1.4.2.4　Telfer Project 法

用压力浸出工艺处理含金黄铜矿精矿的研究课题已在西澳大利亚成功完成。硫化物给矿分成两部分处理：辉铜矿富集的部分在 100℃ 条件下浸出；黄铜矿富集的另外一部分在 220℃ 下浸出。两者富液合并进入溶剂萃取—电积装置回收铜；浸渣则进入氰化—活性炭吸附—电积回路回收金。鉴于后来发现了一个地下矿床和直接销售精矿利润更高，因此，没有做出建设工业生产厂的决定。

1.4.2.5　Outokumpu 法

奥托昆普研究所的化学家们开发了处理硫化铜精矿的湿法炼铜工艺。它是基于在 pH 值为 1.5~2.5、温度 85~95℃、氧气存在条件下，在搅拌反应槽里用含 Cu^{2+} 的浓 NaCl 溶液浸出硫化铜精矿。当铁以氧化铁沉淀时，铜则以 Cu^+ 的形态进入溶液。在过滤出 $Fe(OH)_3$ 沉淀，并将溶液净化后，再加入 NaOH 沉淀出 Cu_2O，然后将 Cu_2O 沉淀重新在水里调浆，并在高压釜里加压状态下用氢气还原它以得到金属铜。20 世纪 70 年代，美国亚利桑那州的德尤维尔公司就已对在氯化物介质中浸出硫化物进行过许多试验，并制定出

Clear 法。然而，由于银的污染，从氯化物介质中电积铜会生成很难进一步处理的树枝状粉体，因此这一工艺没有得到工业应用。这似乎也是奥托昆普的化学家们抛弃电积路线，走产出 Cu_2O 并将它还原成金属路线的原因。在加压条件下，用氢气从氯化物水溶液体系中直接沉淀铜是无效的。另一种方案是在流态化床上热还原 CuCl 固体。奥托昆普研究人员还发现，Cu_2O 在稀 H_2SO_4 溶液中会发生下列歧化反应：

$$Cu_2O + 2H^+ \Longrightarrow Cu + Cu^{2+} + H_2O \tag{1-8}$$

生成的 $CuSO_4$ 可以用已知的一些方法在高压釜里用氢还原。在这一工艺连接中，可采用德国杜伊斯堡 Duisburger Kupferhütte 公司于 20 世纪 60 年代研究成功的方法，即在室温下用 $Ca(OH)_2$ 处理 CuCl，以生成 Cu_2O：

$$2CuCl(s) + Ca(OH)_2(l) \Longrightarrow Cu_2O(s) + CaCl_2(l) + H_2O \tag{1-9}$$

然后，用炭还原 Cu_2O，得到所谓的黑铜。再将黑铜铸成阳极，进行电解精炼。在上述工艺中，$CaCl_2$ 是一种待处理的尾渣。然而，在 Outokumpu 法中，使用 NaOH 取代 $Ca(OH)_2$ 后，所生成的 NaCl 能够电离，回收供还原用的氢气、沉淀用的 NaOH，氯则转换成 HCl。换句话说，Outokumpu 法的亮点是所用的试剂都可以再生使用。

1.4.2.6 Anglo American-UBC 法[89,90]

南非 Anglo American 公司和加拿大温哥华不列颠哥伦比亚大学联合研究成功从黄铜矿精矿中提取铜的中温压力浸出工艺。在该工艺中，铜的浸出是在温度 150℃、氧分压 700kPa 的条件下完成的。通过加入表面活性剂——磺化木质素和烤胶的方法使一种关键元素——硫得到了最大限度地回收（回收率为 60% 左右）。此外，还发现联合使用这两种表面活性剂可使铜的提取动力学显著提高。

1.4.2.7 铜冶炼含砷物料加压浸出联合处理新工艺[91]

我国在含铜矿物加压湿法冶金过程的典型成果是蒋开喜等人发明的以直接加压浸出技术为主体的铜冶炼含砷物料联合处理新工艺。该工艺运用最小化学反应量原理，实现硫化砷选择性溶解和氧化转化，即在 150℃ 和 2h 条件下对原料进行加压浸出，铜和砷的浸出率均可达到 95% 以上。加压浸出后，采用 SO_2 还原和冷却结晶的方法生产 As_2O_3，SO_2 还原工序砷的还原率可达 98% 以上。浸出液经脱砷后进行溶剂萃取提铼，萃取后再分别经氨水反萃和蒸发结晶获得高铼酸铵产品（工艺流程见图 1-4）。该技术在江铜集团贵溪冶炼厂进行了产业化应用，并作为典型案例之一于 2015 年获得国家技术发明奖二等奖（蒋开喜，等：复杂难处理资源可控加压浸出技术）。

1.4.3 镍的加压湿法冶金

1.4.3.1 澳大利亚红土镍矿

1997 年，西澳大利亚三个小矿业公司 Cowse、Bulong 和 Murrin 分别研究成功从红土镍矿中回收镍和钴的工艺。这三个工艺中的酸性加压浸出技术与古巴莫奥公司生产中应用的工艺相近，只不过用卧式高压釜取代了莫奥公司的立式高压釜而已。然而，在回收步骤却有以下区别：

（1）在 Cowse 法中，混合氢氧化物是从高压浸出液中沉淀出来的，然后用氨浸出它们，接着再进行溶剂萃取和电积。

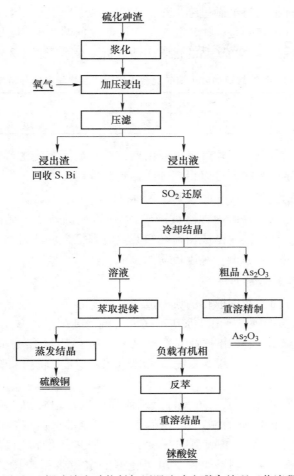

图 1-4 铜冶炼含砷物料加压湿法冶金联合处理工艺流程

（2）在 Bulong 工艺中，用 H_2S 从高压浸出液中沉淀出混合硫化物，然后在有氧条件下浸出硫化物，接着再进行溶剂萃取、氢还原、压片等作业。

（3）在 Murrin 工艺中，直接对高压浸出液进行溶剂萃取和电积。

然而所有这三个工程项目都依赖从国外获得强有力的财政支持。在投产后的前五年，三个项目都遇到了大的财政困难，结果只好更换矿主和改名。2001 年，Cowse 公司卖给奥托昆普旗下的牟尼公司。2003 年，Murrin 公司更名为米勒雷资源公司。Bulong 公司在早期试图增加资金的计划落空后，只好在 2004 年进入破产清算。

除 Cowse 公司的矿石准备厂运行正常外，其他两个公司都存在一些问题。例如，Murrin 厂矿浆的黏度高，因此不得不采用加热的办法来促进它们的流动。此外，为了该厂能够正常生产，有三种类型的矿石需要与其他矿石混合后才能使用。在布朗厂有很大一部分矿石不得不弃之不用。此外，还遇到过建设材料、高压釜耐火内衬、硫酸供给等问题，但是这些问题后来都解决了[92]。

1.4.3.2 马达加斯加红土镍矿

由 Dynatec 公司完成的从马达加斯加红土镍矿中回收镍和钴的最新研究成果已有报道，

该矿位于马达加斯加首都安特纳勒里维以东约 130km 处。所选择的浸出工艺与古巴莫奥公司相同。令人感到非常惊奇的是，H₂S 沉淀法在该回收回路里使用，却没有使用溶剂萃取—电积工艺。得到的混合硫化物产品的化学多项分析结果示于表 1-2 中。

表 1-2　马达加斯加红土镍矿混合硫化物产品化学多项分析结果

元素	Ni	Co	S	Al	Cr	Cu	Fe	Zn	As	Cd	Se	Te
含量/%	55.2	4.19	34.3	0.2	0.1	0.54	0.33	1.6	5×10^{-4}	4×10^{-4}	8×10^{-4}	2×10^{-4}

其混合硫化物在压力釜里氧化气氛下浸出后，其富液用沉淀法和溶剂萃取法净化，在加压条件下用氢气沉淀钴和镍，可以得到纯的钴粉和镍粉。

1.4.3.3　沃尼色湾镍矿（Voisey Bay Nickel）

加拿大北部的沃尼色湾镍矿为含磁黄铁矿-镍黄铁矿的硫化镍矿。为了从该矿中回收镍、铜、元素硫和除去氧化铁，已成功地在纽芬兰省阿根提埃地区的 Inco 公司试验厂进行了半工业试验。现正在研究建设一座满负荷的工业生产厂[93]。

1.4.3.4　新疆阜康冶炼厂[5]

在镍的加压浸出方面，我国取得的典型成果是邱定蕃等人针对新疆喀拉通克铜镍矿进行的加压酸浸提镍工艺。1989 年由北京矿冶研究总院、新疆有色金属公司及北京有色冶金设计研究总院进行了选择性浸出—加压酸浸试验研究；1992 年在北京建立了日产电镍 150kg 的半工业试验研究；1993 年 5 月完成了 2000t 镍半工业联动试验。冶炼厂于 1990 年开始设计，1993 年 10 月投入生产。

新疆阜康冶炼厂所采用的工艺主要特点是流程中较好地解决了铜镍分离问题，省去了电解沉积脱铜工序。镍锍中的铜、铁、硫及贵金属全部保留在含镍少于 3% 的终渣里，获得纯净的镍钴浸出液，实现了铜镍的深度分离。所采用的浸出温度仅为 423～433K，压力釜的压力仅为 0.8MPa，制备黑镍的电氧化槽的电流效率与国外同类工厂相比提高了 10%～20%，相关成果于 1995 年获国家科技进步奖一等奖（邱定蕃，等：加压浸出镍精炼新工艺）。

1.4.4　锌的加压湿法冶金

1.4.4.1　Kazakhmys Zinc 法[92]

Kazakhmys 铜业公司原在哈萨克斯坦巴尔哈什地区运作一个铜精炼和贵金属生产厂。2003 年 12 月，该公司建成一座新的锌精炼厂，它是根据舍利特·高尔登的两段压力浸出工艺设计而成的。这个锌厂工艺代表第五种类型的 Sheritt 压力浸出工艺。第一类型是 1981 年在加拿大不列颠哥伦比亚省特雷尔地区的科明柯公司精炼厂，现已成为世界上最大的锌生产厂；第二是安大略省体敏斯市的法尔肯布里吉公司的基德克里克分公司；第三是德国戴特耳恩地区的鲁尔锌厂；第四是 1993 年在曼尼托巴省弗林弗隆地区建成的哈德逊湾矿冶公司。该厂的两段压力浸出工艺的第二段是在 150℃ 条件下完成的，得到的锌浸出率很高，并产出适合于锌电积的低酸富液，元素硫的回收率也高（见图 1-5）。所处理精矿的含铁量足以满足高速反应的需要。在浸出段也需要添加一种助剂，以阻止液态硫润湿硫化矿物表面。

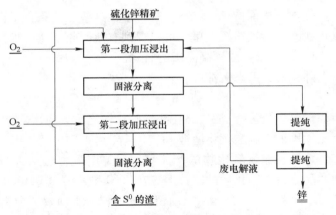

图 1-5 哈萨克斯坦克米斯公司硫化锌精矿两段加压浸出

1.4.4.2 Akita Zinc 法

自 1971 年以来，Akita 锌业公司依据 Akita 精炼厂（设在日本 Akita 市）一直沿用焙烧—浸出电积工艺从硫化锌精矿中提取锌。从前堆积的浸渣现在采用加 SO_2 的加压浸出法（浸出温度 115℃、压力约 0.2MPa）分解铁酸锌（见图 1-6）：

$$ZnO \cdot Fe_2O_3 + SO_2 + 4H^+ \Longrightarrow Zn^{2+} + 2Fe^{2+} + SO_4^{2-} + 2H_2O \tag{1-10}$$

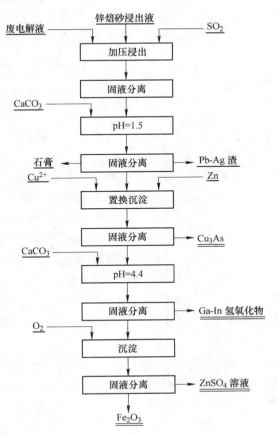

图 1-6 Akita Zinc 法工艺流程

这一方法的优点是铁始终保持 Fe^{2+} 状态，避免了在这些工艺条件下沉淀。因此，铟和镓不会丢失在氢氧化铁或黄钾铁矾沉淀里，可以得到有效回收。然后加碳酸钙将加压浸出富液的 pH 值调整到 1.5，结果生成了高品级的石膏。

接着加入锌粉以砷化铜的形态沉淀砷：

$$6Cu^{2+} + 2As^{3+} + 9Zn \longrightarrow 9Zn^{2+} + 2Cu_3As \tag{1-11}$$

这一反应称为铜-催化锌置换沉淀法。在滤出砷化铜之后，再次对滤液进行净化处理，以回收铟和镓。为此，再加入碳酸钙将滤液 pH 值提高到 4.3~4.5，以沉淀铝和更多的石膏，这一沉淀物正是含铟、镓氢氧化物的产品。然后，用重力法从大量的沉淀物里分离铟、镓氢氧化物的产品。再次净化后的富锌溶液在 70℃ 和 1.5~2.0MPa 的压力下，加氧沉淀得到几乎纯的 Fe_2O_3。这样，该公司从以前留下的锌浸渣里回收了金、银、砷化铜、铅、镓、铟、石膏、氧化铁等副产品。

1.4.4.3　云南冶金集团两段氧压浸出技术[4]

在硫化锌精矿加压浸出方面，我国的云南冶金集团也进行了大量的研究和产业化应用工作。20 世纪末，云南冶金集团对硫化锌精矿、高铁硫化锌精矿进行了系统的试验，试验温度为 140~150℃，压力 0.8~1.2MPa。2004 年，在云南冶金集团建成 1 万吨的氧压浸出示范厂，并投入工业生产。2007 年，云南冶金集团建成了以处理高铁硫化锌的二段氧压浸出厂，经过工业试验，于 2008 年底投入工业生产，二段氧压浸出过程锌的浸出率大于 98%，该研究使中国成为世界上第二个通过自主研发实现硫化锌精矿氧压浸出技术产业化的国家，相关成果于 2007 年获得国家科技进步奖二等奖（王吉坤，等：高铁硫化锌精矿加压浸出技术产业化）。

1.4.5　贵金属的加压湿法冶金

1.4.5.1　Stillwater 法

Stillwater 矿业公司除拥有斯蒂尔瓦特市的一座矿山外，还负责运作保尔德东部（距斯蒂尔瓦特 72km）的一座选矿厂和科勒姆巴士（距斯市 139km）的一座冶炼厂，所有这几个厂都在美国蒙大拿州。自 2002 年起该公司生产的产品有高品位（60%~65%）铂族金属精矿、硫酸镍和阴极铜。冶炼厂使用的工艺是一个包括造锍、两段浸出（其中一段是加压浸出）的标准工艺流程，回收的金属有镍、钴和铜，还留下一个高品位的铂精矿。最近，在上述工艺中又增加了一个用 SO_2 从 $CuSO_4$ 溶液中沉淀硒和碲的作业，其反应为：

$$SO_2 + H_2O \longrightarrow 2H^+ + SO_3^{2-} \tag{1-12}$$

$$SO_3^{2-} + 2Cu^{2+} + H_2O \longrightarrow 2Cu^+ + SO_4^{2-} + 2H^+ \tag{1-13}$$

$$8Cu^+ + SeO_3^{2-} + 6H^+ \longrightarrow Cu_2Se + 6Cu^{2+} + 3H_2O \tag{1-14}$$

$$8Cu^+ + TeO_3^{2-} + 6H^+ \longrightarrow Cu_2Te + 6Cu^{2+} + 3H_2O \tag{1-15}$$

1.4.5.2　Platsol 法[94]

Platsol 法由加拿大安大略省勒克菲尔德研究所的国际铂族金属技术中心研究成功（见图 1-7），该法从高硫化物精矿中用一步法回收贵金属及与它们共生的有色金属（铜、镍和钴）。在该法中，在 210℃、氧分压约 700kPa 的条件下，用氯化物浸出硫化物精矿。如果精矿中含有硫铂矿（PtS），则必须在浸出前进行焙烧，使铂解离出来。另外，俄罗斯科技工作者早在 1937~1938 年间就已报道了与此类似的成果。

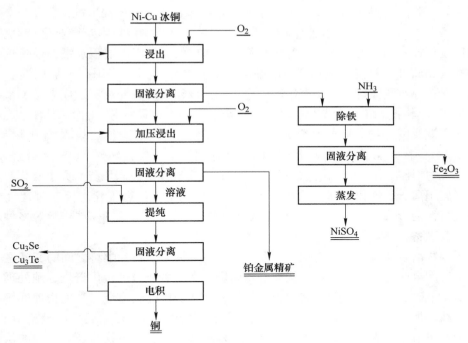

图 1-7　从硫化物精矿中回收铂族金属的标准流程

Platsol 法的优点是绕过了火法熔炼和生成 SO_2 的步骤。所获得的高品位铂族金属精矿用王水处理后，分离得到各种纯的金属。

1.4.5.3　Newmont's Phoenix 法[95]

Newmont 公司的冶金专家用加压湿法冶金工艺在一座试验厂里对一个富含贵金属的硫化铜精矿进行了试验。精矿在水介质中氯化是在 220℃ 和一定数量的石灰（S^{2-}/CO_3^{2-} = 1.2）存在的条件下进行的，以溶解铜，并控制黄钾铁矾的生成。该试验得到的浸出渣非常适于用氰化法回收金和银。如不加入石灰石，浸渣中生成的黄钾铁矾包裹银，以致无法用加入 $Ca(OH)_2$ 消化的方法从浸出渣中回收银。因此，可以得出结论，在石灰石存在的条件下的高温水相氯化是得到适于氰化的贵金属浸渣的最佳路线。显而易见，Ca^{2+}（而不是 CO_3^{2-}）是导致这一现象发生的根本原因。

1.5　加压湿法冶金的发展前景

加压湿法冶金作为特殊冶金技术之一正得到越来越广泛的关注和应用。围绕加压湿法冶金技术已出版许多专著，如苏联的 B. H. 拉斯科林所著的《湿法冶金》，作为苏联第一部关于湿法冶金方面的著作，在该书中介绍了氧化铝、铜镍磁黄铁矿等加压浸出过程，以及现代湿法冶金中的吸附过程和萃取过程[96]；陈家镛先生等著的《湿法冶金的研究与发展》，针对中国科学院化工冶金研究所建所以来关于湿法冶金的研究与发展进行了总结，主要是难浸取矿石的湿法冶金及相关的反应动力学和反应工程学的研究，内容涉及镍钴矿、硫化锌矿及黄铁矿等加压湿法冶金过程[1]；杨显万、邱定蕃教授著的《湿法冶金》对铜、镍、钴、锌等硫化物的加压浸出以及难处理金矿的加压氧化过程进行了阐述[5]；李洪桂教授等编著的《湿法冶金学》介绍了氧化铝、钨矿物的加压浸出过程以及卧式加压反应釜等设备[97]；王吉坤、周廷熙所著的《硫化锌精矿加压酸浸技术及产业化》，梳理了国内外加压浸出技术的发展历程，主要针对硫化锌精矿的加压浸出过程及浸出设备进行了系统的论述[4]；蒋开喜教授编著的《加压湿法冶金》总结了近年来国际上加压湿法冶金技术进展情况，并对我国特别是北京矿冶研究总院在该领域的研究及实践成果做了系统的梳理与归纳[19]。本书介绍和总结了东北大学特殊冶金创新团队应用加压湿法冶金技术处理有色金属资源及废弃物方面的研究成果，包括：强磁场[98]、微波焙烧[99]等矿物预处理，钙化—碳化法中低品位铝土矿及拜耳法赤泥利用[100~102]，转炉钒渣无焙烧加压酸浸[30,103,104]，加压氧化—液氯化浸金等技术[105]；首次利用电位高压釜研究了硫化锌加压酸浸体系金属阳离子自催化机理[31,106]；分析了加压体系下气泡微细化对反应过程气-液-固多相反应特性的影响[107]；提出了搅拌管式反应器[108~110]、射流式反应器[111]等多种新型冶金装备以及设备材料。

加压湿法冶金涉及化学、物理、冶金、材料与机械等学科，学科之间的交叉融合促进了加压湿法冶金的进一步的发展。例如电磁焙烧、微波焙烧、机械化焙烧等预处理，微波加压浸出、电磁加压浸出、超声波加压浸出等，这些加压湿法冶金与其他物理外场的结合必将产生新的加压湿法冶金技术。目前，我们对加压湿法冶金还缺乏反应理论上的认知，缺乏加压湿法冶金过程气、液、固三相反应过程界面反应及界面物质迁移规律的认识，缺乏加压湿法过程气泡、颗粒和反应器结构与尺度的认知，缺乏加压湿法冶金过程物理场间耦合与交互作用的认知。因此，开展加压湿法冶金过程物理化学、物理化学基础参数与传输参数的测量及新手段、物理场之间相互耦合与交互作用规律、新型加压湿法冶金反应器理论等的研究，显然是十分必要的。加压湿法冶金必将在冶金资源提取分离、材料制备与矿物合成领域得到越来越广泛的应用，在推动我国资源清洁利用方面具有广阔的发展前景。

参 考 文 献

[1] 陈家镛，杨守志，柯家骏，等. 湿法冶金的研究与发展 [M]. 北京：冶金工业出版社，1998：1~20.

[2] 王菱菱. 论宋代的胆铜生产 [J]. 河北大学学报（哲学社会科学版），2002（3）：11~19.

[3] 朱寿康. 中国大百科全书（矿冶卷）[M]. 北京：中国大百科全书出版社，1984：352.

[4] 王吉坤，周廷熙. 硫化锌精矿加压酸浸技术及产业化 [M]. 北京：冶金工业出版社，2005：14~23.

[5] 杨显万，邱定蕃. 湿法冶金 [M]. 北京：冶金工业出版社，2001：239~244.

[6] Forward F A, Mackiw V N. Chemistry of the ammonia pressure process for leaching Ni, Cu, and Co from Sheritt Gordon sulphide concentrates [J]. Journal of Metals, 1955, 7: 457~463.

[7] Sekhukhune L M, Ntuli F, Muzenda E. Atmospheric oxidative and non-oxidative leaching of Ni-Cu matte by acidified ferric chloride solution [J]. Journal of the Southern African Institute of Mining and Metallurgy, 2014, 114 (5): 401~409.

[8] Pearce R F, Warner J P, Mackiw V N. A new method of matterefining by pressure leaching and hydrogen

reduction [J]. Journal of Metals, 2014, 12: 28~31.

[9] 张伟光. 人工合成低铁闪锌矿及其氧压酸浸的基础研究 [D]. 沈阳: 东北大学, 2009.

[10] 邱定蕃. 加压湿法冶金过程化学与工业实践 [J]. 矿冶, 1994 (4): 55~67.

[11] Corriou J P, Gély R, Viers P. Thermodynamic and kinetic study of the pressure leaching of zinc sulfide in aqueous sulfuric acid [J]. Hydrometallurgy, 1988, 21 (1): 85~102.

[12] 李金昌, 朱海泽. 黄钾铁矾法炼锌工艺与氧压浸出炼锌工艺建设方案比较 [J]. 有色设备, 2017 (4): 18~23.

[13] Kholmogorov A G, Kononova O N, Kononov Y S. Gold recovery from arsenopyrite refractory concentrates using hydrometallurgical technology [J]. Mineral processing and extractive metallurgy, 2005, 114 (1): 2~6.

[14] 宋夏仑, 宁模功. 加压湿法冶金的过去、现在和未来 [J]. 湿法冶金, 2001, 20 (3): 165~166.

[15] 李有刚, 李波. 锌氧压浸出工艺现状及技术进展 [J]. 中国有色冶金, 2010, 39 (3): 26~29.

[16] Veltman H, Bolton G. Direct pressure leaching of zinc blende with simultaneous production of elemental sulphur. A state-of-the-art review [J]. Erzmetall., 1980, 33 (2): 76~83.

[17] Ozberk E, Jankola W, Vecchiarelli M, et al. Commercial operations of the Sherritt zinc pressure leach process [J]. Hydrometallurgy, 1995, 39 (1~3): 49~52.

[18] Boissoneault M, Gagnon S, Henning R, et al. Improvements in pressure leaching at Kidd Creek [J]. The Principles and Practice of Leaching, 1995: 79~90.

[19] 蒋开喜. 加压湿法冶金 [M]. 北京: 冶金工业出版社, 2016: 1~10.

[20] 陈家镛, 夏光祥. 湿法冶金科学研究三十年 [J]. 有色金属 (冶炼部分), 1979 (5): 15~18.

[21] 张廷安, 等. 铝冶金技术 [M]. 北京: 科学出版社, 2014: 15~30.

[22] 全球首条百万吨级处理一水硬铝石高温拜耳法生产线 [J]. 铝镁通讯, 2017: 40.

[23] 关自斌, 高仁喜, 田原. 铀矿石加压浸出技术的进展 [J]. 铀矿冶, 1999, 18 (3): 171~178.

[24] 谢铿, 王海北, 张邦胜. 辉钼精矿加压湿法冶金技术研究进展 [J]. 金属矿山, 2014 (1): 74~79.

[25] 任慧川, 唐忠阳, 刘旭恒. 钨湿法冶金工艺进展 [J]. 稀有金属与硬质合金, 2019, 47 (3): 1~8.

[26] 高良宾, 赫冀成, 徐红江. 硫化锌精矿高温高压浸出技术 [J]. 有色矿冶, 2007 (4): 33~36.

[27] 王吉坤. 加压湿法冶金技术在锌冶炼上的应用和发展 [C] //有色金属工业低碳发展-全国有色金属工业低碳经济及冶炼废气减排学术研讨会论文集, 2010: 186~188.

[28] 刘大星. 我国铜湿法冶金技术的进展 [J]. 有色金属: 矿山部分, 2002 (3): 5~9.

[29] 魏昶, 樊刚, 李旻廷, 等. 在压力场下从石煤中氧化转化浸出钒的方法: 中国, 1904092A [P]. 2007-01-31.

[30] 张廷安, 牟望重, 豆志河, 等. 一种利用含钒钛转炉渣的湿法提钒方法: 中国, 101967563B [P]. 2011-02-09.

[31] 张廷安, 田磊, 吕国志, 等. 一种可在线测量加压湿法体系电位的高压反应釜: 中国, 105126702B [P]. 2017-09-05.

[32] Badger A E, Abde A. Note on the Formation of Kaolin Minerals from Feldspar [J]. Journal of Geology, 1932, 40 (8): 745~747.

[33] De Kimpe C R, Fripiat J J. Kaolinite crystallization from H-exchanged zeolites [J]. American Mineralogist, 1968, 53 (1~2): 216~230.

[34] Sakiyama M, Mitsuda T. Hydrothermal reaction between C ‖ S ‖ H and kaolinite for the formation of tobermorite at 180℃ [J]. Cement & Concrete Research, 1977, 7 (6): 681~685.

［35］唐勇，邓科，张定明．盐酸法人造金红石生产技术［J］．氯碱工业，2014，50（6）：22~26.

［36］程虎民，马季铭，赵振国，等．纳米 SnO_2 的水热合成［J］．高等学校化学学报，1996（6）：833~837.

［37］Roberson H E, Reynolds I R C, Jenkins D M. Hydrothermal synthesis of corrensite：a Study of the transformation of saponite to corrensite［J］. Clays & Clay Minerals, 1999, 47（2）：212~218.

［38］Kaya C, He J Y, Gu X, et al. Nanostructured ceramic powders by hydrothermal synthesis and their applications［J］. Microporous & Mesoporous Materials, 2002, 54（1~2）：37~49.

［39］Chen Z Z, Shi E W, Li W J, et al. Hydrothermal synthesis and optical property of nano-sized $CoAl_2O_4$ pigment［J］. Materials Letters, 2002, 55（5）：281~284.

［40］Mousavand T, Ohara S, Umetsu M, et al. Hydrothermal synthesis and in situ surface modification of boehmite nanoparticles in supercritical water［J］. Journal of Supercritical Fluids, 2007, 40（3）：397~401.

［41］赵娟，刘云清，刘常青，等．水热法合成硅孔雀石的研究［J］．有色金属（冶炼部分），2013（6）：48~50.

［42］Criss C H, Cobble J W. The thermodynamic properties of high temperature aqueous solutions Ⅴ：The calculation of ionic heat capacities up to 200℃. Entropies and heat capacities above 200℃［J］. Journal of the American Chemical Society, 1964, 86：5390~5393.

［43］Barner H E, Scheuerman R V. Handbook of Thermochemical Data for Compounds and Aqueus Species［M］. New York：Wiley, 1979.

［44］Helgeson H C, Kirkham D H. Theoretical prediction of the thermodynamic behavior of aqueous electrolytes at high pressures and temperatures：Ⅱ. Debye-Huckel parameters for activity coefficients and relative partial molal properties［J］. 1974, 274（10）：1199~1261.

［45］Helgeson H C, Kirkham D H, Flowers G C. Theoretical prediction of the thermodynamic behavior of aqueous electrolytes at high pressures and temperatures：Ⅳ. Calculation of activity coefficients, osmotic coefficients, and apparent molal and standard and relative partial molal properties to 600℃ and 5 kb［J］. American Journal of Science, 1981, 281（10）：1249~1516.

［46］Liu C T, Lindsay W T. Thermodynamics of sodium chloride solutions at high temperatures［J］. J. Soln. Chem., 1972, 1：45~69.

［47］Tremaine, Peter R, Goldman, Saul. Calculation of Gibbs free energies of aqueous electrolytes to 350. degree. C from an electrostatic model for ionic hydration［J］. Journal of Physical Chemistry, 1978, 82（21）：2317~2321.

［48］杨显万，何蔼平，袁宝州，等．高温水溶液的热力学计算［J］．有色金属（冶炼部分），1979（6）：29~39.

［49］Valyashko V M, Urusova M A, Ketsko V A, et al. Phase-equilibria and thermodynamic properties of solutions in $MgCl_2$-H_2O, $CaCl_2$-H_2O, $SrCl_2$-H_2O and $BaCl_2$-H_2O systems at high-temperatures［J］. Zhurnal Neorganicheskoi Khimii., 1987, 32（11）：2811~2819.

［50］Urusova M A, Valyashko V M. Vapor-pressure and thermodynamic properties of magnesium-chloride aqueous-solutions at 250℃［J］. Zhurnal Neorganicheskoi Khimii., 1984, 29（9）：2437~2439.

［51］李鹏九，屠燕萍．高温条件下水溶液中离子表观标准生成自由能的估算（Ⅰ）［J］．地质论评，1986（1）：31~41.

［52］李鹏九，屠燕萍．高温条件下水溶液中离子表观标准生成自由能的估算（Ⅱ）［J］．地质论评，1986（3）：243~252.

［53］Johnson J W, Oelkers E H, Helgeson H C. SUPCRT92：A software package for calculating the standard molal thermodynamic properties of minerals, gases, aqueous species, and reactions from 1 to 5000 bar and 0 to 1000℃ [J]. Computers & Geosciences, 1992, 18 (7): 899~947.

[54] 丁皓. 基于分子模拟的高温高压水溶液热力学研究 [D]. 南京：南京工业大学, 2004.

[55] Zezin D, Driesner T. Thermodynamic properties of aqueous KCl solution at temperatures to 600K, pressures to 150MPa, and concentrations to saturation [J]. Fluid Phase Equilibria, 2017: 453: 24~39.

[56] Du W T, Jung I H. Critical evaluation and thermodynamic modeling of the Fe-V-O(FeO-Fe$_2$O$_3$-VO-V$_2$O$_3$-VO$_2$-V$_2$O$_5$) system [J]. Calphad, 2019, 67: 1~13.

[57] Bohloul M R, Arab Sadeghabadi M, Peyghambarzadeh S M, et al. CO$_2$ absorption using aqueous solution of potassium carbonate: Experimental measurement and thermodynamic modeling [J]. Fluid Phase Equilibria, 2017, 447: 132~141.

[58] Akinfiev N N, Majer V, Shvarov Y V. Thermodynamic description of H$_2$S-H$_2$O-NaCl solutions at temperatures to 573K and pressures to 40MPa [J]. Chemical Geology, 2016, 424: 1~11.

[59] Reimund K K, Mccutcheon J R, Wilson A D. Thermodynamic analysis of energy density in pressure retarded osmosis: The impact of solution volumes and costs [J]. Journal of Membrane Science, 2015, 487: 240~248.

[60] Allgood R W, Le Roy D J, Gordon A R. The Variation of the Transference Numbers of Potassium Chloride in Aqueous Solution with Temperature [J]. Journal of Chemical Physics, 1940, 8 (5): 418.

[61] Fogo J K, Benson S W, Copeland C S. The Electrical Conductivity of Supercritical Solutions of Sodium Chloride and Water [J]. The Journal of Chemical Physics, 1954, 22 (2): 212.

[62] Horne R A, Myers B R, Frysinger G R. Effect of Pressure on the Activation Energy of Electrical Conduction in Aqueous Solution [J]. The Journal of Chemical Physics, 1963, 39 (10): 2666.

[63] Barreira F, Hills G J. Kinetics of ionic migration: Part 3. Pressure and temperature coefficients of conductance in nitrobenzene [J]. Transactions of the Faraday Society, 1968: 64.

[64] Matsubara Y, Shimizu K, Osugi J. The transference number of K$^+$ ion in aqueous solution under pressure [J]. Nippon Kagaku Kaishi, 1973 (10): 1817~1822.

[65] Ildefonse J P, Gabis V. Experimental study of silica diffusion during metasomatic reactions in the presence of water at 550℃ and 1000 bars [J]. Geochimica Et Cosmochimica Acta, 1976, 40 (3): 297~303.

[66] Oelkers E H, Helgeson H C. Calculation of the thermodynamic and transport properties of aqueous species at high pressures and temperatures: Aqueous tracer diffusion coefficients of ions to 1000℃ and 5 kb [J]. Geochimica Et Cosmochimica Acta, 1988, 52 (1): 63~85.

[67] Sato Y, Fujiwara K, Takikawa T, et al. Solubilities and diffusion coefficients of carbon dioxide and nitrogen in polypropylene, high-density polyethylene, and polystyrene under high pressures and temperatures [J]. Fluid Phase Equilibria, 1999, 162 (1): 261~276.

[68] Zabaloy M S, Vasquez V R, Macedo E A. Description of self-diffusion coefficients of gases, liquids and fluids at high pressure based on molecular simulation data [J]. Fluid Phase Equilibria, 2006, 242 (1): 43~56.

[69] Janiga D, Czarnota R, Kuk E, et al. Measurement of oil-CO$_2$ diffusion coefficient using pulse-echo method for pressure-volume decay approach under reservoir conditions [J]. Journal of Petroleum Science and Engineering, 2020, 185, alticle 106636.

[70] Anouar B S, Cecile G, Jean-Christophe R, et al. Modeling of supercritical CO$_2$ extraction of contaminants from post-consumer polypropylene: Solubilities and diffusion coefficients in swollen polymer at varying pressure and temperature conditions [J]. Chemical Engineering Research and Design, 2017.

[71] Kwangin S, Hyeonji Y, Jungwook K. Determination of diffusion coefficient and partition coefficient of pho-

toinitiator 2-hydroxy-2-methylpropiophenone in nanoporous polydimethylsiloxane network and aqueous poly（ethylene glycol）diacrylate solution ［J］. Journal of Industrial and Engineering Chemistry，2017，56：443~449.

［72］ Guo H，Chen Y，Lu W，et al. In situ Raman spectroscopic study of diffusion coefficients of methane in liquid water under high pressure and wide temperatures ［J］. Fluid Phase Equilibria，2013，360：274~278.

［73］杨重愚. 氧化铝生产工艺学 ［M］. 北京：冶金工业出版社，1993：1~20.

［74］ Power G，Loh J. Organic compounds in the processing of lateritic bauxites to alumina：Part 1. Origins and chemistry of organics in the Bayer process ［J］. Hydrometallurgy，2020，105（1~2）：1~29.

［75］李洋洋，李金辉，张云芳，等. 红土镍矿的开发利用及相关研究现状 ［J］. 材料导报，2015（17）：83~87.

［76］ McDonald R G，Whittington B I. Atmospheric acid leaching of nickel laterites review：Part Ⅰ. Sulphuric acid technologies ［J］. Hydrometallurgy，2008，91（104）：35~55.

［77］蒋继波，王吉坤. 红土镍矿湿法冶金工艺研究进展 ［J］. 湿法冶金，2009，28（1）：3~11.

［78］孙建之，陈勃伟，温建康，等. 镍矿湿法冶金技术应用进展及研究展望 ［J］. 中国有色金属学报，2018（2）：356~364.

［79］邓彤. 镍钴的加压氧化浸出 ［J］. 湿法冶金，1994，50（2）：16~22.

［80］谢克强. 高铁硫化锌精矿和多金属复杂硫化矿加压浸出工艺及理论研究 ［D］. 昆明：昆明理工大学，2006.

［81］胡嗣强，黎少华. 水热合成锆钛酸钡（BZT）固溶晶体的形成规律研究 ［J］. 化工冶金，1996（4）：304~309.

［82］焦静涛，姜芸，杨松，等. 锆钛酸钡钙的结构与铁电光学性能研究 ［J］. 硅酸盐通报，2019，38（11）：3524~3528.

［83］鲍丽. 铝土矿溶出过程热分析动力学及溶出模型的研究 ［D］. 沈阳：东北大学，2011.

［84］郑朝振. 水化石榴石生成过程及碳化分解性能研究 ［D］. 沈阳：东北大学，2015.

［85］蒋劼. 超细球形四氧化三钴的制备及其性能的研究 ［D］. 南京：南京理工大学，2012.

［86］ Baxter K，Dreisinger D，Pratt G. The Sepon Copper Project：Development of a Flowsheet ［M］. John Wiley & Sons，Inc，2013.

［87］ Marsden J O，Brewer R，Hazen N. Copper concentrate leaching development by Phelps Dodge Corporation ［C］. TMS 2003 Annual Meeting and Exhibition，Warrendale，Pennsylvania，2003：1429~1446.

［88］ Habashi F. Researches on Copper. History & Metallurgy ［M］. Québec：Métallurgie Extractive Québec，2009.

［89］ Schlesinger M E，King M J，Sole K C. Chapter 15-Hydrometallurgical Copper Extraction：Introduction and Leaching ［J］. Extractive Metallurgy of Copper（Fifth Edition），2011：281~322.

［90］ Habashi F. Hydrometallurgy ［J］. Minerals Engineering，1998，11（8）：46~58.

［91］蒋开喜，王海北，王玉芳，等. 铜冶炼过程中硫化渣综合利用技术 ［J］. 有色金属科学与工程，2014，5（10）：13~17.

［92］ Habashi F. Recent trends in extractive metallurgy ［J］. Journal of Mining and Metallurgy. Section B：Metallurgy，2009，45（1）：1~13.

［93］廖德华，刘汉钊，李长根. 加压湿法冶金 ［J］. 国外金属矿选矿，2006，43（11）：10~15.

［94］ Ozberk E，Jankola W A，Vecchiarelh M，et al. Commercial operations of the sherrit zinc pressure leach process ［J］. Hydrometallurgy，1995，39（1~3）：49~52.

［95］ Ferron C J，Fleming C A，O'Kane P T，et al. Pilot plant demonstration of the Platsol process for the treatment of the NorthMet copper-nickel-PGM deposit［J］. Mining Engineering, 2002, 54（12）：33~39.

［96］ B. H. 拉斯科林 . 湿法冶金［M］. 北京：中国原子能出版社，1984：38~79.

［97］ 李洪桂 . 湿法冶金学［M］. 长沙：中南大学出版社，2002：137~145.

［98］ Lu G Z, Zhang T A, Wang X X, et al. Effects of intense magnetic field on digestion and settling perform-ances of bauxite［J］. Journal of Central South University, 2014, 21（6）：2168~2175.

［99］ Huang Y K, Zhang T A, Dou Z H, et al. Influence of microwave heating on the extractions of fluorine and Rare Earth elements from mixed rare earth concentrate［J］. Hydrometallurgy, 2016, 162：104~110.

［100］ Zhang T A, Zhu X F, Lv G Z, et al. Calcification-carbonation method for alumina production by using low-grade bauxite［J］. Light Metals, 2013：233~238.

［101］ 张廷安，吕国志，刘燕，等 . 基于钙化—碳化转型溶出中低品位铝土矿中氧化铝的方法：中国，201110275013.6［P］.2011.

［102］ 张廷安，吕国志，刘燕，等 . 一种消纳拜耳法赤泥的方法：中国，201110275030. X［P］. 2011.

［103］ Zhang G Q, Zhang T A, Lv G Z, et al. Extraction of vanadium from vanadium slag by high pressure oxi-dative acid leaching［J］. International Journal of Minerals, Metallurgy, and Materials, 2015, 22（1）：21~26.

［104］ 张廷安，吕国志，刘燕，等 . 一种转炉钒渣中有价金属元素的回收方法：中国，201410395188.4［P］.2014.

［105］ 金创石，张廷安，曾勇，等 . 液氯化法从难处理金精矿加压氧化渣中浸金的研究［J］. 稀有金属材料与工程，2012（S2）：569~572.

［106］ Tian L, Liu Y, Zhang T A, et al. Kinetics of indium dissolution from marmatite with high indium content in pressure acid leaching［J］. Rare Metals, 2017（1）：71~78.

［107］ Li R B, Kuang S B, Zhang T A, et al. Numerical investigation of gas-liquid flow in a newly developed carbonation reactor［J］. Industrial & Engineering Chemistry Research, 2017（1）：380~391.

［108］ 赵秋月，张廷安，曹晓畅，等 . 带搅拌装置的管式反应器停留时间分布曲线［J］. 东北大学学报（自然科学版），2006（2）：206~208.

［109］ 张廷安，赵秋月，豆志河，等 . 内环流叠管式溶出反应器：中国，200510047338.3［P］.2005.

［110］ 张廷安，赵秋月，张子木，等 . 一种自搅拌管式溶出反应器：中国，201310421791.0［P］.2013.

［111］ 刘冠廷，刘燕，张廷安 . 三级碳化反应器中的气泡行为研究［J］. 东北大学学报（自然科学版），2019，40（9）：1252~1256.

2　加压湿法冶金基础

2.1　引言

加压湿法冶金，无论是有气体参与的反应还是无气体参与的反应，其反应过程都是气-液-固多相反应过程，理论基础包括水溶液热力学、气-液-固多相反应动力学及冶金传输原理。

水溶液热力学的具体体现形式为 E-pH 图的绘制，将稳定相溶液或组分看做是 pH 值与电位的函数，反映一定条件下元素与水溶液之间大量的、复杂的均相和非均相化学反应的平衡关系。通过 E-pH 图我们可以判断氧化还原反应进行的方向、推测氧化剂或还原剂在水溶液中的稳定性、选择合适的工艺条件等。

多相反应动力学是通过建立反应动力学模型，研究反应参数（温度、浓度、转速等）对冶金反应速率的影响，确定反应速率控制步骤。矿物湿法冶金溶出过程的动力学研究大都是建立在经典动力学模型的基础上，即未反应核模型。未反应核模型通常以理想态为前提，假设反应颗粒为理想的球形。而实际的冶金反应过程中，矿物颗粒形状随着反应的进行不断地发生变化，瞬时反应环境也在随之发生改变。考虑到参与反应颗粒形状的不规则，将分形理论引入到未反应核模型中，提出新的分形动力学模型。此外，结合铝土矿中未被浸出的剩余铝浓度，进一步发展了剩余浓度—分形模型，由此建立了普适的矿物浸出动力学方程。

冶金传输原理是研究化学反应过程中质量、热量和动量的传递过程。对于有气体参与的反应过程，气泡尺度、气含率等参数表征各相的分散状态，直接影响气，液，固三相的传质特性及界面反应动力学，因此气泡微细化的研究必不可少。此外，对于有氧化还原反应参与的过程，可通过反应体系电位变化揭示反应机制，从而有效调控反应过程。

2.2　水溶液的热力学原理

2.2.1　电解质及离子的活度

湿法冶金过程常以酸、碱、盐等电解质水溶液为介质完成反应过程，离子和电解质活度是表征体系状态的重要参数。

强电解质溶液是加压湿法冶金过程中常用的浸出剂，其在水中电离方程如下：

$$M_{v_+} A_{v_-} \Longrightarrow v_+ M^{z+} + v_- A^{z-} \tag{2-1}$$

式中，z_+ 和 z_- 分别为以质子电荷单位衡量的阳离子电荷和阴离子电荷；v_+ 和 v_- 分别为一个母电解质分子电离时产生的阳离子数和阴离子数。

电解质溶液中正负电荷总量相等，因此保持电中性，所以：

$$v_+ z_+ + v_- z_- = 0 \tag{2-2}$$

电解质的化学势 μ 与其活度 a 之间存在如下关系：

$$\mu = \mu^{\ominus} + RT\ln a \tag{2-3}$$

式中，μ 为电解质化学势，J/mol；$\mu^{\ominus}$ 为标准状态下的化学势，J/mol；R 为热力学常数，8.314J/(mol·K)；T 为温度，K；a 为整个电解质活度。

其活度为：

$$a = a_{\pm}^{v} = a_{+}^{v^{+}}\ a_{-}^{v^{-}} \tag{2-4}$$

电解质的平均活度（$a_{\pm}$）等于离子平均活度系数（$\gamma_{\pm}$）乘以平均质量摩尔浓度（$m_{\pm}$），即

$$a_{\pm} = \gamma_{\pm}\ m_{\pm} \tag{2-5}$$

阴、阳离子各自的活度系数的几何平均值可用于表示电解质的离子平均活度系数，反映出电解质溶液中阴、阳离子之间以及离子与溶剂分子之间作用力的大小。对于浓度极稀的电解质来说，电解质的离子平均活度系数接近于 1，即 $m \rightarrow 0$ 时，$\gamma_{\pm} \rightarrow 1$[1]。

对于所有的强电解质，不存在未电离的化合物。但是，对于弱电解质来说，如碳酸，情况并不是如此。水本身就是一种弱电解质，其电离方程式为 $H_2O \rightleftharpoons H^+ + OH^-$（$H^+$ 与水结合成 H_3O^+ 离子的事实在热力学讨论中无关紧要）。

25℃时，水的电离常数约为 10^{-14}，这是一个很小的值。在纯水中，H^+ 或 OH^- 的浓度或活度各为 10^{-7}。若把 HCl 或一些其他的酸加入到水中，那么 H^+ 的活度将增大，而 OH^- 的活度则降低。若向水中加入诸如 NaOH 的碱，那么结果正相反。因为水的活度为 1 基本在所有情况下适用，所以 H^+ 的活度和 OH^- 的活度存在 $a_{OH^-}a_{H^+} = 10^{-14}$ 的关系。因此，H^+ 的活度范围为 1（对活度为 1 的酸而言）$\sim 10^{-14}$（对活度为 1 的碱而言）。而对酸性更强或碱性更强的溶液来说，其 H^+ 活度将超出这一范围。

H^+ 活度常以其负对数表示，称为溶液的 pH 值，即 $pH = -\lg a_{H^+}$。水溶液的 pH 值是主要特性之一，且在表述湿法冶金反应的行为中非常重要。

2.2.2　金属盐溶液

当 $NaNO_3$ 或 $MgCl_2$ 等金属盐在水中溶解的时候，阳离子 Na^+ 或 Mg^{2+} 及阴离子 NO_3^- 或 Cl^- 将形成。在这种情况下，中性盐的活度等于其阳离子活度与阴离子活度的乘积。

部分金属在溶液中既可以以阳离子的形式也可以以阴离子的形式存在。以钒为例，同时以阳离子 VO_2^+ 形式和阴离子 VO_4^{3-} 形式出现。这些离子与水之间的平衡如下：

$$VO_2^+ + 2H_2O \rightleftharpoons 4H^+ + VO_4^{3-} \tag{2-6}$$

阴离子活度将随着 pH 值的增大（H^+ 活度降低）而增大（式（2-6））。由此可以推测，随着 pH 值的增大，所有的金属阳离子都可以转化为不同形式的阴离子。但事实上由于溶液中的最大 pH 值存在限制，因此许多现有的金属溶液体系中并不存在阴离子形态。

同样的，某些阴离子也可以在 pH 值降低时发生诸如以下的变化：

$$CO_3^{2-} + H^+ \rightleftharpoons HCO_3^- \tag{2-7}$$

HCO_3^- 离子是在 pH 值小于 8 时优先存在的离子。

$$Zn^{2+} + 4NH_3 \rightleftharpoons [Zn(NH_3)_4]^{2+} \tag{2-8}$$

$$Ag^+ + 2S_2O_3^{2-} \rightleftharpoons [Ag(S_2O_3)_2]^{3-} \tag{2-9}$$

$$Fe^{3+} + 4Cl^- \rightleftharpoons [FeCl_4]^- \tag{2-10}$$

利用金属络合离子可以使一些不溶性的金属化合物转入溶液（见式（2-8）~式（2-10）），这在湿法冶金中有重要的用途。

2.2.3 水溶液中的反应热

水溶液中溶质的偏摩尔生成热是指在浓度为 1mol/L 的理想溶液中 1mol 溶质的生成热。若像纯化合物之间的反应那样，用标准生成热来计算反应的热效应，其结果只适用于无限稀释的溶液体系，而不适用于实际的、具体的冶金反应。为计算实际冶金过程的热效应，通常需要知道各种浓度溶液的生成热来计算实际的冶金反应的热效应，即由在标准状态下，组成溶质的各元素与一定物质的量的水生成含 1mol 溶质的溶液的反应热[2]。以 2mol/L H_2SO_4 溶解 ZnO 为例，计算该反应生成热，采取如下步骤：

（1）将溶液浓度换算为 "1mol/L 溶质·$x$aq"，x 为溶质水的物质的量，即 2mol/L H_2SO_4 写作 $H_2SO_4 \cdot 27.78$aq；

（2）正确写出反应式，如果水是反应参加物或生成物，则反应前后作为溶剂的水分变化必须正确地表达出来，可写作如下形式：

$$ZnO + H_2SO_4 \cdot 27.78aq \longrightarrow ZnSO_4 \cdot (27.78+1)aq + H_2O \tag{2-11}$$

（3）计算反应热效应时，纯化合物取其标准生成热，溶液取其相应浓度的溶液生成热，故上述反应热效应为：

$$\Delta H^{\ominus}_{298} = \Delta H^{\ominus}_{f, ZnSO_4 \cdot 28.78aq} + \Delta H^{\ominus}_{f, H_2O} - \Delta H^{\ominus}_{f, ZnO} - \Delta H^{\ominus}_{f, H_2SO_4 \cdot 27.78aq} \tag{2-12}$$

2.2.4 离子的标准生成吉布斯自由能

在 101.325kPa 下，离子的标准生成吉布斯自由能定义为：由最稳定的单质溶于水形成活度为 1 的离子的吉布斯自由能变化，用符号 $\Delta G^{\ominus}_f$ 表示，该值可用电动势法求得。即测定合适的电池的标准电动势 $E^{\ominus}$ 及其温度系数 $\partial E^{\ominus}/\partial T$。对于电池反应来说，可得到以下关系式：

$$\Delta G^{\ominus} = -zE^{\ominus}F \tag{2-13}$$

$$\Delta S^{\ominus} = -\frac{\partial \Delta G^{\ominus}}{\partial T} = zF\frac{\partial \Delta E^{\ominus}}{\partial T} \tag{2-14}$$

$$\Delta H^{\ominus} = \Delta G^{\ominus} + T\Delta S^{\ominus} = zF\left(T\frac{\partial E^{\ominus}}{\partial T} - E^{\ominus}\right) \tag{2-15}$$

式中，$\Delta G^{\ominus}$ 为标准状态下对应的吉布斯自由能变，J/mol；$\Delta S^{\ominus}$ 为标准状态下反应熵变，J/(mol·K)；z 为反应电荷数；$E^{\ominus}$ 为电池的标准电动势，V；F 为法拉第常数，96500C/mol；$\Delta H^{\ominus}$ 为标准状态下反应焓变，J/mol。

例如 25℃时，电池 Ag｜AgCl(s)｜HCl(b)｜Cl_2(g, 100kPa)｜Pt 的电动势 E = 1.136V，电动势的温度系数 $(\partial E/\partial T)$ = 5.95×10^{-4} V/K。电池的反应为 Ag + $1/2Cl_2$(g, 100kPa) $=$ AgCl(s)。可分别利用公式（2-13）~式（2-15）求得该电池的 $\Delta G^{\ominus}$ = -109.6kJ/mol，$\Delta S^{\ominus}$ = -57.4kJ/K，$\Delta H^{\ominus}$ = -126.7kJ/mol，可逆热 $Q = T\Delta S^{\ominus}$ = -17.1kJ/mol。

2.2.5 等压法测量水溶液热力学性质

水溶液热力学性质是湿法冶金实验和理论研究不可或缺的重要部分，是构建复杂水盐体系热力学预测模型以及发展和完善现代电解质理论的重要基石，因此一直是国内外研究的热点内容。水溶液热力学性质的研究方法主要分为等压法、电势法和量热法。其中，等压法因具有测量准确度高、限制条件少、实验装置简单、易于操作等特点，而被广泛应用于水盐体系的热力学性质的研究。本节重点介绍等压法测量原理、装置及应用范畴。

2.2.5.1 等压法测量原理

等压法测量水溶液热力学性质的原理是在精确知道至少一种溶液的浓度与其水活度的函数关系的前提下，将此溶液作为参考溶液，与待测的电解质溶液置于一个封闭体系内，通过溶剂的转移，最终达到一致的化学势。只要测得在一定温度下和参考溶液呈热力学平衡的待测溶液和参考溶液的浓度就可计算出待测溶液的渗透系数。将各渗透系数值和相应的浓度代入 Pitzer 方程通过多元线性回归即可得到所需的 Pitzer 参数，再将 Pitzer 参数代回关于活度系数的 Pitzer 方程，即可得到各溶液中有关溶质的平均活度系数，最后利用吉布斯-杜亥姆公式即可求得该溶液的所有热力学量。

此方法一般用于测定浓度大于 0.1mol/kg 到饱和浓度范围的水活度和渗透系数等性质。在等压实验中，物质浓度较低时，可选用 NaCl、KCl 作为参考溶液；但当浓度较大时，常采用 H_2SO_4 与 $CaCl_2$ 溶液作为参考溶液。有时为了保证实验结果的准确性还可采用双参考法。值得注意的是，等压技术所测物质和试剂纯度要求甚高，为了获得准确可靠的热力学数据，需要高纯试剂或对试剂进行多次重结晶纯化，并进行必要的分析测定、鉴定和表征。

2.2.5.2 等压法测量装置

为了测定等压平衡时各溶液的浓度，须将一定量的各溶液放入抗腐蚀性能强传热性能好的等压杯中，再将各等压杯放入密闭的等压箱中。抽尽等压箱内的空气，将等压箱在恒温浴内保存足够长的时间使内部的溶液达到热力学平衡，然后通过平衡前后溶液质量的变化来计算溶液的平衡浓度。

1917 年，Bousfield 将各种固体盐分别放入不同的圆柱形玻璃容器（即等压杯），再将这些玻璃容器安装在一个保干器（等压箱）中的锡板（传热块）上，在各个玻璃容器中加入水，排掉保干器中的空气并将其在 18℃ 的恒温下保存 2~4 天，使内部的水蒸气发生转移达到平衡，以此来测定平衡后各玻璃容器中盐水的物质的量比。这可以说是最早的等压测定法和等压测量装置[3]。随着等压技术的广泛应用，等压设备也在不断地改进，主要集中在改进等压杯、缩短平衡时间、维持平衡条件。姚燕等人[4]采用了钛、钴、镍合金杯，既保证化学稳定性又具有良好传热性能，同时抗腐蚀，被广泛应用于水盐电解质溶液体系热力学性等压法研究。为了提高测量精度，Robinson[5]在等压箱上设计一套动力系统，测定结果精确提高了 10~20 倍。为了加快平衡，Mason[6]在等压杯内加入耐腐蚀的金属直接搅拌溶液，缩短了平衡时间。同时针对保温箱内加盖装置的改进拓宽了等压装置的工作温度（273.15~523.15K）。

2.2.5.3 等压法在水盐体系热力学性质研究中的应用

等压法被广泛应用于二元水盐体系热力学的性质研究（如碱土金属和稀土金属的氯化物、硝酸盐、硫酸盐的热力学性质和溶解度）、三元和多元水盐体系热力学的性质研究，获得了这些体系在不同温度下的 Pitzer 参数及其随温度的变化关系。其中，含锂水盐体系热力学性质等压法研究极为活跃，而在硼酸盐水盐体系中，由于硼酸根在一定浓度后会发生聚合和解聚反应，生成多种硼氧配阴离子，其热力学性质研究和建模较为困难。表 2-1 列出了等压法测量的在 273.15~323.15K 范围内氯化锂和硫酸锂的 Pitzer 单盐参数[7]。将等压技术实验测得的渗透系数与模型计算值相比较，偏差很小，说明等压法可以很好地应用于含锂体系热力学性质的研究。

表 2-1　氯化锂和硫酸锂在不同温度下的 Pitzer 单盐参数（等压法）

参 数	T/K	$\beta^{(0)}$	$\beta^{(1)}$	C^{Φ}	$m_{max}/mol \cdot kg^{-1}$
LiCl	273.15	0.1269	1.0517	−0.00072	8.0
	298.15	0.14503	0.31578	0.00417	5.704
	298.15	0.15952	0.21017	0.00130	9.842
	298.15	0.22073	−0.52331	−0.00817	19.848
	298.15	0.1378	0.4876	0.00504	9.0
	298.15	0.1494	0.3074	0.00359	6.0
	298.15	0.20972	−0.34380	−0.00433	19.219
	298.15	0.14667	0.33703	0.00393	6.0
	323.15	0.1509	0.2709	0.00116	8.2
Li$_2$SiO$_4$	273.15	0.1616	0.2121	0.00305	0.0051
	273.15	0.1561	0.2458	0.00415	0.0082
	298.15	0.1401	1.1050	−0.00477	0.0024
	298.15	0.14473	1.29952	0.00616	0.00448
	298.15	0.13843	1.0088	−0.00427	0.00663
	298.15	0.136912	1.011003	0.00425	0.00729
	298.15	0.13765	1.0395	−0.00409	0.00675
	323.15	0.1331	1.4904	−0.0056	0.0015
	323.15	0.1402	1.2767	−0.00739	0.00505
	323.15	0.1425	1.2306	−0.00817	0.0058

　　同样地，等压法也可以用于复杂的硼酸盐水盐体系热力学性质的研究中。当总硼浓度高于 0.05mol/kg 时，硼酸根的聚合和解聚反应导致溶液内存在多种硼氧配阴离子，致使数据分析和建模困难。杨吉民等人[8]在多种聚硼物种存在的模型基础上加以修正，以总硼浓度 0.08mol/kg 为界，当总硼浓度小于 0.08mol/kg 时，主要考虑 H_3BO_3、$B(OH)_4^-$、Li^+、Cl^- 离子；当总硼浓度不小于 0.08mol/kg 时，主要考虑 H_3BO_3 和 $B_3O_3(OH)_4^-$、$B(OH)_4^-$、Li^+、Cl^- 离子。以 Pitzer 渗透系数方程为基础，进行参数化研究时忽略 H_3BO_3 与各离子之间的相互作用，表 2-2 为不同温度下 $LiCl\text{-}Li_2B_4O_7\text{-}H_2O$ 体系的 Pitzer 单盐参数[8]。

表 2-2　不同温度下 LiCl-Li$_2$B$_4$O$_7$-H$_2$O 体系的 Pitzer 单盐参数（多种聚硼物种存在的模型）

T/K	总硼浓度/mol·kg^{-1}	离子	$\beta^{(0)}$	$\beta^{(1)}$	C^Φ
273.15	<0.08	Li$^+$, B(OH)$_4^-$	16.5537	−13.523	−13.523
298.15	<0.08	Li$^+$, B(OH)$_4^-$	−9.3675	10.6515	10.6515
298.15	<0.08	Li$^+$, B(OH)$_4^-$	−11.11205	10.5169	10.5169
273.15	≥0.08	Li$^+$, B(OH)$_4^-$	127.275	78.029	78.029
298.15	≥0.08	Li$^+$, B(OH)$_4^-$	40.0996	361.5428	361.5428
298.15	≥0.08	Li$^+$, B(OH)$_4^-$	40.0996	361.5428	361.5428
273.15		Li$^+$, B$_3$O$_3$(OH)$_4^-$	−6.135	122.169	122.169
298.15		Li$^+$, B$_3$O$_3$(OH)$_4^-$	6.9241	7.3296	7.3296
298.15		Li$^+$, B$_3$O$_3$(OH)$_4^-$	6.9241	7.3296	7.3296

H. F. Holmes 等人[9] 以 NaCl(aq) 作为计算渗透系数的等压标准，测定了温度范围在 383.15～498.15K 范围内的 Na$_2$HPO$_4$、K$_2$HPO$_4$、NaH$_2$PO$_4$、KH$_2$PO$_4$ 水溶液的等压摩尔浓度。并利用渗透系数的最小二乘拟合得到化学计量活度系数。

值得指出的是，大多数等压技术的研究主要集中在常温常压下，测量温度范围较窄。对于含碱金属、碱土金属的硼酸盐溶液体系热力学性质研究仍十分薄弱，如何更准确表达广泛浓度范围内的含硼体系的热力学性质、拓展硼酸盐电解质溶液热力学模型是未来发展的主攻方向。

2.3　*E*-pH 图在加压湿法冶金中的应用

金属及其化合物与水溶液中离子的平衡在实际工业中应用广泛，如湿法冶金、废水治理以及金属防腐。例如，铝土矿中 AlOOH 的碱溶出反应涉及 AlOOH 与溶液中 AlO$_2^-$ 和 OH$^-$ 的平衡：

$$AlOOH + OH^- \Longrightarrow AlO_2^- + H_2O \qquad (2\text{-}16)$$

闪锌矿中 ZnS 的氧浸出反应涉及 ZnS 与 O$_2$ 及溶液中 Zn^{2+}、SO$_4^{2-}$ 的平衡：

$$ZnS + 2O_2 \Longrightarrow Zn^{2+} + SO_4^{2-} \qquad (2\text{-}17)$$

因此研究这些平衡条件十分重要。

温度、浓度、pH 值及氧化还原电位等影响平衡的参数可用相应的热力学平衡图进行表征与分析。用平衡图表征平衡状态与各种参数的关系，往往需要用多维坐标，为简化起见，通常将某些参数固定而研究主要因素的影响，其中氧化还原电位、pH 值及离子浓度是最重要的参数，因此以离子浓度和 pH 值为参数绘制的 lgc_{Me}-pH 图和以电位和 pH 值为参数绘制的 *E*-pH 图最为常见，在探究系统的平衡条件及相应的冶金过程中广泛使用。

2.3.1　Me-H$_2$O 系 *E*-pH 图的绘制方法

2.3.1.1　常温下 Me-H$_2$O 系 *E*-pH 图的绘制方法

湿法冶金的化学反应可以用式（2-18）来表示：

$$a\mathrm{A} + n\mathrm{H}^+ + ze \Longrightarrow b\mathrm{B} + c\mathrm{H}_2\mathrm{O} \qquad (2\text{-}18)$$

根据反应有无 e、H$^+$ 参加，还可以分为以下 3 种情况：

（1）有 e 参加，无 H^+ 参加。此时反应为 z 个电子迁移，电位 E 与 pH 值无关的氧化还原反应（见式（2-19）），其反应的吉布斯自由能变化见式（2-20）。

$$aA + ze \Longrightarrow bB \tag{2-19}$$

$$\Delta G = \Delta G^\ominus + RT\ln \frac{a_B^b}{a_A^a} \tag{2-20}$$

已知 $\Delta G^\ominus$，根据式（2-21），可以导出标准电位 $E^\ominus$。

$$\Delta G^\ominus = -zFE^\ominus \tag{2-21}$$

$$-zFE = -zFE^\ominus + RT\ln \frac{a_B^b}{a_A^a} \tag{2-22}$$

$$E = E^\ominus - \frac{2.303RT}{zF}\lg \frac{a_B^b}{a_A^a} \tag{2-23}$$

25℃时，式（2-23）可以表示为：

$$E = E^\ominus - \frac{0.0591}{z}\lg \frac{a_B^b}{a_A^a} \tag{2-24}$$

因此，反应式（2-24）在 E-pH 图上的平衡线为与 pH 值无关的平行线。

（2）有 H^+ 参加，无 e 参加。此时反应无电子迁移，离子活度只与 pH 值有关（见式（2-25）），其反应的标准吉布斯自由能变化见式（2-27）。

$$aA + nH^+ \Longrightarrow bB + cH_2O \tag{2-25}$$

$$\Delta G = \Delta G^\ominus + RT\ln \frac{a_B^b}{a_A^a \cdot a_{H^+}^n} \tag{2-26}$$

$$\Delta G^\ominus = -RT\ln \frac{a_B^b}{a_A^a \cdot a_{H^+}^n} \tag{2-27}$$

$$pH^\ominus = -\frac{\Delta G^\ominus}{2.303nRT} \tag{2-28}$$

25℃时，式（2-28）可以表示为：

$$pH^\ominus = -\frac{\Delta G^\ominus}{1364n} \tag{2-29}$$

此时反应与电位 E 无关，反应的平衡 pH 值为：

$$pH = pH^\ominus - \frac{1}{n}\ln \frac{a_B^b}{a_A^a} \tag{2-30}$$

说明在 E-pH 图上，此类型反应的平衡可用一条与电位无关的垂直线表示。

（3）有 H^+ 参加，且有 e 参加。此时反应为与电位 E 与 pH 值有关的氧化还原反应，其电极电位为：

$$E = E^\ominus - \frac{2.303nRT}{zF}pH - \frac{2.303RT}{zF}\lg \frac{a_B^b}{a_A^a} \tag{2-31}$$

25℃时，式（2-31）可以表示为：

$$E = E^\ominus - \frac{n}{z}0.0591pH - \frac{0.0591}{z}\lg \frac{a_B^b}{a_A^a} \tag{2-32}$$

E-pH 图中，析出氧为水溶液稳定的上限，其稳定条件由式（2-33）确定。

$$\frac{1}{2}O_2 + 2H^+ + 2e =\!=\!= H_2O \tag{2-33}$$

$$E_{O_2/H_2O} = 1.229 - 0.0591\text{pH} \quad (25℃, \ p_{O_2} = 0.1\text{MPa}) \tag{2-34}$$

析出氢为水溶液稳定的下限，其稳定程度由式（2-35）确定。

$$2H^+ + 2e =\!=\!= H_2 \tag{2-35}$$

$$2H_3O^+ + 2e =\!=\!= H_2 + 2H_2O \tag{2-36}$$

将得出的 25℃电位 E 与 pH 值的线性关系表示在图上，就可以绘制出常温下的 Me-H_2O 系 E-pH 图[10~13]。

2.3.1.2 高温下的 Me-H_2O 系 E-pH 图的绘制方法

随着湿法冶金体系温度的升高，物质的 E_T 和 pH_T 较常温的 E_{298} 和 pH_{298} 将发生显著迁移。在高温的水溶液中，任何化学反应系统中的焓变 $d\Delta H^{\ominus}$ 可以表示为：

$$d\Delta H^{\ominus} = \Delta C_{p,m}^{\ominus} dT \tag{2-37}$$

如果把 298~TK 温度范围内的热容变化视作平均恒定值，由 $\Delta C_{p,m}^{\ominus}\Big|_{298}^{T}$ 积分得到平均热容 $\Delta \overline{C_{p,m}}$，$\Delta H_T^{\ominus}$ 可表示为：

$$\Delta H_T^{\ominus} = \Delta H_{298}^{\ominus} + \Delta\overline{C_{p,m}^{\ominus}}(T - 298) \tag{2-38}$$

化学反应的熵变化可表示为：

$$d\Delta S^{\ominus} = \Delta\overline{C_{p,m}^{\ominus}}\frac{dT}{T} \tag{2-39}$$

类似积分得：

$$\Delta S_T^{\ominus} = \Delta S_{298}^{\ominus} + \Delta\overline{C_{p,m}^{\ominus}}\ln\frac{T}{298} \tag{2-40}$$

由 $\Delta G_T^{\ominus} = \Delta H_T^{\ominus} - T\Delta S_T^{\ominus}$，可得：

$$\Delta G_T^{\ominus} = \Delta G_{298}^{\ominus} - \Delta S_{298}^{\ominus}(T - 298) + \Delta\overline{C_{p,m}^{\ominus}}\left[(T - 298) - T\ln\frac{T}{298}\right] \tag{2-41}$$

根据式（2-41），对于氧化还原系统，任何温度的 $E_T^{\ominus}$ 可以表示为：

$$E_T^{\ominus} = E_{298}^{\ominus} + \frac{(T - 298)\Delta S_{298}^{\ominus}}{zF} - \frac{\left[(T - 298) - T\ln\dfrac{T}{298}\right]\Delta\overline{C_{p,m}^{\ominus}}\Big|_{298}^{T}}{zF} \tag{2-42}$$

对于溶解—沉淀反应系统（无 e 参加，$z=0$），高温 $pH_T^{\ominus}$ 可表示为：

$$pH_T^{\ominus} = \frac{298}{T}pH_{298}^{\ominus} + \frac{(T - 298)\Delta S_{298}^{\ominus}}{2.303nRT} - \frac{\left[(T - 298) - T\ln\dfrac{T}{298}\right]\Delta\overline{C_{p,m}^{\ominus}}\Big|_{298}^{T}}{2.303nRT} \tag{2-43}$$

Criss 和 Cobble 提出的"离子熵对应原理"可用于求解水溶液中的离子平均热容 $\overline{C_{p,m}^{\ominus}}$，对于同类离子，温度 T 时的绝对熵值与参比温度 298K 的绝对熵值成正比。一般温度下，氢离子的标准偏摩尔熵为：

$$\overline{S_T^{\ominus}}(H^+, \text{标准}) = 0 \tag{2-44}$$

对任意离子，不同温度下的绝对熵值计算方法为：在某个温度下，通过固定氢离子的绝对熵，选定一个基准态，按下式计算：

$$\overline{S_T^{\ominus}}(i，绝对) = \overline{S_T^{\ominus}}(i，标准) + \overline{S_T^{\ominus}}(H^+，绝对) \tag{2-45}$$

当温度为 298K 时，任何离子的绝对熵值可表示为：

$$\overline{S_T^{\ominus}}(i，绝对) = \overline{S_T^{\ominus}}(i，标准) - 20.92z \tag{2-46}$$

式中，z 为离子电荷数，包括正负号。

湿法冶金中常见的离子可以分为 4 种类型：简单阳离子、简单阴离子（OH^-）、含氧络合阴离子和含氢氧的络合阴离子。如果适当选择各温度时 $\overline{S_T^{\ominus}}(i，绝对)$ 的数值，就可以发现对于某类型的离子，$\overline{S_T^{\ominus}}(i，绝对)$ 和 $\overline{S_{298}^{\ominus}}(i，绝对)$ 之间存在着直线关系，如式（2-47）所示：

$$\overline{S_T^{\ominus}}(i，绝对) = a_T + b_T \overline{S_{298}^{\ominus}}(i，绝对) \tag{2-47}$$

式（2-47）为离子熵对应原理的数学表达式，式中 $a_T + b_T$ 为给定温度下的常数值。只与选择的标准态、溶剂、温度以及离子类型有关，而与个别离子性质无关。表 2-3 列出了 $25 \sim 200℃$ 时 4 种离子类型的 a_T 和 b_T 数值。

表 2-3　4 种离子类型的 a_T 与 b_T 值

温　度		简单阳离子		简单阴离子（包括 OH^-）		含氧阴离子（AO_n^{m-} 型）		酸性含氧阴离子 $[AO_n(OH)^{m-}$ 型]		标准态 $H_{(aq)}^+$ 的熵/J · $(mol · K)^{-1}$
$T/℃$	T/K	a_T	b_T	a_T	b_T	a_T	b_T	a_T	b_T	
25	298	0	1.000	0	1.000	0	1.000	0	1.000	-20.92
60	333	16.31	0.955	-21.34	0.969	-58.78	1.217	-56.48	1.380	-10.46
100	373	43.10	0.876	-54.81	1.000	-129.70	1.476	-126.78	1.894	8.37
150	423	67.78	0.792	-89.12	0.989	-192.46	1.687	-210.04①	2.381①	27.20
200	473	97.49①	0.711①	126.78①	0.981①	-280.33①	2.020①	-292.88①	2.960	46.44

① 这些常数为从较低温度下外推相应的 a_T 和 b_T 值而估算得到的。

从离子熵计算平均热容的方法如下：

$$d\overline{S} = \frac{\overline{C_{p,m}}dT}{T} = \overline{C_{p,m}}d\ln T \tag{2-48}$$

积分上式得：

$$\int_{298}^{T} d\overline{S} = \int_{298}^{T} \overline{C_{p,m}}d\ln T \tag{2-49}$$

根据平均热容的定义，在 $298T \sim K$ 之间的平均热容可以表示为：

$$\overline{C_{p,m}}\Big|_{298}^{T} = \int_{298}^{T} \overline{C_{p,m}}dT \Big/ \int_{298}^{T} dT \tag{2-50}$$

当 298K 与 TK 间隔不大时，可认为下面等式近似相等：

$$\overline{C_{p,m}}\Big|_{298}^{T} = \int_{298}^{T} \overline{C_{p,m}}dT \Big/ \int_{298}^{T} dT = \int_{298}^{T} \overline{C_{p,m}}d\ln T \Big/ \int_{298}^{T} d\ln T \tag{2-51}$$

$$\overline{S_T^{\ominus}} - \overline{S_{298}^{\ominus}} = \overline{C_{p,m}}\Big|_{298}^{T} \ln\frac{T}{298} \tag{2-52}$$

$$\overline{C_{p,\mathrm{m}}}\Big|_{298}^{T} = \frac{\overline{S_{T}^{\ominus}} - \overline{S_{298}^{\ominus}}}{\ln\left(\dfrac{T}{298}\right)} \tag{2-53}$$

将式（2-47）代入式（2-53），得：

$$\overline{C_{p,\mathrm{m}}}\Big|_{298}^{T} = \frac{a_{T} + b_{T}\,\overline{S_{298}^{\ominus}} - \overline{S_{298}^{\ominus}}}{\ln\left(\dfrac{T}{298}\right)} = \frac{a_{T} + (b_{T}-1)\,\overline{S_{298}^{\ominus}}}{\ln\left(\dfrac{T}{298}\right)} \tag{2-54}$$

令 $\alpha_{T} = \dfrac{a_{T}}{\ln T/298}$，$\beta_{T} = \dfrac{b_{T}-1}{\ln T/298}$，将 a_{T}、b_{T} 代入式（2-53），得：

$$\overline{C_{p,\mathrm{m}}}\Big|_{298}^{T} = \alpha_{T} + \beta_{T}\,\overline{S_{298}^{\ominus}} \tag{2-55}$$

根据表 2-3 的结果，可以求出上述四类离子在不同温度下的 α_{T} 和 β_{T} 值，见表 2-4。

表 2-4　α_{T} 和 β_{T} 值

温　　度		简单阳离子		简单阴离子 （包括 OH⁻）		含氧阴离子 （AO_n^{m-} 型）		酸性含氧阴离子 [$AO_n(OH)^{m-}$ 型]		$H_{(aq)}^{+}$ 的 $\overline{C_{p,\mathrm{m}}}\big|_{298}^{T}$ /J· (mol · K)⁻¹
$T/℃$	T/K	α_{T}	β_{T}	α_{T}	β_{T}	α_{T}	β_{T}	α_{T}	β_{T}	
60	333	146.44	−0.41	−192.46	−0.28	−5.31	1.90	−510.45	3.44	96.232
100	373	192.46	−0.55	−242.67	0.00	−5.77	2.24	−564.84	3.97	129.70
150	423	192.46	−0.59	−255.22	−0.03	556.47	2.27	−598.31	3.95	138.07
200	473	209.20	−65	−271.96	−0.04	606.68	2.53	−635.97	4.24	146.44

通过式（2-55）求出高温下的 $\overline{C_{p,\mathrm{m}}}$ 值，分别代入式（2-41）~式（2-43），即可求出高温条件下的 $\Delta G_{T}^{\ominus}$、$E_{T}^{\ominus}$、$\mathrm{pH}_{T}^{\ominus}$。

2.3.2　Me-H₂O 系的 *E*-pH 图

2.3.2.1　*E*-pH 图的原理及绘制

E-pH 图表征 Me-H₂O 系中各种化合物及离子的平衡状态与氧化还原电位及 pH 值的关系，现以 25℃时 Zn-H₂O 系为例说明其原理及绘制方法。

图 2-1 为 25℃时 Zn-H₂O 系的 *E*-pH 图，它以电位 *E* 为纵坐标，pH 值为横坐标，图中 Ⅰ、Ⅱ、Ⅲ、Ⅳ区分别为 Zn^{2+}、Zn、ZnO、ZnO_2^{2-} 的稳定区，即在所给定的电位和 pH 值范围内，上述离子或化合物能稳定存在，两区域间的分界线为有关物质的平衡线，例如线① 为 Zn^{2+} 活度为 1 时式（2-56）的平衡线。

$$ZnO + 2H^{+} \Longrightarrow Zn^{2+} + H_2O \tag{2-56}$$

根据图 2-1 即可知道，25℃时为得到某种形态的锌应控制的条件，例如当 Zn^{2+} 的活度为 1 时，为使 Zn^{2+} 以 ZnO 形态进入沉淀，则应控制 pH≥5.8。

E-pH 图的绘制主要理论基础包括[10~12,14]：

（1）有关的热力学计算方法及体系内物质的热力学性质；

（2）相律；

（3）同时平衡原理；

（4）逐级转变原则。

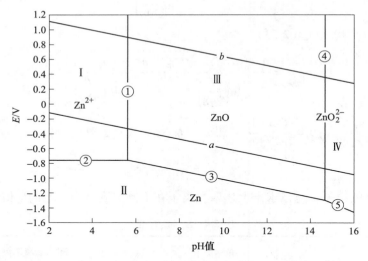

图 2-1 Zn-H$_2$O 系的 E-pH 图

（25℃，Zn^{2+}活度为 1）

上述内容在任一本热力学书籍中均可查到，在此不再赘述。现以 25℃ Zn-H$_2$O 系 E-pH 图为例介绍其计算和绘制步骤：

（1）查明在给定条件（如温度等）下系统中稳定存在的物质及其标准摩尔生成吉布斯自由能 25℃时，Zn-H$_2$O 系中稳定存在的物质及其 $\Delta_f G_m^{\ominus}$ 见表 2-5。

表 2-5 25℃时 Zn-H$_2$O 系稳定存在的物质及其标准摩尔生成吉布斯自由能

名 称	Zn$_{(s)}$	Zn^{2+}	ZnO$_{(s)}$	ZnO$_2^{2-}$	H$^+$	H$_2$O
$\Delta_f G_m^{\ominus}$/kJ · mol^{-1}	0	−147.05	−317.89	−389.11	0	−236.96

（2）列出系统中有效平衡反应及其标准吉布斯自由能变化，Zn-H$_2$O 系中的有效平衡反应及其标准吉布斯自由能变化见表 2-6。

表 2-6 25℃时 Zn-H$_2$O 系中的有效平衡反应及其 $\Delta_r G_m^{\ominus}$ 值

反应编号	反 应	$\Delta_r G_m^{\ominus}$/kJ · mol^{-1}	序 号
1	ZnO + 2H$^+$ ===== Zn^{2+} + H$_2$O	−66.12	式 (2-57)
2	ZnO$_2^{2-}$ + 2H$^+$ ===== ZnO + H$_2$O	−165.74	式 (2-58)
3	Zn^{2+} + 2e ===== Zn	147.05	式 (2-59)
4	ZnO$_2^{2-}$ + 2e + 4H$^+$ ===== Zn + 2H$_2$O	−84.81	式 (2-60)
5	ZnO + 2H$^+$ + 2e ===== Zn + H$_2$O	80.93	式 (2-61)

（3）计算各反应平衡时 E 与 pH 值关系，在 Zn-H$_2$O 系中的反应可用总反应式（2-18）概括，分为 3 种情况：

1）有 H$^+$ 参加但无氧化还原反应，即无电子转移，即表 2-6 中反应式（2-57）和式

（2-58）。对反应式（2-57），通过式（2-29）和式（2-30）可得到

$$pH = 5.8 - 0.5lga_{Zn^{2+}} \tag{2-62}$$

当 $a_{Zn^{2+}} = 1$ 时，pH = 5.8。进而绘图得图 2-1 中线①，线①为 298K 下 Zn^{2+} 活度为 1 时此反应的平衡线。

同样可得反应式（2-58）的平衡方程式为：

$$pH = 14.55 + 0.5lga_{ZnO_2^{2-}} \tag{2-63}$$

绘图得图 2-1 中线④是 298K 下 ZnO_2^{2-} 活度为 1 时该反应的平衡线。

2）氧化还原过程（即有电子转移），但无 H^+ 参加，即表 2-6 中反应式（2-59）。

通过式（2-24），当 $a_A = a_B = 1$ 时，得到：

$$E = -0.76 + (0.059/2)lga_{Zn^{2+}} \tag{2-64}$$

进而绘图得到图 2-2 中线②，它是反应式（2-59）的平衡线。

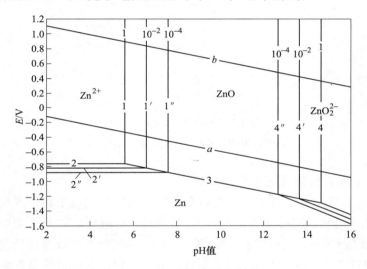

图 2-2　Zn-H_2O 系的 *E*-pH 图（25℃）

3）有电子转移，同时又有 H^+ 参与，即表 2-6 中反应式（2-60）。

将有关数据代入式（2-32）得到方程式为：

$$E_{298} = -0.42 - 0.0591pH \tag{2-65}$$

进而绘图得线③。图中线⑤的绘制与线③相似，不重述。

图中 *a*、*b* 线分别为以下反应的平衡线：

a 线　　　$2H^+ + 2e = H_2$　　　$E_a = -0.0591pH$（氢分压为 101kPa）　　(2-66)

b 线　　$O_2 + 4H^+ + 4e = 2H_2O$　　$E_b = 1.23 - 0.0591pH$（氢分压为 101kPa）　(2-67)

因此当水溶液中的电位低于 *a* 线，则水将被分解析出 H^+，高于 *b* 线则析出 O_2，只有在 *a*、*b* 线之间 H_2O 才是稳定的。或者说所有在水溶液中进行的反应，其氧化还原电位应在 *a* 线、*b* 线之间，否则水将被分解，析出 H_2 或 O_2。

正如上述计算所设定的，图 2-2 为 Zn^{2+}、ZnO_2^{2-} 活度为 1 的情况下，Zn-H_2O 系的 *E*-pH 图，当 Zn^{2+}、ZnO_2^{2-} 活度不为 1 时，根据式（2-24）、式（2-30）和式（2-32）可知，Zn^{2+}-

ZnO、Zn^{2+}-Zn、ZnO_2^{2-}-ZnO、ZnO_2^{2-}-Zn 平衡线的位置和 Zn^{2+} 与 ZnO_2^{2-} 的活度有关。相应的 E-pH 图将略有不同，为表征活度的影响，人们往往将多种活度的 E-pH 图叠加，图 2-2 为活度分别为 1、10^{-2}、10^{-4} 时 Zn-H_2O 系的 E-pH 图的叠加图。按照类似的方法得 Cu-H_2O 系的 E-pH 图（见图 2-3）。

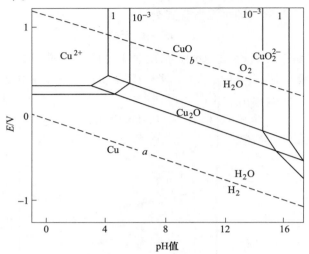

图 2-3 Cu-H_2O 系的 E-pH 图

（25℃，Cu^{2+} 及 CuO_2^{2-} 活度分别为 1、10^{-3}）

2.3.2.2 金属氧化物的浸出条件分析

在 pH 值很小或很大的条件下，一般的金属氧化物可分别以阳离子或含阴离子的形态进入溶液，因此可用酸或碱浸出（见图 2-1、图 2-3），但碱浸法除对某些两性金属氧化物（如 Al_2O_3）以及酸性较强的氧化物（如 WO_3）外，对其他大多数金属氧化物而言，所需碱浓度过大（pH≥15），这是不现实的。所以下面主要讨论氧化物酸浸条件。

以二价金属氧化物酸浸反应为例：

$$MeO + 2H^+ \Longrightarrow Me^{2+} + H_2O \tag{2-68}$$

根据前文出现的 E-pH 图可知，反应向右进行的条件为当溶液中的电位和 pH 值处于 Me^{2+} 稳定的区内，即溶液的 pH 值应小于平衡 pH 值。当 Me^{2+} 的活度为 1 时，要求 pH<$pH^{\ominus}$，Me-H_2O 体系内 $pH^{\ominus}$ 值越大，则其氧化物越容易被浸出，某些金属氧化物的 $pH^{\ominus}$ 值见表 2-7。

表 2-7 某些金属氧化物的 $pH^{\ominus}$ 值

氧化物	MnO	CdO	CoO	FeO	NiO	ZnO	CuO	In_2O_3	Fe_3O_4	Ga_2O_3	Fe_2O_3	SnO_2
$pH^{\ominus}_{298}$	8.98	8.69	7.51	6.8	6.06	5.80	3.95	2.52	0.89	0.74	-0.24	-2.10
$pH^{\ominus}_{373}$	6.79	6.78	5.58	—	3.16	4.35	3.55	0.97	0.04	-0.43	-0.99	-2.90
$pH^{\ominus}_{473}$	—	—	3.89	—	2.58	2.88	1.78	-0.45	—	1.41	-1.58	-3.55

由表 2-7 分析可知：

（1）在较低的酸浓度下，MnO、ZnO、FeO 等较容易浸出，而 Fe_2O_3、Ga_2O_3 等难被浸出。

（2）多价金属氧化物的低价态易被浸出，而高价态则相对较难，如 Fe_2O_3 比 FeO 更难浸出。

（3）对所有氧化物而言，温度升高导致 $pH^\ominus$ 降低，因此温度升高对浸出过程不利。

应当指出，以上仅是指无价态变化的溶解过程，对变价金属的某些金属氧化物而言，为使其浸出还要创造一定的氧化还原条件，如铀的氧化物的浸出，欲使 UO_2 浸出，可能有 3 种情况（见图 2-4）。

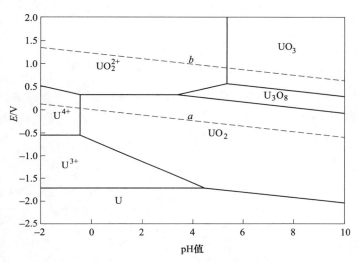

图 2-4 U-H_2O 系的 E-pH 图

（25℃，铀活度为 10^{-3}）

（1）简单的化学溶解：

$$UO_2 + 4H^+ = U^{4+} + 2H_2O \tag{2-69}$$

显然当溶液中 U^{4+} 活度为 1 时，上述反应进行的条件是溶液 $pH < pH^\ominus$（1.45）。

（2）氧化溶解：

$$UO_2 = UO_2^{2+} + 2e \tag{2-70}$$

其条件是应有还原电位高于 $E^\ominus_{UO_2^{2+}/UO_2}$（0.22V）的氧化剂存在，常用的氧化剂有 Fe^{3+}、O_2 等。

（3）还原溶解：

$$UO_2 + e + 4H^+ = U^{3+} + 2H_2O \tag{2-71}$$

实践中这种方案并不能用，欲使 UO_2 还原成 U^{3+} 所需还原剂的还原电位应低于 a 线，此时它将同时分解水析出 H_2（见图 2-4）。对于 U_3O_8 而言，只能在控制一定 pH 值的条件下进行氧化浸出，即

$$U_3O_8 + 4H^+ = 3UO_2^{2+} + 2H_2O + 2e \tag{2-72}$$

2.3.3 复杂体系的 E-pH 图

所谓的复杂体系是指除 H_2O 以外，系统内还含有两种及两种以上的其他元素，且这

两种元素的氧化物之间生成复杂化合物，例如，Zn-Fe-H_2O 系中存在化合物 $ZnO \cdot Fe_2O_3$，Fe-As-H_2O 系中存在化合物 $FeAsO_4$。所以，在此类体系内存在金属复杂氧化物与 H^+、金属离子等之间的平衡。例如在 Zn-Fe-H_2O 中存在下列平衡：

$$ZnO \cdot Fe_2O_3 + 2H^+ \Longrightarrow Zn^{2+} + Fe_2O_3 + H_2O \qquad (2\text{-}73)$$

$$ZnO \cdot Fe_2O_3 + 8H^+ + 2e \Longrightarrow Zn^{2+} + 2Fe^{2+} + 4H_2O \qquad (2\text{-}74)$$

复杂体系的 E-pH 的计算与绘制，与上一节中所述类似。如反应式（2-73）可参照式（2-20）得：

$$pH = -\frac{\Delta_r G_m^{\ominus}}{2.303 \times 2 \times RT} - \frac{1}{2}\lg a_{Zn^{2+}} \qquad (2\text{-}75)$$

将 298K 时的 $-\Delta_r G_m^{\ominus}$ 值代入，得

$$pH = 3.37 - \frac{1}{2}\lg a_{Zn^{2+}} \qquad (2\text{-}76)$$

以此类推，可获得 25℃和 100℃时 Zn-Fe-H_2O 系的 E-pH 图（见图 2-5），图 2-5 中 Ⅰ、Ⅱ、Ⅲ、Ⅳ区分别为 $ZnO \cdot Fe_2O_3$、Zn^{2+}+Fe_2O_3、Zn^{2+}+Fe^{3+}、Zn^{2+}+Fe^{2+} 的稳定区。

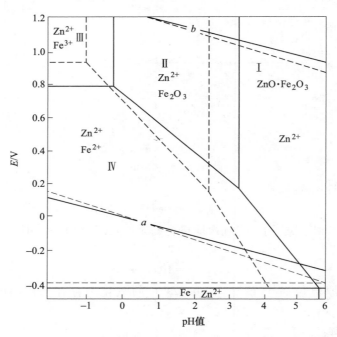

图 2-5 25℃（实线）和 100℃（虚线）时 Zn-Fe-H_2O 系的 E-pH 图

含氧盐中的待浸有价金属有两种形态，一种是阳离子，另一种是含氧阴离子。下面结合复杂体系的 E-pH 图讨论其中浸出阳离子的过程。

有价金属在含氧盐中的阳离子形态主要为铁酸盐、砷酸盐、硅酸盐等。现以 $ZnO \cdot Fe_2O_3$ 为例，运用 Zn-Fe-H_2O 系的 E-pH 图，分析其中锌的浸出方案。当电位和 pH 值控制在 Ⅰ 区域内，则 $ZnO \cdot Fe_2O_3$ 为稳定的，即其中的锌不能被浸出（见图 2-5）。现改变电位和 pH 值，存在如下浸出反应。

（1）当电位、pH 值在区域Ⅲ中时（25℃时电位大于 0.77V，pH<−0.24，或 100℃时电位大于 0.86V，pH<−0.98），则锌、铁将分别以 Zn^{2+}、Fe^{3+}形态进入溶液，直至其离子活度达到 1 为止。此原理有现实应用，如锌湿法冶金工业中的高温高酸浸出工艺。

（2）当电位、pH 值在区域Ⅱ中时，锌将选择性进入溶液，而铁进入渣中以 Fe_2O_3 形态存在，二者实现了在浸出过程的同时分离。理论上讲，这种理想方案只需创造足够的动力学条件即可实现。

（3）当电位、pH 值在区域Ⅳ中时（存在还原剂），锌和铁分别以 Zn^{2+}、Fe^{2+}形态进入溶液中，直至两者的离子活度达到 1 为止。电位越低，越有利于反应的进行（见图 2-5）。

从 25℃和 100℃的平衡线的差异可知，提高温度对浸出反应是不利的，这一点与前文中的氧化物浸出是一致的。$ZnO \cdot Fe_2O_3$ 的浸出规律可应用到许多铁酸盐的浸出过程。

2.3.4　Me-S-H_2O 系的 *E*-pH 图

2.3.4.1　Me-S-H_2O 系的 *E*-pH 图

随着浸出体系中电位及 pH 值的变化，金属硫化物中的硫及金属元素将变成不同形态。其中硫可能存在 SO_4^{2-}、S、HSO_4^-、H_2S、HS^- 等形式，而金属元素可能存在 Me^{n+}、$Me(OH)_n$ 等形式。变价金属则既可能被还原也可能被氧化。要了解浸出硫化物过程的热力学规律，应使用 S-H_2O 系的 *E*-pH 图分析其中硫的行为，进而结合其热力学性质了解整体硫化物的行为。

图 2-6 中Ⅰ区为元素硫的稳定区。随着氧化还原电位的提高，根据 pH 值的不同，硫将氧化成 HSO_4^-（Ⅱ区）或 SO_4^{2-}（Ⅲ区）。随着氧化还原电位的降低，硫将还原成 H_2S 或 HS^-。

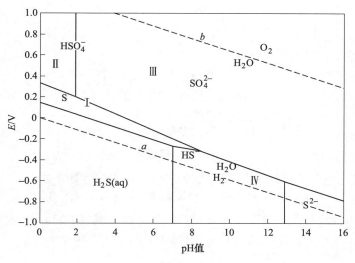

图 2-6　S-H_2O 系的 *E*-pH 图

（25℃，S^{2-} 的活度为 0.1）

对 Me-S-H_2O 系的 *E*-pH 图，各种金属的主要反应及相关的平衡线走向大体相似，其图形大体相似（见图 2-7）。结合上述 S-H_2O 系的 *E*-pH 图，以二价金属的硫化物 MeS 为例，可知 Me-S-H$_2$O 系中可能发生下述 5 种类型的反应[12]。

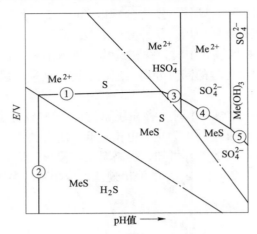

图 2-7 Me-S-H$_2$O 系的 E-pH 图

（1）有氧化还原过程，但无 H$^+$ 参与的反应：

$$Me^{2+} + S + 2e = MeS \tag{2-77}$$

其平衡状态与 pH 值无关，平衡线平行于横轴，其通式为：

$$E = -\frac{\Delta_r G_m^\ominus}{zF} + \frac{2.303RT}{zF}\lg a_{Me^{2+}} = E^\ominus + \frac{0.0591}{z}\lg a_{Me^{2+}} \tag{2-78}$$

298K 时

$$E_{298} = E_{298}^\ominus + \frac{0.0591}{z}\lg a_{Me^{2+}} \tag{2-79}$$

当 $a_{Me^{2+}} = 1$，作图得图 2-7 中线①。

（2）有 H$^+$ 参加，但无氧化还原的过程：

$$MeS + 2H^+ = Me^{2+} + H_2S \tag{2-80}$$

其平衡状态与电位无关，平衡线平行于纵轴，参照式（2-30）知其方程为：

$$pH = -pH^\ominus - \frac{1}{2}\lg a_{Me^{2+}} - \frac{1}{2}\lg(p_{H_2S}/p^\ominus) \tag{2-81}$$

当 $a_{Me^{2+}} = 1$，且 $p_{H_2S}/p^\ominus = 1$，作图得图 2-7 线②。

（3）既有氧化还原过程，又有 H$^+$ 参加的反应，反应过程如下式：

$$HSO_4^- + Me^{2+} + 7H^+ + 8e = MeS + 4H_2O \tag{2-82}$$

平衡线与电位和 pH 值均有关，平衡线为斜线，参照式（2-32）知其方程式为：

$$E = \frac{-\Delta_r G_m - 2.303 \times 7RTpH + RT\lg a_{Me^{2+}} + RT\lg a_{HSO_4^-}}{8F}$$

$$= E^\ominus - \frac{2.303 \times 7RTpH - RT\lg a_{Me^{2+}} - RT\lg a_{HSO_4^-}}{8F} \tag{2-83}$$

298K 时

$$E_{298} = E_{298}^\ominus - 0.0591pH + 0.0074(\lg a_{Me^{2+}} + \lg a_{HSO_4^-}) \tag{2-84}$$

当 $a_{Me^{2+}} = 1$、$a_{HSO_4^-} = 1$，作图得图 2-7 中线③。

（4）既有氧化还原过程，又有 H^+ 参加的反应，反应过程如下式：

$$SO_4^{2-} + Me^{2+} + 8H^+ + 8e === MeS + 4H_2O \qquad (2-85)$$

其平衡线为一斜线，参照式（2-32），其平衡线的方程式为：

$$E = \frac{-\Delta_r G_m - 2.303 \times 7RTpH + RTlga_{Me^{2+}} + RTlga_{SO_4^{2-}}}{8F} \qquad (2-86)$$

298K 时

$$E_{298} = E_{298}^{\ominus} - 0.0591pH + 0.0074(lga_{Me^{2+}} + lga_{SO_4^{2-}}) \qquad (2-87)$$

当 $a_{Me^{2+}} = 1$、$a_{SO_4^{2-}} = 1$，作图得图 2-7 中线④。

（5）既有氧化还原过程，又有 H^+ 参加的反应，反应过程如下式：

$$SO_4^{2-} + Me(OH)_2 + 10H^+ + 8e === MeS + 6H_2O \qquad (2-88)$$

与反应式（2-32）相似，其平衡线为一斜线，方程式为：

$$E = \frac{-\Delta_r G_m - 2.303 \times 10RTpH + RTlga_{SO_4^{2-}}}{8F}$$

$$= E^{\ominus} - \frac{2.303 \times 10RTpH - RTlga_{SO_4^{2-}}}{8F} \qquad (2-89)$$

298K 时

$$E_{298} = E_{298}^{\ominus} - 0.074pH + 0.0074lga_{SO_4^{2-}} \qquad (2-90)$$

当 $a_{SO_4^{2-}} = 1$，作图得图 2-7 中线⑤。

根据上述分析得 Me-S-H$_2$O 系的 *E*-pH 图的原则图 2-7，图中两点划线之间的区域为元素硫的稳定区，线②①③④⑤之间为 ZnS 的稳定区，线①③④⑤之上为 Me^{2+} 的稳定区。

具体对 Zn-S-H$_2$O 系而言，其 25℃ 时的 *E*-pH 图如图 2-8 所示，区域 I 为 ZnS 的稳定区，即在区域 I 内 ZnS 将保持不变。25℃ 下，在 pH 为 $-1.585 \sim 1.061$ 之间，在相应的氧化还原电位下（Ⅱ区），ZnS 将按 $ZnS === Zn^{2+} + S + 2e$ 反应式被浸出。

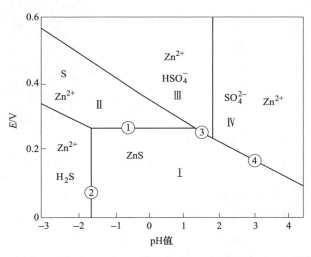

图 2-8 Zn-S-H$_2$O 系 *E*-pH 图（25℃）

当 pH 值和氧化还原电位位于 Ⅳ 区内，则 ZnS 将按下面反应被浸出：

$$ZnS + 4H_2O \Longrightarrow SO_4^{2-} + Zn^{2+} + 8H^+ + 8e \tag{2-91}$$

因此控制浸出条件可产出不同形态硫。

2.3.4.2　硫化物的浸出

将式（2-77）、式（2-80）、式（2-82）、式（2-85）的平衡线统一归纳，制成常见 Me-S-H_2O 系的 E-pH 图用以分析硫化物的浸出过程（见图 2-9），可查明各种硫化物在水溶液中性质的差异和可能的浸出方案，并得如下结论。

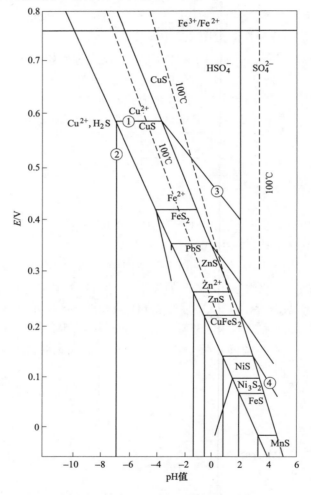

图 2-9　某些 Me-S-H_2O 系的 E-pH 图

（图中①②③分别为式（2-77）、式（2-80）、式（2-82）（25℃）的平衡线；实线为 25℃，虚线为 100℃）

（1）对 MnS、FeS、NiS 等硫化物而言，可有以下浸出方案：

1）简单酸浸出。通常在工业上易实现的酸度条件下，按下面反应变成 Me^{2+} 和 H_2S。

$$MeS + 2H^+ \Longrightarrow Me^{2+} + H_2S \tag{2-92}$$

如工业上，直接用酸处理高镍锍，使镍的硫化物分解成 Ni^{2+} 和 H_2S，而铜的硫化物进入渣相。

2) 氧化浸出。控制合适的 pH 值，在存在氧化剂的条件下生成 Me^{2+} 和 SO_4^{2-} 或 $Me(OH)_2$ 和 SO_2^{2-}。

3) 低酸浸出。MnS、FeS、NiS 在低酸度范围内（如对 FeS 而言，pH = 2 ~ 4.5）能氧化成 Me^{2+} 和 S（见图 2-9），从而实现金属的浸出，同时硫以单质硫的形式回收。

$$MeS + 2H^+ + \frac{1}{2}O_2 \Longrightarrow Me^{2+} + S + H_2O \tag{2-93}$$

（2）对 ZnS、PbS、$CuFeS_2$ 等硫化物而言，按照上述简单酸浸时，所需的 pH 值很低（对 ZnS 而言为 -1.585），实际上是不可实现的。而将这些硫化物氧化成 Me^{2+} 和 S 所需的 pH 值，在现实中是可达到的，即在适当电位和 pH 值下，可按上述反应得到含 Me^{2+} 的溶液和单质硫（见图 2-9）。

上述实验已在工业规模下实施，将闪锌矿在 150℃ 条件下进行高压氧浸，其锌浸出率高达 97% 以上，回收的单质硫达总硫的 88% 以上。据报道，国外有的工厂以 $FeCl_3$ 或 $CuCl_2$ 作为氧化剂浸出黄铜矿精矿，单质硫回收达到总硫的 70% ~ 90%。此外，控制较高的 pH 值，上述硫化物在氧化气氛下也可被氧化成 Me^{2+} 和 SO_4^{2-} 而进入溶液中（见图 2-9）。

（3）对 FeS_2、CuS 等硫化物而言，进行简单酸浸或氧化析硫反应所需的 pH 值都很低，在工业条件下通常都很难达到，因此上述方法不可行，只能在氧化条件下浸出以获得 Me^{2+}、HSO_4^- 和 SO_4^{2-}。

（4）Fe^{3+}/Fe^{2+} 的氧化还原电位远高于上述硫化物所需的电位，故 Fe^{3+} 可用于氧化有色金属硫化矿。25℃ 时，其 $E_{Cl_2/Cl^-}^{\ominus}$ 达 1.35V，在 pH 值分别为 0 和 6 时，Fe^{3+}/Fe^{2+} 氧化还原电位分别达到 1.23V 和 0.87V，因此都是硫化物的强氧化剂。此外已知在一定条件下 $CuCl_2$、$SbCl_5$ 等也可作为相应金属硫化物的氧化剂。应当指出，以上仅为 25℃ 时的情况。高温下，各平衡线的位置将发生迁移，同时有配位体存在的情况下，金属络离子的稳定区将比 Me^{n+} 的稳定区大，因此图 2-9 中某些难以进行的反应将有可能进行。具体迁移情况将于后续章节中介绍。

2.4 多相反应动力学

2.4.1 动力学方程

2.4.1.1 区域反应历程及其反应速率的变化特征

在冶金过程中，气-固反应实例有氧化矿的气体还原、硫化矿的氧化焙烧、石灰石的热分解等；液-固反应的实例有矿物浸出、熔渣中石灰石的熔化、离子交换、钢水中合金元素的溶解等。其特点是反应在流态相（气或液）与固相之间进行。一个完整的气（液）-固反应可表示为：

$$aA(s) + bB(g, l) \Longrightarrow eE(s) + dD(g, l) \tag{2-94}$$

式中，A(s) 为固体反应物；B(g, l) 为气体或液体反应物；E(s) 为固体生成物；D(g, l) 为气体或液体生成物。

因具体反应过程不同，可能会缺少 A、B、E、D 中的一项或两项，但一般至少包括一个固相和一个液（气）相。在反应物 A(s) 的外层生成一层产物 E(s)，其表面有一边界层，在气相中称为气膜，若在液相中则称液膜。最外面为反应物 B(g, l) 层和生成物 D(g, l) 层（见图 2-10）。

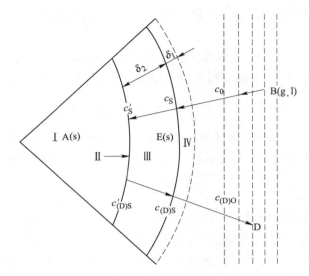

图 2-10   气（液）-固反应的反应模型示意图

Ⅰ—未反应核；Ⅱ—反应界面；Ⅲ—固体产物（固膜）；Ⅳ—边界层

致密固体间发生反应时，化学反应从固体表面向内部逐渐进行，反应物 A(s) 和产物 E(s) 之间有明显的界面。随着反应的进行，产物层厚度逐渐增加，而作为核心的固体反应物逐渐缩小，直到消失，这就是所谓的"收缩核模型"。这种沿固体内部相界面附近区域发展的化学反应又称为区域化学反应。

区域化学反应通常按照以下步骤进行：

（1）反应物 B(g, l) 从流体相中通过边界层向反应固体产物 E(s) 表面扩散，一般称为外扩散。

（2）反应物 B(g, l) 通过固体生成物 E(s) 向反应界面的扩散，一般称为内扩散。

（3）反应物 B(g, l) 在反应界面上与固体 A(s) 发生化学反应，实际通过 3 步进行。

（4）生成物 D(g, l) 由反应界面通过固体产物层 E(s) 向边界层扩散。

（5）生成物 D(g, l) 通过边界层向外扩散。

其中步骤（3）又分为 3 步：

第一步是扩散到 A 表面的 B 被 A 吸附生成吸附络合物 A·B：

$$A + B === A \cdot B \tag{2-95}$$

第二步是 A·B 转变为固相 E·D：

$$A \cdot B === E \cdot D \tag{2-96}$$

第三步是 D 在固体 E 层向外扩散进而在 E 上的解吸：

$$E \cdot D === E + D \tag{2-97}$$

其中第一、三步称为吸附阶段；第二步称为结晶—化学反应阶段。

结晶—化学反应的显著特征是自催化，其速率曲线和示意图如图 2-11 所示。最开始反应只在固体表面某些活性点上进行。由于新相的晶核生成比较困难，反应初期反应速率增加很缓慢，这一阶段称为诱导期（见图 2-11 中Ⅰ区）；新相晶核大量生成以后，以晶核为基础继续长大就变得容易，而且由于晶体不断长大，其表面积也相应地增加。这些都会导致反应速率随着时间而增加，这一阶段称为加速期（见图2-11中Ⅱ区）；反应后期，相界面合拢，反应界面面积缩小，反应速率逐渐变慢。这一阶段称为减速期（见图2-11中Ⅲ）。

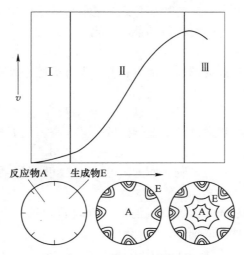

图2-11 自动催化反应的速度变化曲线和示意图

气（液）-固相反应是由前面叙述的步骤连续进行的，总的反应速率受制于最慢的环节，这一环节便是限制性环节，或称之为控制步骤。应当指出，上述对气（液）-固相反应的历程分析不仅对气（液）-固相反应，而且对几乎所有多相反应过程（包括结晶、沉淀过程）都是大同小异，仅具体内容有所不同，因此可以举一反三。

2.4.1.2 多相反应总动力学方程及控制步骤

为分析问题方便起见，在此以浸出过程（液-固反应）为例，速率以单位时间单位面积上浸出剂 B 的消耗量表示（见图2-10）。对于焙烧、还原等气-固反应，只要将相应符号进行变换，就可以得出相同结论。

由于总反应过程由 5 个步骤组成，以下研究各步骤速率及总反应速率的方程式。

步骤1：浸出剂通过扩散层向内扩散。将扩散层内浸出剂的浓度梯度近似看做常数，据菲克第一定律得出通过扩散层扩散的速率为：

$$v_1 = D_1(c_0 - c_S)/\delta_1 \tag{2-98}$$

式中，D_1 为浸出剂 B 在水溶液中的扩散系数；c_0 为浸出剂 B 在边界层外的浓度；c_S 为浸出剂 B 在固体表面的浓度（或液/固界面的浓度）；δ_1 为浸出剂扩散层的有效厚度，会随搅拌速率的增加而减小。

式（2-98）可改写为：

$$c_0 - c_S = v_1\delta_1/D_1 \tag{2-99}$$

步骤2：浸出剂通过固膜扩散。根据菲克第一定律，其速率为：

$$v_2 = D_2(\mathrm{d}c/\mathrm{d}r) \quad (\mathrm{d}c/\mathrm{d}r \text{ 为正值}) \tag{2-100}$$

式中，D_2 为浸出剂在固膜中的扩散系数；$\mathrm{d}c/\mathrm{d}r$ 为浸出剂在固膜中的浓度梯度。

简单起见，将浸出剂在固膜中的浓度梯度看做常数，则：

$$v_2 = D_2(c_S - c_S')/\delta_2 \tag{2-101}$$

式中, c_S' 为浸出剂在反应界面的浓度。

式 (2-101) 可改写为:

$$c_S - c_S' = v_2\delta_2/D_2 \tag{2-102}$$

步骤 3: 化学反应。化学反应速率为正反应速率与逆反应速率之差, 同样为分析问题方便, 只讨论正、逆反应均为一级反应的情况, 则:

$$v_3 = k_+ c_S' - k_- c_{(D)S}' \tag{2-103}$$

式中, k_+、k_- 分别为正、逆反应的速率常数; $c_{(D)S}'$ 为可溶性生成物在反应界面的浓度。

式 (2-103) 可改写为:

$$c_S' - c_{(D)S}' k_-/k_+ = v_3/k_+ \tag{2-104}$$

步骤 4: 可溶性生成物 D 通过固膜进行扩散。其速率可用下式近似表示:

$$v_{(D)4} = D_2'(c_{(D)S}' - c_{(D)S})/\delta_2 \tag{2-105}$$

式中, $c_{(D)S}$ 为可溶性生成物 D 在矿物表面的浓度; D_2' 为可溶性生成物 D 在固相膜内的扩散系数。

从式 (2-105) 知生成 1mol 物质 D 应消耗 b/dmol 浸出剂, 令 $b/d=\beta$。

故按浸出剂物质的量计算的速率:

$$v_{(D)4} = \beta D_2'(c_{(D)S}' - c_{(D)S})/\delta_2 \tag{2-106}$$

上式两边同时乘以 k_-/k_+ 并整理得:

$$(c_{(D)S}' - c_{(D)S})(k_-/k_+) = (v_4\delta_2/\beta D_2')(k_-/k_+) \tag{2-107}$$

步骤 5: 可溶性生成物 (D) 通过扩散层, 与上一步骤类似:

$$v_5 = \beta D_1'(c_{(D)S} - c_{(D)0})/\delta_1 \tag{2-108}$$

式中, $c_{(D)0}$ 为生成物 D 在水溶液中的浓度; D_1' 为生成物 D 在水溶液中的扩散系数; δ_1 为生成物 D 的扩散层厚度。

上式可改写成:

$$(c_{(D)S} - c_{(D)0})(k_-/k_+) = (v_5\delta_1/\beta D_1')(k_-/k_+) \tag{2-109}$$

将式 (2-99)、式 (2-102)、式 (2-104)、式 (2-107)、式 (2-109) 联立并考虑到在稳定条件下各步骤的速率相等, 且等于浸出过程的总速率 v_0, 整理后得:

$$v_0\left[\frac{\delta_1}{D_1} + \frac{\delta_2}{D_2} + \frac{1}{k_+} + \frac{k_-}{\beta k_+}\left(\frac{\delta_2}{D_2'} + \frac{\delta_1}{D_1'}\right)\right] = c_0 - c_{(D)0}\frac{k_-}{k_+}$$

$$v_0 = \left(c_0 - c_{(D)0}\frac{k_-}{k_+}\right)\bigg/\left[\frac{\delta_1}{D_1} + \frac{\delta_2}{D_2} + \frac{1}{k_+} + \frac{k_-}{\beta k_+}\left(\frac{\delta_2}{D_2'} + \frac{\delta_1}{D_1'}\right)\right] \tag{2-110}$$

根据式 (2-110) 可得出结论:

(1) 式 (2-110) 中分母项的增大导致浸出速率减小, 可将整个分母项视为反应的总阻力。总阻力可分为: 浸出剂外扩散阻力 (δ_1/D_1)、浸出剂内扩散阻力 (δ_2/D_2)、化学反应阻力 ($1/k_+$) 以及生成物向外扩散阻力。

(2) 当反应平衡常数很大时 (反应基本不可逆, $k_+ \gg k_-$), 上式可以简化为:

$$v_0 = c_0\bigg/\left(\frac{\delta_1}{D_1} + \frac{\delta_2}{D_2} + \frac{1}{k_+}\right) \tag{2-111}$$

这种情况中, 生成物的向外扩散的阻力忽略不计, 仅考虑浸出剂的内扩散、外扩散阻力以及化学反应的阻力对浸出过程的速率影响。

（3）浸出速率取决于阻力最大的步骤（最慢的步骤），例如当外扩散步骤最慢时，即：

$$\frac{\delta_1}{D_1} \gg \frac{\delta_2}{D_2}, \qquad \frac{\delta_1}{D_1} \gg \frac{1}{k_+} \tag{2-112}$$

此时

$$v_0 = c_0 \Big/ \left(\frac{\delta_1}{D_1}\right) = c_0 D_1 / \delta_1 \tag{2-113}$$

上述过程总速率决定于外扩散步骤，外扩散成为控制性步骤，或者说过程为外扩散控制。同理若化学反应步骤最慢，反应步骤阻力（$1/k_+$）远大于（δ_1/D_1）、（δ_2/D_2），则：

$$v_0 = c_0 \Big/ \left(\frac{1}{k_+}\right) = c_0 k_+ \tag{2-114}$$

浸出过程总速率取决于化学反应速率，化学反应步骤成为其控制步骤。对内扩散步骤也可类推。若其中两个步骤的速率大体相等，且远小于第三步骤，则过程为两者的混合控制，或称浸出过程在过渡区进行。

（4）综上，浸出过程的速率始终近似等于溶液中浸出剂的浓度 c_0 除以该控制步骤的阻力。

2.4.2 化学反应控制模型

根据未反应核收缩模型，设有一浸出过程，若通过扩散层及固膜的扩散阻力很小，以致反应速率受化学反应控制，则：

$$-\frac{\mathrm{d}N}{\mathrm{d}\tau} = kSc^n \tag{2-115}$$

式中，N 为固体颗粒在时刻 τ 的物质的量；S 为固体矿粒表面积；c 为浸出剂的浓度；k 为化学反应速率常数；n 为反应级数。

在反应过程中，颗粒的表面积 S 发生变化。假定颗粒为球形，其半径为 r，密度为 ρ，矿物的摩尔质量为 M，则：

$$S = 4\pi r^2 \tag{2-116}$$

$$N = \frac{4}{3}\frac{\pi r^3 \rho}{M} \tag{2-117}$$

$$-\frac{\mathrm{d}N}{\mathrm{d}\tau} = -\frac{4\pi r^2 \rho}{M} \times \frac{\mathrm{d}r}{\mathrm{d}\tau} \tag{2-118}$$

将式（2-110）代入式（2-118），可得：

$$-\frac{4\pi r^2 \rho}{M} \times \frac{\mathrm{d}r}{\mathrm{d}\tau} = 4\pi r^2 kc^n \tag{2-119}$$

即

$$\frac{\mathrm{d}r}{\mathrm{d}\tau} = \frac{kMc^n}{\rho} \tag{2-120}$$

设过程中浸出剂过量，在浸出过程中其浓度 c 可视为不变，保持为 c_0，则：

$$-\int_{r_0}^{r} \mathrm{d}r = \frac{kMc_0^n}{\rho}\int_0^r \mathrm{d}\tau \tag{2-121}$$

积分可得:

$$r_0 - r = \frac{kMc_0^n}{\rho}\tau \tag{2-122}$$

式中，r_0 为颗粒的原始半径；r 为颗粒在时刻 τ 的半径。

因为颗粒半径不便于测定，通常用反应浸出率 R_r 与 τ 的关系表示动力学方程。即:

$$r = r_0(1 - R_r)^{1/3} \tag{2-123}$$

代入式 (2-122)，可得:

$$1 - (1 - R_r)^{1/3} = \frac{kMc_0^n}{\rho}\tau \tag{2-124}$$

当 c_0 视为不变时，可以改写成:

$$1 - (1 - R_r)^{1/3} = k'\tau \tag{2-125}$$

$$k' = (kMc_0^n)/(\rho r_0) \tag{2-126}$$

式 (2-124) 适用于球形的均匀颗粒，由于颗粒形状直接影响到表面积的大小，因此对其他形状颗粒，应修正为:

$$1 - (1 - R_r)^{1/F_P} = \frac{kMc_0^n}{\rho}\tau = k't \tag{2-127}$$

式中，F_P 为形状系数，对球形、立方体及 3 个坐标方向尺寸大体相同的颗粒而言，$F_P = 3$；对长的圆柱体而言，$F_P = 2 \sim 3$；对平板状而言，$F_P = 1$。

当浸出过程属于化学反应控制，反应为不可逆反应，颗粒呈球形，且均匀、致密时，应用式 (2-124) 计算其动力学方程即可。

化学反应控制具有以下特征[15]:

(1) 动力学方程服从式 (2-124)。

(2) 浸出速率随温度的升高而迅速增加，不同温度下的 k 值或 k' 值，按阿累尼乌斯公式求出的表观活化能大于 41.8kJ/mol。

(3) 反应速率与浸出剂浓度的 n 次方成比例。

(4) 搅拌过程对浸出速率无明显影响。

2.4.3 外扩散控制模型

根据未反应核收缩模型，设单位时间内浸出的矿物量决定于浸出剂通过扩散层的扩散速率 (当决定生成物的向外扩散时，情况基本相同)，并已知外扩散控制时 c_S 近似等于零，单位时间通过扩散层的浸出剂物质的量为:

$$J = v_1 S = c_0 D_1 S/\delta_1 \tag{2-128}$$

已知 1mol 矿物浸出时消耗 αmol 浸出剂，单位时间内浸出矿物的物质的量为:

$$-\frac{\mathrm{d}N}{\mathrm{d}\tau} = c_0 D_1 S/(\alpha\delta_1) \tag{2-129}$$

式中，S 为包括固膜在内的颗粒表面积。

S 值随时间改变，其改变的规律随具体情况而异:

（1）当浸出过程生成固体膜，而且包括固体膜在内的颗粒总尺寸基本不变，则 S 值为常数，此时：

$$- \frac{\mathrm{d}N}{\mathrm{d}\tau} = c \tag{2-130}$$

（2）当浸出过程不生成任何固体膜，则 S 为未反应核的表面积，它随浸出的不断进行而缩小，此时：

$$- \frac{\mathrm{d}N}{\mathrm{d}\tau} = c_0 D_1 S / (\alpha \delta_1) = k_1 S c_0 \tag{2-131}$$

推导可得外扩散控制的动力学方程为：

$$1 - (1 - R_r)^{1/F_P} = \frac{D_1 M c_0}{\alpha \delta_1 r_P \rho} \tau = k'' \tau \tag{2-132}$$

外扩散控制具有以下特征：

（1）动力学方程符合式（2-132），与化学反应控制的动力学方程相似，因此仅根据动力学方程不足以判断控制步骤为外扩散还是化学反应。

（2）其表观活化能较小，约 $4 \sim 12 \mathrm{kJ/mol}$。

（3）加快搅拌速率和提高浸出剂浓度能迅速提高浸出速率。

（4）提高温度，由于外扩散系数 D_1 随温度的升高而增大，亦能加快外扩散的速率，提高浸出率，但提高幅度远比化学反应控制时小。

2.4.4 内扩散控制模型

根据未反应核收缩模型，若浸出过程中生成致密的固体产物膜，而且它对浸出剂或反应产物的扩散阻力远大于外扩散，与此同时若化学反应速率很快，则浸出过程受浸出剂或反应产物通过固膜扩散的控制。现以浸出剂的扩散为例研究这种情况下的动力学方程。

设在单位时间内扩散通过固体产物层的浸出剂摩尔数为 J，则：

$$J = v_2 S = S D_2 \mathrm{d}c / \mathrm{d}r \quad (\mathrm{d}c / \mathrm{d}r \text{ 为正值}) \tag{2-133}$$

式中，D_2 为浸出剂在固体产物层中的扩散系数，为正值。

单位时间内反应的矿物摩尔量：

$$- \frac{\mathrm{d}N}{\mathrm{d}\tau} = \frac{J}{\alpha} = S D_2 \frac{\mathrm{d}c}{\mathrm{d}r} \times \frac{1}{\alpha} \tag{2-134}$$

式（2-134）根据不同的动力学方程的简化条件，有着不同的解。目前应用最为广泛、准确度较高的是克兰克-金斯特林-布劳希特因方程，简称克-金-布方程。根据此模型，简化内扩散控制的动力学方程。设生成物的体积与反应的矿物体积相等，即反应过程中颗粒的体积不变，保持为 r_0，则：

$$J = S D_2 \frac{\mathrm{d}c}{\mathrm{d}r} = 4\pi r^2 D_2 \frac{\mathrm{d}c}{\mathrm{d}r} \tag{2-135}$$

对于内扩散控制而言，$c_S \approx c_0$，$c_S' \approx 0$，对上式移项、积分，得：

$$J = 4\pi D_2 \frac{r_0 r_1}{r_0 - r_1} c_0 \tag{2-136}$$

在任一时刻 τ，未反应核的摩尔数为：

$$N = \frac{4}{3}\pi r^3 \frac{\rho}{M} \tag{2-137}$$

已知每浸出 1mol 矿消耗 αmol 浸出剂，故：

$$J = 4\pi D_2 \frac{r_0 r_1}{r_0 - r_1} c_0 = -4\pi\alpha \frac{\rho}{M} r_1^2 \frac{\mathrm{d}r_1}{\mathrm{d}\tau} \tag{2-138}$$

经过整理，上式为：

$$-\frac{MD_2 c_0}{\alpha\rho}\mathrm{d}\tau = \frac{r_1(r_0 - r_1)\mathrm{d}r_1}{r_0} = \left(r_1 - \frac{r_1^2}{r_0}\right)\mathrm{d}r_1 \tag{2-139}$$

将 r_1 用反应分数 R_r 表示，并经过整理，得：

$$1 - \frac{2}{3}R_r - (1 - R_r)^{2/3} = -\frac{2MD_2 c_0}{\alpha\rho r_0^2}\tau = k\tau \tag{2-140}$$

内扩散控制具有以下特征：

（1）动力学方程符合式（2-140）；

（2）表观活化能较小，一般仅为 $4 \sim 12 \mathrm{kJ/mol}$；

（3）原矿粒度对浸出率有明显影响；

（4）搅拌强度对浸出率几乎没有影响。

2.4.5 混合控制模型

根据未反应核收缩模型，当某两个步骤的阻力大体相同且远大于其他步骤时，则属于两者混合控制或中间过渡控制。

以浸出过程为化学反应与外扩散混合控制为例，对于球形颗粒，在扩散层形成浓度梯度为 $(c_0 - c_S)/\delta_1$，从外扩散的角度来看：

$$-\frac{\mathrm{d}N}{\mathrm{d}\tau} = \frac{(c_0 - c_S)D_1 S}{\delta_1 \alpha} = k_1 S(c_0 - c_S) \tag{2-141}$$

从化学反应的角度来看：

$$-\frac{\mathrm{d}N}{\mathrm{d}\tau} = kSc_S^n \tag{2-142}$$

将两式联立，得：

$$c_S = \frac{k_1}{k_1 + k}c_0 \tag{2-143}$$

将式（2-142）代入反应速率公式，并用反应分数 R_r 代替矿粒半径 r，则：

$$1 - (1 - R_r)^{1/3} = \frac{k_1 k}{k + k_1}\frac{c_0 M}{r_0 \rho}\tau \tag{2-144}$$

当化学反应常数 $k \gg k_1$，此式可简化成：

$$1 - (1 - R_r)^{1/3} = \frac{k_1 M c_0}{r_0 \rho}\tau = \frac{D_1 M c_0}{\alpha\delta_1 r_0 \rho}\tau \tag{2-145}$$

此时过程属扩散控制。

当化学反应常数 $k \ll k_1$，此式可简化成：

$$1 - (1 - R_r)^{1/3} = \frac{kMc_0}{2r_0\rho}\tau \tag{2-146}$$

此时过程转化为化学反应控制。

在低温下 $k < k_1$，一般属化学反应控制，而随温度的升高 k 迅速增加，往往变成 $k > k_1$，因此过程在高温下转化为扩散控制。

混合区控制的特征是表观活化能在 12~41.8kJ/mol 之间，搅拌速率及温度等因素对浸出速率都有一定影响。

2.5　分形动力学模型

湿法冶金矿物溶出过程的动力学研究大都是建立在经典动力学模型的基础上，即未反应核模型。虽然最后得到的动力学模型形式各不相同，但都是以参与反应的矿物颗粒为理想态为前提：反应颗粒均为球体，并且随着反应的进行形状均匀变化。未反应核收缩模型假设颗粒均匀缩小，缩小后依然是规则球体，并且各个颗粒与液相的作用力相同，反应发生后粒度始终均一，然而这些假设条件与生产的实际情况完全相反。以铝土矿溶出反应过程为例，初始铝土矿颗粒的形状是不规则的，各个颗粒之间的形状不尽相同；同时铝土矿内部的物相分布极不均匀，在溶出过程中颗粒表面各个点的反应速率也不尽相同，因此颗粒的形状将随着反应的进行不断发生变化；铝土矿在溶出过程中除了产生可溶性的铝酸钠，还产生不可溶的钠硅渣等，不溶性的产物和矿石本身存在的不与碱液发生反应的不可溶性杂质一同在颗粒外表层形成灰层，铝土矿颗粒内物相分布的不均匀性致使灰层的分布也不均匀；溶出条件，如温度、搅拌速度、碱浓度等控制存在误差，致使溶出过程的瞬时反应环境在不断变化。因此，本节以未反应核模型为基础，引入分形几何理论，得到了新的分形动力学模型。此外，由于铝土矿中含有的铁、硅、镁等杂质元素的影响，矿物中的 Al 元素不可能百分之百地溶解在溶液中。考虑到铝土矿中残余铝含量，进一步发展了剩余浓度—分形模型，由此建立了普适的剩余浓度—分形模型[16,17]。

2.5.1　化学反应控制—分形模型

以高品位三水铝石矿在 NaOH 溶液中的溶出过程为例，考虑溶出过程受关于 OH^- 离子的浓度的一级化学反应控制，得到第一个动力学模型方程式[18]：

$$\text{I}: \qquad \frac{dc_{Al}}{dt} = k\left(1 - \frac{c_{Al}}{c_{Al}^0}\right)^{2/3} c_{OH} \tag{2-147}$$

第二个模型考虑到化学反应是关于 OH^- 离子的可逆一级反应，则模型表达方程式为：

$$\text{II}: \qquad \frac{dc_{Al}}{dt} = k\left(1 - \frac{c_{Al}}{c_{Al}^0}\right)^{2/3} c_{OH}\left(1 - \frac{c_{Al}}{Kc_{OH}}\right) \tag{2-148}$$

进一步考虑铝土矿反应为 n 级化学反应，前两个模型可以转变为：

$$\text{III}: \qquad \frac{dc_{Al}}{dt} = k\left(1 - \frac{c_{Al}}{c_{Al}^0}\right)^{2/3} c_{OH}^n \tag{2-149}$$

$$\text{IV}: \qquad \frac{dc_{Al}}{dt} = k\left(1 - \frac{c_{Al}}{c_{Al}^0}\right)^{2/3} c_{OH}^n\left(1 - \frac{c_{Al}}{Kc_{OH}}\right) \tag{2-150}$$

式中，c_{Al}^0 为相对于溶液体积铝土矿中 Al 的初始浓度；c_{Al} 和 c_{OH} 分别为溶解于溶液中 Al 的浓度和溶液中 OH⁻ 离子的浓度；k 为动力学速率常数。

模型 Ⅱ 和 Ⅳ 中的反应平衡常数可表示为 $K = c_{Al}/c_{OH}$，因此模型中右边最后一项是可逆反应的表达式。

此外，反应过程中瞬时氢氧根离子浓度可表示为：

$$c_{OH} = c_{NaOH}^0 - c_{Al} \tag{2-151}$$

式中，c_{OH}^0 为反应初始氢氧化钠浓度。

传统地，表面积正比于颗粒半径的平方（R^2），反应速率也与之成正比。但是，颗粒的初始形态不规则并且在溶出过程中不断变化，相对于经典的几何理论，这个无规律可循的过程可以用分形几何来说明。未反应核的有效反应表面积定义为颗粒表面上能够与液相反应物发生反应的点的集合。由于颗粒不断变化，有效反应表面积也随之不断发生变化，因此，该面积很难用检测手段得到。在分形几何中，可以用一个介于 1~3 之间的维数 (D_R)[19] 来表示颗粒的有效反应面积 A_e：

$$A_e \propto R^{D_R} \tag{2-152}$$

表面积 A 在经典未反应核模型的意义为未反应核的表面积，即 $A = 4\pi r_c^2$。引用分形维数，有效反应面积可以由式（2-152）表示。因此得到化学反应速率的更一般意义上的表达式，为分形模型 Ⅰ：

$$\frac{dc_{Al}}{dt} = k\left(1 - \frac{c_{Al}}{c_{Al}^0}\right)^{D_R/3}(c_{NaOH}^0 - c_{Al}) \tag{2-153}$$

如果认为化学反应是关于 OH⁻ 离子的多级不可逆反应，变换式（2-153）可得到铝土矿过程的多级不可逆化学反应控制分形模型 Ⅱ：

$$\frac{dc_{Al}}{dt} = k\left(1 - \frac{c_{Al}}{c_{Al}^0}\right)^{D_R/3}(c_{NaOH}^0 - c_{Al})^n \tag{2-154}$$

如果认为 Al³⁺ 和 OH⁻ 离子之间的反应可逆，并且其反应平衡常数可用 $K = c_{Al}/c_{OH}$ 表示，那么，关于 OH⁻ 离子反应为一级（Ⅲ）和多级（Ⅳ）的分形模型分别为：

$$\frac{dc_{Al}}{dt} = k\left(1 - \frac{c_{Al}}{c_{Al}^0}\right)^{D_R/3}(c_{NaOH}^0 - c_{Al})\left[1 - \frac{c_{Al}}{K(c_{NaOH}^0 - c_{Al})}\right] \tag{2-155}$$

$$\frac{dc_{Al}}{dt} = k\left(1 - \frac{c_{Al}}{c_{Al}^0}\right)^{D_R/3}(c_{NaOH}^0 - c_{Al})^n\left[1 - \frac{c_{Al}}{K(c_{NaOH}^0 - c_{Al})}\right] \tag{2-156}$$

用分形维数 D_R 表示颗粒的有效反应表面积有两层意思：（1）从静态角度上讲，分形维数可以表明颗粒形状的不规则度、表面的粗糙度；（2）从动态角度上讲，分形维数不仅表明颗粒在溶出过程中形态（形状和表面）的变化情况，还可以表明溶出环境，如温度、搅拌强度、溶出液浓度、颗粒表面张力等因素对颗粒的有效反应面积的影响，即对溶出过程的影响。因此，上述的化学反应控制分形的四个模型中的 D_R 同反应速率常数 k 一起反映溶出动力学过程。

利用该模型表征某铝土矿溶出过程（见表 2-8），对上述四个动力学模型进行非线性回归数值分析，各个模型的计算值与对应的实验值之间的相关系数几乎都大于 0.99，说明采用维数表示的颗粒表面有效反应面积要优于传统几何中的二维平面。但是，数值分析得到的各个溶出条件下颗粒有效反应表面积的维数值都大于 3，超出了颗粒所在空间的维数 3，因此没有物理意义。此外，得到的可逆化学反应控制分形模型中的反应平衡常数在一些条件下的数值也很高，如铝土矿分别在 60℃和 80℃下初始浓度为 1.2mol/L 的 NaOH 溶液中，和在 80℃下初始浓度为 2.5mol/L 的 NaOH 溶液中溶出时，模型Ⅱ的反应平衡常数为 250；而对于铝土矿在 60℃下初始浓度为 1.2mol/L 的 NaOH 溶液溶出的情况，模型Ⅳ的反应平衡常数值为 125。总之，化学反应控制的分形模型并不适合用来描述铝土矿溶出过程。

表 2-8　非线性回归法分析铝土矿的溶出实验结果与化学反应控制的分形动力学模型的分析结果

分形模型	实验条件	c_{NaOH}^0/mol·L^{-1}	溶出温度/℃	反应速率 k/mol·(L·min)$^{-1}$	反应级数 n	反应分形维数 D_R	相关系数 R^2
Ⅰ	a	1.2	60	2.247×10^{-4}	1	8.178	0.9986
	b	1.2	80	2.415×10^{-3}	1	7.158	0.9952
	c	1.8	80	2.908×10^{-3}	1	6.708	0.9918
	d	2.5	80	1.612×10^{-3}	1	4.056	0.9975
	e	1.2	100	3.177×10^{-2}	1	6.732	0.9932
Ⅱ	a	1.2	60	4.726×10^{-4}	1	9.804	0.9917
	b	1.2	80	3.206×10^{-3}	1	8.106	0.9955
	c	1.8	80	2.669×10^{-3}	1	3.078	0.9933
	d	2.5	80	3.136×10^{-3}	1	6.882	0.9629
	e	1.2	100	3.271×10^{-2}	1	4.608	0.9931
Ⅲ	a	1.2	60	2.691×10^{-4}	0.012	8.544	0.9986
	b	1.2	80	2.677×10^{-3}	0.734	7.644	0.9966
	c	1.8	80	3.198×10^{-3}	0.796	6.660	0.9916
	d	2.5	80	3.975×10^{-3}	0.005	4.227	0.9975
	e	1.2	100	3.808×10^{-2}	0.087	7.545	0.9931
Ⅳ	a	1.2	60	2.514×10^{-4}	2.095	11.52	0.9961
	b	1.2	80	1.965×10^{-3}	3.761	3.687	0.9944
	c	1.8	80	2.175×10^{-4}	5.167	3.417	0.9867
	d	2.5	80	4.282×10^{-4}	2.627	5.673	0.9908
	e	1.2	100	4.198×10^{-2}	0.143	5.016	0.9924

2.5.2　内扩散控制—分形模型

假设高品位三水铝石矿在 NaOH 溶液中的溶出过程受通过灰质层的扩散控制，考虑溶出过程氢氧根离子浓度变化，模型表达式为：

$$\frac{dc_{Al}}{dt} = k_d \frac{c_{NaOH}^0 - c_{Al}}{\left(1 - \dfrac{c_{Al}}{c_{Al}^0}\right)^{1/3} - 1} \tag{2-157}$$

对于灰质层内的任意半径 r 对应的表面积不能用 $4\pi r^2$ 表示，类似于 F1 模型中的有效反应面积，可用另一个在 1~3 之间的分形维数 D_d 来表示铝土矿过程中 OH^- 离子在半径为 r 处的扩散面积。OH^- 离子在半径 r 处的扩散速率为：

$$-\frac{dM_{OH}}{dt} = k'_d r_c^{D_d} \frac{dc_{OH,\,a}}{dr} = 常数 \tag{2-158}$$

式中，k'_d 为与扩散面积和分形维数 D_d 相关的系数。

由于灰质层内扩散为控制步骤，在未反应核表面上 OH^- 离子的浓度为零，而颗粒外表面上 OH^- 离子浓度等于溶液中的离子浓度，因此式（2-158）从未反应核 r_c 到颗粒外表面 R 积分，可得：

$$-\frac{dM_{OH}}{dt}\int_R^{r_c} \frac{dr}{r^{D_d}} = k'_d D_e \int_{c_{OH}=c_{OH,\,s}}^{c_{OH,\,c}=0} dc_{OH,\,a} \tag{2-159}$$

即

$$-(1-D_d)\frac{dM_{OH}}{dt}\left(\frac{1}{r_c^{D_d-1}} - \frac{1}{R^{D_d-1}}\right) = k'_d D_e c_{OH} \tag{2-160}$$

在溶出过程中，溶出过程 OH^- 离子和 Al^{3+} 离子的摩尔质量变化存在 $-dM_{OH}=dM_{Al}$ 关系。令溶液的体积为 V，溶液中 Al^{3+} 离子的浓度为 c_{Al}，则有 $M_{Al}=c_{Al}V$。那么式（2-160）可变为：

$$\frac{dc_{Al}}{dt} = \frac{k'_d D_e}{(1-D_d)V} \frac{c_{OH}}{(r_c^{1-D_d} - R^{1-D_d})} \tag{2-161}$$

即

$$\frac{dc_{Al}}{dt} = \frac{k'_d D_e}{(1-D_d)VR^{1-D_d}} \frac{c_{OH}}{\left(\dfrac{r_c}{R}\right)^{1-D_d} - 1} \tag{2-162}$$

最终得到内扩散控制的分形模型：

$$\frac{dc_{Al}}{dt} = k_d \frac{c_{NaOH}^0 - c_{Al}}{\left(1 - \dfrac{c_{Al}}{c_{Al}^0}\right)^{(1-D_d)/3} - 1} \tag{2-163}$$

在溶出过程中，颗粒不断被碱液腐蚀，由于颗粒内物相分布不均匀、颗粒表面上各个点之间受碱液冲刷不同，因此，形成的灰质层是不均匀的。有的部分比较疏松，OH^- 离子在其中的扩散速率比较大，达到未反应核表面的 OH^- 离子量较多，从而腐蚀未反应核的程度加大，使该部分的灰质层不断加厚；有的部分比较致密，OH^- 离子在其中的扩散速率较小，对未反应核的腐蚀程度相对较小，因此该部分的灰质层在反应初始阶段形成薄薄的一层后几乎不再加厚；还有的部分因 Al 含量较高，随时间延长，该部分大部分的固体反应物都被溶解，结构十分的疏松，在搅拌强度比较高的情况下，残留在该部分的少量不溶物有可能被冲刷掉，使未反应核的表面直接与液体反应接触。分形维数 D_d 不仅能够反映在任意半径处 OH^- 离子在灰质层中的扩散面积，还能够反映在溶出过程中颗粒的灰质层结构变化。

利用该模型表征某铝土矿溶出过程（见表 2-9），采用非线性回归数值分析法，从分析结果可以看出，内扩散控制分形模型与溶出实验结果之间的相关系数都大于 0.99，它们之间的拟合度要远远好于以传统未反应核为基础的内扩散控制模型。拟合分析得到的反应速率常数随着溶出条件的提高而升高，溶出条件为 NaOH 的初始浓度 1.2mol/L，溶出温度 60℃时的反应速率常数最小，而在 100℃下溶出时的反应速率常数最大。但是，得到的反应分形维数太大，不在 1~3 范围内，超出了颗粒所在的三维空间。因此，内扩散控制分形模型也不能用来描述铝土矿在 NaOH 溶液中的溶出反应动力学过程。

表 2-9　非线性回归法分析铝土矿的实验溶出结果与内扩散控制分形动力学模型的分析结果

实验条件	c_{NaOH}^0 /mol·L^{-1}	溶出温度 /℃	反应速率 k_d/mol·(L·min)$^{-1}$	分形维数 D_d	相关系数 R^2
a	1.2	60	2.279×10^{-4}	8.519	0.9986
b	1.2	80	2.532×10^{-3}	8.542	0.9965
c	1.8	80	2.859×10^{-3}	7.617	0.9917
d	2.5	80	1.470×10^{-3}	4.879	0.9974
e	1.2	100	2.802×10^{-2}	6.880	0.9929

2.5.3　剩余浓度—分形模型

铝土矿中含有的 Al 元素不可能百分之百地溶解在溶液中，主要是由矿物中含有的杂质造成的。首先，铝土矿中含有的硅矿物造成了铝土矿中 Al 含量的损失，形成钠硅渣，钠硅渣的产生使一部分 Al 沉淀进入赤泥中，造成 Al 损失。此外，在用拜耳法处理一水硬铝石型铝土矿一般要在原矿浆中配入一定量的石灰用来消除二氧化钛的不利影响。然而，当石灰量加大到 CaO∶SiO$_2$≥3 时（摩尔比），含硅矿物与铝酸钠溶液生成不溶固体水化石榴石（3CaO·Al$_2$O$_3$·SiO$_2$·4H$_2$O），也从一定程度上造成了 Al 的损失。

由此可知，随着溶出过程不断进行，Al 在溶液中的含量逐渐增大，矿物颗粒中含 Al 浓度由最初的 c_{Al}^0 逐渐减小，当降低到一定程度（固体中仍然含有 Al），无论反应时间如何延长，Al 不再从固体颗粒中被浸出。反应结束后残留在固体内的 Al 含量相对于溶液体积的浓度称为剩余浓度，用 c_{Al}^∞ 表示。在此情况下，溶解过程的反应速率不仅与颗粒的表面积、溶液中 OH$^-$ 离子浓度成正比，还与固体反应物内能够与 OH$^-$ 离子反应生成铝酸钠的 Al 的浓度成正比。这个浓度可以由 Al 在颗粒中的初始浓度、剩余 Al 浓度和已溶解的 Al^{3+} 离子浓度表示，即 $c_{Al}^0 - c_{Al}^\infty - c_{Al}$。在此情况下，假设铝土矿溶出过程受化学反应控制，建立剩余浓度—分形模型：

$$\frac{dc_{Al}}{dt} = k\left(1 - \frac{c_{Al}}{c_{Al}^0}\right)^{D_R/3} (c_{NaOH}^0 - c_{Al})(c_{Al}^0 - c_{Al}^\infty - c_{Al}) \tag{2-164}$$

采用非线性回归数值分析法得到各个条件下对应的模型参数值以及模型计算值和实验值之间的相关系数（见表 2-10），剩余浓度—分形模型计算值的相关系数都高于 0.99，表明模型与实验值之间的拟合性很好。同时，数值计算得到的分形维数都在 1~3 之间，具有一定的物理意义。分形维数反应物体和系统的不规则性，维数越大，越不规则，越混乱。当溶出温度为 80℃时，NaOH 溶液的初始浓度越高，反应分形维数越低，但变化不大；当溶出液的初始浓度固定为 1.2mol/L 时，随着温度的升高，分形维数增长很快；表明溶出液的浓度增大能够使溶出过程中颗粒形态以及形态变化的不规则程度减小，而反应温度则能提高这种不规则性的程度，并且反应温度对颗粒的不规则性的影响大于溶液的初始浓度。反应速率的计算结果表明溶出液初始浓度一致时，反应温度越高，反应速率越大；当反应温度不变时，溶出液的初始浓度越高，反应速率越大。残留在固体颗粒中的 Al 含量计算结果与反应速率恰恰相反，溶出液初始浓度不变时，残留浓度的变化规律为：a > b > e；反应温度不变时，残留浓度的变化规律为：b > c > d。简言之，反应条件越有利，化学反应速率越高，而残留在固体颗粒中的 Al 含量也就越少。因此，剩余浓度—分形模型可以描述铝土矿颗粒在 NaOH 溶液中溶出过程的动力学。

表 2-10   非线性回归法分析铝土矿的实验溶出结果与剩余浓度—分形动力学模型的分析结果

实验条件	c_{NaOH}^0 /mol·L^{-1}	溶出温度 /℃	反应速率 k /mol·(L·min)$^{-1}$	反应分形维数 D_R	Al 剩余浓度 /mol·L^{-1}	相关系数 R^2
a	1.2	60	$2.764×10^{-3}$	1.018	0.0810	0.9990
b	1.2	80	$1.812×10^{-2}$	1.452	0.0387	0.9984
c	1.8	80	$1.734×10^{-2}$	1.136	0.0259	0.9971
d	2.5	80	$9.632×10^{-2}$	1.013	0.00605	0.9971
e	1.2	100	$1.686×10^{-1}$	2.928	0.00908	0.9922

2.6   气泡微细化及其对反应速率的影响

有气体参与的加压浸出过程涉及"气-液-固"三相的反应，属于复杂的三相浆态床体系，气泡尺度、气含率直接影响相间的传质特性及界面反应动力学，是加压湿法冶金设备大型化的非常重要的参数。气液固多相间的传质特性主要由各相的分散状态以及体系的物性来决定。对气体来说，气体的分散直接关系到气体组分在液相中的传递速率和气泡对固体悬浮的影响；固体颗粒的悬浮主要靠气体和液体流动的影响，气体分散均匀与否直接影响着反应器内液固相的分布；液体的分散决定着反应器液体在径向和轴向的浓度分布以及固体悬浮的程度。因此，为了进一步深入研究氧压浸出过程，气泡微细化对相间的传质特性的影响规律的考察必不可少。

加压浸出体系中的氧化过程主要是在气液界面进行，就此而言，氧气在液相中的微细化程度、分散程度、气含率以及氧气在液相中的传质特性，对氧压浸出过程十分重要。在氧压浸出过程中，气泡在开始上升过程中不断地凝并聚合，气泡群的运动相当复杂，影响气泡大小及其分布的因素主要有压力、温度、表观气速、表观液速、表面张力、固体颗粒浓度等。增加压力会降低气泡的直径从而增加了单位体积的气泡数；增加温度可以降低表面张力、液相的黏度和气泡的稳定性，最终的结果是加快气泡的破碎与分散；增加表观气速会加剧气泡的细化与破碎，也会促进气泡的微细化程度。气泡在液体中的微细化、分布和溶解决定了气液固三相间的传质过程及传质速率，进而决定了加压浸出过程中气-液-固三相反应的最终效果和有价金属的提取率[15,20,21]。因此，研究加压体系下的气泡在液相中的微细化规律有助于深入把握矿物加压浸出过程的物理化学本质，具有十分重要的理论和实际意义。

目前，大多数研究主要考察常压下气泡在液体中的行为，气泡微细化对于提高常压下冶金过程反应效率起到了关键作用。首先，气泡微细化后，气液界面积增大，例如在火法炼铜的熔池熔炼反应中，加拿大诺兰达公司技术中心对诺兰达炉的熔体中的气泡直径测算为 50mm，卧式侧吹转炉中熔体内气泡直径为 45mm，这是由于二者均为鼓泡式熔池熔炼。而采用射流技术进行改进的氧气底吹熔炼炉，气泡直径约为 5mm，达到了气泡微细化的效果，气泡直径小就意味着同样气体量时它的气-液界面积大。与诺兰达炉相比，它的界面积是诺兰达的 10 倍。当其他条件相匹配且允许时，它的化学反应速度是诺兰达炉的 10 倍。其次，微细化后的气泡上浮速度慢，在熔体中的停留时间长。加拿大霍恩冶炼厂的诺兰达炉中鼓入的气体，在熔体中平均停留时间为 0.17s，气泡的平均上浮速度为 5.88m/s，每立方米熔体含有 0.19m³ 气体。经过气泡微细化改进后的半工业实验底吹炉，气泡在熔体中平均停留时间为 0.3s，平均上浮速度约为 2.67m/s，每立方米熔体中含有 0.33m³ 气体。经过气泡微细化改进后，熔体中的气含率从 19% 提高到了 33%。蕴含大量气体的熔体即"乳浊液"，将更有利于炉料的传热与传质，有利于反应的快速进行。

加压条件下的气相分散、气含率、气泡尺度、气液界面传输特性及界面动力学等也是加压湿法冶金设备大型化的关键参数。正是因为这个原因，需要研究加压湿法冶金气泡微细化的科学问题，这不仅是加压湿法冶金设备工程化和大型化的需求，也是加压湿法冶金理论发展的必然。本节针对流动和非流动两种通气方式，在加压透明反应釜中考察了反应器内气泡为细化效果[15,20]，并以"钙化碳化法"处理赤泥及低品位铝土矿过程中的碳化反应为例，阐述气泡微细化对反应速率的影响。

图 2-12 所示为两种通气方式的示意图。若采用流动通气形式（见图 2-12（a）），CO_2气体通入料浆内反应之后随即从釜上方的冷凝排气口排出，调节进气口流速以及出气口流速可以控制釜内的压力；若采用非流动通气方式（见图 2-12（b）），釜内只有一个进气口没有出气口，CO_2气体始终停留在釜内直至被反应吸收。针对两种气体流通方式，在搅拌转速 400r/min，压力 0.8MPa，温度 120℃ 的条件下，采用高速照相机拍摄了气泡分布的瞬态图，利用图像处理软件 Image-Pro Plus 6.0 对照片进行图像处理得到了气泡直径分布直方图和微分分布图。

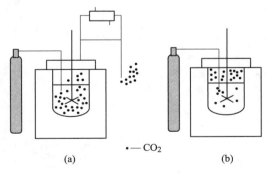

图 2-12　气体流通方式示意图
（a）流动通气；（b）非流动通气

非流动通气时，在搅拌的作用下，以搅拌轴为中心会形成漩涡，液相中仅有少量细小的气泡分布于漩涡周围，气液传质主要发生在漩涡的气液交界面处（见图 2-13）。对比发现，流动通气时，大量气泡均匀分布于液相当中，气液接触面积显著增大（见图 2-14），有利于气液两相之间的传热和传质，进而加快反应速率。

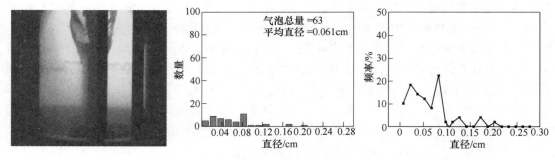

图 2-13 非流动通气下气泡分布照片、气泡分布直方图和微分分布图

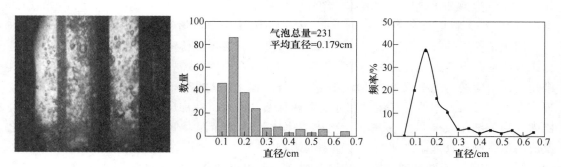

图 2-14 流动通气下气泡分布照片、气泡分布直方图和微分分布图

为验证通气方式对加压浸出过程的影响，在 120℃、1.2MPa 的实验条件下，以产物中的碳含量为标准对碳化反应速率进行表征，对比了两种通气方式下的碳化速率，结果表明，流动通气方式下，碳化反应速率显著提高（见图 2-15）。由此可见，二氧化碳气体作为反应物在液相中的均匀分布以及气泡微细化效果，对提高碳化反应速率有着重要意义。

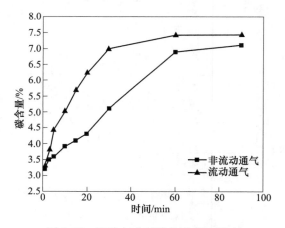

图 2-15 流动方式对碳化速率的影响

流动通气方式产生更多的气泡，并且均匀地分布在液相中，增大了气-液接触面积。根据气液传质速率方程[20,21]：

$$N = KA\Delta C \tag{2-165}$$

式中，N 为传质速率；A 为反应面积；ΔC 为传质推动力。

因此，流动通气方式下，气液两相之间的传质速率显著提高，进而反应速率显著提高。

2.7　电位高压釜及其在铁自析出闪锌矿氧压浸出中的应用

2.7.1　电位高压釜的用途

闪锌矿浸出过程存在金属离子变价，即氧化还原反应，因此电位的变化能反映浸出进行的程度。电位高压釜[22]可在高压浸出的同时进行实时电位测量，对于设计电位变化的浸出实验具有重要作用。该装置的示意图及实物图如图 2-16 及图 2-17 所示，围绕该装置已形成国家发明专利"一种可在线测量加压湿法体系电位的高压釜"。

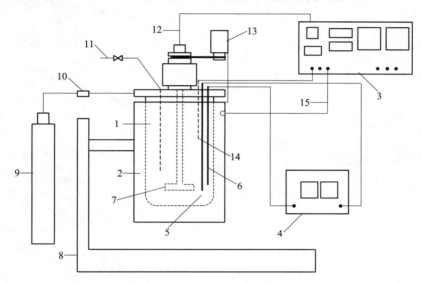

图 2-16　电位高压釜示意图

1—电位釜釜体；2—加热套；3—控制柜；4—电极测量仪；5—参比电极；6—测量电极；7—搅拌桨叶片；8—支架；9—氧气瓶；10—进料口；11—放料口；12—转速测定；13—电机；14—热电偶；15—加热导线

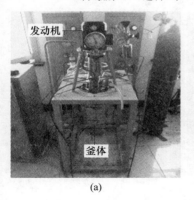
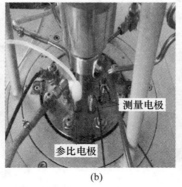
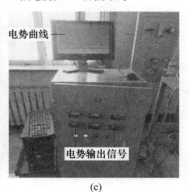

(a)　　　　　　　　　(b)　　　　　　　　　(c)

图 2-17　在线测量加压湿法体系电位的 FCFD 2-1.0 型高压反应釜

（a）电位釜釜体；（b）电极位置；（c）电极信号输出装置

2.7.2 铁自析出催化浸出体系相对电位变化分析

图 2-18 所示为含铁闪锌矿氧压浸出过程体系电位变化过程。加入硫酸、通入氧气后，大量氢离子及氧气的加入，使得浸出溶液体系电势迅速上升。但随后，处于热解活化态的铁闪锌矿实现了初步的较快的酸溶，一方面，生成了一定量的 H_2S 气体，消耗部分的酸；另一方面，从矿物中浸出的 Fe^{2+} 也被溶解氧较快氧化，进一步降低了电势，且区域离子浓度集中后并均匀化也会给电势变化带来一定影响。

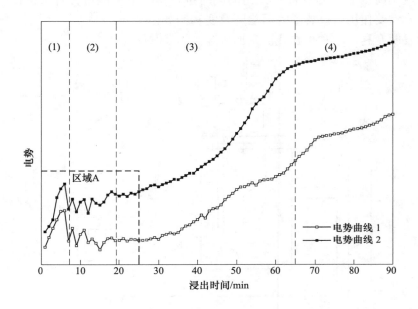

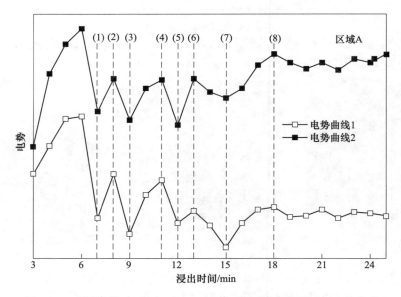

图 2-18　含铁闪锌矿 ($w(Fe) = 25.7\%$) 氧压浸出体系过程电势变化

(温度 403K、酸度 110g/L、氧分压 0.8MPa、搅拌转速 500r/min)

随后体系电势呈锯齿起伏态上升，体系电势总体呈上扬趋势，但从某一时间段来看，则会表现出一定的起伏，这是 Fe^{3+}/Fe^{2+} 的氧化还原过程造成的，即 Fe 从原矿物中析出后，作为电子传递载体，有效地提高了 H_2S 气膜的氧化消除过程，电势持续上升。

前一阶段的电势起伏有所减缓，由于闪锌矿不断被破坏，更多的硫被氧化及 Fe 元素的浸出，体系电势必然升高。由于大量 Fe^{3+} 的存在，使得由于氧化还原反应变化而造成体系的电势相对变化逐渐减弱，而呈现平滑上升趋势。当反应基本达到平衡（70min 时），Zn 的浸出率已经达到 90%以上，故体系电势没有很大变化。

图 2-19 所示为纯 ZnS 浸出过程的体系电位变化，加入硫酸、通入氧气后，电势急剧升高，虽然有一部分 H^+ 被消耗生成 H_2S，但与掺杂 Fe 的铁闪锌矿相比，初始酸溶过程较为困难。更为重要的是，溶解氧无法被大量消耗。因为在矿物表面生成 H_2S 气膜的破坏是浸出过程持续进行的动力学基础，没有了 Fe^{3+}/Fe^{2+} 氧化还原作为电子传递载体，生成单质 S 的过程必然很难进行，这也是电势不会下降的原因，即 H_2S 气膜氧化破坏反应的困难。随着 H_2S 被溶解氧缓慢氧化，体系电势逐渐升高，最后基本达到浸出平衡状态。

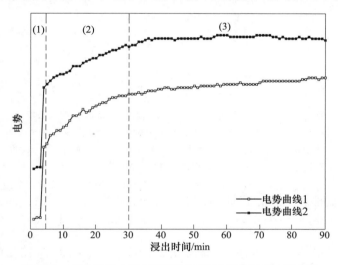

图 2-19　不含铁的人造闪锌矿氧压浸出体系过程电势变化

由图 2-20 可知，$w(Fe) = 25.7\%$ 的人造闪锌矿富氧酸浸的斜率为 5.09，远远大于 $w(Fe) = 0$ 的人造闪锌矿富氧酸浸的斜率（0.28），说明了 $w(Fe) = 25.7\%$ 的人造闪锌矿富氧酸浸体系内氧化还原反应非常剧烈和迅速，结合锌的浸出率（见表 2-11）可见，矿物中的 Fe 元素通过自析出氧化还原作用有效地促进浸出过程的进行[23]。

表 2-11　不同掺杂铁的人造闪锌矿浸出时锌的浸出率　　　　　　　　（%）

铁的质量分数/%	浸 出 时 间				
	20min	30min	40min	50min	70min
0	14.38	20.53	30.04	37.51	47.12
25.7	31.78	43.03	57.25	69.37	91.11

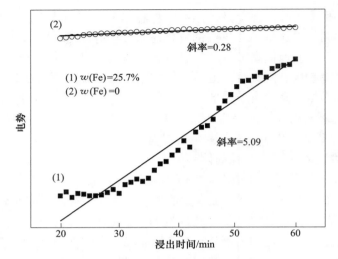

图 2-20　人造闪锌矿富氧酸浸时的反应电位对比

（浸出中段：20~60min）

参 考 文 献

[1] 王淑兰，梁英教. 物理化学 [M]. 北京：冶金工业出版社，2007：241~242.

[2] 杨显万，邱定蕃. 湿法冶金 [M]. 北京：冶金工业出版社，2001：17~18.

[3] 张契，姚燕. 等压法对电解质溶液热力学性质研究的综述 [J]. 盐湖研究，1997，5（2）：64~70.

[4] 姚燕，宋彭生，王瑞陵，等. 合成盐湖卤水体系 Li^+、Na^+、K^+、Mg^{2+} ‖ C^-、SO_4^{2-}－H_2O 25℃下的等压研究和离子相互作用模型的应用 [J]. 化学学报，2002，60（11）：2004~2010.

[5] Robinson R A，Sinclarir D A. The activity coefficients of the alkali chlorides and of lithium iodide in aqueous solution from vapor pressure measurements [J]. Journal of the American Chemical Society，1934，56（9）：1830~1835.

[6] Mason C M. The activity and osmotic coefficients of trivalent metal chlorides in aqueous solution from vapor pressure measurements at 25 ℃ [J]. Journal of the American Chemical Society，1938，60（7）：1638~1647.

[7] 曹玉娟，李珑，郭亚飞，等. 锂、硼水溶液体系热力学性质的等压法研究 [J]. 盐科学与化工，2017，46（6）：1~6.

[8] 杨吉民，姚燕. 273. 15K 下 $LiCl\text{-}Li_2B_4O_7\text{-}H_2O$ 体系热力学性质的等压研究及离子作用模型 [J]. 化学学报，2007，65（11）：1089~1093.

[9] Holmes H F，Simonson J M，Mesmer R E. Aqueous solutions of the mono- and di- hydrogenphosphate salts of sodium and potassium at elevated temperatures isopiestic result [J]. The Journal of Chemical Thermodynamics，2000，32（1）：77~96.

[10] 田彦文，翟秀静，刘奎仁. 冶金物理化学简明教程 [M]. 北京：化学工业出版社，2007：225~227.

[11] 陈家镛. 湿法冶金手册 [M]. 北京：冶金工业出版社，2005：102~135.

[12] 李洪桂. 冶金原理 [M]. 北京：科学出版社，2005：291~295.

[13] 李自强，何良惠. 水溶液化学位图及其应用 [M]. 四川：成都科技大学出版社，1991：108~110.

[14] 李洪桂. 湿法冶金学 [M]. 长沙：中南大学出版社，2002：38~50.

[15] 华一新. 冶金过程动力学导论 [M]. 北京：冶金工业出版社，2004.

[16] 鲍丽. 铝土矿溶出过程热分析动力学及溶出模型的研究 [D]. 沈阳：东北大学，2011.

[17] Bao L, Nguyen A V. Developing a physically consistent model for gibbsite leaching kinetics [J]. Hydrometallurgy，2010，104（1）：86~98.

[18] Pereira J A M, Schwaab M, Dell'Oro E, et al. The kinetics of gibbsite dissolution in NaOH [J]. Hydrometallurgy，2009，96（1~2）：6~13.

[19] Birdi K S. Fractals in Chemistry, Geochemistry, and Biophysics [M]. New York：Plenum Press，1993.

[20] Liu Guanting, Liu Yan, Li Xiaolong, et al. Simulation and experiment study on carbonization process of calcified slag with different ventilation modes [C]. TMS2019 Annual Meeting and Exhibition，San Antonio，2019：79~85.

[21] 孙伟华. 钙化渣碳化装置设计的基础研究 [D]. 沈阳：东北大学，2015.

[22] 张廷安，田磊，吕国志，等. 一种可在线测量加压湿法体系电位的高压反应釜 [P]. 中国，CN105126702A，2015-12-09.

[23] 田磊. 闪锌矿富氧加压浸出过程的基础研究 [D]. 沈阳：东北大学，2017.

3 加压湿法冶金中的预处理过程

3.1 引言

对矿物进行预先处理可以提高其反应活性及冶炼效率。预处理的方法通常包括机械活化、焙烧、生物预处理等。焙烧是将原矿石或精矿在低于炉料熔点的温度下进行加热，发生氧化、还原或其他化学变化的过程。目的是改变炉料中被提取对象的化学组成或物理状态，以便于下一步冶炼处理。如针对含铁量较高的矿物（如锰铁矿），可采用磁化焙烧预处理，将其中的铁转变为强磁性铁矿物，而后采用磁选方式回收[1]。

本章将围绕闪锌矿的机械活化、铝土矿的强磁场预焙烧以及混合稀土矿微波焙烧三种预处理过程进行阐述。

3.2 机械活化预处理

3.2.1 机械活化的原理

机械活化即矿物在机械力作用下会产生晶格畸变和局部破坏，并形成各种缺陷，导致其内能增大，反应活性增强，从而可以实现矿物在较低浸取剂浓度和温度下的浸出，这一效应或现象又称为"机械活化"。

以硫化矿的浸出过程为例，机械活化对其浸出强化作用在于：

（1）使矿物颗粒减小、比表面积增加，提高浸出速率[3~5]。

（2）使颗粒的晶格产生缺陷和非晶化，增强反应活性[6~8]。

（3）改变矿物的电化学性能，使其颗粒表面的氧含量不断上升，从而加强硫的氧化效果[9~11]。

3.2.2 机械活化对闪锌矿物理化学特性的影响

以闪锌矿机械活化过程为例，机械活化前后闪锌矿的 XRD 图谱表明原矿中主要物质为 ZnS，机械活化使得衍射峰强度减小，峰宽加大，同时机械活化过程因球的冲击和碰撞造成了结晶相减少、微晶尺寸变化和晶格畸变（见图 3-1）。

从图 3-2 可知，随机械活化时间增加，闪锌矿的非晶化程度增加，机械活化 120min 后，非晶化度可达到 70.5%。

机械活化前后闪锌矿的形貌如图 3-3 所示，未机械活化的闪锌矿（见图 3-3（a））颗粒的初始尺寸范围为 20~50μm；机械活化 30min 后的闪锌矿（见图 3-3（b））被破碎成尺寸范围为 2μm 左右的小颗粒；机械活化 60min 后的闪锌矿（见图 3-3（c））中除颗粒被破碎之外，还能观察到颗粒的团聚现象；机械活化 120min 后，闪锌矿的团聚现象更加明显（见图 3-3（d））。

闪锌矿的晶粒尺寸和应变与机械活化时间之间的关系如图 3-4 所示。晶粒尺寸随着机械活化时间延长而降低，而应变则是逐渐增加。

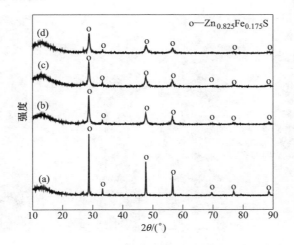

图 3-1 闪锌矿的 XRD 图谱

（a）未活化；（b）活化 30min；（c）活化 60min；（d）活化 120min

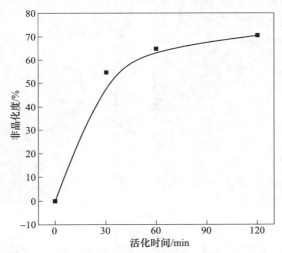

图 3-2 不同活化时间的闪锌矿的非晶化程度

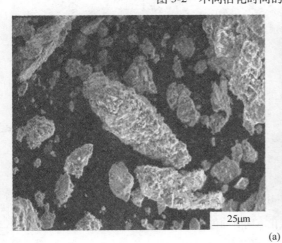
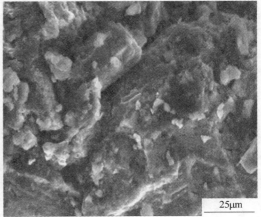

（a）

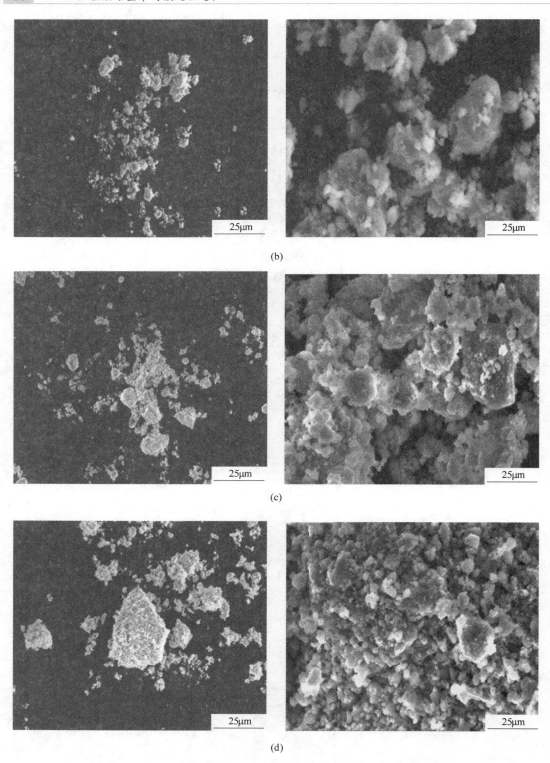

图 3-3　未机械活化和机械活化不同时间闪锌矿的 SEM 照片

（a）未活化；（b）活化 30min；（c）活化 60min；（d）活化 120min

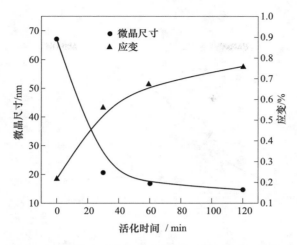

图 3-4 晶粒大小和应变力变化与机械活化时间的关系

未机械活化和机械活化不同时间后的闪锌矿的粒度分布如图 3-5 所示，未机械活化的闪锌矿的粒度范围为 $0.5 \sim 100 \mu m$ 之间，随着机械活化时间的增加，粒度随时间呈指数下降，机械活化超过 60min 后粒度在 $0.1 \sim 30 \mu m$ 范围内。

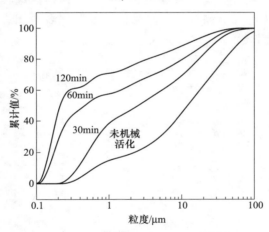

图 3-5 不同机械活化时间后闪锌矿的粒度分布

未机械活化的闪锌矿的粒度 d_{50} 为 $13.644 \mu m$，机械活化 30min、60min、120min 后的闪锌矿的粒度 d_{50} 分别只有 $2.843 \mu m$、$0.524 \mu m$、$0.238 \mu m$（见图 3-6）。未活化的闪锌矿比表面积为 $2.19 m^2/g$，而活化 120min 后的闪锌矿的比表面积可达 $21.1 m^2/g$，是原矿比表面积的 10 倍，该结果与上述闪锌矿的粒度变化趋势基本上一致。

上述结果表明，以高能球磨的方式进行机械活化，主要改变固体颗粒的晶体结构和物理化学性质。在冶金提取过程中，氧化物、硫化物、高温难熔矿物经高能球磨活化后，出现了新的反应界面、相变和矿物晶体结构变形，提高了矿物的非晶化程度，从而提高固体颗粒的反应活性。经机械活化处理，固体物料最开始发生的变化是颗粒细化，比表面积增大；当某些矿物细化到一定程度时，由于范德华力的增大引发质点局部的塑性变形和相互渗透，出现团聚效应[12]。

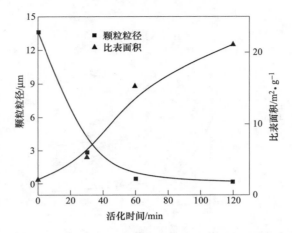

图 3-6 不同活化时间后闪锌矿的粒度和比表面积变化

3.2.3 机械活化对闪锌矿加压浸出动力学的影响

机械活化后闪锌矿的浸出率为 80.63%～96.54%，然而在相同浸出条件下，未机械活化的闪锌矿中 Zn 的浸出率只有 55.07%（见图 3-7）。经机械活化后 Zn 的浸出率增加 1.5～2 倍，其原因是机械活化造成了颗粒晶体的晶格缺陷和比表面积的增加，从而使得 Zn 的浸出率和浸出速率均大幅提高。

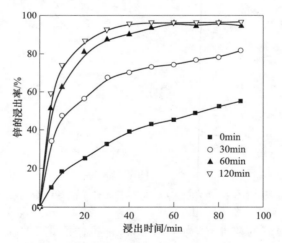

图 3-7 机械活化对闪锌矿中 Zn 浸出率的影响
（温度 403K，H_2SO_4 浓度 1.2mol/L，氧分压 0.8MPa，液固比 100∶1，
搅拌转速 500r/min，木质素磺酸钙添加量为矿量的 1%）

Zn 的浸出率随着温度的升高而升高（见图 3-8）。机械活化后的闪锌矿在前 5min 的浸出速率明显高于未活化矿物，而后这一差距随着浸出时间的延长逐渐减小，这是因为活化部分的闪锌矿在短时间内基本上已经反应完全。

Zn 的浸出率随着硫酸浓度的增加而升高（见图 3-9）。硫酸浓度达到 1.2mol/L 时，机械活化 120min 的闪锌矿中锌的浸出率 50min 后达到了 95% 以上。

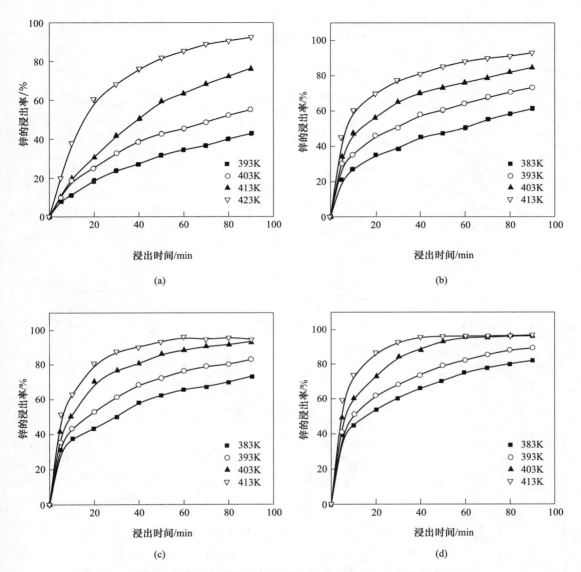

图 3-8 温度对未机械活化和活化后的闪锌矿 Zn 浸出率的影响

(温度 403K，H$_2$SO$_4$ 浓度 1.2mol/L，氧分压 0.8MPa，液固比 100∶1，搅拌转速

500r/min，木质素磺酸钙添加量为矿量的 1%)

(a) 未活化；(b) 活化 30min；(c) 活化 60min；(d) 活化 120min

根据 Erofejev-Kolmogorov 经验方程，液固反应过程中 Zn 的浸出机理可用如下动力学方程表示[13]：

$$kt^n = -\ln(1 - \alpha_{Zn^{2+}}) \tag{3-1}$$

式中，α 为反应的 Zn 浸出率，%；k 为速率常数；t 为浸出时间，min。

n 的值可以根据图 3-9 中所得到的实验数据计算出来。未机械活化和机械活化 30min、60min、120min 的闪锌矿所对应的 n 值分别为 1、0.693、0.571 和 0.536。

由图 3-10 中的 Zn 浸出表观速率常数 k 求得对应不同浸出温度时的 $\ln k$，$\ln k$ 与 $1/T$ 的

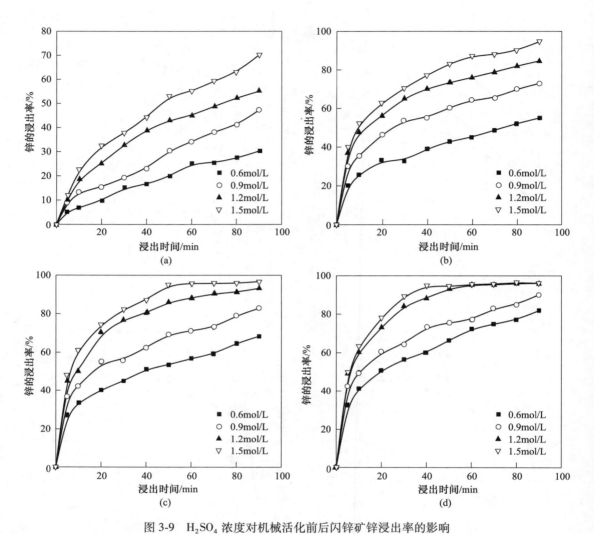

图 3-9　H_2SO_4 浓度对机械活化前后闪锌矿锌浸出率的影响

（温度为 403K，氧分压为 0.8MPa，液固比为 100∶1，搅拌转速为 500r/min，木质素磺酸钙添加量为矿量的 1%）

（a）未活化；（b）活化 30min；（c）活化 60min；（d）活化 120min

关系如图 3-11 所示，其相关系数 $R^2 \geqslant 0.98$。根据阿累尼乌斯公式（式（3-2））计算可知，未机械活化和机械活化 30min、60min、120min 的闪锌矿浸出时的活化能 E 分别为 69.96kJ/mol、45.91kJ/mol、45.11kJ/mol 和 44.44kJ/mol，无论机械活化与否，对于闪锌矿浸出而言，计算所得表观活化能均处于 40~300kJ/mol 范围内，表明闪锌矿浸出过程均属于界面化学反应控制。机械活化后，闪锌矿浸出的活化能明显降低，意味着浸出过程由界面化学反应控制逐步向混合控制过渡。

$$k_T = A_0 \exp\left(-\frac{E}{RT}\right) \tag{3-2}$$

式中，k_T 为化学反应速率常数；A_0 为指前因子；E 为活化能，kJ/mol；T 为反应温度，K；R 为理想气体常数，8.314J/(mol·K)。

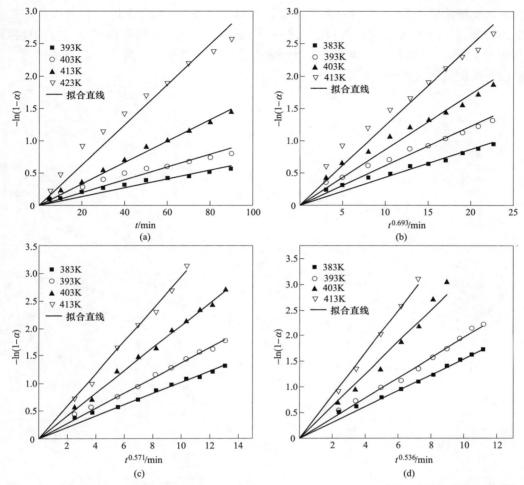

图 3-10 不同活化时间的闪锌矿 Zn 的浸出率在不同温度下 $-\ln(1-\alpha)$ 与 t、$t^{0.693}$、$t^{0.571}$、$t^{0.536}$ 的拟合直线

（a）未活化；（b）30min；（c）60min；（d）120min

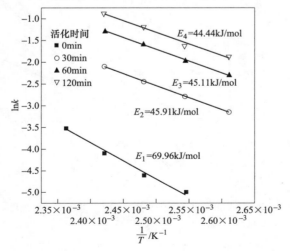

图 3-11 不同活化时间下闪锌矿 Zn 浸出率的阿累尼乌斯拟合直线

不同硫酸浓度下 Zn 浸出的表观速率常数的对数值 $\ln k$ （见图 3-12）与 $\ln c_{H_2SO_4}$ 的关系如图 3-13 所示，未机械活化和机械活化 30min、60min、120min 的闪锌矿浸出时的反应级数分别为 1.832、1.247、1.214 和 1.085。活化后，闪锌矿浸出的反应级数逐步降低，硫酸浓度对反应过程的影响减小[14]。

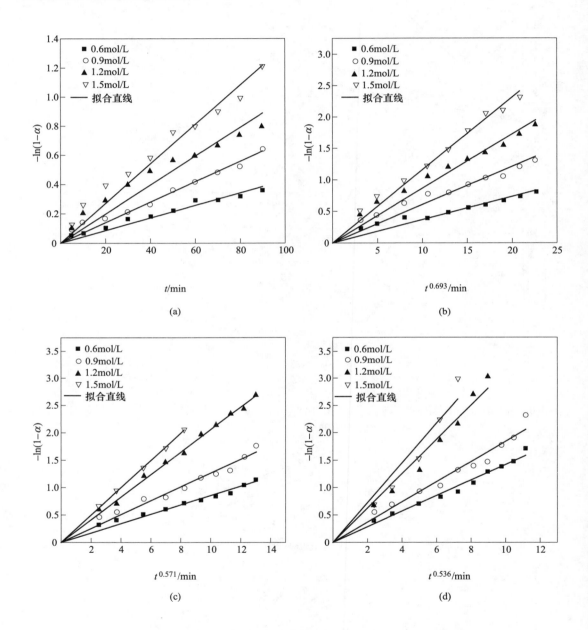

图 3-12　不同活化时间下闪锌矿 Zn 浸出率在不同酸浓度下
$-\ln(1-\alpha)$ 与 t、$t^{0.693}$、$t^{0.571}$、$t^{0.536}$ 的拟合直线
（a）未活化；（b）30min；（c）60min；（d）120min

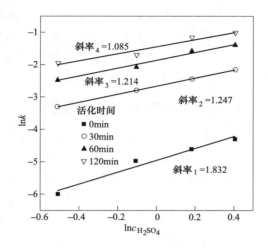

图 3-13　不同活化时间下闪锌矿 Zn 的浸出速率常数与硫酸浓度的对数关系

3.3　强磁场焙烧预处理

3.3.1　强磁场焙烧原理

磁场作用实质是一种能量的传递过程，这一特点与传统的能量场（如温度场、应力场等）类似。但与传统能量场相比，磁场作用机理又有所不同，磁场通过影响物质中电子的运动状态使相变过程发生变化。材料的宏观性能和微观组织与材料中的电子运动状态有密切关系，在热能量场（如温度场）的基础上同时施加冷能量场（如磁场），则复合场中固态相变表现出一系列新特点[15,16]。

相变过程一般由相变热力学与相变动力学控制，在热力学中，各相吉布斯自由能决定该相的稳定性，吉布斯自由能越小，该相的稳定性就越大，在一定条件下越不易发生变化。由于各相磁化率及介电常数不同，在相变过程中施加磁场，磁场会影响各相吉布斯自由能的大小，进而影响相稳定性。磁场也会影响相变动力学，改变具有不同磁性能相的生成形貌。外加磁场能够使固态相变过程发生变化，从而影响材料的组织及性能。关于这方面的理论解释应从原子层次入手，逐渐深入到电子层次，并设法在原子、电子层次重新解释固态相变的发生过程，与已有磁性理论相结合来解释所得实验现象。但已有理论尚未考虑此方向，大都仍然局限于材料热力学领域，且至今还没形成统一理论，故要完善此理论仍需进行大量的研究工作[17~19]。

磁场对烧结也有影响：日本科技厅材料工程工业技术实验室成功地在烧结温度下，利用强磁场来吸引氧。氧是顺磁性物质，具有能被磁场吸引的性质。当磁场强度仅为 0.1T 时，实际上不产生作用，但当场强超过 1T 时即可产生作用。氮也是顺磁性物质，但其被磁场吸引的作用力仅为氧的 1/3。因此，烧结气体的燃烧点设在电磁体一端，以便向燃点处引入更大量的氧气。当施以 1.5T 磁场时，发现氧被引入电磁线圈内。当在铂晶体上燃烧催化酒精以比较烧结温度时，发现在磁场中烧结温度比无磁场时升高 30%。用甲烷气加热烧结，温度提高 15%，且烧结速度加倍[20]。

将强磁场作用于矿物预处理过程，可以将大强度的磁化能量无接触地施加到矿物的原子或分子尺度，改变其热力学性能，从而对矿物的组织和性能产生影响。强磁场能提高原子扩散过程中原子的跃迁频率及激活熵，提高扩散过程中原子的自由度，用于焙烧预处理工艺可能更有利于矿物的溶出。本节以一水铝石强磁场处理过程为例，分析磁场处理对该矿物矿相转变过程及反应活性的影响。

3.3.2 强磁场焙烧对一水硬铝石矿物相组成及微观结构的影响

强磁场处理一水铝石矿过程中，当磁场强度达到 6T 时，铝土矿内部的结构已经基本达到稳定，晶型转变已经基本完成，Al 元素以一水硬铝石相和 Al_2O_3 相存在，并且继续增加磁场强度对铝土矿的微观结构影响不大（见图 3-14）。焙烧矿比表面积分析（见表 3-1）也验证了上述规律。

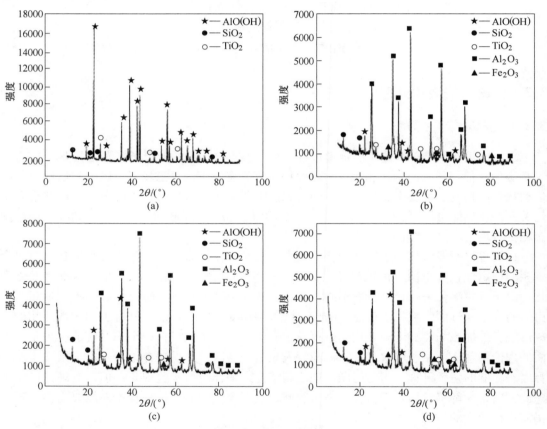

图 3-14 不同磁感应强度下强磁场焙烧矿的 XRD 图

（保温温度 550℃，保温时间 30min）

（a）原矿；（b）6T；（c）9T；（d）12T

表 3-1 强磁场磁感应强度对一水硬铝石矿比表面积的影响

磁感应强度/T	原矿	1	3	6	9	12
比表面积/$m^2 \cdot g^{-1}$	4. 1524	39. 3729	44. 2333	46. 4278	46. 4267	44. 2398

注：保温温度 550℃，保温时间 30min。

　　300℃时，一水硬铝石的结构还未发生根本性的改变，大部分仍为一水硬铝石相，但随着焙烧温度的提高，一水硬铝石的含量逐渐减少，中间态的氧化铝逐渐增多（见图3-15（a））。当焙烧温度为550℃时，一水硬铝石相基本全部转化为中间态氧化铝，活性很高，易于溶出（见图3-15（e））。达到600℃后，Al元素全部以Al_2O_3相存在，物相中不存在一水硬铝石相（见图3-15（f）），中间态氧化铝开始向稳定的刚玉方向转变，其溶出性能将随之下降。

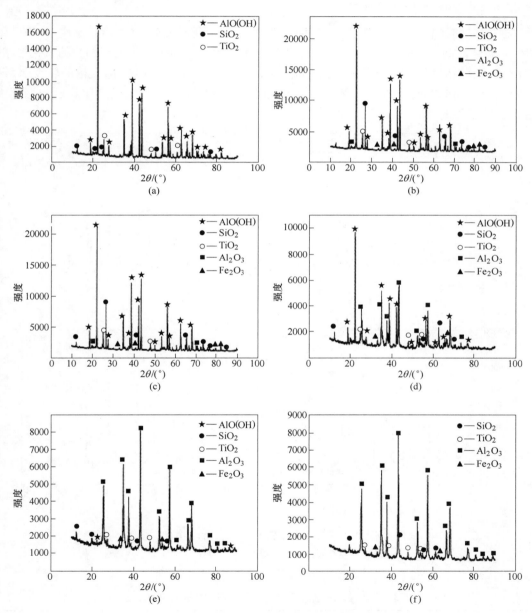

图3-15　不同温度下强磁场焙烧矿的 XRD 图

（磁场强度 6T，保温时间 30min）

（a）原矿；（b）300℃；（c）450℃；（d）500℃；（e）550℃；（f）600℃

焙烧矿的比表面积分析（见表3-2）与此推测相符，随着焙烧温度的增加，铝土矿的比表面积逐渐增大，当温度为550℃时，矿石的比表面积最大，达到43.72m²/g，而继续增加焙烧温度至600℃时，比表面积减小至7.13m²/g，不利于溶出过程。

表 3-2   强磁场焙烧温度对一水硬铝石矿比表面积的影响

焙烧温度/℃	原矿	300	450	500	550	600
比表面积/m²·g⁻¹	4.1524	8.3339	8.4351	38.7462	43.7209	7.1265

注：磁场强度6T，保温时间30min。

随着焙烧时间的延长，铝土矿中的一水硬铝石逐渐脱水转变为活性氧化铝（见图3-16）。焙烧时间在5min时，矿物中的铝仍以一水硬铝石相为主，仅出现部分的氧化铝相，但比表面积已达到了37.5052m²/g；30min时，铝已基本完成了向氧化铝相的转变过程，比表面积保持在38m²/g以上；继续延长焙烧时间，焙烧矿的物相组成和比表面积变化不大[21]，见表3-3。

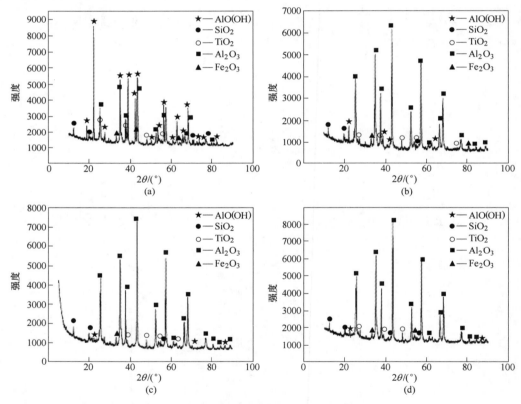

图 3-16   不同时间强磁场焙烧矿的 XRD 图

（磁场强度6T，保温温度550℃）

（a）5min；（b）30min；（c）45min；（d）60min

表 3-3   强磁场焙烧时间对一水硬铝石矿比表面积的影响

焙烧时间/min	原矿	5	15	30	45	60
比表面积/m²·g⁻¹	4.1524	37.5052	35.7842	38.4832	38.3628	43.7209

注：保温温度550℃，磁场强度6T。

3.3.3 强磁场焙烧对一水硬铝石矿溶出性能的影响

磁场强度对焙烧矿中氧化铝的溶出率影响不大。当磁场强度升至 6T 时，氧化铝溶出率在实验中达到最大值 81.48%，同时溶出液摩尔比达到最低 1.39（见表 3-4），进一步升高磁场强度，氧化铝溶出率反而有所下降。

表 3-4 强磁场磁场强度对一水硬铝石矿溶出性能的影响

磁感应强度/T	赤泥化学成分分析		氧化铝相对溶出率/%	溶出液 α_k
	Al_2O_3 含量/%	SiO_2 含量/%		
原矿	55.31	8.51	35.02	2.38
1	44.76	13.29	71.73	1.74
6	36.34	14.97	81.48	1.39
9	45.23	12.73	70.38	1.58
12	42.73	13.09	72.82	1.34

由图 3-17 可知，在 300~600℃ 的温度范围内，溶出率呈现先增加后减少的趋势，在550℃ 左右达到最大值，氧化铝溶出率达到 95.08%（见表 3-5），比原矿直接溶出提高了60% 左右。

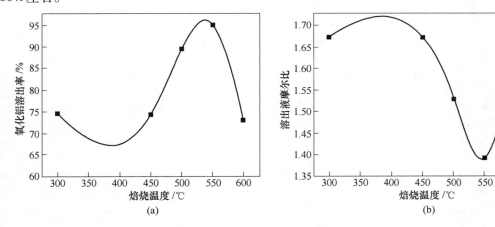

图 3-17 焙烧温度对氧化铝溶出率（a）及溶出液摩尔比（b）的影响

表 3-5 强磁场焙烧温度对一水硬铝石矿溶出性能的影响

焙烧温度/℃	赤泥化学成分分析		氧化铝相对溶出率/%	溶出液 α_k
	Al_2O_3 含量/%	SiO_2 含量/%		
原矿	55.31	8.51	35.02	2.38
300	40.35	13.54	74.35	1.67
450	39.55	13.22	74.22	1.67
500	29.80	16.36	89.38	1.53
550	25.20	18.27	95.08	1.39
600	43.71	13.01	72.75	1.68

强磁场焙烧预处理铝土矿可以明显改善一水硬铝石的溶出性能。从图 3-17 可知溶出液摩尔比呈现先减少后增加的趋势，在 550℃ 达到最低值 1.39。矿石经过强磁场焙烧预处理后，在实现高效溶出的同时获得了低摩尔比的溶出液。焙烧时间低于 15min 时，氧化铝的溶出率都在 71% 以下，随着焙烧时间的增加，氧化铝的溶出率增加得很快，当焙烧时间为 30min 时，氧化铝溶出率为 81.48%，溶出液摩尔比已为最低值 1.39（见图 3-18）。而焙烧时间为 60min、磁场强度为 6T 的焙烧矿在溶出温度 190℃、溶出时间 60min 的条件下，氧化铝溶出率达到 95.08%[22,23]（见表 3-6）。矿物经过强磁场焙烧预处理，最佳溶出温度较直接碱溶过程可下降 60℃ 以上。

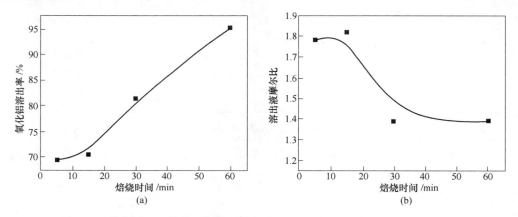

图 3-18　焙烧时间对焙烧矿氧化铝溶出率（a）及溶出液摩尔比（b）的影响

表 3-6　强磁场焙烧时间对一水硬铝石矿溶出性能的影响

焙烧时间/min	赤泥化学成分分析		氧化铝相对溶出率/%	溶出液 α_k
	Al_2O_3 含量/%	SiO_2 含量/%		
原矿	55.31	8.51	35.02	2.38
5	44.89	12.75	69.60	1.78
15	46.47	13.17	70.59	1.82
30	36.34	14.97	81.48	1.39
60	25.20	18.27	95.08	1.39

3.4　微波焙烧预处理

3.4.1　微波加热原理

常规加热是通过加热物体周围的环境或物体表面，产生温度梯度，利用空气、炉气等介质通过传导、对流、辐射等形式提高物体温度，从而达到加热的目的，多存在加热效率较低、需要加热时间长等问题。微波加热是一种"冷热源"，在加热过程中与物体接触的并非热气，而是电磁波。当微波进入材料中时，材料中的极性单位和非极性单位对微波的响应不同，极性单位与微波电磁场相互耦合，并随着高频交变电磁场高速的摆动，而非极性单位并没有该种变化。极性单位要随着不断变化的高频电磁场重新排列就必须克服非极性单位的阻碍和分子原有热运动的干扰，从而产生类似于摩擦的效果，实现对材料加热的目的。

　　根据物料介质损耗类型的不同，可将微波损耗分为介电损耗、电导损耗和磁损耗3 种[24~26]：

　　（1）介电损耗。电介质在交变电场作用下，由于介质反复极化，与周围干扰介质反复摩擦，在其内部引起能量的损耗，最终将电磁能转变为热能，如图 3-19 所示。介电损耗主要以偶极子转向极化、电子云位移极化和界面极化为主。介电损耗与介质的电极化有关，因此可以作为评价绝缘材料的指标，介电损耗越小，绝缘性能越好。需要指出的是，在高温冶金过程中，物料与微波的相互作用，主要以介电损耗为主。

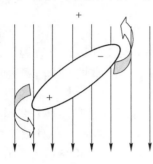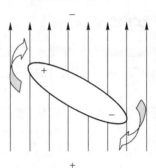

图 3-19　微波加热中极化作用简图

　　（2）电导损耗。在外电磁场作用下，导电颗粒相互接触，形成电子连续状态，电子在电磁场的作用下运动加剧，形成局部电流，使电磁能最终以焦耳热的形式在导电颗粒上被损耗。该种损耗方式与材料的电导率有关，电导率越大，所引起的宏观电流越大，越有利于电磁能转变为热能。

　　（3）磁损耗。在磁性材料的磁化和反磁化过程中，必然有一部分能量不可逆的转变为热能，这部分损耗称为磁损耗。磁损耗与动态磁化过程有关，其主要来源包括磁滞、磁畴转向、畴壁位移和磁畴自然共振等，所对应的磁损耗形式包括涡流损耗、磁滞损耗以及其他磁弛豫或滞后效应引起的剩余损耗。一般而言，对于磁性氧化物，磁损耗主要是磁滞损耗和剩余损耗；对于金属磁性材料而言，以涡流损耗和磁滞损耗为主。

　　对大部分固体材料而言，其成分组成包含多种元素，甚至一种元素存在于多种物相中，因此很难将材料的损耗机制归属于某一种，多是由几种损耗机制共同作用的结果。

　　表 3-7 列出了某些矿物的介电常数，表明不同矿物吸波能力的大小[27]。

表 3-7　某些矿物的介电常数

矿物类型	低 频	微 波		光 频
		ε'	ε''	
自然元素及互化物	3.75~81	4.15~20.0	0.025~0.384	3.725~5.894
硫化物	6.0~450	4.44~600	0.025~90.0	4.567~15.304
氧化物	4.50~173	4.17~150	0.025~4.04	1.712~10.368
卤化物	4.39~12.3	5.73~18.0	0.025~0.110	1.764~5.108
硅酸盐	4.30~25.35	3.58~24.0	0.025~0.901	2.170~4.210
含氧盐	4.90~26.8	3.84~44.0	0.025~0.365	1.774~5.827

微波加热作为一种非常规加热手段，不仅能够为物料反应提供所需要的热量，还具有高频振荡物料分子、活化冶金化学反应的能力[28~30]。对成分复杂的混合稀土矿而言，在采用微波技术进行处理时，由于矿物中各组分的吸波性能不同，其加热速率必然不同，温度差在各组分间产生的热应力将导致各组分间产生裂缝；微波直接传输能量于稀土矿中的极性粒子，极性粒子在反复极化的过程中储存部分能量使粒子活性得到极大的提高，矿物间的化学反应在低于其反应温度的条件下也可快速地进行，能够有效强化稀土矿的分解过程[31~33]。本节以混合稀土精矿为例，来说明微波加热对矿物分解的强化过程。

3.4.2   微波加热分解过程的矿相转变

稀土精矿吸波能力稍弱，微波加热稀土精矿并不能使其达到分解温度，需要加入吸波组分来改善稀土精矿的吸波性能。活性炭和碱性化合物通常被用来改善微波加热物料的吸波性能。

在相同条件下，活性炭和氢氧化钠能够使体系温度迅速升高（见图 3-20），微波加热 300s 左右，体系温度即可达到 1000℃。其中加入氢氧化钠的物料对微波加热的反应时间要略长于加入活性炭的物料。而添加氢氧化钙后，微波加热 500s 后温度在 100℃ 左右，说明物料的吸波性能并没有得到改善。虽然氢氧化钙和氢氧化钠均属于碱性化合物，但氢氧化钠属于 NaCl 型离子晶体结构，具有较强的极性；而氢氧化钙属于碘化镉型晶体结构，对称性较强，对应的极性较弱。因此，氢氧化钠较氢氧化钙能很好地吸收微波，改善稀土精矿的吸波性能。当采用活性炭作为吸波剂时，虽然也能很好地改善稀土精矿的吸波性能，但相较于氢氧化钠，对稀土精矿的分解以及分解过程中氟元素的物相转变没有积极意义。而且在微波加热过程中，活性炭发生氧化之后产生的气体容易造成矿物的喷溅。因此，在上述几种吸波剂中，氢氧化钠最适用于稀土矿物微波处理过程。

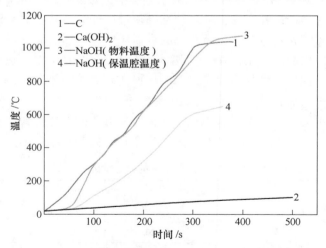

图 3-20   添加不同吸波剂稀土精矿的升温曲线（添加剂添加量 30%）

混合稀土精矿是由氟碳铈（REFCO$_3$）和独居石（REPO$_4$）组成的混合矿，并含有少量的萤石。由微波加热分解过程的矿相转变（见图 3-21）可知，经过 350℃ 微波加热处理后，稀土精矿中出现稀土氢氧化物、稀土氧化物和氟化钠相，独居石基本消失，氟碳铈物相特征峰减弱；经过 500℃ 处理后，氟碳铈矿和独居石物相特征峰均消失，矿中主要物相为稀土复合氧化物、磷酸钙以及氟化钠；相比于 350℃ 处理后的物料 XRD，物相的变化主要体现在稀土氢氧化物和稀土氧化物特征峰消失以及出现复合稀土氧化物的特征峰；经过 700℃ 微波加热处理，物料 XRD 与 500℃ 处理后的基本相同，只是物相特征峰更加尖锐，峰宽变窄，说明稀土精矿与 NaOH 在微波加热条件下，低于 700℃ 时已经反应完全，此温度要低于热重分析结果所示的稀土精矿完全反应的温度，说明微波加热具有一定的提高物料分子活性，降低反应温度的特性。

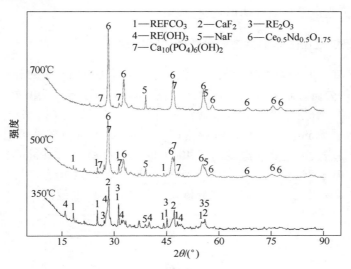

图 3-21 不同温度下微波加热后稀土精矿的 XRD 图

综上所述，稀土精矿与 NaOH 在微波加热过程中，在 350℃ 左右即可发生分解，首先生成稀土氢氧化物，并迅速受热分解生成稀土氧化物，而随着温度的升高及 Ce^{3+} 被氧化成 Ce^{4+}，稀土氧化物之间发生反应生成复合稀土氧化物；而氟元素则在分解过程中与钠盐结合生成易溶于水的氟化钠；磷酸根与钙盐结合生成难溶磷酸钙；即稀土精矿与 NaOH 经过微波加热处理后，最终产物为稀土氧化物或复合氧化物、氟化钠以及磷酸钙，其中只有氟化钠为可溶性盐，可采用水浸的方式单独提氟，使其与稀土、磷化合物分离。

稀土精矿与 NaOH 在微波加热过程中的反应过程归纳如下，对稀土元素而言，可分为 3 个阶段：

第一阶段为：

$$REFCO_3 + 3NaOH === RE(OH)_3 + NaF + Na_2CO_3 \tag{3-3}$$

$$REPO_4 + 3NaOH === RE(OH)_3 + Na_3PO_4 \tag{3-4}$$

第二阶段为：

$$2RE(OH)_3 === RE_2O_3 + 3H_2O \tag{3-5}$$

$$2Ce_2O_3 + O_2 === 4CeO_2 \tag{3-6}$$

第三阶段为：

$$10CeO_2 + 5Nd_2O_3 === 20Ce_{0.5}Nd_{0.5}O_{1.75} \tag{3-7}$$

氟元素发生的主要反应为：

$$REFCO_3 + 3NaOH \xlongequal{} RE(OH)_3 + NaF + Na_2CO_3 \tag{3-8}$$

$$2NaOH + CaF_2 \xlongequal{} 2NaF + Ca(OH)_2 \tag{3-9}$$

磷酸根发生的主要反应为：

$$REPO_4 + 3NaOH \xlongequal{} RE(OH)_3 + Na_3PO_4 \tag{3-10}$$

$$2Na_3PO_4 + 2CaF_2 + Ca(OH)_2 \xlongequal{} Ca_3(PO_4)_2 + 4NaF + 2NaOH \tag{3-11}$$

$$6Na_3PO_4 + 9CaF_2 + Ca(OH)_2 \xlongequal{} Ca_{10}(PO_4)_6(OH)_2 + 18NaF \tag{3-12}$$

因此，氢氧化钠不仅起到了改善稀土精矿吸波性能的作用，还可以促进稀土精矿的分解，且能避免氟元素以氟化氢气体形式逸出。

3.4.3 微波加热过程各因素对稀土矿分解效果的影响

由图 3-22 可知，在 300~500℃ 的温度范围内，均可实现稀土矿的分解，且随着温度的升高，稀土精矿的分解率显著增大，在微波加热 5min 时该趋势尤为明显，温度低于 400℃ 时，分解效果较差，分解率低于 25%，而温度升高到 400℃ 以上时，分解率迅速增大，高于 50%；500℃ 加热 5min，稀土精矿分解率即可达到 75.57%。随着恒温时间的增加，分解率随温度增大而增大的趋势在温度高于 400℃ 时逐渐平缓，在 40min 条件下，温度高于 400℃ 时，分解率基本不变，在 85% 以上。另外，温度为 300℃ 时，经过恒温 40min 后，其分解率也可达到 60% 以上。以上结果充分体现了微波加热的高效性。

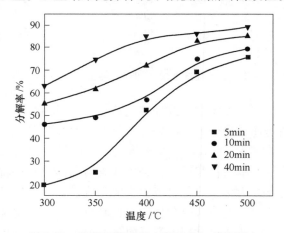

图 3-22   温度对混合稀土精矿分解率的影响

反应温度对矿物中氟元素转化率的影响（见图 3-23）表明：随着温度的升高，氟元素的转化率逐渐增大，在 500℃ 保温 20min 转化率可达 88.53%。根据矿相转变研究结果，氟元素参与的化学反应分别为氟碳铈矿的分解和萤石的分解，温度低于 450℃ 时，氟碳铈矿虽然能够分解，但其效率较低且不能完全分解。因此，在 300~375℃ 的温度范围内，萤石的分解是引起氟转化率迅速增大的主要原因，在 375~450℃ 的温度范围内，萤石基本分解完全，而氟碳铈矿的分解较为缓慢，当温度高于 450℃ 时，氟碳铈矿分解效率增大。因此，随着温度的升高，氟转化率呈现出两个阶段的升高曲线。综合考虑稀土的分解率和氟转化率随温度升高的变化规律，认为 450℃ 为微波强化分解稀土精矿的合适恒温温度。

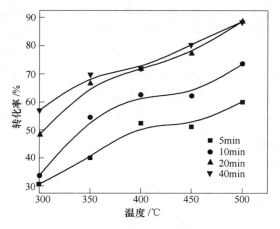

图 3-23　温度对氟元素转化率的影响

在微波加热的初始阶段，稀土分解率和氟转化率都迅速增加，微波加热 20min，分别可达到 82.85% 和 77.28%；随着时间的延长，稀土分解率缓慢地增加，而氟的转化率在 30min 出现峰值，当微波加热时间为 50min 时，氟的转化率有所下降（见图 3-24）。

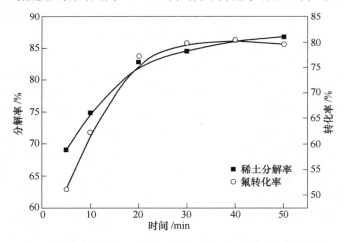

图 3-24　微波加热恒温时间对稀土分解率和氟转化率的影响

随着恒温时间的延长，稀土精矿逐渐被氢氧化钠分解，生成稀土氧化物和氟化钠，由于这两种物质熔点高于微波加热时的恒温温度，在氢氧化钠熔化后的液珠表面形成一层难溶的固相产物层，使稀土精矿与氢氧化钠的接触面积降低，阻碍氢氧化钠的扩散，使稀土精矿的分解效率降低。由于氟碳铈矿中也含有一定量的氟，它的不完全分解是氟元素不能完全转化的一个主要原因；另外，反应后产生的氟化钠产物，存在于未反应的氢氧化钠和稀土精矿之间，在反应结束后的冷却过程中，未完全反应的氢氧化钠凝结，形成包裹，整体物料产生类似烧结的现象，需要研磨破碎；随着时间的延长，矿的烧结现象就越严重，越不利于后续的水洗除氟过程，这就造成部分氟元素虽完成了向氟化钠的转变，但在水洗过程中，受粒度的影响，仍然存在部分氟元素不能完全洗出。综上所述，微波加热过程中需要合理选择恒温时间，保证稀土矿分解率的同时，避免因烧结现象引起的矿物比表面积降低而使氟元素不能完全洗出；也说明微波加热后矿需要经过研磨处理，控制其粒度。

随着氢氧化钠加入量的增加，稀土分解率和氟转化率都迅速增大（见图 3-25）。在微波加热过程中，氢氧化钠颗粒迅速升温，并使其周围的稀土精矿颗粒发生分解；当氢氧化钠加入量较低时，不仅影响体系的升温速率，且相应地减少了稀土精矿与氢氧化钠的接触面积，导致单位时间能参与分解反应的稀土精矿减少。

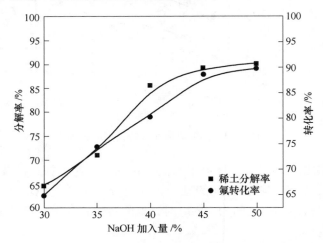

图 3-25 氢氧化钠加入量对稀土分解率和氟转化率的影响

另外，虽然反应温度高于氢氧化钠熔点，使体系成为固-液两相反应，但传质效率依然是影响反应效率的一个重要因素，这也是稀土精矿分解率并不能达到 95% 以上的重要因素；相应的，稀土精矿不能完全分解也必将影响氟元素的转化率。通过增加氢氧化钠加入量可有效改善体系内传质效率差的问题，提高稀土精矿的分解率；但加入量过高，势必提高生产成本；另外，未反应的氢氧化钠将进入水洗液中，形成高碱含氟废水，较难处理。因此，加入稀土精矿质量 45% 的氢氧化钠较为合适。而现有的碱分解工艺中，稀土精矿与氢氧化钠的质量比接近 1:1，本工艺的碱用量显著降低。随着微波功率的增加，稀土分解率和氟转化率都呈增加趋势，但增加较为缓慢（见图 3-26），说明增大微波功率并不能强化分解反应[34]。

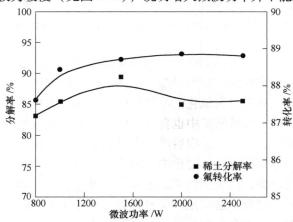

图 3-26 微波功率对稀土分解率和氟转化率的影响

3.4.4 微波加热对矿物物性的影响

温度是影响稀土精矿分解的一个重要因素。随着温度的升高，处理后矿的 BET 比表面积迅速从 $8.71m^2/g$ 降低到 $1.01m^2/g$，但相比于稀土精矿，在 300℃ 处理后矿的比表面积又明显的有所增加（见表 3-8）。在微波加热过程中，温度的升高会导致烧结现象的加重，特别是温度较高时，NaOH 发生熔化，在降温过程中，矿物的烧结聚团现象更为突出，该现象将严重影响焙烧矿物的比表面积。但是，焙烧矿物经水洗后，其比表面积显著增加到稀土精矿的两倍左右，这是因为微波加热具有选择性，在矿物不同组分间由于微波作用的不均匀性，形成温度差，进而产生热应力，使矿物不同组分间产生裂缝，使矿物的实际比表面积增加，矿物的分解及产生的裂缝对比表面积的积极影响弱于烧结现象对其的负面影响。因此，微波焙烧对改善矿物表面特性具有积极作用。

表 3-8　不同温度条件下处理后矿的氮气吸收比表面积结果

温度/℃		0（稀土精矿）	300	350	400	450
比表面积 /$m^2 \cdot g^{-1}$	微波后矿	6.94	8.71	1.40	1.09	1.01
	水洗后矿		14.20	12.86	11.14	11.09

根据上述结果，对典型微波加热条件下处理后矿、水洗后矿以及稀土精矿的 N_2 吸附—脱附等温线进行分析（见图 3-27）。由图可知，稀土精矿的吸附等温线和脱附等温线重合，并不存在回滞环；根据吸附—脱附等温线的 BDDT 分类法[9~11]，稀土精矿的等温线属于第二类，该结果表明稀土精矿颗粒表面不存在孔洞或孔隙。

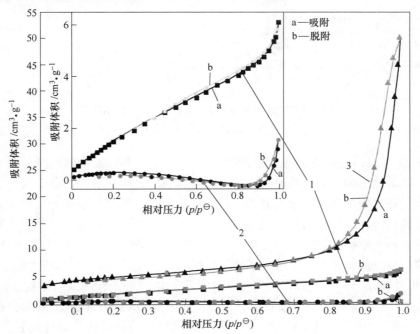

图 3-27　各试样的低压力氮气吸附—脱附等温线
1—稀土精矿；2—微波加热后矿；3—水洗后矿

在相对压力超过 0.85 时，微波处理后矿和水洗后矿的吸附体积迅速增加。其等温线出现明显的拐点，且由于毛细凝聚作用，吸附等温线和脱附等温线并不重合，出现明显的回滞环，说明微波处理后矿和水洗后矿的颗粒上分布有微孔和介孔。另外根据 de Boer 对回滞环的分类可知，曲线 2 中所示回滞环属于第四类，说明颗粒表面分布的孔洞为墨水瓶型；而曲线 3 中所示回滞环属于第二或第三类，说明颗粒表面分布的孔洞为狭缝或楔型。

以上结果均表明，采用微波加热技术处理稀土精矿，虽然存在烧结现象，但依然具有改善稀土精矿比表面积的作用，且在热应力和矿分解的双重作用下，无孔结构的稀土精矿颗粒表面出现一定量的微孔和介孔，对后续稀土精矿的浸出产生有利影响。

经过微波加热，主要物相为稀土氧化物和氟化钠，其物相特征峰较为明显；而磷元素主要以磷酸钙形式存在，其物相特征峰较弱；含碳化合物在图谱中未能发现。经水洗后，可将其中的氟化钠溶出，其物相特征峰消失，稀土氧化物相和磷酸钙相没有发生变化（见图 3-28）。

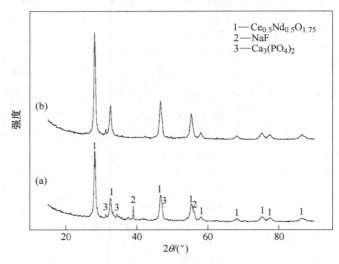

图 3-28   微波加热处理后矿和水洗后矿的 XRD 图
（a）微波加热后矿；（b）水洗后矿

由图 3-29 可知，在微波加热温度 300℃时，处理后矿颗粒表面较光滑，稀土精矿分解效果微弱。随着温度的升高，颗粒表面呈现出被腐蚀的无规则形貌，由于氢氧化钠熔点较低，在微波加热过程中液化，使得处理后矿物颗粒表面出现明显小颗粒聚集状态，处理后矿呈疏松多孔结构，且微波加热温度越高，颗粒表面疏松形貌越显著。另外，在微波加热分解过程中，稀土精矿分解之后产生的中间产物为稀土氢氧化物，再次分解时脱水失重，矿物体积收缩，空隙度增加，是造成矿物颗粒呈疏松多孔结构的一个重要因素。

图 3-30 中（a）和（b）所示为微波加热处理后矿两种不同的微观形貌，图 3-30（c）和（d）所示为水洗后矿两种不同的微观形貌，即微波加热后矿和水洗后矿存在相互对应的两种微观形貌。由图 3-30（a）和（b）可知，微波加热处理后矿既存在表面疏松形貌，也存在颗粒表面出现大量棒状结晶的形貌。根据 EDS 微区元素分析结果可知，表面疏松的颗粒主要含氧、稀土、氟、钠等元素，且氟和钠摩尔比基本满足 1∶1，说明该颗粒主要含

有稀土氧化物以及氟化钠；而具有棒状结晶的颗粒主要含氧、氟、钠、磷、钙等元素，说明该颗粒主要含有氟化钠和磷酸钙等物质。

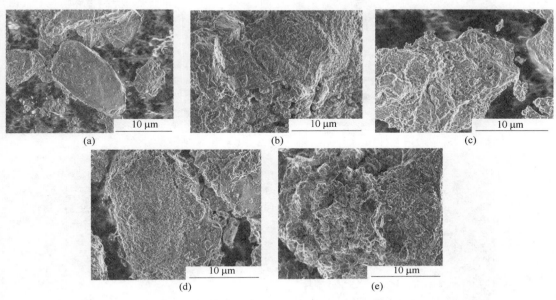

图 3-29　不同温度条件下加热 5min 稀土精矿的 SEM 照片
（a）300℃；（b）350℃；（c）400℃；（d）450℃；（e）500℃

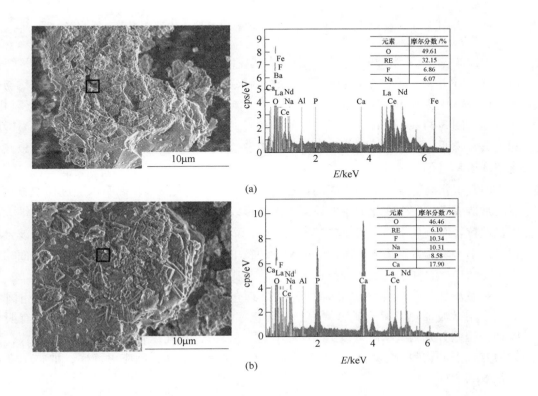

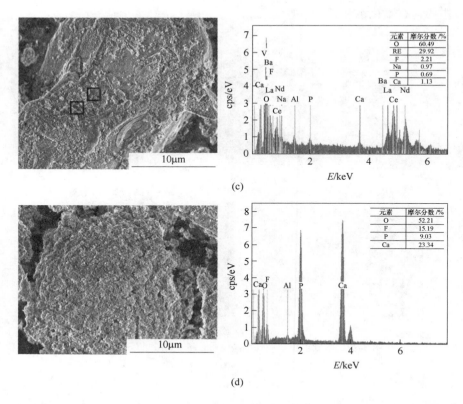

图 3-30 微波强化分解后矿和水洗后矿的 SEM 照片及 EDS 微区元素分析结果

由图 3-30（c）和（d）可知，经过水洗后出现的两种形貌虽然分别于图 3-30（a）和（b）中所示相似，但根据右侧的 EDS 分析结果可知，图 3-30（c）中颗粒形貌虽然与图 3-30（b）中相似，但所含元素截然不同，反而与图 3-30（a）中相同，均为稀土氧化物；相应地，图 3-30（d）中颗粒形貌与图 3-30（a）相似，但所含元素显示该颗粒为磷酸钙和萤石。说明，经过水洗，两种颗粒的形貌发生了互换，萤石的不完全分解是导致氟的转化率低于 90% 的主要原因。

但其中相同的是，两种形貌的颗粒中氟和钠含量大大降低，说明水洗过程中氟化钠的浸出是造成形貌发生变化的主要原因，因此可以推测微波分解过程中产生的氟化钠大多富集在颗粒表面，且不同于稀土精矿中氟、磷、稀土元素相互夹杂在一起，经过微波分解过程，稀土、磷元素富集于形貌迥异的矿物颗粒中。经过水洗，两种形貌的颗粒表面均为疏松多孔结构，有利于后续的浸出提取稀土，与比表面积分析结果一致。

对微波加热和马弗炉加热两种方式处理包头稀土精矿进行分解处理，在相同条件下，采用微波加热，稀土矿分解率、氟转化率相比于马弗炉的传统加热方式均有明显的提高，相差分别为 21.77% 和 42.89%（见图 3-31）。相比于传统加热的传热方式，微波加热方式下的物料分子具有更高的能量，焙烧矿活性更高，反应更彻底，取得了良好的活化效果。

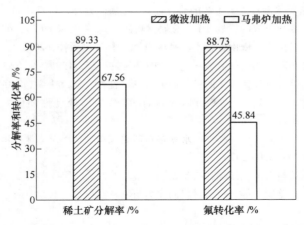

图 3-31　两种加热方式下的稀土矿分解率和氟转化率
（恒温温度 450℃，恒温时间 40min，氢氧化钠加入量为矿质量的 45%）

参 考 文 献

［1］ 罗立群，乐毅．难选铁物料磁化焙烧技术的研究与发展［J］．中国矿业，2007，16（3）：55~58.

［2］ 郭长阁．含金硫化矿物的氧化预处理（综述）［J］．国外金属矿选矿，1996（3）：12~15.

［3］ 黎铉海，阳健，韦岩松，等．机械活化强化锌渣氧粉铟浸出的工艺研究［J］．稀有金属，2008，32（6）：811~814.

［4］ 赵中伟，龙双，陈爱良，等．难选高硅型氧化锌矿机械活化碱法浸出研究［J］．中南大学学报（自然科学版），2010，41（4）：1246~1250.

［5］ 许俊强．机械活化强化硬锌渣浸铟工艺及动力学研究［D］．南宁：广西大学，2004.

［6］ 张燕娟．机械活化强化从含铟铁酸锌的锌浸渣中浸出铟、锌的理论及工艺研究［D］．南宁：广西大学，2011.

［7］ 司伟，高宏，姜姐，等．机械活化镍铁尾矿的酸浸工艺研究［J］．矿产综合利用，2010（3）：3~6.

［8］ 姚金环，黎铉海，潘柳萍，等．机械活化强化矿物浸出过程的研究进展［J］．现代化工，2011，31（7）：12~15.

［9］ 黎铉海．机械活化强化含砷金精矿浸出的工艺及机理研究［D］．长沙：中南大学，2002.

［10］ 张超．机械化学热量仪与机械化学能量学研究［D］．长沙：中南大学，2008.

［11］ 赵中伟．含金硫化矿的机械化学及其浸出动力学研究［D］．长沙：中南大学，1995.

［12］ 田磊，张廷安，吕国志，等．机械活化对闪锌矿物化性质及焙烧动力学的影响［J］．中国有色金属学报，2015，25（12）：3535~3542.

［13］ Batista M A，Da Costa A C S，Bigham J M，et al. Acid dissolution kinetics of synthetic aluminum-substituted maghemites（γ-Fe$_2$-xAl$_x$O$_3$）［J］．Soil Science Society of America Journal，2011，75（3）：855.

［14］ 田磊．闪锌矿富氧加压浸出过程的基础研究［D］．沈阳：东北大学，2017.

［15］ 王西宁，陈铮，刘兵．磁场对材料固态相变影响的研究进展［J］．材料导报，2002，16（2）：25.

［16］ Koch C C. Experimental evidence for magnetic or electric field effects on phase transformations［J］．Mater. Sci. Eng.，2000，A287：213.

［17］任福东 . 9SiCr 钢磁场等温淬火新工艺的研究［J］. 金属热处理，1993（5）：23.

［18］大冢秀幸 . 磁场对相变形核的影响［J］. 金属材料研究，1999，25（2）：63.

［19］张廷安，朱旺喜，吕国志 . 铝冶金技术［M］. 北京：科学出版社，2014.

［20］费超 . 日本开展磁场新应用的研究概况［J］. 国外科技动态，1996，3：23.

［21］王小晓 . 强磁场焙烧预处理铝土矿的性能研究［D］. 沈阳：东北大学，2009.

［22］张旭华 . 强磁场作用下高铁一水硬铝石型铝土矿焙烧预处理性能研究［D］. 沈阳：东北大学，2011.

［23］张旭华，张廷安，吕国志，等 . 高铁一水硬铝石矿焙烧预处理溶出赤泥的沉降性能［J］. 中国有色金属学报，2015（2）：500~507.

［24］李黎明，徐政 . 吸波材料的微波损耗机制及结构设计［J］. 现代技术陶瓷，2004，2（9）：31~34.

［25］周克省，黄可龙，孔德明，等 . 吸波材料的物力机制及其设计［J］. 中南工业大学学报，2001，32（6）：617~621.

［26］胡兵 . 铁矿球团微波加热煤基直接还原基础与技术研究［D］. 长沙：中南大学，2012.

［27］管登高，王树根 . 矿物材料对电磁波的吸收特性及其应用［J］. 矿产综合利用，2006（5）：18~22.

［28］Barnsley B P. Microwave processing of materials［J］. Metals and Materials Bury St Edmunds，1989，5（11）：633~636.

［29］李钒，张梅，王习东 . 微波在冶金过程中应用的现状与前景［J］. 过程工程学报，2007，7（1）：186~193.

［30］卢友中，曾青云，陈庆根 . 微波辅助碱分解低品位黑（白）钨精矿［J］. 矿产综合利用，2009，5：20~23.

［31］Sing K S W. Reporting physisorption data for gas/solid systems with special reference to the determination of surface area and porosity［J］. Pure & Applied Chemistry，1985，57：603~619.

［32］Kondo S，Tatsuo I，Ikuo A. Adsorption science［M］. Beijing：Chemical Industry Press，2006：53~81.

［33］Liu X J，Xiong J，Liang L X. Investigation of pore structure and fractal characteristic of organic-rich Yanchang formation shale in central China by nitrogen adsorption/desorption analysis［J］. Journal of Natural Gas Science & Engineering，2015，22：62~72.

［34］黄宇坤 . 微波强化分解包头稀土矿清洁工艺的基础研究［D］. 沈阳：东北大学，2017.

4 钙化—碳化法（CCM）加压处理中低品位铝土矿及拜耳法赤泥

4.1 引言

世界上 90% 以上的氧化铝采用拜耳法生产，拜耳法溶出是最早的加压湿法冶金过程。近年来，我国可用于氧化铝生产的铝土矿，尤其是高品位铝土矿已濒临枯竭，铝土矿资源难以满足拜耳法工艺对原料品位的要求。低品位铝土矿用于拜耳法工艺存在两个问题：一是处理低铝硅比的铝土矿生产氧化铝，其氧化铝溶出率低，经济效益低；二是产生大量含碱量较高的赤泥，无法直接利用。其原因是拜耳法的溶出渣（赤泥）中平衡固相是水合硅铝酸钠，其生产过程中氧化铝的损失以及苛性碱的消耗均随矿物中氧化硅含量的升高而加大，其中氧化铝的损失量与氧化硅含量的理论比例关系为 1:1，而实际生产多大于 1:1 的比例关系。因此矿物的铝硅比越低，生产过程的铝损失越大，产生的高碱赤泥量也越大。

为此，东北大学特殊冶金创新团队发明了钙化—碳化法新技术，该技术将从根本上解决中低品位铝土矿利用及拜耳法赤泥消纳的问题。本章介绍了钙化—碳化法的基本原理，并围绕加压钙化和加压碳化两个核心环节过程进行阐述。

4.2 钙化—碳化法工艺原理

钙化—碳化法（calcification-carbonation method，CCM）从改变拜耳法氧化铝生产过程的平衡固相的角度入手，首先通过钙化处理使铝土矿或拜耳法赤泥中的硅全部进入水化石榴石中（钙化过程）；其次使用 CO_2 对钙化转型渣（含水化石榴石）进行碳化处理，得到主要组成为硅酸钙、碳酸钙以及氢氧化铝的碳化渣（碳化转型）；最后碳化渣再通过低温溶铝即可得到主要成分为硅酸钙和碳酸钙的新型结构赤泥（溶铝过程）[1~10]。钙化—碳化法处理中低品位铝土矿和拜耳法赤泥的工艺流程如图 4-1 和图 4-2 所示。

利用钙化—碳化法处理中低品位铝土矿的主要反应如下：

（1）钙化过程：

$$Al_2O_3 \cdot H_2O + (CaO) + (SiO_2) \longrightarrow$$
$$3CaO \cdot Al_2O_3 \cdot xSiO_2 \cdot (6 - 2x)H_2O + aq \tag{4-1}$$

（2）碳化过程：

$$3CaO \cdot Al_2O_3 \cdot xSiO_2 \cdot (6 - 2x)H_2O + (3 - 2x)CO_2 \Longrightarrow$$
$$xCa_2SiO_4 + (3 - 2x)CaCO_3 + 2Al(OH)_3 + (3 - 2x)H_2O \tag{4-2}$$

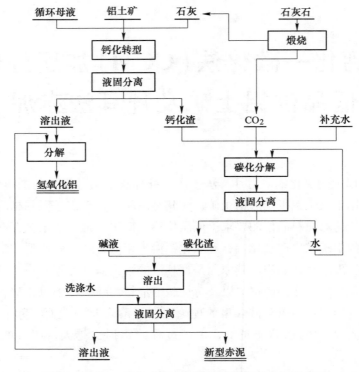

图 4-1   钙化—碳化法处理中低品位铝土矿工艺流程图

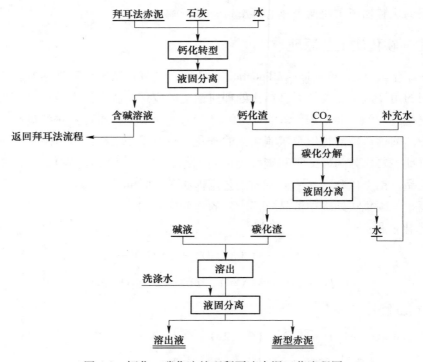

图 4-2   钙化—碳化法处理拜耳法赤泥工艺流程图

（3）溶铝过程：

$$Al(OH)_3 + NaOH \Longrightarrow NaAl(OH)_4 \tag{4-3}$$

利用钙化—碳化法处理拜耳法赤泥时的主要反应如下：

（1）钙化过程：

$$Na_2O \cdot Al_2O_3 \cdot 1.7SiO_2 \cdot nH_2O + CaO \longrightarrow$$
$$3CaO \cdot Al_2O_3 \cdot xSiO_2 \cdot (6-2x)H_2O + NaOH \tag{4-4}$$

（2）碳化过程：

$$3CaO \cdot Al_2O_3 \cdot xSiO_2 \cdot (6-2x)H_2O + (3-2x)CO_2 \Longrightarrow$$
$$xCa_2SiO_4 + (3-2x)CaCO_3 + 2Al(OH)_3 + (3-2x)H_2O \tag{4-5}$$

（3）溶铝过程：

$$Al(OH)_3 + NaOH \Longrightarrow NaAl(OH)_4 \tag{4-6}$$

该技术的特点及优势在于[11,12]：

（1）改变了氧化铝生产的平衡固相结构。通过钙化—碳化转型将拜耳法赤泥的平衡固相由水合硅铝酸钠转化为硅酸钙与碳酸钙为主的新型结构的赤泥，从理论上实现了赤泥既不含碱也不含铝的目的，打破了拜耳法对矿石铝硅比的限制，解决了中低品位铝土矿高效利用及赤泥堆存的世界性难题。

（2）可实现中低品位铝土矿的高效、清洁化利用，以及赤泥的大规模、低成本与无害化处理。使用本技术处理铝硅比为 3~4.5 的铝土矿，赤泥铝硅比可降至 0.4 左右，钠碱含量可降至 0.2% 以下，氧化铝总体收率较拜耳法可提高 20% 左右，碱耗降低 90% 左右；处理拜耳法赤泥可使钠碱含量降至 0.5% 以下，铝回收率可达 70% 以上。

（3）尾渣可直接用作水泥工业的原料或土壤化处理。从根本上解决赤泥堆存占用土地及污染环境等问题，彻底改变了氧化铝工业高固体废弃物排放这一现状。

（4）工艺设备简单，易于实现。通过改变溶出工艺的钙硅配比，可直接在现有拜耳法溶出工艺过程实现钙化转型，钙化转型温度低于拜耳溶出温度，在赤泥出口直接进行碳化转型和再溶铝即可实现。

4.3 钙化—碳化转型过程热力学

对于铝土矿和赤泥的加压钙化转型、加压碳化分解过程，其核心在于水化石榴石的生成和碳化分解反应。本节从冶金反应热力学角度出发，结合热力学数据和相关计算，对钙化转型和碳化分解过程中涉及的反应进行热力学分析，确定反应的方向，探讨反应产物及其稳定性，为钙化转型、碳化分解反应提供理论依据和合理的控制条件。

4.3.1 钙化过程热力学分析

铝土矿的钙化转型是基于拜耳法溶出过程，添加过量的氧化钙，在含铝矿物溶出的同时，含硅矿物转变为水化石榴石，整个过程在铝酸钠溶液体系中进行。不同的是，赤泥的钙化转型过程主要是拜耳法脱硅产物水合铝硅酸钠与氧化钙在水溶液体系中的反应。

4.3.1.1 铝土矿钙化转型

铝土矿中的铝主要以一水铝石或三水铝石的形式存在，含硅矿物主要存在形式为高岭石，在钙化转型过程中，主要的反应为：

$$Al_2O_3 \cdot nH_2O + OH^- \longrightarrow Al(OH)_4^- \quad (n = 1 \text{ 或 } 3) \tag{4-7}$$

$$Al_2O_3 \cdot 2SiO_2 \cdot 2H_2O + 6OH^- + H_2O \longrightarrow 2Al(OH)_4^- + 2H_2SiO_4^{2-} \tag{4-8}$$

式（4-7）和式（4-8）分别为三水铝石和高岭石在碱液中的溶出反应。溶出过程加入的石灰乳与碱液中的 $Al(OH)_4^-$ 反应，生成水合铝酸钙（TCA），如式（4-9）所示：

$$3Ca(OH)_2 + 2Al(OH)_4^- \longrightarrow 3CaO \cdot Al_2O_3 \cdot 6H_2O + 2OH^- \tag{4-9}$$

TCA 再与 $H_2SiO_4^{2-}$ 反应，生成水化石榴石：

$$3CaO \cdot Al_2O_3 \cdot 6H_2O + xH_2SiO_4^{2-} \longrightarrow$$

$$3CaO \cdot Al_2O_3 \cdot xSiO_2 \cdot (6-2x)H_2O + 2xOH^{2-} + 2xH_2O \tag{4-10}$$

钙化过程的总反应式为：

$$3Ca(OH)_2 + 2Al(OH)_4^- + xH_2SiO_4^{2-} \longrightarrow$$

$$3CaO \cdot Al_2O_3 \cdot xSiO_2 \cdot (6-2x)H_2O + (2+2x)OH^- + 2xH_2O \tag{4-11}$$

水化石榴石 $3CaO \cdot Al_2O_3 \cdot xSiO_2 \cdot (6-2x)H_2O$ 是化学成分比较复杂的岛状硅酸盐，其分子式的通式为 $3AO \cdot B_2O_3 \cdot 3SiO_2$，A 代表 Ca^{2+}、Mg^{2+}、Mn^{2+}、Fe^{2+} 等二价阳离子，B 代表 Al^{3+}、Cr^{3+}、Fe^{3+}、V^{3+} 等三价阳离子。三价阳离子半径相近，彼此间易发生类质同象代替。二价离子则不同，Ca^{2+} 较 Mg^{2+}、Fe^{2+}、Mn^{2+} 的离子半径大，故难于与之发生类质同象替代。通常将石榴石族矿物划分为铁铝榴石和钙铁榴石两个系列。石榴石族矿物晶体结构属于 $Ia3d$ 空间群，等轴晶系。石榴石的晶体结构中，6 个 $[SiO_4]$ 四面体和 1 个三价阳离子的 $[AlO_6]$、$[FeO_6]$、$[CrO_6]$ 八面体共顶角连接，形成较大的十二面体空腔，空腔的中心位置被二价阳离子 Ca^{2+}、Mg^{2+}、Fe^{2+} 所占据，配位数为 8，其晶体结构如图 4-3 所示。

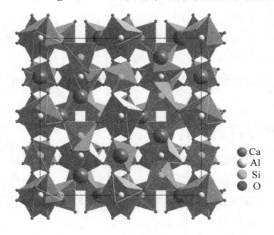

图 4-3　水化石榴石的晶体结构（100 晶面）

石榴石中的 SiO_4^{4-} 被 4 个 OH^- 取代一部分后，形成水化石榴石。在氧化铝生产过程中通常生成钙铝水化石榴石 $3CaO \cdot Al_2O_3 \cdot xSiO_2 \cdot (6-2x)H_2O$，本书若无特殊说明，水化石榴石均指钙铝水化石榴石。水化石榴石分子式中的 x 称为硅饱和系数，其一般与生成途径和反应条件有关。

苏联学者对水化石榴石的热力学性质进行了细致的研究，其结果表明水化石榴石的热力学性质与硅饱和系数 x 之间呈线性关系。通过热力学手册[13,14]可查得水化石榴石端元组分——水合铝酸钙（$3CaO \cdot Al_2O_3 \cdot 6H_2O$）和铝硅酸钙（$3CaO \cdot Al_2O_3 \cdot 3SiO_2$）的热力学数据，因此，可以采用内插法求出不同饱和系数水化石榴石的热力学数据，结果列于表 4-1。

表 4-1　水化石榴石在不同温度下的标准吉布斯自由能　　　　　　　　（kJ/mol）

不同饱和系数水化石榴石	温　　度					
	323K	373K	423K	473K	523K	573K
$3CaO \cdot Al_2O_3 \cdot 0.5SiO_2 \cdot 5H_2O$	−5810.53	−5831.54	−5855.63	−5882.61	−5912.30	−5944.60
$3CaO \cdot Al_2O_3 \cdot SiO_2 \cdot 4H_2O$	−5991.48	−6011.23	−6033.96	−6059.47	−6087.60	−6118.23
$3CaO \cdot Al_2O_3 \cdot 1.5SiO_2 \cdot 3H_2O$	−6172.43	−6190.93	−6212.29	−6236.34	−6262.90	−6291.86
$3CaO \cdot Al_2O_3 \cdot 2SiO_2 \cdot 2H_2O$	−6353.38	−6370.62	−6390.62	−6413.20	−6438.20	−6465.49
$3CaO \cdot Al_2O_3 \cdot 2.5SiO_2 \cdot H_2O$	−6534.33	−6550.32	−6568.95	−6590.07	−6613.50	−6639.12
$3CaO \cdot Al_2O_3 \cdot 3SiO_2$	−6715.28	−6730.00	−6747.27	−6766.93	−6788.80	−6812.75

计算式（4-11）在不同温度下的标准吉布斯自由能变 $\Delta G_T^{\ominus}$，其结果列于表 4-2。

表 4-2　不同温度下铝土矿钙化转型反应的标准吉布斯自由能变　　　　　（kJ/mol）

不同饱和系数水化石榴石	温　　度					
	323K	373K	423K	473K	523K	573K
$3CaO \cdot Al_2O_3 \cdot 0.5SiO_2 \cdot 5H_2O$	−12.22	−9.485	−8.41	−8.795	−10.64	−13.89
$3CaO \cdot Al_2O_3 \cdot SiO_2 \cdot 4H_2O$	−32.7	−32.35	−33.89	−37.08	−41.89	−48.24
$3CaO \cdot Al_2O_3 \cdot 1.5SiO_2 \cdot 3H_2O$	−53.18	−55.215	−59.37	−65.365	−73.14	−82.59
$3CaO \cdot Al_2O_3 \cdot 2SiO_2 \cdot 2H_2O$	−73.66	−78.08	−84.85	−93.65	−104.39	−116.94
$3CaO \cdot Al_2O_3 \cdot 2.5SiO_2 \cdot H_2O$	−94.14	−100.95	−110.33	−121.935	−135.64	−151.29
$3CaO \cdot Al_2O_3 \cdot 3SiO_2$	−114.62	−123.8	−135.8	−150.22	−166.89	−185.64

对于式（4-8）的 $RT\ln J$ 项，在硅饱和系数为 1 时有：

$$RT\ln J = RT\ln \frac{(f \cdot c_{OH^-})^4}{(f \cdot c_{Al(OH)_4^-})^2 \cdot (f \cdot c_{H_2SiO_4^{2-}}) \cdot \left(\dfrac{p_{H_2O}}{p^{\ominus}}\right)^2} \tag{4-12}$$

假设反应涉及的各离子活度系数 f 均为 1，铝土矿钙化转型时，在 $\alpha_K = 3.1$，$Na_2O_K = 140g/L$ 铝酸钠溶液中进行反应，假设溶液中 SiO_2 浓度为 $20g/L$，则有：$c_{Al(OH)_4^-} = 1.46mol/L$，$c_{H_2SiO_4^{2-}} = 0.33mol/L$，$c_{OH^-} = 4.52mol/L$，在 $200℃$ 时，$p_{H_2O} = 1553.6kPa$，将这些数据代入式（4-12）得 $RT\ln J = -18.74kJ/mol$，其与反应的标准吉布斯自由能变 $\Delta G_T^{\ominus}$ 的绝对值相比较小，而且为负值，因此，可以用 $\Delta G_T^{\ominus}$ 来判断反应的方向。图 4-4 所示为不同温度下不同饱和系数水化石榴石的 $\Delta G_T^{\ominus}$ 随温度的变化。

由图 4-4 可以看出，在 323~573K 温度范围内，随着生成水化石榴石的硅饱和系数增大，钙化反应的 $\Delta G_T^{\ominus}$ 减小，表明在相同温度下，反应更倾向于生成硅饱和系数大的水化石榴石。

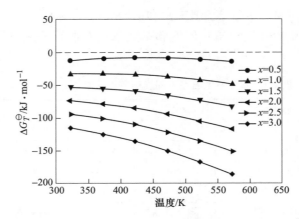

图 4-4　不同温度下铝土矿钙化生成不同饱和系数水化石榴石的 $\Delta G_T^{\ominus}$

4.3.1.2　拜耳法赤泥钙化转型

拜耳法赤泥中含硅矿物主要以水合铝硅酸钠的形式存在，属于沸石类矿物，随着铝土矿溶出温度升高，其结构变化次序为：无定型水合铝硅酸钠→沸石→方钠石→黝方石→钙霞石，稳定性逐渐提高。拜耳法溶出赤泥中水合铝硅酸钠常以方钠石和钙霞石的形态存在。方钠石属于立方晶系（$P\bar{4}3n$ 空间群），钙霞石属于六方晶系（$P6_3$ 空间群）。方钠石和钙霞石都是由硅氧四面体和铝氧四面体组成的三维骨架状结构硅酸盐（见图4-5），它们有相同的分子式：$Na_6(AlSiO_4)_6 \cdot 2NaX \cdot nH_2O$，其中 X 为 CO_3^{2-}、SO_4^{2-}、Cl^-、OH^- 等阴离子。

图 4-5　方钠石的晶体结构（100 晶面）

拜耳法赤泥中水合铝硅酸钠的成分随反应条件变化。结晶完整的水合铝硅酸钠化学式为 $Na_2O \cdot Al_2O_3 \cdot 2SiO_2 \cdot 2H_2O$，拜耳法赤泥中水合铝硅酸钠的大致组成相当于 $Na_2O \cdot Al_2O_3 \cdot 1.7SiO_2 \cdot 2.6H_2O$。拜耳法赤泥的钙化反应是水合铝硅酸钠与氧化钙反应，转变为水化石榴石的过程，其反应为：

$$Na_2O \cdot Al_2O_3 \cdot 2SiO_2 \cdot 2H_2O + 3Ca(OH)_2 \longrightarrow$$
$$3CaO \cdot Al_2O_3 \cdot 2SiO_2 \cdot 2H_2O + 2NaOH + 2H_2O \tag{4-13}$$
$$Na_2O \cdot Al_2O_3 \cdot 1.7SiO_2 \cdot 2.3H_2O + 3Ca(OH)_2 \longrightarrow$$

$$3CaO \cdot Al_2O_3 \cdot 1.7SiO_2 \cdot 2.6H_2O + 2NaOH + 1.7H_2O \tag{4-14}$$

水合铝硅酸钠是结构复杂的硅酸盐化合物，其热力学数据见表4-3。

表4-3　水合铝硅酸钠的热力学数据

化 学 式	$-\Delta H_{298}^{\ominus}$ /kJ·mol^{-1}	$-\Delta G_{298}^{\ominus}$ /kJ·mol^{-1}	$S_{298}^{\ominus}$ /J·(mol·K)$^{-1}$	$C_{p,m}$/J·(mol·K)$^{-1}$		
				a	b	c
$Na_2O \cdot Al_2O_3 \cdot 2SiO_2 \cdot 2H_2O$	-4762.65	-4430.02	364.01	66.23	254.27	18.28
$Na_2O \cdot Al_2O_3 \cdot 1.7SiO_2 \cdot 2.3H_2O$	-4577.99	-4246.13	369.95	46.01	283.09	27.52

物质在不同温度下的标准吉布斯自由能计算公式如下：

$$\Delta G_T^{\ominus} = \Delta G_{298}^{\ominus} - (T - 298)\Delta S_{298}^{\ominus} + \int_{298}^{T} \Delta C_{P,m}^{\ominus} dT - T\int_{298}^{T} \frac{\Delta C_{p,m}^{\ominus}}{T} dT \tag{4-15}$$

根据式（4-15）可计算出不同温度下水合铝硅酸钠的标准吉布斯自由能，结果见表4-4。

表4-4　水合铝硅酸钠在不同温度下的标准吉布斯自由能　　（kJ/mol）

水合铝硅酸钠	温　度							
	298K	323K	348K	373K	398K	423K	448K	473K
$Na_2O \cdot Al_2O_3 \cdot 2SiO_2 \cdot 2H_2O$	4430.02	4439.29	4448.88	4458.77	4468.96	4479.42	4490.16	4501.16
$Na_2O \cdot Al_2O_3 \cdot 1.7SiO_2 \cdot 2.3H_2O$	4246.13	4255.54	4265.28	4275.31	4285.63	4296.22	4307.09	4318.21

在拜耳法赤泥钙化过程中，产物 NaOH 是唯一易溶于水的物质，由于固相物质活度为1，因此，反应 $RT\ln J$ 项仅与 NaOH 活度相关。拜耳法赤泥钙化时，NaOH 浓度约为 0~15g/L，对于该反应来说 $RT\ln J$ 项远小于 $\Delta G_T^{\ominus}$，因此，可以通过 $\Delta G_T^{\ominus}$ 来讨论反应的方向。拜耳法赤泥钙化反应在不同温度下的 $\Delta G_T^{\ominus}$ 值见表4-5。

表4-5　赤泥钙化反应在不同温度下的 $\Delta G_T^{\ominus}$　　（kJ/mol）

系　数	298K	323K	348K	373K	398K	423K	448K	473K
$x = 2$	-437.06	-430.05	-422.546	-414.525	-406.015	-397.01	-387.505	-377.523
$x = 1.7$	-431.54	-425.083	-418.295	-411.148	-403.662	-395.831	-387.643	-379.122

不同水合硅铝酸钠钙化反应的 $\Delta G_T^{\ominus}$-T 图（见图4-6）中结果表明，在298~473K温度范围内，两种不同类型的水合铝硅酸钠钙化反应的标准吉布斯自由能变比较接近，并且都小于零，其绝对值较大，表明该反应在热力学上比较容易发生。$\Delta G_T^{\ominus}$-T 曲线的斜率为正，说明该反应为放热反应。随着温度升高，反应的吉布斯自由能逐渐增大，从热力学角度出发，温度升高不利于水合铝硅酸钠向水化石榴石的转变，表明在不影响反应速率的前提下，拜耳法赤泥钙化过程可在相对较低的温度下进行。

4.3.2　碳化过程热力学分析

4.3.2.1　生成不同产物的 $\Delta G_T^{\ominus}$

碳化转型的实质是水化石榴石的分解过程，其中的铝主要转化为氢氧化铝，含硅产物

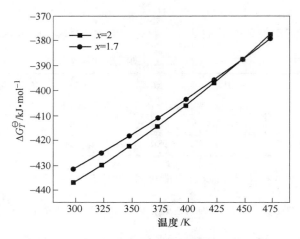

图 4-6   不同水合铝硅酸钠钙化反应的 $\Delta G_T^{\ominus}$

较多，反应复杂，研究该过程的热力学有助于探究碳化过程的反应机理。碳化反应过程可能发生的化学反应如下：

$$3CaO \cdot Al_2O_3 \cdot xSiO_2 \cdot (6 - 2x)H_2O + (3 - x)CO_2 \longrightarrow$$
$$xCaO \cdot SiO_2 + (3 - x)CaCO_3 + 2Al(OH)_3 + (3 - 2x)H_2O \tag{4-16}$$

$$3CaO \cdot Al_2O_3 \cdot xSiO_2 \cdot (6 - 2x)H_2O + (3 - 2x)CO_2 \longrightarrow$$
$$2xCaO \cdot SiO_2 + (3 - 2x)CaCO_3 + 2Al(OH)_3 + (3 - 2x)H_2O \tag{4-17}$$

$$3CaO \cdot Al_2O_3 \cdot xSiO_2 \cdot (6 - 2x)H_2O + (3 - 3x)CO_2 \longrightarrow$$
$$3xCaO \cdot SiO_2 + (3 - 3x)CaCO_3 + 2Al(OH)_3 + (3 - 2x)H_2O \tag{4-18}$$

$$3CaO \cdot Al_2O_3 \cdot xSiO_2 \cdot (6 - 2x)H_2O + (3 - 3x/2)CO_2 \longrightarrow$$
$$(x/2)3CaO \cdot 2SiO_2 + (3 - 3x/2)CaCO_3 + 2Al(OH)_3 + (3 - 2x)H_2O \tag{4-19}$$

$$3CaO \cdot Al_2O_3 \cdot xSiO_2 \cdot (6 - 2x)H_2O + 3CO_2 \longrightarrow$$
$$xSiO_2 + 3CaCO_3 + 2Al(OH)_3 + (3 - 2x)H_2O \tag{4-20}$$

$$3CaO \cdot Al_2O_3 \cdot xSiO_2 \cdot (6 - 2x)H_2O + 3CO_2 \longrightarrow$$
$$xAl_2O_3 \cdot SiO_2 + 3CaCO_3 + (2 - 2x)Al(OH)_3 + (3 + x)H_2O \tag{4-21}$$

$$3CaO \cdot Al_2O_3 \cdot xSiO_2 \cdot (6 - 2x)H_2O + 3CO_2 \longrightarrow$$
$$(x/2)Al_2O_3 \cdot 2SiO_2 + 3CaCO_3 + (2 - x)Al(OH)_3 + (3 - x/2)H_2O \tag{4-22}$$

式（4-16）~式（4-22）分别对应碳化分解后不同含硅产物。由于不同硅饱和系数水化石榴石成分的复杂性，计算每个反应在不同硅饱和系数下的热力学数据比较繁杂，而且不便于相互比较，因此，首先假定水化石榴石的硅饱和系数为 1，分别计算每个反应的 $\Delta G_T^{\ominus}$（见图 4-7）。

碳化温度在 373K 左右，CO_2 分压保持在 0~1.2MPa 之间，对于式（4-16）~式（4-22）来说，固体物质活度为 1，则有

$$RT\ln J = RT\ln \frac{1}{(p_{CO_2}/p^{\ominus})^n} \tag{4-23}$$

式中，n 为式（4-16）~式（4-22）中 CO_2 的系数，其最大值为 3。当 $n=3$，并且 CO_2 分压为 1.2MPa，温度为 373K 时，$RT\ln J = -23.12kJ/mol$。

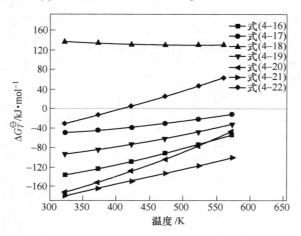

图 4-7 式（4-16）~式（4-22）的 $\Delta G_T^{\ominus}$-T 图

从图 4-7 可以看出，式（4-18）的 $\Delta G_T^{\ominus}$ 远大于零，该反应不能发生。式（4-22）的 $\Delta G_T^{\ominus}$ 在低温时小于零，随着温度升高 $\Delta G_T^{\ominus}$ 逐渐大于零，表明提高碳化温度，该反应不能正向进行。其他反应的 $\Delta G_T^{\ominus}$ 在 323~573K 温度范围内均小于零，并且随着温度升高，$\Delta G_T^{\ominus}$ 逐渐增大，表明提高温度不利于反应正向进行。根据 $\Delta G_T^{\ominus}$ 的大小，判断生成不同产物的热力学趋势依次为：$Al_2O_3 \cdot SiO_2 > SiO_2 > CaO \cdot SiO_2 > 3CaO \cdot 2SiO_2 > 2CaO \cdot SiO_2$，碳化转型产物的具体存在形式，还要根据实验确定。

4.3.2.2 硅饱和系数对反应的影响

水化石榴石的硅饱和系数对其稳定性有很大的影响，因此，研究不同硅饱和系数水化石榴石的分解趋势对碳化过程具有重要的意义。本节选取式（4-16），计算水化石榴石硅饱和系数不同时该反应的热力学，为碳化分解反应提供理论指导。

分解不同硅饱和系数水化石榴石的标准吉布斯自由能变 $\Delta G_T^{\ominus}$ 结果列于表 4-6。

表 4-6 不同硅饱和系数水化石榴石碳化分解的 $\Delta G_T^{\ominus}$ (kJ/mol)

不同硅饱和系数水化石榴石	温 度					
	323K	373K	423K	473K	523K	573K
$3CaO \cdot Al_2O_3 \cdot 0.5SiO_2 \cdot 5H_2O$	-183.32	-167.82	-150.43	-131.27	-110.43	-88.01
$3CaO \cdot Al_2O_3 \cdot SiO_2 \cdot 4H_2O$	-137.16	-124.19	-109.32	-92.68	-74.37	-54.47
$3CaO \cdot Al_2O_3 \cdot 1.5SiO_2 \cdot 3H_2O$	-91.01	-80.56	-68.21	-54.09	-38.31	-20.93
$3CaO \cdot Al_2O_3 \cdot 2SiO_2 \cdot 2H_2O$	-44.85	-36.93	-27.10	-15.50	-2.25	12.61
$3CaO \cdot Al_2O_3 \cdot 2.5SiO_2 \cdot H_2O$	1.31	6.71	14.01	23.10	33.81	46.15
$3CaO \cdot Al_2O_3 \cdot 3SiO_2$	47.46	50.32	55.11	61.68	69.87	79.69

对于式（4-16），其吉布斯自由能变可由式（4-24）计算：

$$\Delta G_T = \Delta G_T^{\ominus} + RT\ln \frac{1}{(p_{CO_2}/p^{\ominus})^{3-x}} \tag{4-24}$$

若假设 CO_2 分压为 1.2MPa，式（4-24）中 $RT\ln J$ 项的计算结果见表 4-7。

表 4-7　不同碳化反应的 $RT\ln J$　　　　（kJ/mol）

不同硅饱和系数水化石榴石	温　度					
	323K	373K	423K	473K	523K	573K
$3CaO \cdot Al_2O_3 \cdot 0.5SiO_2 \cdot 5H_2O$	−16.68	−19.27	−21.85	−24.43	−27.01	−29.59
$3CaO \cdot Al_2O_3 \cdot SiO_2 \cdot 4H_2O$	−13.35	−15.41	−17.48	−19.54	−21.61	−23.68
$3CaO \cdot Al_2O_3 \cdot 1.5SiO_2 \cdot 3H_2O$	−10.01	−11.56	−13.11	−14.66	−16.21	−17.76
$3CaO \cdot Al_2O_3 \cdot 2SiO_2 \cdot 2H_2O$	−6.67	−7.71	−8.74	−9.77	−10.80	−11.84
$3CaO \cdot Al_2O_3 \cdot 2.5SiO_2 \cdot H_2O$	−3.34	−3.85	−4.37	−4.89	−5.40	−5.92
$3CaO \cdot Al_2O_3 \cdot 3SiO_2$	0	0	0	0	0	0

从式（4-16）的 ΔG_T（见图 4-8）可以看出，随着水化石榴石的硅饱和系数增大，碳化分解的 ΔG 逐渐增大，表明随着水化石榴石的硅饱和系数增大，其稳定性逐渐增加，当硅饱和系数 $x \geqslant 2.5$ 时，碳化分解反应不能正向进行。因此，从提高碳化分解率角度出发，在钙化过程中应当减小生成水化石榴石的硅饱和系数，但减小硅饱和系数会增大氧化钙的用量，在实际反应时，应根据实验结果，选择生成适当的水化石榴石硅饱和系数。

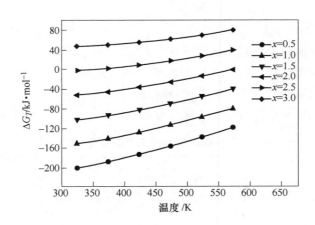

图 4-8　不同饱和系数水化石榴石碳化分解的 ΔG_T

4.3.2.3　CO_2 分压对反应的影响

在碳化反应中，当 CO_2 压力改变时，会对反应的吉布斯自由能变产生影响。根据公式（4-24），CO_2 压力主要影响 $RT\ln J$ 项，在计算时假设温度为 373K，CO_2 压力在 0.1～1.4MPa 时，$RT\ln J$ 项的数值计算结果列于表 4-8。

表 4-8　不同 CO_2 压力时碳化反应的 $RT\ln J$　　　　（kJ/mol）

不同硅饱和系数水化石榴石	CO_2 压力						
	0.2MPa	0.4MPa	0.6MPa	0.8MPa	1.0MPa	1.2MPa	1.4MPa
$3CaO \cdot Al_2O_3 \cdot 0.5SiO_2 \cdot 5H_2O$	−5.37	−10.75	−13.89	−16.12	−17.85	−19.267	−20.46
$3CaO \cdot Al_2O_3 \cdot SiO_2 \cdot 4H_2O$	−4.30	−8.60	−11.11	−12.90	−14.28	−15.41	−16.37
$3CaO \cdot Al_2O_3 \cdot 1.5SiO_2 \cdot 3H_2O$	−3.22	−6.45	−8.33	−9.67	−10.71	−11.56	−12.28
$3CaO \cdot Al_2O_3 \cdot 2SiO_2 \cdot 2H_2O$	−2.15	−4.30	−5.56	−6.45	−7.14	−7.71	−8.18
$3CaO \cdot Al_2O_3 \cdot 2.5SiO_2 \cdot H_2O$	−1.07	−2.15	−2.78	−3.22	−3.57	−3.85	−4.09
$3CaO \cdot Al_2O_3 \cdot 3SiO_2$	0	0	0	0	0	0	0

从不同 CO_2 压力下的吉布斯自由能变 ΔG_T（见图 4-9）可以看出，在 373K 时，硅饱和系数为 2.5 和 3.0 的水化石榴石碳化反应的吉布斯自由能仍然大于零，该反应不能进行。随着碳化 CO_2 压力增大，各反应的吉布斯自由能略微减小，表明 CO_2 压力对水化石榴石的碳化分解过程影响较小。

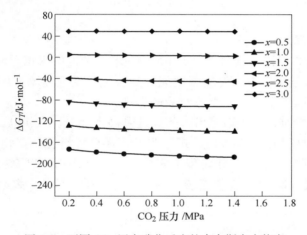

图 4-9　不同 CO_2 压力碳化反应的吉布斯自由能变

4.4　铝土矿及拜耳法赤泥的加压钙化转型

4.4.1　铝土矿加压钙化转型

铝土矿的钙化转型是在拜耳法溶出的基础上，加入氧化钙使铝土矿中的三水铝石进入溶出液，含硅矿物以水化石榴石的形态进入钙化渣。由于水化石榴石的硅饱和系数低于常规拜耳法溶出赤泥的平衡固相——水合铝硅酸钠，因此钙化过程氧化铝的溶出率会有所下降。但是，后续碳化、溶铝过程可回收该部分氧化铝，因此，在钙化过程不追求氧化铝的绝对溶出率，需要控制条件，使铝、硅矿物能够转型完全，生成水化石榴石。本节以低品位三水铝石矿为例，阐述转型过程参数对钙化转型效果的影响[15~17]。

所用三水铝石型铝土矿的化学成分（质量分数）为：Al_2O_3 49.6%，SiO_2 11.36%，Fe_2O_3 11.36%，烧失 24.37%。由铝土矿的化学成分可知，该铝土矿的 A/S 为 4.37，属于中低品位铝土矿。该铝土矿主要物相组成为三水铝石、赤铁矿和高岭石（见图4-10），其中含硅组分以高岭石形态存在。

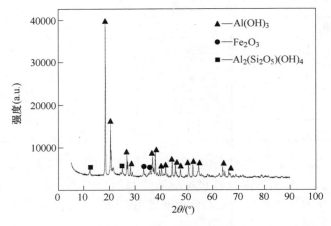

图 4-10　铝土矿的 XRD 图

4.4.1.1　钙化温度的影响

从热力学角度看，升高温度会趋向于生成硅饱和系数大的水化石榴石，不利于后续的碳化分解；而从动力学角度看，升高温度能够加快化学反应速率，促进反应快速达到平衡。因此，温度对铝土矿钙化反应具有重要的影响。

当温度低于180℃时，氧化铝溶出率随温度升高而上升，在180℃达到最大，最高溶出率为74.6%；当温度超过180℃时，进一步升高温度，氧化铝溶出率变化不大（见图4-11）。在低温条件下，铝土矿钙化转型不完全，因而氧化铝溶出率较低。此外，随着温度升高，赤泥中钠碱（Na_2O）含量逐渐减小，最低达到0.84%，表明提高温度对铝土矿的钙化转型有利。

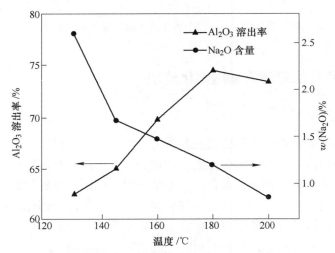

图 4-11　钙化温度对氧化铝溶出率和赤泥中碱含量的影响

（氧化钙加入量 50%，反应时间 1h，Na_2O_K 浓度 140g/L，$\alpha_K = 3.1$，搅拌转速 300r/min）

4.4.1.2 氧化钙加入量的影响

低品位铝土矿钙化转型过程中，氧化钙的加入一方面使溶出过程中的平衡固相由水合铝硅酸钠转变为水合铝硅酸钙，为碳化分解提取氧化铝做准备；另一方面，氧化钙的加入可以降低溶出过程中碱的消耗量，进而降低最终赤泥中的碱含量。

随着 CaO 添加量的增加，赤泥中的碱含量逐渐下降，当氧化钙加入量为 72% 时，赤泥中的 Na_2O 质量分数为 0.57%。随着氧化钙添加量的增加，氧化铝的溶出率先上升后下降，在氧化钙添加量为 50% 时达到最大，溶出率为 73.9%（见图 4-12），这是由于加入过量的石灰在钙化后以氢氧化钙的形态存在，在碳化反应过程中转变为碳酸钙，对水化石榴石相产生包裹作用，从而影响了水化石榴石的分解，导致氧化铝溶出率降低[18]。

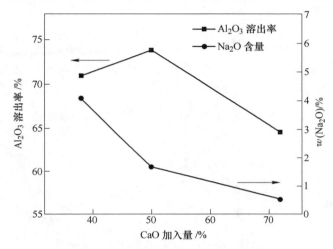

图 4-12　CaO 加入量对氧化铝溶出率和赤泥碱含量的影响
（温度 180℃，保温时间 1h，Na_2O_K 浓度 140g/L，$\alpha_K = 3.1$，搅拌转速 300r/min）

4.4.1.3 加压钙化过程的物相转变

通过对比加压钙化与常规拜耳法溶出赤泥的物相（见图 4-13）可以看出，常规拜耳法溶出赤泥中物相以水合铝硅酸钠（$1.08Na_2O \cdot Al_2O_3 \cdot 1.68SiO_2 \cdot 1.8H_2O$）相为主，还有少量的氧化铁（$Fe_2O_3$），水合铝硅酸钠是拜耳法溶出赤泥的平衡固相；相比之下，钙化渣的主要物相为水化石榴石（$3CaO \cdot Al_2O_3 \cdot SiO_2 \cdot 4H_2O$），仍存在氧化铁，未发现水合铝硅酸钠。表明钙化反应后，赤泥的主要固相组成由水合铝硅酸钠转变为水化石榴石，因此降低了赤泥中的碱含量，也减少了溶出过程的苛性碱损失。

从不同钙化温度下铝土矿钙化渣的物相分析结果（见图 4-14）可以看出：不同钙化温度下，钙化渣的物相组成比较接近，主要包括水化石榴石、水合铝硅酸钠、氧化铁、二氧化硅以及碳酸钙；水化石榴石的衍射峰都出现宽化，表明结晶程度不够好；钙化过程加入的石灰，未充分反应，以氢氧化钙的形式存在于反应后的渣中，在钙化渣过滤、烘干的过程中，氢氧化钙吸收空气中的 CO_2 而形成了碳酸钙；随着钙化温度升高，水合铝硅酸钠的衍射峰逐渐减弱，表明随着温度升高，钙化反应进行的更加彻底；二氧化硅的衍射峰也随着温度的升高逐渐减弱，温度高于 180℃ 时，衍射峰消失，这一过程可能是随着温度升高，生成水化石榴石的硅饱和系数增大的结果。事实上，温度升高时，水化石榴石的衍射峰逐渐向高角度偏移，表明水化石榴石的硅饱和系数在逐渐增大[19]。

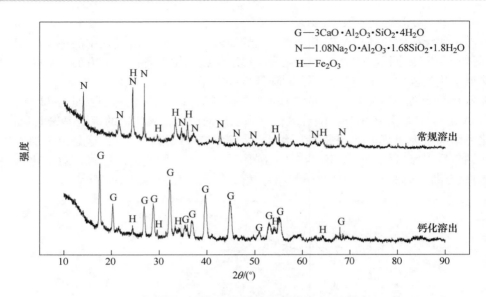

图 4-13   钙化和常规拜耳法溶出赤泥 XRD 图谱对比

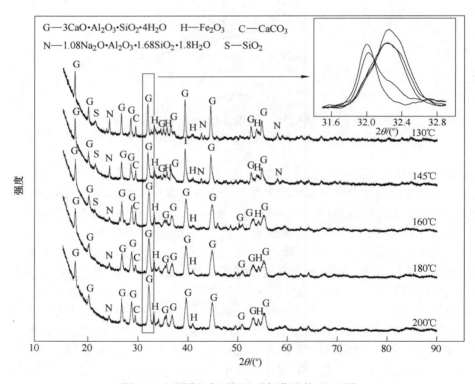

图 4-14   不同温度下铝土矿钙化渣的 XRD 图

不同温度下水化石榴石的硅饱和系数计算结果列于表 4-9。130℃、145℃时，生成的水化石榴石的硅饱和系数较低，在 0.24 以下；当温度高于 160℃时，硅饱和系数增大至 0.55 以上；且随温度升高，不再显著增加。其可能原因是当温度较低时，铝土矿中的含硅矿物（该铝土矿中为高岭石）溶解速度小，溶液中 SiO_2 浓度低，相应地，生成水化石榴石的硅饱和系数也较小；而当温度较高时，含硅矿物大量溶解进入溶液，溶液中 SiO_2 浓度高，因而生成了高硅饱和系数的水化石榴石。

表 4-9　不同钙化温度下生成水化石榴石的硅饱和系数

钙化温度/℃	130	145	160	180	200
硅饱和系数	0.208	0.236	0.558	0.561	0.581

4.4.2　拜耳法赤泥加压钙化转型

拜耳法赤泥与铝土矿钙化转型过程不同。铝土矿转型过程包括含铝、硅矿物在氢氧化钠溶液中溶出，以及铝酸根和硅酸根在氧化钙存在的条件下，重新结合形成水化石榴石，由于要彻底破坏矿物的结构，需要在碱性介质（140g/L Na_2O）和相对较高温度（145℃以上）的条件下进行。拜耳法赤泥中的钠碱主要以两种形式存在，一是附碱，即溶出后赤泥中附着的未完全洗涤的碱液，由于目前拜耳法工艺基本采用多级逆流洗涤系统，洗涤效率高，赤泥中的附碱含量仅占少部分；另一种为固体碱，是铝土矿溶出过程中产生的脱硅产物（DSP），主要物相组成为水合铝硅酸钠（$Na_2O \cdot Al_2O_3 \cdot 1.7SiO_2 \cdot nH_2O$）。拜耳法赤泥中的固体碱含量与铝土矿原料中的活性氧化硅含量有关，并且由于该部分碱以化合物的形式存在，因此，需要采用化学反应破坏水合铝硅酸钠的结构。拜耳法赤泥的钙化过程是采用氧化钙替代水合铝硅酸钠中的氧化钠，产生的氢氧化钠可返回拜耳法流程，以水化石榴石为主要物相的钙化固体产物进一步经碳化分解后，回收其中的氧化铝。可以看出，拜耳法赤泥的钙化过程主要以脱碱为主。本节以氧化钠的回收率为判断标准，分析了温度、氧化钙添加量及液固比等过程参数对赤泥钙化过程的影响[15,20~22]。

所用的拜耳法赤泥铝硅比为 0.72，Al_2O_3 和 Na_2O 含量分别为 24.37% 和 11.39%。主要物相包括赤铁矿、石英、水合铝硅酸钠以及未完全溶出的三水铝石（见图 4-15）。

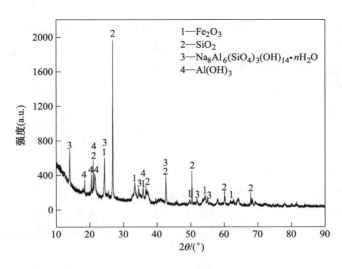

图 4-15　原赤泥 XRD 图

4.4.2.1 钙化温度的影响

对于化学反应而言，提高温度有利于反应越过活化能的能垒，从而促进反应快速进行，促使反应快速达到平衡。范特霍夫定律指明：温度每提高10℃，反应速率大约可以增加到原来的2~4倍。但从热力学角度看，升高温度会引起水化石榴石合成吉布斯自由能增加，不利于反应进行。因此，探索温度对拜耳法赤泥钙化反应的影响十分必要。

30~120℃范围内，随着温度提高，氧化钠的回收率逐渐升高，120℃温度下，氧化钠的回收率在60min时达到最大值86.1%；当温度达到150℃时，30min后氧化钠的回收率有所下降，表明过高的温度并不利于拜耳法赤泥的钙化过程（见图4-16）。此外，提高温度加快了钙化反应速率，当温度超过120℃时，赤泥中的钠碱回收率在60min内即可达到80%以上。

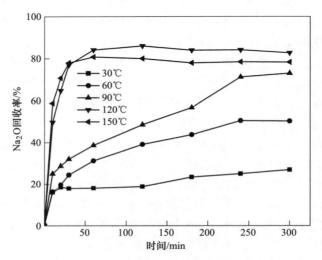

图4-16   温度对拜耳法赤泥钙化转型的影响

（钙硅比2∶1，液固比4∶1）

不同温度下拜耳法赤泥钙化渣的物相分析结果（见图4-17）表明：30℃时，钙化渣的主要物相为水合铝硅酸钠、赤铁矿、石英和碳酸钙，原拜耳法赤泥主要物相未发生变化；温度为90℃时，水合铝硅酸钠相消失，出现了水化石榴石相；温度升高至120℃时，水化石榴石的衍射峰变强，成为钙化渣的主要物相，这表明拜耳法赤泥的钙化主要是水合铝硅酸钠转变为水化石榴石的过程，该过程可用以下反应式表示：

$$Na_8Al_6(SiO_4)_3(OH)_{14} \cdot nH_2O + 9Ca(OH)_2 \rightleftharpoons 3Ca_3Al_2(SiO_4)(OH)_8 + 8NaOH + nH_2O$$

$$(4-25)$$

4.4.2.2 氧化钙加入量的影响

拜耳法赤泥钙化反应的核心即以氧化钙替代钠硅渣中的氧化钠，改变拜耳法赤泥物相结构，使赤泥的平衡物相由水合铝硅酸钠转变为水合铝硅酸钙，从而达到降低拜耳法赤泥中碱含量的目的。氧化钙的添加量直接影响拜耳法赤泥中钠硅渣的转化程度，从而影响拜耳法赤泥脱碱效果。

钙硅比从0.5升高到2.5，氧化钠的回收率由52.4%提高到93.5%。然而，可以看出，当钙硅比高于1.0时，这一变化趋势逐渐减小；当钙硅比为1.5时，钙化渣中Na_2O的质

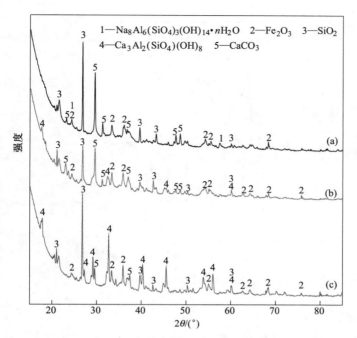

图 4-17　不同温度下拜耳法赤泥钙化渣的 XRD 图
（a）30℃；（b）90℃；（c）120℃

量分数减少至 0.36%，其回收率达到 95.2%（见图 4-18）。这一结果表明，赤泥的碱含量显著降低，钙化转型较为彻底。

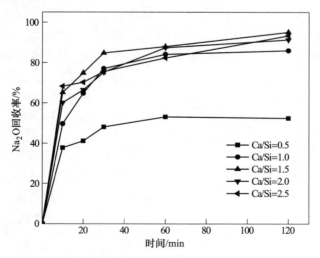

图 4-18　氧化钙添加量对拜耳法赤泥钙化转型的影响
（钙化温度 120℃，液固比 4∶1）

钙化渣的 XRD 图谱（见图 4-19）显示，钙化渣的主要物相是硅饱和系数分别为 1.0 和 0.64 的水化石榴石、氢氧化钙、石英及赤铁矿。

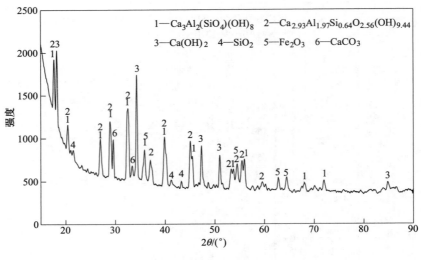

图 4-19 钙化渣的 XRD 图

4.4.2.3 液固比的影响

液固比是指反应体系液体体积与固体质量之比，其对反应具有实际意义。拜耳法赤泥的钙化是在水溶液中进行的，液固比的大小决定着整个流程的物料流量，影响设备选型和经济技术指标。

液固比由 4 增大到 10 的过程中，Na_2O 的回收率逐渐变小，表明增大液固比不利于拜耳法赤泥的钙化转型过程（见图 4-20）。拜耳法赤泥的钙化反应可以看作氧化钙与氧化钠之间的取代反应，氧化钙先和水反应生成氢氧化钙，氢氧化钙与赤泥中水合铝硅酸钠的作用可以通过两个途径：一是氢氧化钙溶于水转化为低浓度离子形态，离子态的氢氧化钙与水合铝硅酸钠作用生成水化石榴石；二是固态的氢氧化钙直接与水合铝硅酸钠颗粒作用生

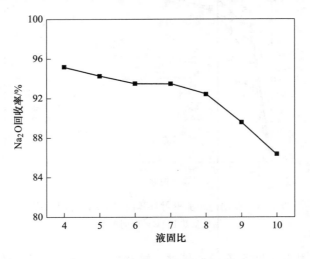

图 4-20 液固比对拜耳法赤泥钙化转型的影响

（钙硅比 2.0，温度 120℃，反应时间 1.0h）

成水化石榴石。随着反应体系的液固比提高，固相间的作用（第二类反应）减弱，钙化效果变差。采用液固比相对较小的反应条件，可以避免流程的物料流量过大。

4.5 钙化渣加压碳化分解

加压碳化过程即钙化产物水化石榴石在加压 CO_2 条件下的分解过程。本节分别以铝土矿钙化转型和拜耳法赤泥钙化转型的钙化渣为原料，进行碳化分解，产物采用 100g/L 的氢氧化钠溶液进行溶铝，以铝的溶出率来表征碳化分解程度，阐述了碳化转型过程的影响因素。

4.5.1 低品位铝土矿钙化渣加压碳化分解

4.5.1.1 温度的影响

在水化石榴石的碳化分解过程中，升温一方面可以增加碳化反应的速率，另一方面会降低 CO_2 气体在溶液中的溶解度并增大气相中水蒸气的分压，不利于 CO_2 气体有效浓度的保持或提高。

当碳化温度由 60℃ 上升到 100℃ 时，氧化铝溶出率由 65.0% 上升到 68.0%，仅增加 3%，表明高于 60℃ 时，碳化温度对氧化铝溶出率影响并不明显（见图 4-21）。值得注意的是，当温度上升到 120℃ 时溶出率反而出现下降。也就是说 120℃ 以下，碳化过程的控制环节为化学反应，120℃ 以上控制环节转变为 CO_2 的溶解度，也就是说扩散成为反应过程的限制环节。

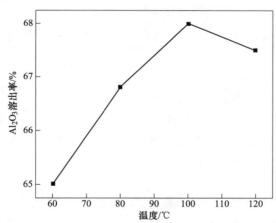

图 4-21　碳化温度对氧化铝溶出率的影响
（CO_2 压力 1.2MPa，液固比 10∶1，反应时间 2h，搅拌速度 250r/min）

4.5.1.2 CO_2 压力的影响

在水化石榴石被分解的过程中，CO_2 分解水化石榴石的过程是在液相中进行的，气相中的 CO_2 分压越大，在液相中溶解的 CO_2 也越多。因此，采用 CO_2 加压分解水化石榴石，可以大大提高分解速度，增大反应过程的推动力。

CO_2 压力对氧化铝溶出率有较大的影响，随着压力由 0.6MPa 升高到 1.0MPa，溶出率由 61.8% 升高到 70.9%，但随着压力的进一步增大，溶出率变化不大，仅由 70.9% 升到 71.6%（见图 4-22）。

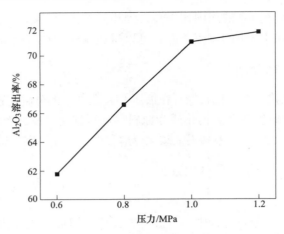

图 4-22　CO_2 压力对氧化铝溶出率的影响

（温度 100℃，液固比 10∶1，反应时间 2h，搅拌速度 250r/min）

4.5.1.3　多级碳化过程

碳化过程中由于水化石榴石分解后生成的硅酸钙、碳酸钙和氢氧化铝等覆盖在核表面，阻止了反应的进一步进行，因而单级碳化时氧化铝最高溶出率仅为 75.4%。增加碳化溶铝的次数，通过溶铝过程破坏表面的包裹层，可有效提高碳化分解效率。将一次碳化—溶铝后的尾渣在相同条件下进行二次碳化，结果见表 4-10。

表 4-10　二级碳化处理对尾渣成分及溶出率的影响

碳化次数	结　　果			
	Na_2O/%	Al_2O_3/%	SiO_2/%	溶出率/%
1	0.67	11.27	10.16	74.6
2	0.57	8.49	10.32	81.2

经过二次碳化处理以后，最终赤泥中的铝硅比可降至 0.82，氧化铝溶出率可达 81.2%，较拜耳法大幅度提高。同时渣中 Na_2O 含量仅为 0.57%，生产过程的理论碱耗降低 90% 以上。

对于低品位铝土矿，钙化—碳化法通过将拜耳法的平衡固相由水合硅铝酸钠转化为硅酸钙与碳酸钙为主的新型结构的赤泥，大幅降低了赤泥中钠和铝的含量，打破了拜耳法对矿石铝硅比的限制。东北大学特殊冶金创新团队对利用该技术处理不同类型原料进行了大量的研究，其中使用本技术处理铝硅比为 3.29 的一水硬铝石型铝土矿，赤泥铝硅比可降至 0.4 左右，钠碱含量可降至 0.2% 以下，氧化铝回收率可达 80% 以上，碱耗降低 90% 左右，各项指标均大幅优于拜耳法。"钙化—碳化"尾渣的钠碱含量符合水泥等建材工业标准，可通过调配用作水泥等建材的原料，在上述原料中的配比可达到 40% 以上[23]。实现了中低品位铝土矿的高效、清洁化利用。

4.5.2　赤泥钙化渣加压碳化分解

4.5.2.1　钙硅比和碳化次数的影响

钙化过程中氧化钙的添加量会影响加压碳化分解效果。一方面，氧化钙添加不足，会使钙化转型不完全，同时降低赤泥碱回收率；另一方面，氧化钙过量时，钙化渣中氢氧化钙的含量增加，在碳化反应过程中转变为碳酸钙，从而影响了水化石榴石的分解，导致氧化铝溶出率降低。

随着钙硅比由 0.5 增大至 2.5，经过 5 次碳化后，氧化铝的回收率由 41.8% 提高到 75.0%（见图 4-23），这是由于提高钙化过程氧化钙的加入量促进了水合铝硅酸钠向水化石榴石的转变，使钙化反应更为彻底，从而提高了后续的碳化反应率。当钙硅比大于 1.5 时，钙化过程氧化钠的回收率基本不再提高，说明此时钙化反应已经进行得比较充分，但是氧化铝的回收率在钙硅比大于 1.5 时继续提高，其原因可能是由于生成了低硅饱和系数（0.64）的水化石榴石，热力学研究表明，低硅饱和系数的水化石榴石更易于分解，从而提高了氧化铝的回收率。随着碳化次数的增加，氧化铝的回收率也逐渐增加，表明水化石榴石的碳化分解过程可能是逐步反应。

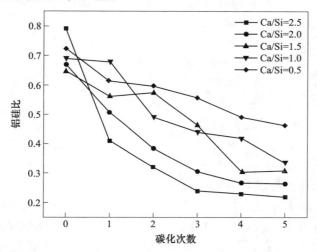

图 4-23 钙硅比和碳化次数对赤泥铝硅比的影响

（温度 120℃，CO_2 压力 1.2MPa，液固比 5：1，反应时间 2h，搅拌转速 300r/min）

碳化反应过程中水化石榴石的分解程度直接影响到赤泥中氧化铝的溶出率，因而碳化次数直接影响反应进行的完全程度。反应次数不足，钙化渣不能彻底分解；而碳化次数增加时又会增加生产过程能耗和生产流程复杂程度。因此考查碳化次数对碳化率的影响具有很实际的意义。

钙硅比为 2.5 时，随着碳化次数从 1 次增加到 3 次，氧化铝的溶出率从 48.1% 增加到 69.2%，由于钙化渣经碳化后，生成物包裹在反应物外面，二氧化碳扩散到反应物内部就比较困难，阻止了反应的进一步进行，多次碳化溶铝后，生成物部分溶于溶液中，减小了产物层厚度，促进了反应进一步进行，显著增加了氧化铝的溶出率。三次碳化时，铝硅比已降至 0.3 以下，说明反应已较为彻底，继续增加碳化次数到 5 次时，氧化铝的溶出率增加到 75.0%，仅增加了 5.8%，而继续增加反应次数反而会增加生产成本和流程复杂度，综合考虑，进行 3 次碳化溶铝，效果较好。

钙硅比为 0.5 时，物相分析结果显示主要物相有方解石型碳酸钙、赤铁矿和石英（见图 4-24）。钙硅比提高至 1.5 以后，出现了文石型碳酸钙，石英和赤铁矿在整个流程保持稳定，其物相未发生明显变化。

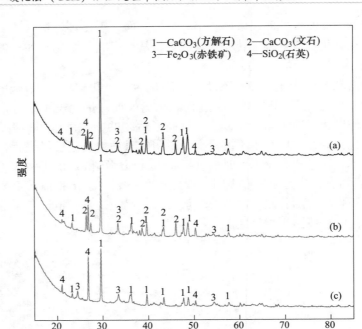

图 4-24　5 次碳化、溶铝渣的 XRD 图

（a）$CaO/SiO_2 = 2.5$；（b）$CaO/SiO_2 = 1.5$；（c）$CaO/SiO_2 = 0.5$

4.5.2.2　碳化压力和温度的影响

30℃时，常压和加压碳化条件下，经过 5 次碳化，氧化铝的回收率均小于 15%，表明该温度下，碳化反应进行程度很低；相比之下，加压碳化条件氧化铝的回收率略高于常压碳化。温度升至 80℃时，常压和加压碳化条件下氧化铝的回收率都有显著的提高，经过 5 次碳化后分别达到 48.03% 和 75.66%（见图 4-25），二者差异明显增大，表明在适宜的温度下，加压条件可以有效地促进碳化反应。当温度由 80℃升高至 160℃时，加压条件下的

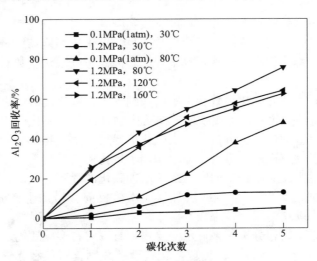

图 4-25　CO_2 压力和温度对赤泥碳化过程的影响

碳化结果比较接近，说明超过80℃时，温度不再是影响碳化反应的显著性因素。上述条件下尾渣中 Na_2O 的质量分数均小于0.5%，符合水泥工业对原料碱含量的要求。

　　碳化渣的 XRD 图谱（见图4-26）表明，30℃碳化条件下，渣中的主要物相为水化石榴石，几乎没有碳酸钙的衍射峰出现，表明在此温度下，水化石榴石没有被大量分解。当温度升至80℃以上时，水化石榴石的衍射峰消失，碳酸钙成为最终渣的主要物相，表明水化石榴石已经基本完全分解。

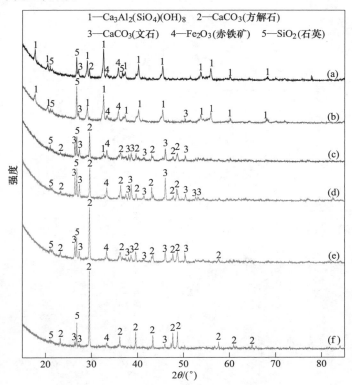

图4-26　不同碳化条件最终渣的 XRD 图

(a) 常压，30℃；(b) 1.2MPa，30℃；(c) 常压，80℃；(d) 1.2MPa，80℃；
(e) 1.2MPa，120℃；(f) 1.2MPa，160℃

4.5.2.3　产物的表征

　　为进一步揭示钙化—碳化过程的反应机理，对拜耳法赤泥钙化渣及碳化渣的物理特性进行表征。

A　粒度分布

　　如图4-27所示，原赤泥的粒度分布于 $0.31\sim362.1\mu m$ 之间，峰值为 $2.4\mu m$。原赤泥经钙化以后，钙化渣的粒度分布曲线出现了3个明显的峰，对应的粒度区间分别为 $0.31\sim1.0\mu m$、$1.0\sim9.3\mu m$ 和 $9.3\sim120.7\mu m$，这一变化表明原赤泥在钙化以后出现了不同颗粒的团聚。图4-27（c）~（g）为1~5次碳化渣的粒度分布曲线，相比于钙化渣，随着碳化次数增加，$1.0\sim9.3\mu m$ 粒度区间的颗粒所占百分比逐渐变少，5次碳化后基本消失；同时 $4.5\sim120.7\mu m$ 粒度区间颗粒的百分比逐渐增加，表明在碳化过程中，$1.0\sim9.3\mu m$ 粒度区间的颗粒由于反应而减少，并生成了大颗粒产物。

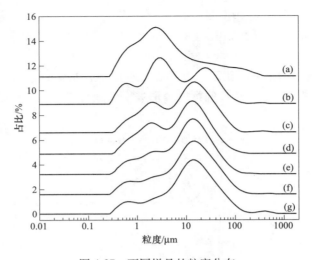

图 4-27　不同样品的粒度分布

（a）原赤泥；（b）钙化渣（钙化温度 120℃，钙硅比 1.5）；
（c）~（g）1~5 次碳化渣（碳化温度 80℃，压力 1.2MPa）

B　微观形貌

从图 4-28（a）和（b）可以看出，钙化渣的颗粒尺寸差别较大，有大于 10μm 的颗

图 4-28　钙化渣的 SEM 照片

（a）×300；（b）×15000；（c）×50000；（d）×100000

粒，也有 $1\mu m$ 左右的球形颗粒。EDS 分析结果表明（见表 4-11），尺寸大于 $10\mu m$ 的大颗粒为 SiO_2 和 Fe_2O_3，分别对应于原赤泥中的石英和赤铁矿。拜耳法赤泥钙化生成的颗粒球形度高、表面致密光滑，某些颗粒还具有鱼鳞状表面，EDS 分析结果表明该颗粒是水化石榴石。粒度分析中钙化渣在 $0.31\sim1.0\mu m$、$1.0\sim9.3\mu m$ 粒度区间的颗粒为水化石榴石，小于 $1\mu m$ 的水化石榴石可聚集成尺寸大于 $1\mu m$ 的水化石榴石颗粒；$9.3\sim120.7\mu m$ 粒度区间的颗粒为原赤泥中的石英和赤铁矿。

表 4-11　钙化渣的 EDS 微区元素分析结果（质量分数）　　　（%）

图 4-28 中序号	Al	Si	Ca	Fe
1	0.44	47.86	—	0.71
2	2.49	1.19	0.46	32.57
3	3.72	0.82	1.27	19.46
4	6.02	5.58	11.69	2.15
5	7.08	6.61	16.10	3.97
6	5.82	5.31	11.26	2.41

碳化渣的 SEM 照片（图 4-29）显示，1 次碳化渣中出现了长度大于 $20\mu m$ 的条状产

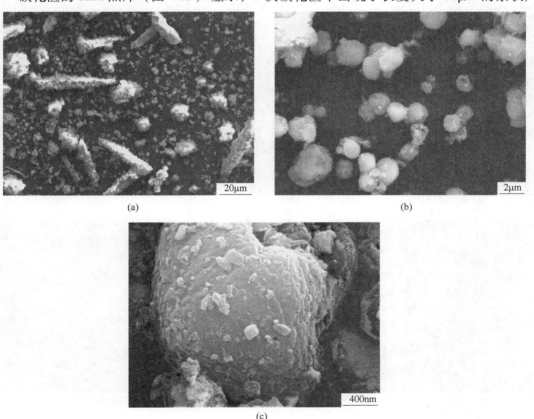

(a)　　　　　　　　　　　　　　(b)

(c)

图 4-29　1 次碳化渣的 SEM 照片
(a) ×2000；(b) ×15000；(c) ×100000

物，结合碳化渣的物相分析，可推断该条状产物为文石型碳酸钙。从图 4-29（b）和（c）可以看出，经过碳化后，水化石榴石颗粒遭到一定程度的破坏，鱼鳞状表面部分被剥落，但球形颗粒外形依然存在，表明 1 次碳化后，水化石榴石只发生了部分分解，由于拜耳法赤泥钙化产生的水化石榴石颗粒表面比铝土矿更加致密光滑，1 次碳化不能将其完全分解，需要对其进行多次碳化处理。

随着碳化次数增加，水化石榴石的颗粒结构逐渐被破坏，5 次碳化以后，已看不到原先的类球状结构（见图 4-30），该结果解释了氧化铝回收率随碳化次数增加而提高的原因。

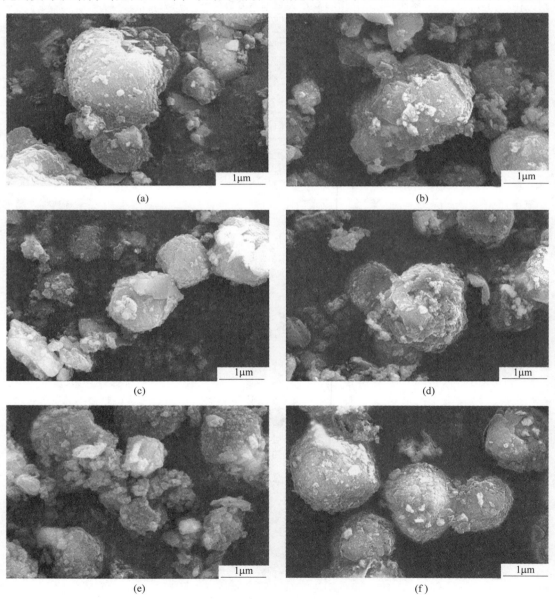

图 4-30   不同碳化渣的 SEM 照片

（a）~（e）1.2MPa、80℃，1~5 次碳化；（f）1.2MPa、30℃下 5 次碳化

同时，为了提高氧化铝的回收率，应控制钙化过程条件，尽量避免过于致密的水化石榴石生成；另外，为了减少碳化次数，需要加强碳化反应的动力学条件，使水化石榴石能够更彻底的分解。作为对比，图4-30（f）为1.2MPa、30℃下5次碳化渣的SEM照片，可以看出水化石榴石颗粒的结构依然存在，从而导致氧化铝的回收率较低。

从5次溶铝渣的SEM照片（见图4-31）可以看出，经过5次碳化、溶铝以后，已看不到原先的球状水化石榴石颗粒，但仍然有颗粒状物残留；另外，出现了尺寸大于10μm的条状、块状结构产物，其为碳化后4.5~120.7μm粒度区间的颗粒。碳化产物的EDS元素分析（见表4-12）表明，条状结构（点1）和块状结构（点2）分别为碳酸钙和赤铁矿。

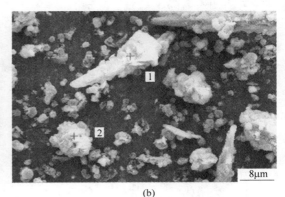

| (a) | (b) |

图4-31 5次溶铝渣的SEM照片

(a) ×2000；(b) ×5000

表4-12 不同样品EDS微区元素分析结果（质量分数） （%）

图4-31中序号	Al	Si	Ca	Fe
1	0.7	0.96	15.61	1.20
2	0.73	1.17	11.07	26.38

C 比表面积

利用多点（Brunauer-Emmett-Teller，BET）法，根据赤泥在钙化、碳化过程中孔道结构和比表面积的变化和吸附-脱附等温线，计算了各样品的比表面积（见表4-13）。相比于原赤泥，钙化渣的比表面积大幅减小，其原因是钙化后形成了表面致密的类球状颗粒。经过一次碳化后，样品的比表面积由$12.37m^2/g$提高至$25.28m^2/g$，并且随着碳化次数增加，逐渐增大，这是由于水化石榴石致密的表面在碳化以后遭到破坏。这一结果表明，由于钙化过程生成了表面致密的水化石榴石，限制了其后续碳化分解过程，因此，为了提高碳化反应效果，应该破坏水化石榴石的致密表面，改善碳化过程的动力学条件。

表4-13 不同样品的BET比表面积

样 品	原赤泥	钙化渣	1次碳化渣	2次碳化渣	3次碳化渣	4次碳化渣	5次碳化渣
比表面积/$m^2 \cdot g^{-1}$	30.28	12.37	25.28	27.73	29.94	31.76	39.53

对于目前大量堆存的拜耳法赤泥，通过钙化—碳化转型将赤泥的主要组分由水合硅铝酸钠转化为以硅酸钙与碳酸钙为主的新型结构赤泥，处理一水硬铝石矿溶出赤泥，铝硅比可降至 0.27 左右，钠碱含量可降至 0.5% 以下，钠碱和氧化铝回收率分别达到了 90% 和 75% 以上；三水铝石矿溶出赤泥经处理后，尾渣中铝硅比可降至 0.2 左右，钠碱含量可降至 0.5% 以下，钠碱和氧化铝回收率分别达到了 95% 和 70% 以上；处理后的赤泥完全可用做水泥工业原料或直接进行土壤化处理[24]，解决了拜耳法赤泥堆存的世界性难题。

参 考 文 献

[1] 张廷安，吕国志，刘燕，等. 基于碳化—钙化转型溶出中低品位铝土矿中氧化铝的方法：中国，ZL201110275013.6 [P]. 2011.

[2] 张廷安，吕国志，刘燕，等. 一种消纳拜耳法赤泥的方法：中国，ZL201110275030.X [P]. 2011.

[3] 张廷安，吕国志，刘燕，等. 一种通过多级碳化降低赤泥铝硅比的方法：中国，ZL201410179294.9 [P]. 2014.

[4] 张廷安，吕国志，刘燕，等. 钙化—碳化法处理拜耳法赤泥过程中碱与铝的回收方法：中国，ZL201410182568.X [P]. 2014.

[5] 张廷安，吕国志，张子木，等. 一种基于钙化—碳化法的无蒸发生产氧化铝的方法：中国，ZL201410182601.9 [P]. 2014.

[6] 张廷安，吕国志，张子木，等. 一种钙化—碳化法处理中低品位含铝原料及铝循环的方法：中国，ZL201410181684.X [P]. 2014.

[7] 张廷安，朱旺喜，吕国志. 铝冶金技术 [M]. 北京：科学出版社，2014.

[8] Lu Guozhi, Zhang Ting'an, Zhu Xiaofeng, et al. Calcification-carbonation method for cleaner alumina production and CO_2 utilization [J]. JOM, 2014, 66 (9): 1616~1621.

[9] Li Ruibing, Zhang Ting'an, Liu Yan, et al. Calcification-carbonation method for red mud processing [J]. Journal of Hazardous Materials, 2016, 316: 94~101.

[10] 施明伟，高士友，张廷安. "钙化—碳化法" 处理一水铝石溶出赤泥探索研究 [J]. 轻金属，2015, 443 (9): 27~30.

[11] 张廷安，吕国志，刘燕，等. 钙化—碳化法高效利用中低品位铝土矿清洁生产氧化铝技术. 中国有色金属工业协会（鉴）字〔2015〕第52号，2015.

[12] 张廷安，吕国志，刘燕，等. 大规模低成本无害化处理拜耳法赤泥技术. 中国有色金属工业协会（鉴）字〔2015〕第51号，2015.

[13] 杨显万. 高温水溶液热力学数据计算手册 [M]. 北京：冶金工业出版社，1983.

[14] 刘桂华，李小斌，李永芳，等. 复杂无机化合物组成与热力学数据间的线性关系及其初步应用 [J]. 科学通报，2000, 45 (13): 1386~1392.

[15] 朱小峰. 钙化—碳化法处理中低品位三水铝石矿及赤泥的基础研究 [D]. 沈阳：东北大学，2016.

[16] 郑朝振. 水化石榴石生成过程及碳化分解性能研究 [D]. 沈阳：东北大学，2015.

[17] Wang Y X, Zhang T A, Lv G Z, et al. Reaction behaviors and amorphization effects of titanate species in puresubstance systems relating to Bayer digestion [J]. Hydrometallurgy, 2017, 171: 86~94.

[18] 朱小峰，张廷安，王艳秀，等. 钙化—碳化法利用中低品位铝土矿生产氧化铝的实验研究 [J]. 材料与冶金学报，2015, 14 (3): 182~186.

[19] Lv Guozhi, Zhang Ting'an, Zheng Chaozhen, et al. The influence of the silicon saturation coefficient on a

calcification-carbonation method for clean and efficient use of bauxite [J]. Hydrometallurgy, 2017, 174: 97~164.

[20] 解立群. 钙化—碳化法处理一水硬铝石拜耳法赤泥的基础研究 [D]. 沈阳：东北大学，2018.

[21] 潘璐. 石灰—碳化法处理低品位铝土矿和赤泥的基础研究 [D]. 沈阳：东北大学，2011.

[22] 郭芳芳. "钙化—碳化法" 处理拜耳法赤泥的研究 [D]. 沈阳：东北大学，2015.

[23] 张裕海. 利用钙化—碳化赤泥制备水泥过程的研究 [D]. 沈阳：东北大学，2018.

[24] Wang Yanxiu, Zhang Ting'an, Lv Guozhi, et al, Recovery of alkali and alumina from bauxite residue (red mud) and complete reuse of the treated residue [J]. Journal of Cleaner Production, 2018, 188: 456~465.

5 闪锌矿氧压浸出技术

5.1 引言

全湿法炼锌技术取消了传统工艺中的焙烧工序，不仅大幅度降低了锌冶炼过程的能源消耗，同时具有元素回收率高、原料适应性广、过程工艺简单、污染少等优点。氧压浸出过程是全湿法炼锌技术的重要环节，是实现闪锌矿中锌等有价元素高效回收的关键。因此，有必要对浸出过程中有价元素的作用及行为机理进行系统地研究。本章从硫转化与酸平衡、铁自析出催化浸出体系以及尾渣中元素硫的分离与提纯等角度出发，系统地阐述了闪锌矿氧压浸出过程的多组分反应规律。

5.2 全湿法炼锌原理及工艺流程

在全湿法炼锌过程中，闪锌矿通过氧压浸出得到硫酸锌溶液，后续的硫酸锌溶液净化和电解沉积工艺与传统湿法炼锌工艺相同，而硫以元素硫的形式富集在浸出渣中[1~4]，其工艺流程如图 5-1 所示。

闪锌矿与废电解液中的硫酸在一定氧压下反应，以硫化物形式存在的硫被氧化为单质硫，锌转化为可溶性硫酸盐进入溶液中[5~7]：

$$ZnS + H_2SO_4 + 1/2O_2 \rightleftharpoons ZnSO_4 + S^0 + H_2O \tag{5-1}$$

在缺乏氧气传递介质情况下，该反应进行得很慢，但一般精矿含有大量可溶性的铁，溶解的铁可以作为传递介质，该条件下的反应按以下两个步骤进行：

$$ZnS + Fe_2(SO_4)_3 \rightleftharpoons ZnSO_4 + 2FeSO_4 + S^0 \tag{5-2}$$

$$8FeSO_4 + 5H_2SO_4 + 1/2O_2 \rightleftharpoons 4Fe_2(SO_4)_3 + S^0 + 5H_2O \tag{5-3}$$

当溶液中没有足够的游离酸来保证铁的溶解时，已溶解的铁会发生水解反应产生水合氧化铁和黄钾铁矾沉淀：

$$Fe_2(SO_4)_3 + (x + 3)H_2O \rightleftharpoons Fe_2O_3 + xH_2O + 3H_2SO_4 \tag{5-4}$$

$$3Fe_2(SO_4)_3 + 14H_2O \rightleftharpoons (H_2O)_2Fe_6(SO_4)_4(OH)_{12} + 5H_2SO_4 \tag{5-5}$$

ZnS 几乎不溶于水，在水中存在下列平衡：

$$ZnS \rightleftharpoons Zn^{2+} + S^{2-} \tag{5-6}$$

硫化锌的溶度积常数 $K_{sp} = 1.2 \times 10^{-23}$，要使式（5-6）向右移动，须设法降低 Zn^{2+} 浓度或 S^{2-} 浓度，使 $c(Zn^{2+}) \times c(S^{2-}) < 1.2 \times 10^{-23}$。其方法包括：

（1）让 Zn^{2+} 或 S^{2-} 生成一种离解常数或溶度积常数小于 K_{spZnS} 的物质。例如，加入 Cu^{2+}，使 S^{2-} 与 Cu^{2+} 结合生成 CuS 沉淀，由于 $K_{spCuS} = 8.5 \times 10^{-45}$，远小于 K_{spZnS}，这样式（5-6）便可向右移动，ZnS 继续溶解；加入 H^+，让 S^{2-} 生成 H_2S 气体逸出，也能促使 ZnS 溶解，但 H_2S 气体污染环境，故较少采用。由于锌氨络离子 $Zn(NH_3)_4^{2+}$ 的离解常数 $K_{Zn(NH_3)} = 2.6 \times 10^{-10}$，大于 K_{spZnS}，故单独加入氨水无法溶解 ZnS，同理 $K_{离Zn(NH_3)} = 3.6 \times 10^{-16} > K_{spZnS}$，单独用苛性碱也无法溶解。

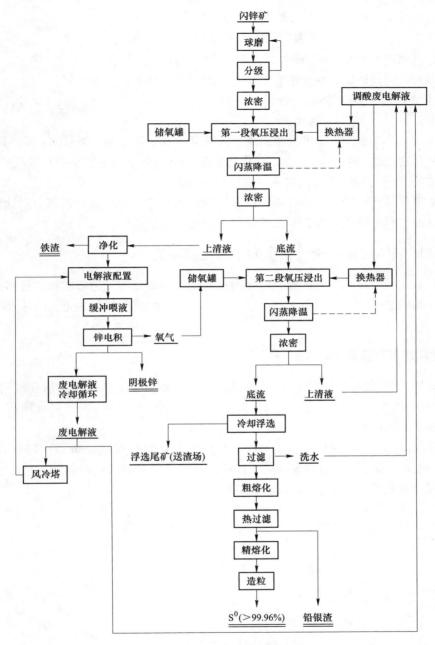

图 5-1 氧压浸出炼锌工艺流程

（2）使 Zn^{2+} 或 S^{2-} 转型成其他的物质形态，而新生成的物质离解时不再生成 Zn^{2+} 或 S^{2-}，这样也能促使 ZnS 溶解。例如在氧化剂作用下，S^{2-} 被氧化，其氧化产物依氧化剂强弱有下列系列物生成：$S^{2-} \rightarrow S^0 \rightarrow S_2O_3^{2-} \rightarrow S_2O_4^{2-} \rightarrow SO_3^{2-} \rightarrow SO_4^{2-}$，式（5-6）向右移动，ZnS 溶解。又如通过矿浆电解，使 Zn^{2+} 变成金属 Zn，也能使式（5-6）向右移动。在反应釜内通入一定量氧气，采用一定浓度的硫酸溶液浸出锌精矿，此体系浸出的基本原理为：

$$S^{2-} + 2H^+ + 1/2O_2 = S^0 + H_2O \tag{5-7}$$

如果氧压过大且 pH>2，则元素硫进一步被氧化：

$$S^{2-} + H^+ + 2O_2 \xrightarrow{\hspace{1cm}} HSO_4^- \tag{5-8}$$

由此，推动式（5-6）向右移动，促进锌精矿溶解。

除锌以外，闪锌矿中其他元素在氧压浸出过程中的行为可分为 3 类：

（1）主要以离子形态进入浸出液，包括 Cd、Mn、Mg、Co、In、Ni、Cu 等，该类元素浸出行为类似，浸出率与 Zn 接近。

（2）主要以不溶物的形态进入浸出渣，包括 Ba、Bi、Pb、Ag、Hg、Au 等，其中，Ba、Bi 主要是氧化物形态，Hg、Au 主要是硫化物形态，Ag、Pb 主要是银（铅）铁矾形态。

（3）在浸出液与浸出渣之间共同存在，如 Fe 等。

闪锌矿氧压酸浸的结果：锌、铜和部分铁等进入溶液，单质硫、铁矾、铅铁矾、硫酸铅及部分铁的水解产物进入渣，部分硫化物中的硫氧化成硫酸进入溶液。

5.3 闪锌矿氧压浸出中硫转化及酸平衡规律研究

闪锌矿氧压浸出过程中大部分硫转化为单质硫，少部分转化为硫酸根，过多的硫酸生成会影响体系的酸平衡。明确氧压浸出过程中硫转化及酸平衡特性，可实现体系不外加硫酸的目的。

5.3.1 搅拌速率对硫转化率的影响

搅拌能提升氧压浸出过程气-液-固体系的多相均混程度，从而提高氧在气-液相以及含硫矿相在液-固相的接触面积，从而提高反应效率。因此，研究搅拌对氧压浸出过程中硫转化及酸平衡的影响规律十分必要。

硫的转化率随搅拌速率的增大而增加（见图 5-2），但在 600r/min 以上时，硫的转化率增加并不明显，这说明在 600r/min 以上时，颗粒周围的酸浓度保持相对恒定，消除了外扩散过程（液相传质）对浸出过程的影响。

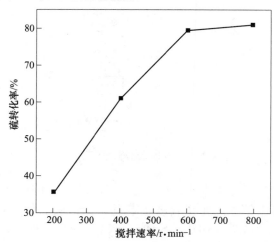

图 5-2 搅拌速率对硫转化率的影响

（温度 403K，氧分压 0.8MPa，硫酸浓度 110g/L，粒度 48~58μm，
液固比 6∶1，时间 90min，木质素磺酸钙 2g）

5.3.2 粒度范围对硫转化率的影响

闪锌矿粒度大小对于氧压浸出阶段的反应速率有显著影响。若反应过程受固体表面层的扩散或固体表面上化学反应速度控制，粒度及表面积是影响硫转化过程的关键因素。硫的转化率随粒径的减小而增大。粒度小于 $50\mu m$ 时，硫的转化率明显提高，当反应时间大于 $70min$ 时，硫的转化效率达到 70% 以上（见图 5-3）。

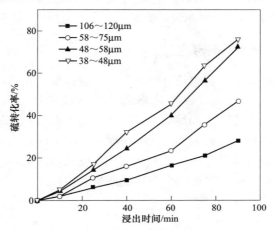

图 5-3　粒度范围对硫转化率的影响

（温度 403K，氧分压 0.8MPa，硫酸浓度 110g/L，搅拌速率 600r/min，

液固比 30∶1，木质素磺酸钙 0.4g）

5.3.3 温度对硫转化率的影响

硫的转化率随反应温度的升高而增大（见图 5-4）。温度对转化率有较大影响。在 383K 下反应 90min，硫的转化率仅为 35.7%，而 413K 时硫的转化率可达到 83.5%。

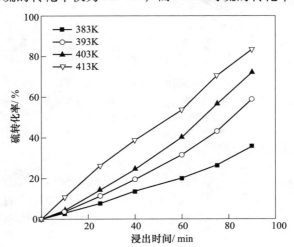

图 5-4　反应温度对硫转化率的影响

（氧分压 0.8MPa，硫酸浓度 110g/L，粒度 48~58μm，搅拌速率 600r/min，

液固比 30∶1，木质素磺酸钙 0.4g）

闪锌矿浸出过程的化学反应如下：

$$ZnS + FeS + 2H_2SO_4 \xLongequal{\quad} ZnSO_4 + FeSO_4 + 2H_2S \qquad (5\text{-}9)$$

$$H_2S + Fe_2(SO_4)_3 \xLongequal{\quad} 2FeSO_4 + H_2SO_4 + S \qquad (5\text{-}10)$$

$$2FeSO_4 + H_2SO_4 + 0.5O_2 \xLongequal{\quad} Fe_2(SO_4)_3 + H_2O \qquad (5\text{-}11)$$

$$2S + 2H_2O + 3O_2 \xLongequal{\quad} 2H_2SO_4 \qquad (5\text{-}12)$$

在反应温度高于 423K 时，式（5-12）成为该过程的主要反应，即 S 被氧化成 SO_4^{2-}。因此，单质硫的生成（$S^{2-} \to S^0$）多在相对低温下（383~413K）进行。

5.3.4　硫酸浓度对硫转化率的影响

在闪锌矿氧压酸浸过程中，硫酸是一种重要的反应物质。较高的硫酸浓度可以显著增大反应效率。由图 5-5 可以看出，硫转化率随硫酸浓度的增大而增大。当硫酸浓度为 150g/L，硫的转化率为 80% 左右，而硫酸的浓度为 50g/L 时，硫的转化率只有 55.9%。虽然硫酸是式（5-12）的产物，理论上提高硫酸浓度不利于单质硫向硫酸的转化，但高硫酸浓度会强化闪锌矿的浸出过程及速率，从而促进单质硫及后续硫酸的生成。因此，在一定的温度和压力条件下，提高硫酸浓度也会促进硫酸根的生成。

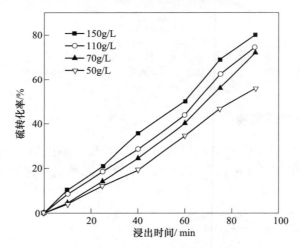

图 5-5　硫酸浓度对硫转化率的影响

（温度 403K，氧分压 0.8MPa，粒度 48~58μm，搅拌速率 600r/min，

液固比 30∶1，木质素磺酸钙 0.4g）

5.3.5　氧分压对硫转化率的影响

在闪锌矿氧压酸浸过程中，氧气是作为一种重要的反应物质被引入浸出系统的。采用较大的氧分压进行浸出，可以增大氧的溶解度，进一步提高闪锌矿的氧化速率。增大氧分压使得硫转化率增加（见图 5-6）。当氧分压为 1.0MPa 时，硫转化率达到 83.36%。

5.3.6　动力学分析

5.3.6.1　动力学模型

氧压浸出过程是在两相之间的界面处发生的气-液-固反应。在浸出过程中产生固态硫

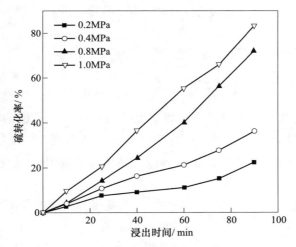

图 5-6 氧分压对硫转化率的影响

（温度 403K，硫酸浓度 110g/L，粒度 48～58μm，搅拌速率 600r/min，

液固比 30∶1，木质素磺酸钙 0.4g）

并包裹在闪锌矿颗粒周围，经木质素磺酸钙作用后，该产物硫层表面变得疏松多孔，反应物可以通过孔道扩散，到达新的反应界面，经界面化学反应后，生成物通过孔道从颗粒内部扩散到溶液中[8]。

氧压酸浸渣的化学成分见表 5-1，其 XRD 如图 5-7 所示。酸浸渣主要是由 S 和少量 ZnS 组成，固体 S 富集在浸出渣内，而 Zn 则浸出到液相中。

表 5-1 氧压酸浸渣的化学组成

成　分	Zn	Fe	S	Si	总计
质量分数/%	5.27	2.90	86.14	4.35	98.66

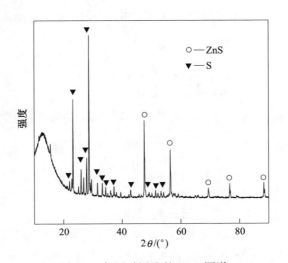

图 5-7 氧压酸浸渣的 XRD 图谱

控制一定的浸出工艺单因素变量条件，研究温度、酸度、氧压的动力学浸出反应模型。

贯穿本章的动力学研究可用下式表达[9,10]：

$$f(\alpha) = k_0 \times e^{\frac{-E_a}{RT}} \times A^{r_A} \times p^{r_p} \times t \tag{5-13}$$

式中，$f(\alpha)$ 为不同催化体系下浸出率的数学表征函数；k_0 为浸出反应的动力学速率前指因子；E_a 为浸出体系反应活化能，kJ/mol；R 为理想气体常数，8.314J/(mol·K)；T、A、p 分别为浸出温度、酸度、氧分压；r_A、r_p 分别为酸度、氧分压的反应级数；t 为浸出反应时间，min。

通过分析不同条件下的浸出动力学条件，并简要推导相应的动力学模型方程，最终给出温度（T）、酸度（A）、氧分压（p）对浸出率 α 的作用效果。

闪锌矿加压酸浸中有单质 S 产生，因此描述该过程应参考式（5-13）。故有固体产物层的未反应收缩核模型的浸出反应的总动力学方程见式（5-14）[11,12]：

$$\frac{\delta\alpha}{3D_1} + \frac{r_0}{3D_s}\left[1 - \frac{2}{3}\alpha - (1-\alpha)^{\frac{2}{3}}\right] + \frac{1}{k_r}\left[1 - (1-\alpha)^{\frac{1}{3}}\right] = \frac{c_{A0}}{4\rho r_0}t \tag{5-14}$$

式中，δ 为边界层厚度，m；D_1 为边界层中的传质系数，m/s；α 为 Zn 的浸出率，%；r_0 为闪锌矿颗粒的平均半径，m；D_s 为固体产物层的传质系数，m/s；k_r 为界面反应速率常数；c_{A0} 为初始反应物浓度，kg/m³；ρ 为闪锌矿的密度，kg/m³；t 为反应时间，min。

当 $\delta/(3D_1) \gg r_0/(2D_s)$ 和 $\delta/(3D_1) \gg k_r^{-1}$ 时，浸出过程受边界层扩散控制，方程简化为：

$$\alpha = \frac{3D_1 c_{A0}}{4\delta\rho r_0}t \tag{5-15}$$

当 $r_0/(2D_s) \gg \delta/(3D_1)$ 和 $r_0/(2D_s) \gg k_r^{-1}$ 时，浸出过程受固体产物层扩散控制，方程简化为：

$$1 - \frac{2}{3}\alpha - (1-\alpha)^{\frac{2}{3}} = \frac{D_s c_{A0}}{2\rho r_0^2}t \tag{5-16}$$

当 $k_r^{-1} \gg \delta/(3D_1)$ 和 $k_r^{-1} \gg r_0/(2D_s)$ 时，浸出过程受界面化学反应控制，方程简化为：

$$1 - (1-\alpha)^{\frac{1}{3}} = \frac{k_r c_{A0}}{4\rho r_0}t \tag{5-17}$$

5.3.6.2 不同反应温度条件下活化能的求解

氧压浸出过程中，在搅拌速率足够大时，溶液的硫酸浓度可以认为是恒定的，故不考虑液体边界层扩散控制。在 383~413K 温度范围内，$1-(1-\alpha)^{1/3}$ 与 t 的拟合动力学直线呈现良好的线性关系（见图 5-8）。

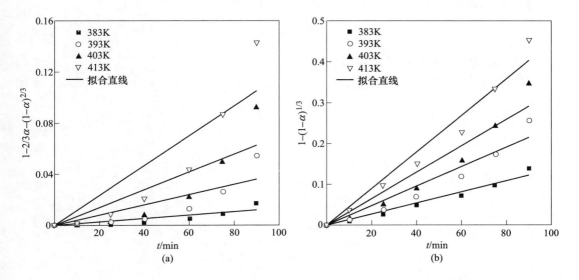

图 5-8　不同温度下 $1 - 2/3\alpha - (1 - \alpha)^{2/3}$（a）和 $1 - (1 - \alpha)^{1/3}$（b）与 t 的拟合直线

在闪锌矿浸出过程中，$\ln k$ 与 $1/T$ 之间呈良好的线性关系，相关系数 $R^2 \geqslant 0.98$（见图 5-9）。根据阿累尼乌斯公式计算可知，硫转化的活化能 E 为 51.57kJ/mol，故闪锌矿浸出中硫转化过程属于界面化学反应控制。

$$k_{\mathrm{T}} = A_0 \exp\left(- \frac{E}{RT}\right) \tag{5-18}$$

式中，k_{T} 为化学反应速率常数；A_0 为指前因子；E 为活化能，kJ/mol；T 为反应温度，K；R 为理想气体常数，8.314J/(mol·K)。

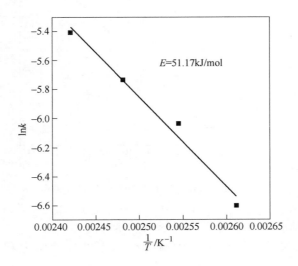

图 5-9　闪锌矿浸出过程中硫转化率的阿累尼乌斯拟合直线

不同反应温度条件下闪锌矿浸出过程中硫转化速率的动力学方程为：

$$\ln k_S = 9.53 - 6.16 \times 10^3 \frac{1}{T} \tag{5-19}$$

5.3.6.3　不同粒度条件下硫转化的动力学关系

不同粒度条件下闪锌矿浸出过程中硫转化速率的动力学方程为（见图5-10和图5-11）：

$$k_S = 1.98 \times 10^{-4} \frac{1}{r_0} - 8.10 \times 10^{-4} \tag{5-20}$$

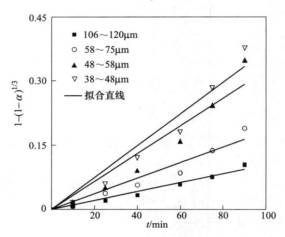

图5-10　不同粒度下 $1-(1-\alpha)^{1/3}$ 与 t 的拟合直线

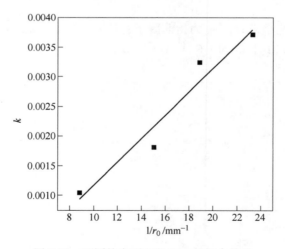

图5-11　不同粒度下 k 和 $1/r_0$ 的拟合关系

5.3.6.4　不同硫酸浓度条件下反应级数的求解

不同酸度条件下闪锌矿浸出过程中硫转化速率的动力学方程为（见图5-12和图5-13）：

$$\ln k_S = -3.60 + 0.48\ln c_{H_2SO_4} \tag{5-21}$$

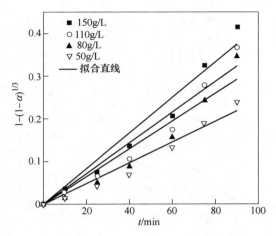

图 5-12　不同酸度下 $1 - (1 - \alpha)^{1/3}$ 与 t 的拟合直线

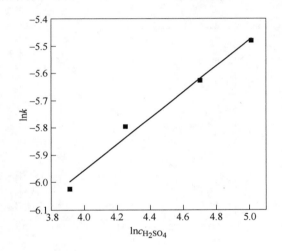

图 5-13　不同酸度下 $\ln k$ 和 $\ln c_{H_2SO_4}$ 的拟合关系

5.3.6.5　不同氧分压条件下反应级数的求解

不同氧分压条件下闪锌矿浸出过程中硫转化速率的动力学方程为（见图 5-14 和图 5-15）：

$$\ln k_S = - 5.54 + 1.01 \times \ln p \tag{5-22}$$

5.3.6.6　数学动力学模型的建立

根据式（5-17），硫转化的数学动力学模型可表示为：

$$1 - (1 - \alpha)^{\frac{1}{3}} = \frac{A_0}{\rho} \times r_0^{-1} \times c_{H_2SO_4}^{n_1} \times p_{O_2}^{n_2} \times \exp\left(- \frac{E}{RT}\right) \tag{5-23}$$

虽然图 5-16 中的点表现出一定的分散性，但拟合的直线的相关系数超过了 0.985。因此，A_0/ρ 为 0.14。

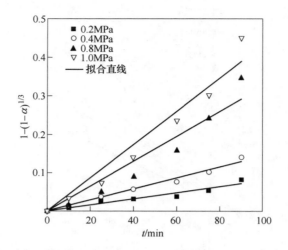

图 5-14　不同氧分压下 $1-(1-\alpha)^{1/3}$ 与 t 的拟合直线

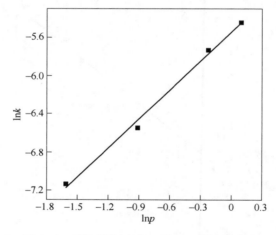

图 5-15　不同氧分压下 $\ln k$ 和 $\ln p$ 的拟合关系

基于上述所得到的动力学数据，最终硫转化的数学动力学方程可以表达为：

$$1-(1-\alpha)^{\frac{1}{3}}=0.14 \times r_0^{-1} \times c_{H_2SO_4}^{0.48} \times p_{O_2}^{1.01} \times \exp\left(-\frac{51170}{8.314T}\right) \tag{5-24}$$

5.3.7　氧压浸出过程中酸平衡的研究

在闪锌矿氧压浸出过程中，除了硫的转化（$S^{2-} \to S^0$）之外，单质 S 还会被氧化生成 SO_4^{2-}，这对体系的酸平衡有一定的影响[13]。

5.3.7.1　各因素对硫氧化过程主次顺序的确定

硫氧化率很低，最大仅为 4.85%（见表 5-2）。硫的氧化率的主次顺序如下：反应温度 > 氧分压 > 初始酸度 > 反应时间 > 液固比（见表 5-3）。温度对反应的影响最大，因此重点研究了反应温度对硫氧化的影响。

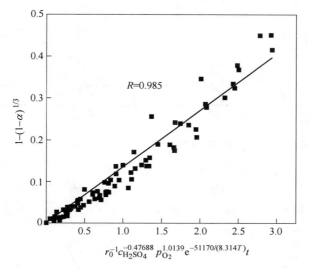

图 5-16 $1-(1-\alpha)^{1/3}$ 与 $r_0^{-1}c_{H_2SO_4}^{-0.47688}p_{O_2}^{1.0139}e^{-51170/(8.314T)}t$ 的拟合关系

表 5-2 硫氧化过程各因素的影响

氧分压/MPa	温度/℃	酸浓度/g·L^{-1}	时间/min	液固比/mL·g^{-1}	硫的氧化率/%
0.4	110	180	10	8:1	0.0907
0.4	130	140	30	16:1	0.219
0.4	150	100	50	24:1	0.512
0.4	170	60	70	32:1	4.85
0.6	110	140	50	32:1	1.05
0.6	130	180	70	24:1	1.88
0.6	150	60	10	16:1	1.27
0.6	170	100	30	8:1	0.427
0.8	110	100	70	16:1	0.837
0.8	130	60	50	8:1	2.03
0.8	150	180	30	32:1	1.71
0.8	170	140	10	24:1	1.67
1.0	110	60	30	24:1	1.54
1.0	130	100	10	32:1	1.12
1.0	150	140	70	8:1	0.293
1.0	170	180	50	16:1	1.12

表 5-3 硫氧化方差分析

因　素	偏差平方和	自由度	F	F 临界值	显著性
氧分压	3846.188	3	1.769	3.290	
反应温度	4697.688	3	2.160	3.290	*
初始酸度	1136.188	3	0.522	3.290	

因　　素	偏差平方和	自由度	F	F 临界值	显著性
反应时间	757.188	3	0.348	3.290	
液固比	435.688	3	0.200	3.290	
误差	10872.94	15			

注:"＊"代表反应温度对硫的氧化率影响最显著。

5.3.7.2　反应温度对硫氧化率的影响

水的饱和蒸气压、溶液中氧的扩散速率及反应物的化学活性都受到反应温度变化的影响。当浸出温度从 423K 提高到 463K 时,硫氧化率从 1.84% 增加到 13.4%（见图 5-17）。然而,当温度超过 443K 时,硫氧化率增加过大,趋向于在体系中引起酸膨胀。

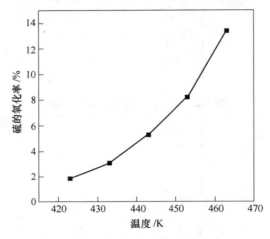

图 5-17　反应温度对硫氧化率的影响

5.4　铁自析出催化体系下闪锌矿氧压浸出的研究

5.4.1　闪锌矿物理化学性能分析

5.4.1.1　人造闪锌矿的 XRD 和 SEM 分析

为确定 Fe^{3+}/Fe^{2+} 在高温高压浸出过程中的自催化机理,采用人造闪锌矿研究铁在加压浸出过程的行为。其中,人造闪锌矿采用不同比例 ZnS 和 FeS 高温焙烧来制备。其无独立的 FeS 相,主要为闪锌矿晶型（见图 5-18）。

由于铁闪锌矿与闪锌矿具有相同的特征谱线,因此,通过 XRD 分析难以断定人造闪锌矿中的成分和物相组成,故对人造闪锌矿进行了 SEM 扫描及能谱分析。图 5-19（a）中的颗粒为纯的 ZnS,经能谱分析可知,其成分（质量分数）为:Zn 67.10%、S 32.90%;图 5-19（b）中颗粒的主要成分为 Zn 和 S,其中掺杂了少部分的 Fe,经能谱分析可知,铁的谱线比较弱,其成分（质量分数）为:Zn 66.20%、S 31.41%、Fe 2.39%;在图 5-19（c）和（d）中,该闪锌矿颗粒中含有大量铁,属典型的铁闪锌矿。经能谱分析可知,铁的谱线非常强,其成分（质量分数）分别为:Zn 53.40%、S 33.55%、Fe 13.04% 和 Zn 39.80%、S 34.50%、Fe 25.70%,这与 XRD 分析结果一致。

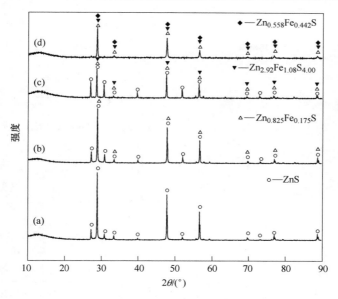

图 5-18　人造闪锌矿的 XRD 图谱

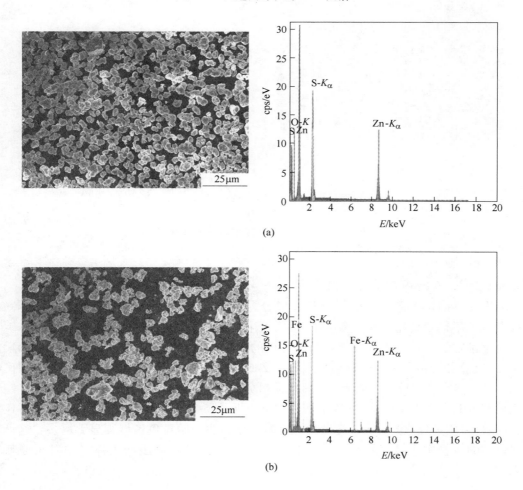

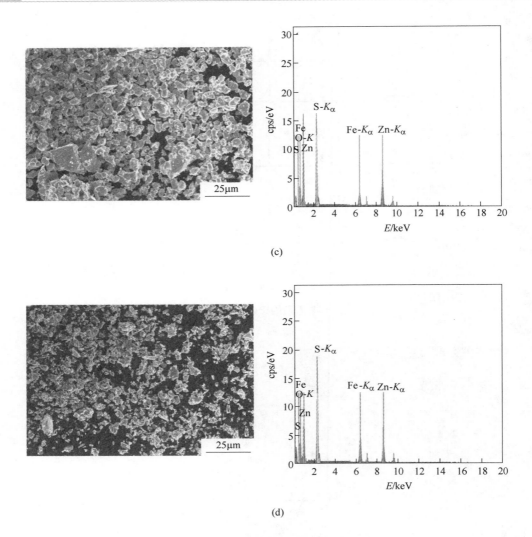

图 5-19   人造闪锌矿的扫描电镜和能谱图

（a）$w(Fe) = 0\%$；（b）$w(Fe) = 5.75\%$；（c）$w(Fe) = 15.20\%$；（d）$w(Fe) = 25.70\%$

5.4.1.2   人造闪锌矿的金相分析

为进一步确定人造闪锌矿的物相和成分，将人造闪锌矿进行树脂镶样处理。Fe 元素掺杂量的不同，使得焙烧后矿物的颜色发生明显变化。Fe 质量分数的增加使得矿物的颜色逐渐加深，由于 FeS 的掺杂，闪锌矿的矿相结构发生变化且逐渐显示"铁元素的颜色"。在金相分析图上，亮黄白色区域为 ZnS，暗黄色区域则为 Zn、Fe、S 组成的矿物结构，其可能为铁闪锌矿，因为铁元素的质量分数与自然条件下的铁闪锌矿相一致；暗红色区域则可能为由更多的 Fe 聚集形成的物质（见图 5-20）。由不同成分的金相图对比可知，随着 Fe 质量分数的升高，亮黄白色区域逐渐减少，暗黄色区域则显著增多，这证实了焙烧后的矿物中生成了铁闪锌矿，达到了铁自析出催化氧压浸出体系中对于原料的要求。

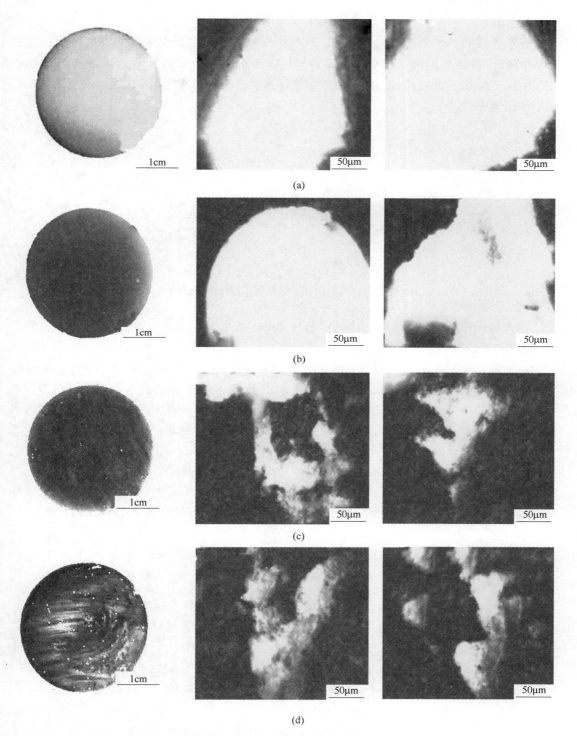

图 5-20 人造闪锌矿颗粒的微断面金相区域显微图

（a）$w(\mathrm{Fe}) = 0\%$；（b）$w(\mathrm{Fe}) = 5.75\%$；（c）$w(\mathrm{Fe}) = 15.20\%$；（d）$w(\mathrm{Fe}) = 25.70\%$

5.4.1.3 人造闪锌矿浸出过程及热力学分析

在不含铁的 ZnS 颗粒浸出过程中，H_2SO_4 先与 ZnS 发生反应生成 H_2S 和 Zn^{2+}，然后 H_2S 中的 S^{2-} 被硫酸溶液中溶解的氧 $[O]_s$ 氧化为单质硫，H^+ 被释放后继续与 ZnS 反应（见图 5-21）。但在此浸出过程中，氧气溶解进入浸出液中的速度非常缓慢，这就降低了反应的浸出速率[14,15]。

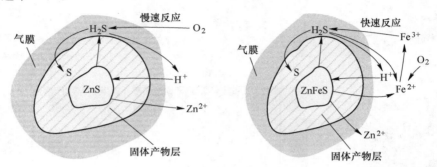

图 5-21 人造闪锌矿颗粒氧压浸出的示意图

当人造闪锌矿中含有铁时，H_2SO_4 先与 ZnFeS 发生反应生成 H_2S、Zn^{2+} 和 Fe^{2+}，然后 Fe^{2+} 被氧气和硫酸溶液中溶解的氧 $[O]_s$ 氧化为 Fe^{3+}，H_2S 中的 S^{2-} 被硫酸溶液中的 Fe^{3+} 氧化为单质硫，H^+ 被释放后继续与 ZnFeS 反应，Fe^{3+} 则被还原为 Fe^{2+}，重新回到体系中继续参加氧化还原反应。在此浸出过程中，一方面由于 Fe 元素的掺杂进入闪锌矿晶格中，使得原有矿相晶体结构被破坏，能量升高，反应活性增加；另一方面，硫酸溶液中溶解的氧 $[O]_s$ 氧化 Fe^{2+}，与 S^{2-} 被硫酸溶液中的 Fe^{3+} 氧化的速度都非常快，Fe^{3+}/Fe^{2+} 起到阳离子氧化催化的作用，提高了反应的浸出速率。

上述现象可用 $Zn\text{-}Fe\text{-}S\text{-}H_2O$ 体系的 E-pH 图解释。该体系中，由于矿物中 FeS 比 ZnS 更容易溶解，故溶解产物中 Fe^{2+} 与 Fe^{3+} 之间的相互转化促进了矿物中 ZnS 的溶解，此时 Fe 成为高铁闪锌矿中 ZnS 溶出的催化剂（见图 5-22）。与 $Zn\text{-}S\text{-}H_2O$ 体系相比，闪锌矿中 Fe

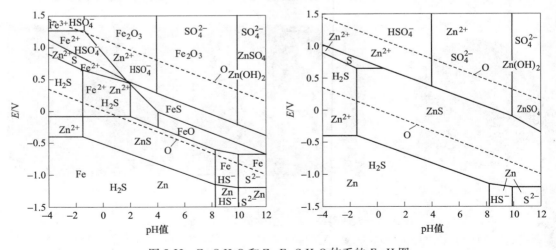

图 5-22 $Zn\text{-}S\text{-}H_2O$ 和 $Zn\text{-}Fe\text{-}S\text{-}H_2O$ 体系的 E-pH 图

的存在扩大了 Zn^{2+} 的稳定区面积，铁可在浸出过程中起到加速氧的传递、加快 Zn 浸出的作用。有 Fe 存在的情况下，闪锌矿的浸出完全可以在低酸低压的情况下进行，而硫以单质硫的形式回收，从而达到清洁生产的目的。

5.4.2　铁自析出催化浸出体系相对电位变化分析

为更好地研究浸出过程中 Fe 的自析出催化行为，利用电位高压反应釜（详见本书第 2 章）考察了无铁掺杂和掺杂铁质量分数 25.7% 的人造闪锌矿氧压酸浸过程的相对电位变化[16]。

图 5-23 描绘了含铁闪锌矿氧压浸出过程体系电位变化过程。

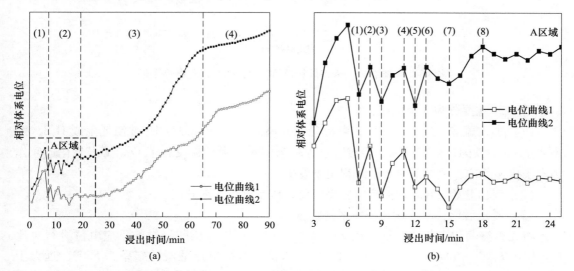

图 5-23　含铁闪锌矿（$w(Fe) = 25.7\%$）氧压浸出体系过程电势变化

（温度 403K，酸度 110g/L，氧分压 0.8MPa，搅拌转速 500r/min）

图 5-23 主要分为 4 个区域：

（1）加入硫酸、通入氧气后，体系电势先较快上升再下降，这是由于大量氢离子及氧气的加入，使得浸出溶液体系电势迅速上升。随后，处于热解活化态的铁闪锌矿实现了初步的较快酸溶，一方面，生成了一定量的 H_2S 气体，消耗部分酸；另一方面，从矿物中浸出的 Fe^{2+} 也被溶解氧较快氧化，这都进一步降低了电势。并且，区域离子集中后并均匀化也给电势变化带来一定影响。

（2）浸出反应开始阶段，体系电势呈锯齿起伏态上升，但体系电势总体呈上扬趋势，这是 Fe^{3+}/Fe^{2+} 的氧化还原过程造成的，即 Fe 从原矿物中析出后，作为电子传递载体，有效地提高了 H_2S 气膜的氧化消除过程。

（3）浸出中期，电势平滑上升，与前一阶段的电势起伏相比有所减缓，这是由于大量的 Fe^{3+} 的存在，使得氧化还原反应变化对体系电势相对变化的影响逐渐减弱，从而呈现平滑上升趋势。

（4）浸出后期，由于浸出反应基本达到平衡，故体系电势没有很大变化。

图 5-24 则表明了纯 ZnS 浸出过程的体系电位变化。

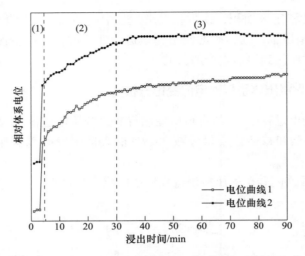

图 5-24 不含铁的人造闪锌矿氧压浸出体系过程电势变化

图 5-24 主要分为 3 个区域：

（1）加入硫酸、通入氧气后，电势急剧升高。虽然有一部分 H^+ 被消耗生成 H_2S，但与掺杂 Fe 的铁闪锌矿相比，初始酸溶过程较为困难。另外，没有了 Fe^{3+}/Fe^{2+} 氧化还原作为电子传递载体，生成单质 S 的过程很难发生。

（2）浸出开始，H_2S 被溶解氧缓慢氧化，体系电势逐渐升高。

（3）浸出后期，基本达到浸出平衡状态。

将无铁掺杂和掺杂铁质量分数 25.7% 的人造闪锌矿氧压酸浸时的反应电位进行对比（浸出中段：20~60min），$w(Fe) = 25.7\%$ 的人造闪锌矿氧压酸浸的斜率为 5.09，远大于 $w(Fe) = 0\%$ 的人造闪锌矿氧压酸浸的斜率（见图 5-25），说明了 $w(Fe) = 25.7\%$ 的人造闪锌矿氧压酸浸体系内氧化还原反应非常剧烈，结合 Zn 的浸出率（见表 5-4）可知，矿物中的 Fe 元素通过自析出氧化还原作用有效地促进浸出过程的进行。

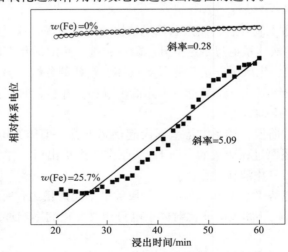

图 5-25 人造闪锌矿氧压酸浸时的反应电位对比

（浸出中段：20~60min）

表 5-4　不同掺杂铁的人造闪锌矿浸出时 Zn 的浸出率　　　　　　　（%）

铁含量	20min	30min	40min	50min	70min
$w(Fe)=0\%$	14.38	20.53	30.04	37.51	47.12
$w(Fe)=25.7\%$	31.78	43.03	57.25	69.37	91.11

为进一步揭示铁自析出催化对闪锌矿氧压浸出的影响规律，下面针对不同含铁量的人造闪锌矿进行氧压酸浸动力学研究。

5.4.3　铁自析出催化体系闪锌矿氧压浸出

Fe 掺杂于闪锌矿中，在矿物内部形成缺陷，有利于浸出初始的热解酸溶过程；同时，Fe 元素从矿物中析出，在浸出溶液中的溶解氧及矿物表面 H_2S 的作用下，易于形成 Fe^{3+}/Fe^{2+} 氧化还原电子对作为电子传递载体，极大地改善了闪锌矿氧压浸出过程的动力学条件[16]。

5.4.3.1　无铁掺杂体系

基于闪锌矿氧压浸出动力学模型分析，不含铁的人造闪锌矿的氧压浸出过程模型可能符合界面 H_2S 气膜氧化反应控制的未反应核收缩模型，故以单位时间内固体矿物的消耗速率 v 表征浸出速率，则：

$$v = -\frac{dm}{dt} = kAc^n \tag{5-25}$$

式中，v 为浸出反应速率，$mol/(L \cdot s)$；m 为矿物颗粒质量，g；t 为浸出时间，min；k 为界面 H_2S 氧化反应速率常数；A 为反应界面面积，m^2；c 为矿物颗粒表面酸浓度，g/L；n 为 H_2S 氧化反应级数。

闪锌矿氧压浸出过程受界面 H_2S 气膜氧化反应控制的动力学模型利用下式计算：

$$1 - (1-\alpha)^{\frac{1}{3}} = \frac{kc^n}{r_0\rho}t = k't \tag{5-26}$$

A　温度影响及活化能的求解

根据不同温度下浸出过程中 Zn 浸出率及动力学分析结果，求得该过程的活化能 $E=32.31kJ/mol$（见图 5-26）。针对铁闪锌矿氧压浸出动力学，活化能在 24~27kJ/mol 之间处于扩散与化学反应混合控制，大于 27kJ/mol 则一般可认为化学反应是限速步骤。故不含铁的人造闪锌矿氧压浸出的限速步骤为矿物界面 H_2S 气膜的氧化反应。

B　酸度影响及硫酸反应级数的求解

以不含铁的人造闪锌矿为原料，探究了在不同酸度下浸出过程中 Zn 浸出率及动力学分析。随着酸度增高，到达矿物表面的酸浸 H^+ 浓度越大，矿物的浸出率也越高（见图 5-27）。最终得到了不含铁的人造闪锌矿氧压浸出过程中，酸度的反应级数为 $r_A=1.36$。

C　氧分压影响及氧压反应级数的求解

随着氧分压的增加，浸出率显著地提高（见图 5-28），这是由于浸出液中溶解的氧大量增加，明显提高了闪锌矿颗粒表面的 H_2S 气膜的氧化速率，有效地促进了浸出反应的持续进行。最终得到了不含铁的人造闪锌矿氧压浸出过程中，氧分压的反应级数为 $r_p=1.29$。

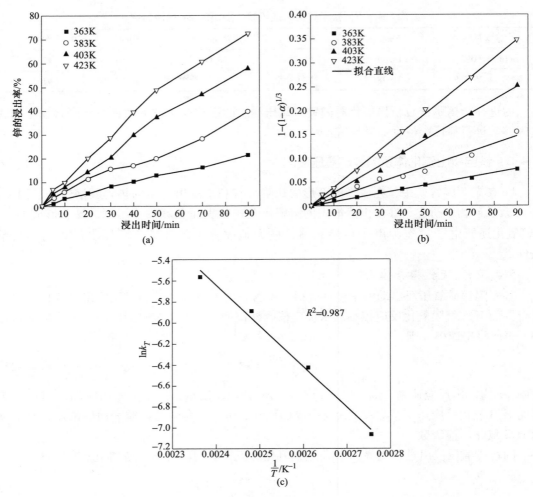

图 5-26　不同温度下不含铁的人造闪锌矿（$w(\mathrm{Fe})=0\%$）

（a）Zn 的浸出率；（b）浸出率线性拟合；（c）$\ln k_T$ 与 $1/T$ 线性拟合

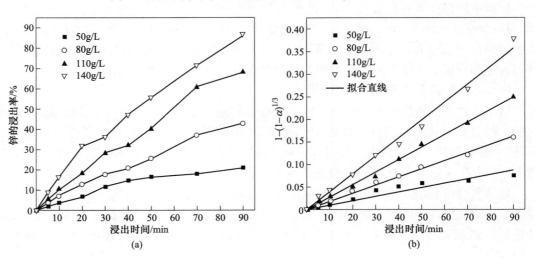

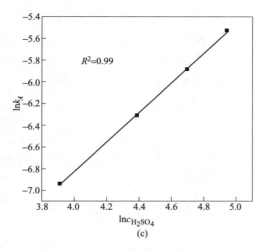

(c)

图 5-27 不同酸度下不含铁的人造闪锌矿（$w(Fe)=0\%$）

（a）Zn 的浸出率；（b）浸出率线性拟合；（c）$\ln k_A$ 与 $\ln c_{H_2SO_4}$ 线性拟合

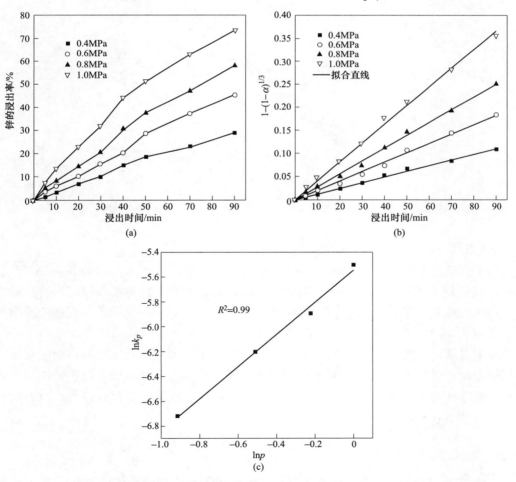

图 5-28 不同氧分压下不含铁的人造闪锌矿（$w(Fe)=0\%$）

（a）Zn 的浸出率；（b）浸出率线性拟合；（c）$\ln k_p$ 与 $\ln p$ 线性拟合

D 动力学方程的建立

综合上述不同条件下不含铁的人造闪锌矿氧压浸出数据可以发现，随着温度、酸度、氧分压的增大，相应的 Zn 浸出速率及浸出率均有较大提高，这是由于增强相应的反应条件，矿物的酸浸速率及颗粒表面 H_2S 气膜氧化速率均有较大提高。最终，通过闪锌矿氧压酸浸动力学模型的分析，该体系下的动力学方程可以表达为：

$$1 - (1 - \alpha)^{\frac{1}{3}} = K_0 \times c_{H_2SO_4}^{1.36} \times p_{O_2}^{1.29} \times \exp\left(-\frac{32310}{RT}\right) \times t \tag{5-27}$$

由此，得出 K_0 为 1.60×10^{-3}（见图 5-29）。因此，可得到无铁掺杂体系下闪锌矿氧压浸出的动力学方程为：

$$1 - (1 - \alpha)^{\frac{1}{3}} = 1.6 \times 10^{-3} \times c_{H_2SO_4}^{1.36} \times p_{O_2}^{1.29} \times \exp\left(-\frac{32310}{RT}\right) \times t \tag{5-28}$$

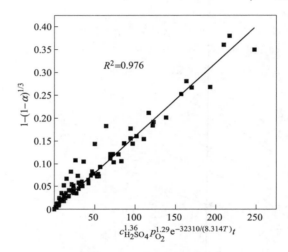

图 5-29 $1-(1-\alpha)^{1/3}$ 和 $c_{H_2SO_4}^{1.36} p_{O_2}^{1.29} e^{-32310/(8.314T)} t$ 之间的关系（$w(Fe) = 0\%$）

5.4.3.2 掺杂铁质量分数 25.7% 体系

与不含铁的人造闪锌矿（$w(Fe) = 0\%$）的氧压浸出过程不同，$w(Fe) = 25.7\%$ 的闪锌矿，其中 Fe 的掺杂度接近饱和。因此，可以认为该体系下铁元素所能起到的自析出催化作用达到最大。基于上节的分析，其浸出反应过程也应该遵循表面扩散控制的收缩核模型，即 H^+ 通过 H_2S 气膜层的扩散为限速步骤，H_2S 生成后能够较为迅速地被 Fe^{3+}/Fe^{2+} 氧化还原电对氧化，实现酸浸 H^+ 的再生。进一步考虑到 H^+ 通过疏松 S 层及界面酸浸反应能够较快进行，近似认为 H^+ 通过 H_2S 气膜后就能够快速到达矿物界面并与矿物作用，通过 H_2S 气膜的 H^+ 量与到达矿物反应界面的量相等。根据菲克第一扩散定律，单位时间内通过 H_2S 气膜到达矿物界面的 H^+ 为：

$$J = \frac{(c_0 - c_r) D_1 A}{\delta_1} \tag{5-29}$$

式中，D_1 为扩散系数；A 为反应界面面积，m^2；c_0 为浸出液中酸浓度，g/L；c_r 为矿物颗粒表面酸浓度，g/L；δ_1 为 H_2S 气膜厚度，μm。

由于硫酸的消耗量与矿物的反应量成正比，且酸浸反应较快，可以近似认为矿物表面的酸浓度 c_r 为零，则以固体消耗速率表达的浸出速率方程为：

$$v = -\frac{\mathrm{d}m}{\mathrm{d}t} = \frac{k_1 D_1 c_0 A}{\delta_1} \tag{5-30}$$

得：

$$\frac{k_1 D_1 c_0 A}{\delta_1} = -4\pi\rho r^2 \frac{\mathrm{d}r}{\mathrm{d}t} \tag{5-31}$$

由于颗粒粒径一般较小，可取 δ_1 与 r 成正比，代入上式积分得：

$$r_0^2 - r^2 = k_2 t \tag{5-32}$$

将 $r = r_0 (1-\alpha)^{\frac{1}{3}}$ 代入得：

$$1 - (1-\alpha)^{\frac{2}{3}} = k't \tag{5-33}$$

式（5-33）为闪锌矿氧压浸出受 H^+ 通过 H_2S 气膜层的扩散为限速步骤时的动力学模型方程。

A 温度影响及活化能的求解

通过不同温度下浸出过程中 Zn 浸出率及动力学分析，求得活化能 $E = 21.88\mathrm{kJ/mol}$（见图 5-30）。可认为该铁闪锌矿氧压浸出过程受扩散控制，即矿物表面 H^+ 通过 H_2S 气膜层。

B 酸度影响及硫酸反应级数的求解

随着酸度增加，能够达到矿物表面的酸浸 H^+ 浓度越大，矿物的浸出率也越高（见图 5-31）。与相同条件下不含铁的人造闪锌矿的氧压浸出过程相比，含铁体系下氧压浸出后期达到了平衡状态，即浸出率不再随着时间延长有显著的变化，表现在动力学方程上即是反应级数的减少。基于线性拟合得到的 $w(\mathrm{Fe}) = 25.7\%$ 铁闪锌矿的氧压浸出酸度的反应级数为 $r_A = 1.10$，与相同条件下不含铁的人造闪锌矿的氧压浸出过程相比，高铁闪锌矿氧压浸出时相应的酸度反应级数下降幅度较大。

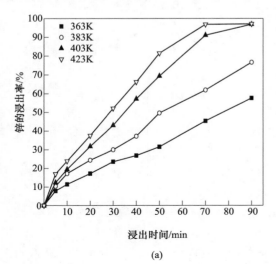

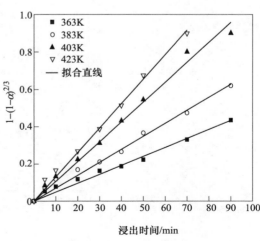

(a)　　　　　　　　　　　　　(b)

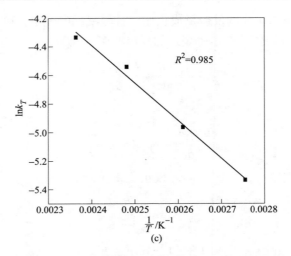

图 5-30 不同温度下含铁的人造闪锌矿（$w(\mathrm{Fe}) = 25.7\%$）

（a）Zn 的浸出率；（b）浸出率线性拟合；（c）$\ln k_T$ 与 $1/T$ 线性拟合

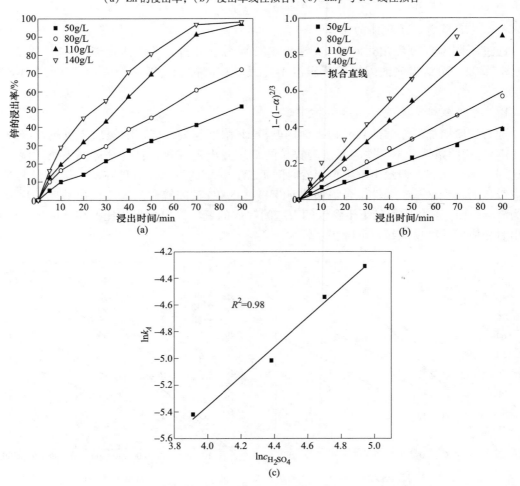

图 5-31 不同酸度下含铁的人造闪锌矿（$w(\mathrm{Fe}) = 25.7\%$）

（a）Zn 的浸出率；（b）浸出率线性拟合；（c）$\ln k_A$ 与 $\ln c_{\mathrm{H_2SO_4}}$ 线性拟合

C 氧分压影响及氧压反应级数的求解

当氧分压逐渐增大，矿物中 Zn 的浸出速率和浸出率均有较大提高（见图 5-32）。一方面，从矿物中析出的 Fe 元素破坏了原有矿物的结构，便于酸浸过程的进行；另一方面，由矿物表面 H_2S 气膜所造成的还原气氛及溶液中溶解氧所带来的氧化气氛，使得反应初期 Fe^{3+}/Fe^{2+} 的氧化还原转换过程能够充分进行。当从原有矿物中析出的 Fe 量足够多（ZnS 能固溶的最大 Fe 质量分数），那么 H_2S 被氧化的过程便可以持续进行；如果增加浸出液中溶解氧含量，那么 Fe^{2+} 的氧化过程就可以更快地进行，进而改善闪锌矿的浸出动力学条件。最终得到不含铁的人造闪锌矿氧压浸出过程中，氧分压的反应级数为 $r_p = 1.41$。

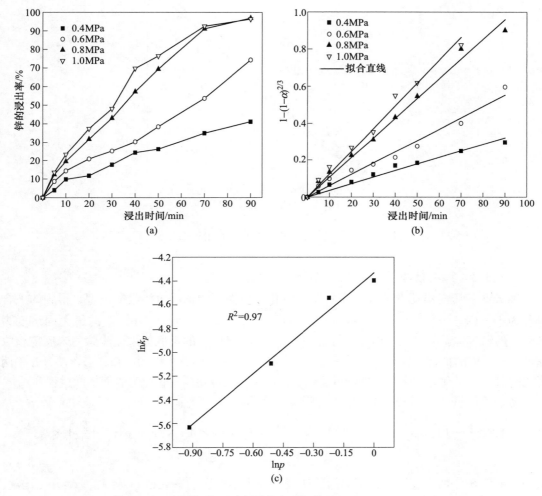

图 5-32 不同氧分压下含铁的人造闪锌矿（$w(\mathrm{Fe}) = 25.7\%$）
（a）Zn 的浸出率；（b）浸出率线性拟合；（c）$\ln k_p$ 与 $\ln p$ 线性拟合

D 动力学方程的建立

综合上述不同条件下的 $w(\mathrm{Fe}) = 25.7\%$ 的人造铁闪锌矿氧压浸出数据，可以发现，随着温度、酸度、氧分压的增大，相应的氧压浸出速率及浸出率均有较大的提高，这是由于增强相应的反应条件，矿物的酸浸速率及颗粒表面 H_2S 气膜氧化速率均有较大提高。最终，给出该体系下的氧压浸出动力学方程可以表达为：

$$1 - (1-\alpha)^{\frac{2}{3}} = K_0 \times c_{H_2SO_4}^{1.10} \times p_{O_2}^{1.41} \times \exp\left(-\frac{21880}{RT}\right) \times t \tag{5-34}$$

由此，得出 K_0 为 8.36×10^{-4}（见图 5-33）。最终，可得到 $w(Fe) = 25.7\%$ 的人造铁闪锌矿氧压浸出的动力学方程为：

$$1 - (1-\alpha)^{\frac{2}{3}} = 8.36 \times 10^{-4} \times c_{H_2SO_4}^{1.10} \times p_{O_2}^{1.41} \times \exp\left(-\frac{21880}{RT}\right) \times t \tag{5-35}$$

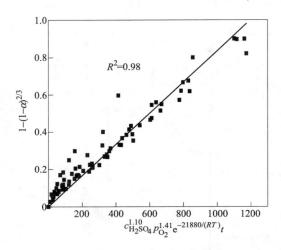

图 5-33　$1 - (1-\alpha)^{2/3}$ 和 $c_{H_2SO_4}^{1.10} p_{O_2}^{1.41} e^{-21880/(RT)} t$ 之间的关系（$w(Fe) = 25.7\%$）

5.4.3.3　掺杂铁质量分数 5.75% 和 15.2% 体系

纯 ZnS 氧压浸出动力学遵循表面 H_2S 氧化反应控制的未反应核收缩模型，得到的拟合方程为 $1 - (1-\alpha)^{1/3} = kt$；而掺杂铁 $w(Fe) = 25.7\%$（闪锌矿 Fe 元素的最大固溶度为 26%）的铁闪锌矿的氧压浸出过程符合 H^+ 通过 H_2S 气膜层的扩散为限速步骤的未反应核收缩模型，相应的拟合方程为 $1 - (1-\alpha)^{2/3} = k't$。进一步的分析推测可知，当含铁量介于两者之间时，浸出动力学模型应处于过渡状态，即由表面氧化反应转化为表面扩散过程。

考虑不同铁含量对浸出方程模型的影响，故拟合方程为：

$$A \times \left[1 - (1-\alpha)^{\frac{1}{3}}\right] + B \times \left[1 - (1-\alpha)^{\frac{2}{3}}\right] = k_0 \times A^{r_A} \times p^{r_p} \times \exp\left(-\frac{E_a}{RT}\right) \times t$$

$$\tag{5-36}$$

式中，A 和 B 分别为表征铁含量对闪锌矿浸出动力学的影响参数，$A + B = 1$。

注意到在不含铁的人造闪锌矿的氧压浸出体系，$w(Fe) = 0\%$，此时 $A = 1$，$B = 0$，即表面 H_2S 气膜层的氧化反应控制；而 $w(Fe) = 25.7\%$（近于闪锌矿中最大 Fe 固溶量：26.0%）的最高铁含量铁闪锌矿体系，$A = 0$，$B = 1$，即表面酸浸 H^+ 通过 H_2S 气膜层的扩散过程控制；而当 Fe 含量逐渐增加时，可以预见，表面 H_2S 气膜层的氧化速率会逐渐加快，即由化学反应带来的浸出速率限制会减少，也就是表征其影响的参数 A 应该是逐渐减小的（相应地，B 与铁含量应该表现出正相关性）。

$w(\text{Fe}) = 0\%$时，$A = 1$，$B = 0$；$w(\text{Fe}) = 25.7\%$时，$A = 0$，$B = 1$。因此考虑将这两点作为曲线上的两端点，拟合曲线采用二阶抛物线：

$$B = \left[\frac{w(\text{Fe})}{25.7}\right]^2 \tag{5-37}$$

采用二阶曲线拟合的原因为：Fe^{3+}氧化H_2S的化学方程式：$2Fe^{3+} + H_2S \longrightarrow 2Fe^{2+} + 2H^+ + S$。

如果近似认为该反应为基元反应，则 Fe 含量的影响系数为 2 次方关系，这也是采用 2 阶抛物线的主要原因。从理论上讲，这有一定的局限性，但也不失为一种具有参考意义的分析铁含量影响的方法。因此，在相同的浸出动力学条件下（温度 T、酸度 A、氧分压 p），将不含铁的人造闪锌矿改为掺杂铁含量为 $w(\text{Fe}) = 5.75\%$ 和 $w(\text{Fe}) = 15.20\%$ 的铁闪锌矿，探究温度、酸度、氧分压的反应级数，以对应的浸出动力学模型方程进行数据拟合分析（见图 5-34）。

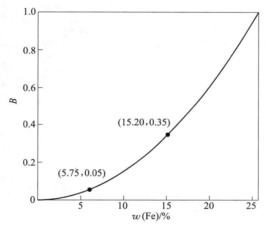

图 5-34　铁含量影响参数 B 值的确定曲线

当 $w(\text{Fe}) = 5.75\%$ 时，对应的 B 值为 0.05，相应的动力学模型方程为：

$$0.95 \times \left[1 - (1 - \alpha)^{\frac{1}{3}}\right] + 0.05 \times \left[1 - (1 - \alpha)^{\frac{2}{3}}\right] = k_0 \times A^{r_A} \times p^{r_p} \times \exp\left(-\frac{E_a}{RT}\right) \times t \tag{5-38}$$

当 $w(\text{Fe}) = 15.20\%$ 时，对应的 B 值为 0.35，相应的动力学模型方程为：

$$0.65 \times \left[1 - (1 - \alpha)^{\frac{1}{3}}\right] + 0.35 \times \left[1 - (1 - \alpha)^{\frac{2}{3}}\right] = k_0 \times A^{r_A} \times p^{r_p} \times \exp\left(-\frac{E_a}{RT}\right) \times t \tag{5-39}$$

A　温度的影响及活化能的求解

对 $w(\text{Fe}) = 5.75\%$ 和 $w(\text{Fe}) = 15.20\%$ 的人造铁闪锌矿，当温度从 383K 增大到 403K 时，浸出速率明显地增加（见图 5-35 和图 5-36），这是由于浸出产物单质 S 由固态转变为液态，从而有效地改善了过程传质条件。同时，这也表明上述模型仍有一定的局限性，不仅由于铁含量的变化会导致浸出过程控制步骤的改变，而且即使在同一铁含量下，温度的变化也会导致浸出过程速率的改变。不同铁含量的闪锌矿氧压浸出过程活化能计算结果为：$E(w(\text{Fe}) = 5.75\%) = 29.02\text{kJ/mol}$，$E(w(\text{Fe}) = 15.20\%) = 26.30\text{kJ/mol}$。与无铁掺杂体系人造闪锌矿氧压浸出过程相比,两者的活化能降低,表明 Fe 的加入能起到促进浸出的作用。随着铁含量的升高,浸出过程逐渐由界面化学反应控制过渡到表面扩散控制。

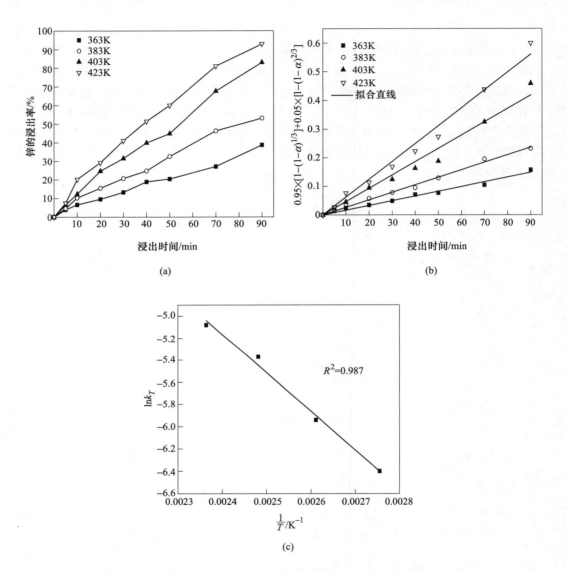

图 5-35 不同温度下含铁的人造闪锌矿 ($w(Fe)$ = 5.75%)

(a) Zn 的浸出率;(b) 浸出率线性拟合;(c) $\ln k_T$ 与 $1/T$ 线性拟合

B 酸度影响及硫酸反应级数的求解

通过研究酸浓度对 $w(Fe)$ = 5.75% 和 $w(Fe)$ = 15.20% 的人造铁闪锌矿的氧压浸出过程影响可知, $w(Fe)$ = 5.75% 体系酸度反应级数为 1.27; $w(Fe)$ = 15.20% 体系酸度反应级数为 1.26(见图 5-37 和图 5-38)。综合铁自析出催化 4 个体系的酸度反应级数可以看出,在低铁掺杂体系下,酸度的反应级数明显较大。当铁含量增加时,闪锌矿晶格缺陷程度增大,初始热解酸溶条件更好,这与人造闪锌矿的金相分析结果是一致的。

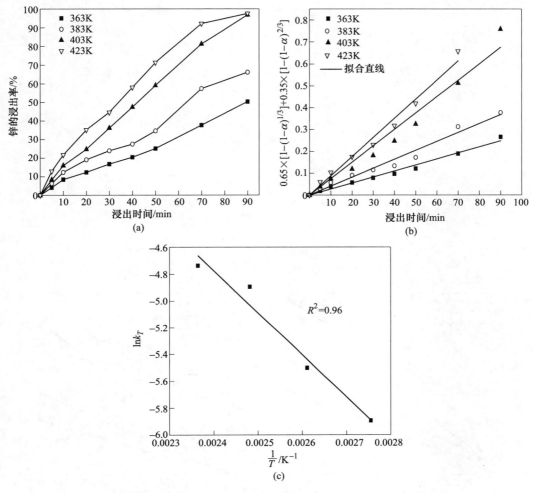

图 5-36 不同温度下含铁的人造闪锌矿（w(Fe) = 15.20%）
（a）Zn 的浸出率；（b）浸出率线性拟合；（c）$\ln k_T$ 与 $1/T$ 线性拟合

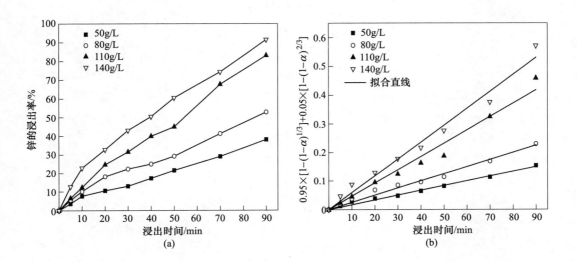

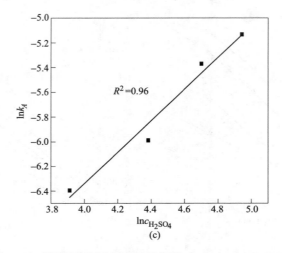

图 5-37　不同酸度下含铁的人造闪锌矿（$w(\mathrm{Fe})=5.75\%$）

（a）氧压浸出率；（b）浸出率线性拟合；（c）$\ln k_A$ 与 $\ln c_{\mathrm{H_2SO_4}}$ 线性拟合

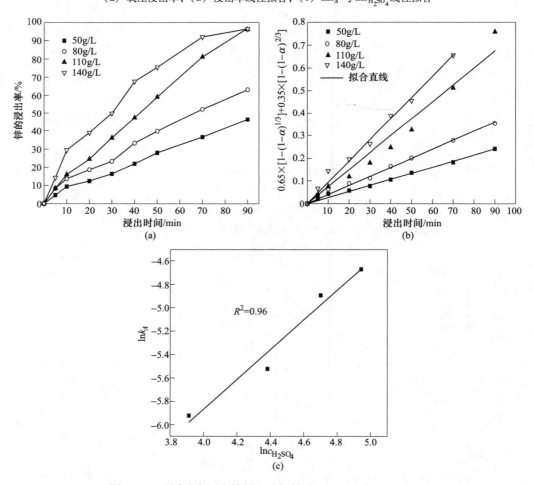

图 5-38　不同酸度下含铁的人造闪锌矿（$w(\mathrm{Fe})=15.20\%$）

（a）氧压浸出率；（b）浸出率线性拟合；（c）$\ln k_A$ 与 $\ln c_{\mathrm{H_2SO_4}}$ 线性拟合

C 氧分压影响及氧压反应级数的求解

分别以 $w(Fe) = 5.75\%$ 和 $w(Fe) = 15.20\%$ 人造铁闪锌矿为原料，探究了在不同氧分压下浸出过程中 Zn 浸出率及动力学分析。$w(Fe) = 5.75\%$ 体系氧分压反应级数为 1.60；$w(Fe) = 15.20\%$ 体系氧分压反应级数为 1.62（见图 5-39 和图 5-40）。综合铁自析出催化 4 个体系的氧分压反应级数可以看出，氧分压的作用效果随着铁含量的增加呈现出先上升再降低的趋势，这表明 Fe 在固溶饱和前已经达到了最大的催化作用效果。

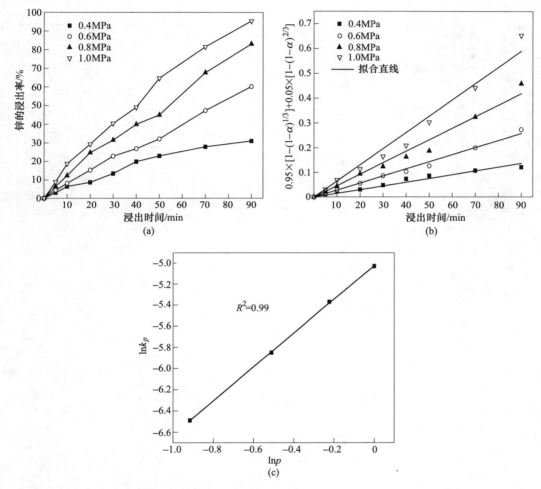

图 5-39 不同氧分压下含铁的人造闪锌矿（$w(Fe) = 5.75\%$）

（a）Zn 的浸出率；（b）浸出率线性拟合；（c）$\ln k_p$ 与 $\ln p$ 线性拟合

D 动力学方程的建立

综合上述不同条件下的 $w(Fe) = 5.75\%$ 和 $w(Fe) = 15.20\%$ 的人造铁闪锌矿氧压浸出数据，可以发现，随着温度、酸度、氧分压的增大，相应的浸出速率及浸出率均有较大的提高，这是由于增强相应的反应条件，矿物的酸浸速率及颗粒表面 H_2S 气膜氧化速率均有较大提高。最终，$w(Fe) = 5.75\%$ 和 $w(Fe) = 15.20\%$ 的人造铁闪锌矿氧压浸出的动力学方程可以分别表达为：

$$0.95 \times \left[1 - (1-\alpha)^{\frac{1}{3}} \right] + 0.05 \times \left[1 - (1-\alpha)^{\frac{2}{3}} \right] = K_0 \times c_{H_2SO_4}^{1.27} \times p_{O_2}^{1.6} \times \exp\left(-\frac{29020}{RT} \right) \times t$$

(5-40)

$$0.65 \times \left[1 - (1-\alpha)^{\frac{1}{3}} \right] + 0.35 \times \left[1 - (1-\alpha)^{\frac{2}{3}} \right] = K_0' \times c_{H_2SO_4}^{1.26} \times p_{O_2}^{1.62} \times \exp\left(-\frac{26300}{RT} \right) \times t$$

(5-41)

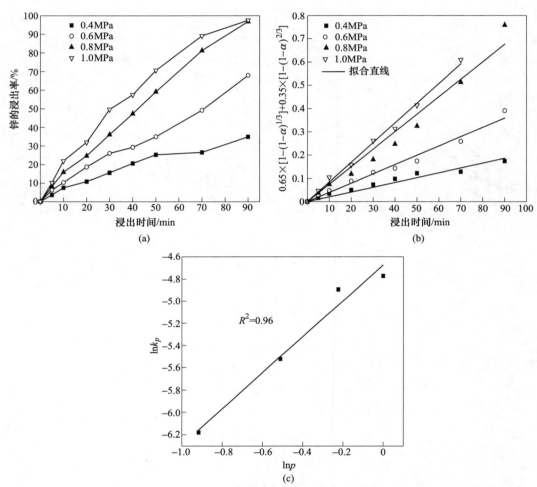

图 5-40　不同氧分压下含铁的人造闪锌矿（$w(Fe) = 15.20\%$）

（a）Zn 的浸出率；（b）浸出率线性拟合；（c）$\ln k_p$ 与 $\ln p$ 线性拟合

因此，可以得出 $K_0 = 1.57 \times 10^{-3}$，$K_0' = 1.12 \times 10^{-3}$（见图 5-41）。可分别得到 $w(Fe) = 5.75\%$ 和 $w(Fe) = 15.20\%$ 的人造铁闪锌矿氧压浸出的动力学方程为：

$$0.95 \times \left[1 - (1-\alpha)^{\frac{1}{3}} \right] + 0.05 \times \left[1 - (1-\alpha)^{\frac{2}{3}} \right]$$

$$= 1.57 \times 10^{-3} \times c_{H_2SO_4}^{1.27} \times p_{O_2}^{1.6} \times \exp\left(-\frac{29020}{RT} \right) \times t$$

(5-42)

$$0.65 \times \left[1 - (1-\alpha)^{\frac{1}{3}} \right] + 0.35 \times \left[1 - (1-\alpha)^{\frac{2}{3}} \right]$$

$$= 1.12 \times 10^{-3} \times c_{H_2SO_4}^{1.26} \times p_{O_2}^{1.62} \times \exp\left(-\frac{26300}{RT} \right) \times t \qquad (5-43)$$

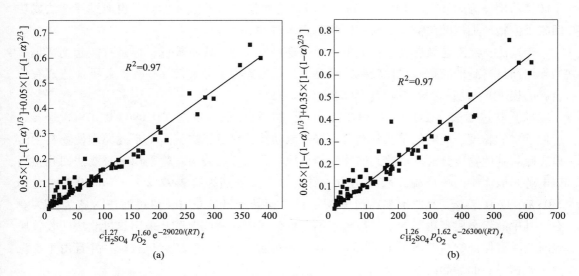

图 5-41　不同质量分数的人造铁闪锌矿氧压浸出过程动力学方程验证

(a) $w(Fe) = 5.75\%$；(b) $w(Fe) = 15.20\%$

不同铁质量分数下相关动力学的反应参数汇总见表 5-5。

表 5-5　不同铁质量分数下闪锌矿氧压浸出动力学参数

Fe 质量分数/%	A	B	$E/kJ \cdot mol^{-1}$	r_p	r_A
0	1	0	32.3	1.29	1.36
5.75	0.95	0.05	29.0	1.60	1.27
15.2	0.65	0.35	26.1	1.62	1.26
25.7	0	1	21.8	1.41	1.10

随着铁质量分数的增加，表征反应控制步骤的活化能从 32.3kJ/mol 降低到 21.8kJ/mol，即从界面化学反应控制过渡到表面扩散反应控制，这与前面动力学分析是一致的。酸度的反应级数是逐渐降低的，这是由于铁质量分数的增加使得矿物晶格畸变程度增大，初始热解酸溶条件变好。

5.5　氧压浸出渣中单质硫的分离与提纯

5.5.1　单质硫的回收现状

5.5.1.1　物理法回收单质硫

回收单质硫的物理法通常有浮选法、热过滤法、高压倾析法和真空蒸馏法等，其原理、适合处理的物料以及优缺点各不相同，下面就这些方法分别进行介绍。

（1）浮选法。浮选法是冶金生产中应用最广泛的一种方法，翟爱峰等人[17]也利用此法对铜浸出渣中的单质硫进行了回收，研究表明，在 pH 值为 11、水玻璃用量为 800g/t、丁胺黑药用量为 20g/t 的条件下，得到了较高的回收率。库建刚等人[18]也通过浮选法成功回收了铜精矿加压酸浸渣中的硫，回收率为 60% 左右。

浮选法虽然工艺及所需设备简单，处理物料量大并且成本较低，但是只能起到富集硫的作用而且得到的硫黄质量比较差，这是因为硫富集物中会夹杂一些有价金属（造成有价金属的损失），物料含较多有价金属时不宜采用此法。

（2）热过滤法。在 125~158℃ 时，单质硫具有很低的黏度（0.096~0.079mPa·s），近似于水的黏度，此时的单质硫具有良好的流动性，热过滤法就是基于此原理使物料中的单质硫与其他物质分离从而达到回收硫的目的。我国金川公司就曾采用热过滤法回收镍高锍电解阳极泥中的单质硫，阳极泥的主要成分含量分别为：S^0 92.2%、CuO 0.89%、Ni 2.03%、Fe 0.53%，其脱硫率达到 85% 左右，渣率为 20% 左右，热过滤渣含硫为 67% 左右，其中的贵金属富集了 5 倍，得到了不含贵金属的高品位硫黄。采用热过滤法回收单质硫时应注意保证物料含水量小于 15%，这是因为水分较高时，硫熔化较难，并且由于水汽蒸发，物料表面会起泡[19]。

热过滤法适用于处理含单质硫含量高的物料，得到的硫黄品位也较高，操作虽然比较简单，但其设备比较复杂，对过滤的要求比较高，如保温等，并且滤渣中硫残余较多而且回收率较低。

（3）高压倾析法。在高压及较高的温度下，含硫物料中的单质硫呈熔融状态沉在釜底，而其他物质仍在渣中，然后将单质硫排出。高压倾析法就是基于此原理将单质硫和其他物质分离从而达到回收硫的目的。因金属硫化物会熔融于硫黄中，所以高压倾析法得到的硫黄纯度并不高。

（4）真空蒸馏法。当温度超过 450℃，即硫黄的沸点时，单质硫开始升华挥发，而原料中其他元素及硫化物的沸点比单质硫的沸点高得多[20]，真空蒸馏法就是基于此原理将单质硫挥发而与其他物质分离的。

黄鑫等人[21]采用此法回收硫化镍电解阳极泥提硫后的硫黄渣中的单质硫，研究表明得到的硫黄形态为斜方硫，残渣无单质硫并且化合态的硫降低到 15.10%，脱硫率可达 97.08%。虽然真空蒸馏法回收单质硫的效果很好并且得到的硫黄品位也较高，但因其设备复杂成本高，所以一般很少被用来回收单质硫。

5.5.1.2 化学法回收单质硫

化学法通常有 SO_2-Na_2S、$(NH_4)_2S$ 等无机溶剂法和煤油、四氯化碳、二甲苯等有机溶剂法。

（1）无机溶剂法。无机溶剂法以 SO_2-Na_2S 法为例，其是利用 Na_2S 和 S 生成 Na_2S_{1+x}，而 Na_2S_{1+x} 在碱性条件下能稳定存在，pH 值降低时，Na_2S_{1+x} 分解析出单质硫。在整个过程中，没有废气的产生，不会对环境造成污染。有研究表明[22]，含单质硫 63% 的铜氯浸渣，在硫化钠 0.5mol/L、25℃，硫化钠与单质硫的摩尔比 4：1 的条件下，硫的回收率为 54.60%~74.19%，得到的硫黄纯度为 99.08%。（NH$_4$）$_2$S 法的原理和 SO$_2$-Na$_2$S 法是相似的，也是利用硫化铵和硫生成多硫化铵，但不同的是多硫化铵在加热情况下会分解为 S 和 NH$_3$ 以及 H$_2$S，NH$_3$ 和 H$_2$S 用水吸收后又变成（NH$_4$）$_2$S，重复使用[23,24]。但 Na$_2$S、（NH$_4$）$_2$S 等无机溶剂会溶解贵金属，造成贵金属的损失。所以，采用此法时要综合考虑 Na$_2$S、（NH$_4$）$_2$S 等无机溶剂对硫和贵金属的溶解率，根据不同物料组成找到溶硫率较大，而溶贵金属较小时的反应条件。

（2）有机溶剂法。煤油、四氯化碳、二甲苯等有机溶剂法是利用硫在其中的溶解度随温度的升高而增大的特性，在高温下溶硫，待固液分离后，再降温，硫析出，溶剂可重复使用。金川就采用煤油法在液固比（7.25~8）：1、120℃的条件下脱除硫化镍电解阳极泥中的硫，两段浸出后的总脱硫率可达 97%，脱硫后贵金属富集了 8~9 倍[25,26]。在液固比 8：1、反应温度 110℃、反应时间 8min 的条件下，用四氯乙烯回收含硫 64.84% 的闪锌矿氧压酸浸渣中的单质硫，回收率在 95% 以上[27]。采用二甲苯在液固比 15：1、温度 90℃、浸出时间 10min 条件下回收铜铅锌混合精矿的氧压酸浸渣（含 S^0 63.42%）中的单质硫，硫回收率达到 99.1%，纯度达 99.94%[28]。采用煤油、四氯化碳、二甲苯等有机溶剂法脱硫时，可基本上除去全部单质硫，不会造成贵金属的分散，得到的硫黄产品质量较好。但是煤油、四氯化碳、二甲苯等有机溶剂存在易燃、易爆等安全问题，对设备、操作的要求较高。

液体石蜡也属于有机溶剂，其用作脱硫时，得到的硫黄产品质量较好，且不会造成贵金属的分散。但与上述几种有机溶剂相比，其还具有闪点高、无毒、饱和溶解度大等特点。因此，针对闪锌矿氧压酸浸渣富含单质硫，同时，还含有一定量的贵金属和稀有金属，比如 Au、Ag、Ge、In 等，东北大学特殊冶金创新团队提出采用液体石蜡法分离与提纯单质硫的新方法[28]。其主要优点有：

1）可基本上除去全部单质硫，且反应快，不会造成贵金属的损失；

2）生产设备简单，便于操作，适合工业化生产；

3）液体石蜡作为浸取剂，具有经济、无毒、饱和溶解度大等特点，是一种高效廉价又具有安全、可行性的浸取剂，且对环境友好。

分离完单质硫的尾渣中残存的液体石蜡可用石油醚进行清洗，以便后续用作提银原料。

5.5.2 单质硫分离与提纯过程

5.5.2.1 单质硫在液体石蜡中溶解度

液体石蜡是一种良好的硫溶剂，具有饱和溶解度大等特点。单质硫在液体石蜡中的溶解度随着温度的升高而增加，温度越高，溶解度越大（见图 5-42）[28]。利用理想溶液模型、Apelblat 模型和经验模型对该过程计算得到的平均相对偏差分别为 12.939%、5.038% 和 9.016%（见表 5-6），其中 Apelblat 模型的拟合方程为：$\ln X = 59.45731 - 4991.1942/T - 8.01079 \ln T$。

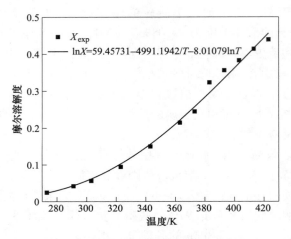

图 5-42　单质硫在液体石蜡中的溶解度

表 5-6　硫在液体石蜡中的溶解度及相关性

温度/K	100g 液体石蜡中 S_{exp}/g	X_{exp}	理想溶液模型		Apelblat 模型		经验模型	
			X_{cal}	RD/%	X_{cal}	RD/%	X_{cal}	RD/%
273. 15	0. 405	0. 0244	0. 0350	43. 1772	0. 0234	4. 3723	0. 0147	39. 7057
291. 15	0. 706	0. 0418	0. 0551	31. 6553	0. 0434	3. 7389	0. 0417	0. 2886
303. 15	0. 964	0. 0563	0. 0723	28. 4338	0. 0619	9. 9413	0. 0638	13. 2923
323. 15	1. 684	0. 0944	0. 1088	15. 2960	0. 1028	8. 9059	0. 1078	14. 2552
343. 15	2. 854	0. 1501	0. 1561	4. 0165	0. 1563	4. 1245	0. 1609	7. 2351
363. 15	4. 409	0. 2143	0. 2152	0. 4383	0. 2211	3. 1842	0. 2231	4. 1174
373. 15	5. 228	0. 2444	0. 2495	2. 0994	0. 2571	5. 2029	0. 2576	5. 4234
383. 15	7. 709	0. 3229	0. 2870	11. 1142	0. 2949	8. 6672	0. 2944	8. 8230
393. 15	8. 920	0. 3556	0. 3278	7. 8113	0. 3342	6. 0247	0. 3335	6. 2221
403. 15	10. 011	0. 3825	0. 3720	2. 7446	0. 3744	2. 1034	0. 3748	2. 0031
413. 15	11. 412	0. 4138	0. 4195	1. 3625	0. 4152	0. 3287	0. 4184	1. 1018
423. 15	12. 655	0. 4391	0. 4704	7. 1175	0. 4561	3. 8622	0. 4643	5. 7260
F/%			12. 9389		5. 0380		9. 0161	
参　数			$a=3. 97721$ $b=-2002. 1083$ $r^2=0. 98454$		$a=59. 45731$ $b=-4991. 1942$ $c=-8. 01079$ $r^2=0. 99245$		$a=1. 13555\times10^{-5}$ $b=-4. 91\times10^{-3}$ $c=0. 50866$ $r^2=0. 98956$	

5.5.2.2　单质硫的分离与提纯

　　液体石蜡法分离与提纯单质硫的过程，可分为分离与提纯两个过程，其中分离过程中，反应温度、液固比、时间、搅拌等因素都对单质硫的溶解率有一定的影响，而反应温度对其影响最大；提纯过程中，析出温度对单质硫的回收率影响最大。

A 溶解温度的影响

随着溶解温度从 90℃ 升高到 110℃，单质硫的溶解率和回收率均显著增加（见图 5-43）。在 120℃ 时，单质硫的溶解率和回收率分别达到 98.90% 和 92.14%。当反应温度过高时，液体石蜡易引起副作用，使得颜色加深并且影响硫黄的产量。

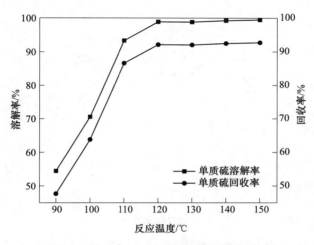

图 5-43 反应温度对单质硫的溶解率和回收率的影响

B 析出温度的影响

析出温度是影响成核和生长的主要因素之一。随着析出温度的降低，单质硫的回收率先增加后保持相对稳定（见图 5-44）。这与单质硫在液体石蜡中的溶解率数据一致，其中温度越低，溶解率越低（见表 5-6）。在 0℃ 时，单质硫回收率达到 93.50%。此外，随着析出温度进一步降低，液体石蜡逐渐开始凝固，而单质硫不易从中结晶析出。

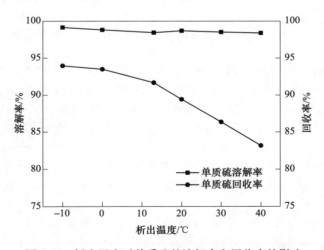

图 5-44 析出温度对单质硫的溶解率和回收率的影响

C 液体石蜡重复循环利用次数的影响

液体石蜡首次循环时，硫的回收率为 93.50%。从第二次循环开始，硫的回收率保持在 96.5%~99% 之间。其主要原因是当单质硫在 0℃ 从第一次使用的液体石蜡中析出时，部分单质硫残留于液体石蜡中，该部分残留的单质硫保证了后续循环过程的反应效果。同时，图 5-45 中的结果也表明，液体石蜡具有良好的循环使用特性，可用于闪锌矿氧压浸出渣中单质硫的低成本回收。

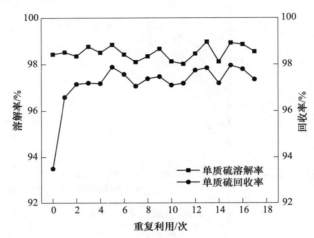

图 5-45　液体石蜡循环利用次数对单质硫的溶解率和回收率的影响

参 考 文 献

[1] 孙天友. 高铁硫化锌精矿加压浸出的动力学研究 [D]. 昆明：昆明理工大学，2006.

[2] 谢克强，杨显万，王吉坤. 闪锌矿加压浸出时 H_2S 的生成及影响 [J]. 有色金属（冶炼部分），2007（5）：5~7.

[3] 谢克强，杨显万，王吉坤. 闪锌矿加压浸出过程的热平衡 [J]. 有色金属设计，2007，34（1）：17~24.

[4] 傅崇说. 冶金溶液热力学原理与计算 [M]. 北京：冶金工业出版社，1989.

[5] 周廷熙. 高铁闪锌矿精矿加压浸出工业化研究 [D]. 昆明：昆明理工大学，2006.

[6] 刘刚. 原料对湿法炼锌的影响与浸出工艺选择 [J]. 有色金属设计，2001，28（2）：14~21.

[7] 王海北，蒋开喜，施友富. 闪锌矿加压酸浸新工艺研究 [J]. 有色金属，2004（5）：2~4.

[8] Tian L, Liu Y, Zhang T A, et al. Kinetics of indium dissolution from marmatite with high indium content in pressure acid leaching [J]. Rare Metals, 2017（1）：71~78.

[9] 牟望重，张廷安，古岩，等. 铅锌硫化矿富氧浸出热力学研究 [J]. 过程工程学报，2010，10（s1）：171~176.

[10] 沈兴. 差热差重分析与非等温固相反应动力学 [M]. 北京：冶金工业出版社，1995：32~37.

[11] 王玉芳，蒋开喜，王海北. 高铁闪锌矿低温低压浸出新工艺研究 [J]. 有色金属，2004（4）：4~6.

[12] 王吉坤，周廷熙，吴锦梅. 高铁闪锌矿精矿加压浸出半工业试验研究 [J]. 中国工程科学，2005，7（1）：60~64.

[13] Tian L, Liu Y, Lv G Z, et al. Research on sulphur conversion and acid balance from marmatite in pressure

acid leaching ［J］. Canadian Metallurgical Quarterly，2016，55（4）：1~10.

［14］ Wang J K，Zhou T X，Wu J M. Study on high iron containing sphalerite concentrate by acid leaching under pressure ［J］. Nonferrous Metals，2004（1）：5~8.

［15］ 刘洪萍. 锌湿法冶金工艺概述 ［J］. 金属世界，2009（5）：53~57.

［16］ 田磊. 闪锌矿富氧加压浸出过程的基础研究 ［D］. 沈阳：东北大学，2017.

［17］ 翟爱峰，李雷忠，刘炯天. 从铜浸出渣中浮选回收元素硫的研究 ［J］. 化工矿物与加工，2006（9）：1~6.

［18］ 库建刚，王安理，乔翠杰. 浮选铜精矿加压酸浸工艺研究 ［J］. 有色金属，2007（6）：10~12.

［19］ 邓孟俐. 硫化锌精矿加压浸出元素硫的形成机理及硫回收工艺的研究 ［J］. 工程设计与研究，2008（125）：14~18.

［20］ Nesmeyanov A N. Vapor Pressure of the Chemical Elements ［M］. Amsterdam，London，New York：Elsevier Publishing Company，1963.

［21］ 黄鑫，贺子凯. 真空蒸馏硫黄渣提取元素硫 ［J］. 北京科技大学学报，2002，24（4）：410~413.

［22］ 孙培梅，魏岱金，李洪桂. 铜渣氯浸渣中有价元素分离富集工艺 ［J］. 中南大学学报，2005，36（1）：38~43.

［23］ 周勤俭. 湿法冶金渣中元素硫的回收方法 ［J］. 湿法冶金，1997：51~54.

［24］ 王宝璐，李竟菲，徐敏，等. 从黄铜矿酸浸渣中回收硫黄的工艺研究 ［J］. 厦门大学学报，2008，47（4）：552~555.

［25］ 李竟菲，王宝路，徐敏. 含铜金精矿中单质硫的煤油浸取回收工艺 ［J］. 化学工程，2011，37（8）：75~78.

［26］ 黎鼎鑫，王永录. 贵金属提取与精炼 ［M］. 长沙：中南大学出版社，2003.

［27］ 李振华，王吉坤. 闪锌矿氧压酸浸渣中硫的回收研究 ［J］. 矿业工程，2011，6（6）：31~33.

［28］ Fan Y Y，Liu Y，Niu L P，et al. Separation and purification of elemental sulfur from sphalerite concentrate direct leaching residue by liquid paraffin ［J］. Hydrometallurgy，2019，186：162~169.

6 转炉钒渣无焙烧直接酸浸技术

6.1 引言

钒是发展现代工业、国防和高新科学技术不可缺少的重要材料。目前，钒及钒制品在特种合金、军工、化工、电子、交通等领域的应用十分广泛，素有工业"维生素"之称[1]。钒钛磁铁矿是钒的主要矿物资源，目前世界上绝大多数钒是从中获得的。我国及世界上大多数国家多采用间接法提钒，即先将矿炼成铁水后，再氧化吹炼得到含钒的炉渣作为提钒的原料[2]。钒钛磁铁矿资源冶炼过程中产生的钒渣中普遍含钒 10%～15%，是生产钒及钒制品的重要原料[3]。目前我国钒生产主要采用碱金属-碱土金属烧结法，主要包括：钠化焙烧—浸出提钒工艺[4]、钙化焙烧—浸出提钒工艺[5]及无盐焙烧—浸出提钒工艺。上述工艺多存在添加剂用量大、废气排放量高及能耗较高的问题，以攀枝花—西昌地区提钒技术为例，使用碱金属烧结法提钒，每生产 1t 钒或钒制品仅在预焙烧工序段就要消耗添加剂 1.5t 以上，并排放 450m³ CO_2 及大量固体废弃物，吨钒生产烧结过程的总成本达 1 万元以上。随着国民经济的发展以及工业技术的不断提升，这种高能耗、高排放的生产方法已很难满足国家在节能减排、经济循环等方面的要求，因此含钒原料的绿色提取技术受到了相关领域的广泛关注。

针对传统提钒技术存在的众多问题，东北大学特殊冶金创新团队提出采用无焙烧直接加压浸出提钒新工艺，并采用萃取的方式分离浸出液中的有价元素，实现了钒渣中有价金属元素的高效提取，该技术取消了提钒过程的焙烧工序，实现了钒渣的低成本及清洁利用，为实现我国钒工业的健康持续发展提供重要保障[6,7]。

6.2 加压酸浸工艺原理及流程

转炉钒渣主要由尖晶石相和硅酸盐相组成，渣中的钒主要存在于具有尖晶石结构的 $Fe_xV_{3-x}O_4$、MgV_2O_4 和 $Mn_xV_{3x}O_4$ 等相中。传统的钠化焙烧、钙化焙烧提钒技术是将钒转化为钒酸钠、钒酸钙等形式，再通过水浸、酸浸等手段提取。而无焙烧直接加压酸浸钒渣提钒新技术是在高温和高压条件下，使用硫酸或钛白工业废酸作为浸出剂[8,9]，提取其中的钒等有价金属元素，再通过净化分离、沉钒等手段获得五氧化二钒产品。转炉钒渣直接加压酸浸工艺流程如图 6-1 所示。

转炉钒渣直接加压酸浸主要反应方程式如下：

$$4FeV_2O_4 + 10H_2SO_4 + 5O_2 =\!=\!= 4(VO_2)_2SO_4 + 2Fe_2(SO_4)_3 + 10H_2O \tag{6-1}$$

$$MgV_2O_4 + 2H_2SO_4 + O_2 =\!=\!= (VO_2)_2SO_4 + MgSO_4 + 2H_2O \tag{6-2}$$

$$MnV_2O_4 + 2H_2SO_4 + O_2 =\!=\!= (VO_2)_2SO_4 + MnSO_4 + 2H_2O \tag{6-3}$$

与传统的提钒工艺相比，直接加压酸浸技术的优势在于：

（1）取消了传统工艺中的焙烧过程，大幅度降低了生产过程的能耗。

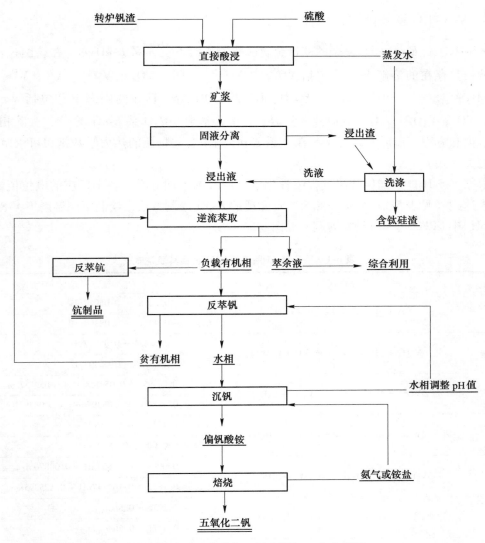

图 6-1 无焙烧直接加压浸出提钒工艺流程图

（2）该项技术避免了传统提钒工艺中有毒气体 Cl_2、HCl、CO 及温室气体 CO_2 的排放，产出的副产品全部能够利用，基本实现了无废冶炼过程。

（3）采用硫酸法制钛白产生的废酸作为原料，在实现钒渣高效浸出的同时解决钛白废酸的综合治理问题[10,11]。

6.3 加压酸浸提钒过程热力学

钒在酸浸体系中可以 VO_2^+、VO^{2+} 等多种形态存在，钒渣中的 Fe、Cr、Ti 等也会以不同价态的离子存在于硫酸浸出液中。因此，绘制并分析 V-S-H_2O、Fe-S-H_2O、Cr-S-H_2O、Ti-S-H_2O 溶液体系的 E-pH 图，确定浸出液中多组分的离子赋存形态，明晰各组分稳定存在的优势区域，可为钒及铁等杂质元素的分离与提取提供必要的理论基础[12]。

6.3.1 V-S-H$_2$O 系 E-pH 图

V-S-H$_2$O 系 E-pH 图是复杂的变价金属硫化物水溶液三元系 E-pH 图。在绘图过程中，首先分析其存在的溶解态组分包括 VO^{2+}、$HV_2O_7^{3-}$、VO_2^+、VO_4^{3-}、$V_2O_7^{4-}$、V^{2+}、V^{3+}、S^{2-}、HS^-、H_2S、SO_4^{2-}、$S_2O_8^{2-}$、HSO_4^-、H_2O、H^+ 以及 OH^- 等；存在的固态组分包括 V、VO、V_2O_5、VO_2、V_3O_5、V_2O_3、S 以及 VS_4 等。其次，基于 S-H$_2$O 系 E-pH 图[13]，去除相关热力学数据和方程。最后，查找 V-S-H$_2$O 系 E-pH 图中有关物质的热力学数据，可求解有关的平衡关系式。

根据 V-S-H$_2$O 系加压酸浸过程中各化学反应式的不同分类，各个反应的电位值或 pH 值的表达式（见表 6-1）分别按照第 2 章介绍的 E-pH 绘制方法，绘制不同温度下 V-S-H$_2$O 系 E-pH 图（以 25℃ 和 150℃ 为例，见图 6-2）。

表 6-1 V-S-H$_2$O 系各平衡反应及其表达式

序号	反应方程式	平衡方程式
1	$VO + 2H^+ + 2e = V + H_2O$	$E_{25} = -0.86558 - 0.05917pH$
		$E_{150} = -0.90713 - 0.08397pH$
2	$V_2O_3 + 2H^+ + 2e = 2VO + H_2O$	$E_{25} = -0.48421 - 0.05917pH$
		$E_{150} = -0.53155 - 0.08397pH$
3	$2VO^{2+} + H_2O + 2e = V_2O_3 + 2H^+$	$E_{25} = 0.046954 + 0.059168pH + 0.059137lga_{VO^{2+}}$
		$E_{150} = 0.148366 + 0.083974pH + 0.08393lga_{VO^{2+}}$
4	$2V_3O_5 + 2H^+ + 2e = 3V_2O_3 + H_2O$	$E_{25} = 0.1215 - 0.05917pH$
		$E_{150} = 0.07006 - 0.08397pH$
5	$3VO^{2+} + 2H_2O + 2e = V_3O_5 + 4H^+$	$E_{25} = 0.0968 + 0.11833pH + 0.088705lga_{VO^{2+}}$
		$E_{150} = 0.1875 + 0.167947pH + 0.125895lga_{VO^{2+}}$
6	$VO_2 + 2H^+ = VO^{2+} + H_2O$	$pH_{25} = 1.7926 - 0.5lga_{VO^{2+}}$
		$pH_{150} = 0.4371 - 0.5lga_{VO^{2+}}$
7	$VO_2^+ + 2H^+ + e = VO^{2+} + H_2O$	$E_{25} = 1.002467 - 0.11833pH - 0.05917lg(a_{VO_2^+}/a_{VO^{2+}})$
		$E_{150} = 0.891126 - 0.16795pH - 0.08397lg(a_{VO_2^+}/a_{VO^{2+}})$
8	$3VO_2 + 2H^+ + 2e = V_3O_5 + H_2O$	$E_{25} = 0.3279 - 0.05917pH$
		$E_{150} = 0.2976 - 0.08397pH$
9	$3HV_2O_7^{3-} + 19H^+ + 10e = 2V_3O_5 + 11H_2O$	$E_{25} = 0.8942 - 0.1124pH + 0.01775lga_{HV_2O_7^{3-}}$
		$E_{150} = 0.5599 - 0.1596pH + 0.025192lga_{HV_2O_7^{3-}}$
10	$3V_2O_7^{4-} + 22H^+ + 10e = 2V_3O_5 + 11H_2O$	$E_{25} = 1.1206 - 0.1302pH + 0.01775lga_{V_2O_7^{4-}}$
		$E_{150} = 0.7866 - 0.1847pH + 0.025192lga_{V_2O_7^{4-}}$
11	$3VO_4^{3-} + 14H^+ + 5e = V_3O_5 + 7H_2O$	$E_{25} = 1.6135 - 0.1657pH + 0.035501lga_{V_2O_7^{4-}}$
		$E_{150} = 1.2192 - 0.2351pH + 0.050384lga_{V_2O_7^{4-}}$
12	$V_2O_5 + 2H^+ = 2VO_2^+ + H_2O$	$pH_{25} = -0.7425 - lga_{VO^{2+}}$
		$pH_{150} = -1.4687 - lga_{VO^{2+}}$

序号	反应方程式	平衡方程式
13	$V_2O_5 + 2H^+ + 2e \rightleftharpoons 2VO_2 + H_2O$	$E_{25} = 0.7464 - 0.05917pH$
		$E_{150} = 0.6944 - 0.08397pH$
14	$HV_2O_7^{3-} + 5H^+ + 2e \rightleftharpoons 2VO_2 + 3H_2O$	$E_{25} = 1.2718 - 0.1479pH + 0.029584lga_{HV_2O_7^{3-}}$
		$E_{150} = 0.7347 - 0.2099pH + 0.041987lga_{HV_2O_7^{3-}}$
15	$HV_2O_7^{3-} + 3H^+ \rightleftharpoons V_2O_5 + 2H_2O$	$pH_{25} = 5.9198 + 1/3lga_{HV_2O_7^{3-}}$
		$pH_{150} = 0.3202 + 1/3lga_{HV_2O_7^{3-}}$
16	$V_2O_7^{4-} + H^+ \rightleftharpoons HV_2O_7^{3-}$	$pH_{25} = 12.7528 - lg(a_{V_2O_7^{4-}}/a_{HV_2O_7^{3-}})$
		$pH_{150} = 9.0007 - lg(a_{V_2O_7^{4-}}/a_{HV_2O_7^{3-}})$
17	$2VO_4^{3-} + 2H^+ \rightleftharpoons V_2O_7^{4-} + H_2O$	$pH_{25} = 13.8849 - 1/2lg(a_{V_2O_7^{4-}}/a_{VO_4^{3-}}^2)$
		$pH_{150} = 8.5853 - 1/2lg(a_{V_2O_7^{4-}}/a_{VO_4^{3-}}^2)$
18	$V^{2+} + 2e \rightleftharpoons V$	$E_{25} = -1.12611 + 0.02957lga_{V^{2+}}$
		$E_{150} = -1.1075 + 0.041967lga_{V^{2+}}$
19	$V^{3+} + e \rightleftharpoons V^{2+}$	$E_{25} = -0.25544 - 0.059139lg(a_{V^{2+}}/a_{V^{3+}})$
		$E_{150} = -0.19449 - 0.041967lg(a_{V^{2+}}/a_{V^{3+}})$
20	$V_2O_3 + 6H^+ + 2e \rightleftharpoons 2V^{2+} + 3H_2O$	$E_{25} = -0.00614 - 0.1775pH - 0.05914lga_{V^{2+}}$
		$E_{150} = -0.17785 - 0.25192pH - 0.083933lga_{V^{2+}}$
21	$VO^{2+} + 2H^+ + e \rightleftharpoons V^{3+} + H_2O$	$E_{25} = 0.335052 - 0.11834pH - 0.05914lg(a_{V^{3+}}/a_{VO^{2+}})$
		$E_{150} = 0.205248 - 0.16795pH - 0.083933lg(a_{V^{3+}}/a_{VO^{2+}})$
22	$VO + 2H^+ \rightleftharpoons V^{2+} + H_2O$	$pH_{25} = 4.372454 - 0.5lga_{V^{2+}}$
		$pH_{150} = 2.349232 - 0.5lga_{V^{2+}}$
23	$V_2O_3 + 6H^+ \rightleftharpoons 2V^{3+} + 3H_2O$	$pH_{25} = 1.404567 - 1/3lga_{V^{3+}}$
		$pH_{150} = 0.066046 - 1/3lga_{V^{3+}}$
24	$V^{3+} + 4S + 3e \rightleftharpoons VS_4$	$E_{25} = 0.152841 + 0.019731lga_{V^{3+}}$
		$E_{150} = 0.163802 + 0.0280041lga_{V^{3+}}$
25	$VS_4 + 8H^+ + 5e \rightleftharpoons V^{3+} + 4H_2S$	$E_{25} = 0.13578 - 0.09462pH - 0.01184lga_{V^{3+}}$
		$E_{150} = 0.07803 - 0.13429pH - 0.068lga_{V^{3+}}$
26	$V_3O_5 + 12S + 10H^+ + 10e \rightleftharpoons 3VS_4 + 5H_2O$	$E_{25} = 0.237391 - 0.05914pH$
		$E_{150} = 0.173529 - 0.08393pH$
27	$V_3O_5 + 12SO_4^{2-} + 106H^+ + 82e \rightleftharpoons 3VS_4 + 53H_2O$	$E_{25} = 0.339365 - 0.07645pH + 0.008662lga_{SO_4^{2-}}$
		$E_{150} = 0.32864 - 0.01085pH + 0.012294lga_{SO_4^{2-}}$
28	$3VS_4 + 5H_2O + 2H^+ + 14e \rightleftharpoons V_3O_5 + 12HS^-$	$E_{25} = -0.27796 - 0.00845pH - 0.05074lga_{HS^-}$
		$E_{150} = -0.37583 - 0.01199pH - 0.07201lga_{HS^-}$
29	$3VS_4 + 5H_2O + 14H^+ + 14e \rightleftharpoons V_3O_5 + 12H_2S$	$E_{25} = 0.074169 - 0.05914pH$
		$E_{150} = 0.064956 - 0.08393pH$
其他	同 S-H$_2$O 系各平衡反应及其表达式	

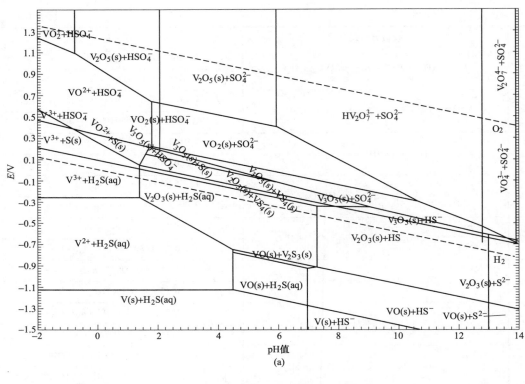

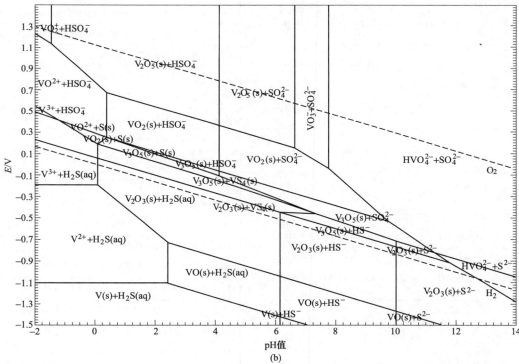

图 6-2 V-S-H$_2$O 系 E-pH 图

（a）25℃；（b）150℃

从 V-S-H$_2$O 系 E-pH 图（见图 6-2）中可以看出，在水稳定存在区，钒可能会以可溶性含钒离子或含钒氧化物的形态存在，但同时钒可能与硫形成 VS$_4$ 金属硫化物。当溶液 pH<2 时，体系内可能存在的组分有 VO^{2+}、VO$_2^+$、V^{3+}、V$_2$O$_5$、V$_3$O$_5$ 以及 VO$_2$ 等，且这些组分可能会与 S、H$_2$S、SO$_4^{2-}$ 或 HSO$_4^-$ 等共存；当溶液 pH>8 时，溶液中可能存在的含钒组分有 HV$_2$O$_7^{3-}$、VO$_4^{3-}$、V$_2$O$_7^{4-}$、V$_2$O$_3$ 以及 V$_3$O$_5$ 等，同时，这些组分可能会与 SO$_4^{2-}$、HS$^-$ 或 S^{2-} 等共存。

V-S-H$_2$O 系 E-pH 图指出液体中存在可溶性含钒离子与硫水系物质共存的可能，从理论上确定了采用无焙烧加压酸浸转炉钒渣提钒的技术是可行的。

直接加压酸浸过程中溶液体系 pH<2，此时体系内可能存在的可溶性含钒离子有 V^{3+}、VO$_2^+$ 以及 VO^{2+} 等三种形态。由于加压酸浸过程中存在铁、锰及铬等多种变价金属离子，整个加压浸出体系电位值较高，造成 V^{3+} 在浸出过程中被氧化，因此浸出液中的钒以 VO$_2^+$ 或 VO^{2+} 的形式存在。

由 V-S-H$_2$O 系 E-pH 图可知，随着温度由 25℃ 升至 150℃，VO$_2^+$ 的稳定存在区边界 pH 值的最大值由 −0.74 减小到 −1.47，还原电位的最小值由 1.09V 升至 1.14V；VO^{2+} 的稳定存在区边界 pH 值的最大值由 1.79 减小到 0.38，还原电位的最小值由 0.22V 升至 0.26V；V^{3+} 的稳定存在区边界 pH 值的最大值由 1.40V 减小到 0.07V，还原电位的最小值由 −0.26V 升至 −0.19V。随着酸浸体系温度的升高，可溶性含钒离子的热力学稳定区逐渐减小，其所需氧化还原电位逐渐增大，pH 值逐渐减小。此时，若仅仅从热力学稳定存在区域的变化范围来看，升温条件似乎不利于加压酸浸转炉钒渣提钒过程的进行，但实际上热力学分析结果要结合一定的实验来进行验证。

V-S-H$_2$O 系 E-pH 图中，包含了 S-H$_2$O 系、V-H$_2$O 系以及 VS$_4$ 化合物与其他组分的平衡反应关系线。

针对这种由于平衡反应过多造成的 E-pH 图过于复杂的情况，寻找重点讨论的区域是明确热力学条件的关键因素。不仅会简化分析复杂的三元系 E-pH 图的过程，也会使结果的讨论变得更为明确。

在转炉钒渣直接酸浸提钒过程中，尽管随着温度的升高可溶性含钒离子热力学稳定区变小，但是由于一般采用高浓度的硫酸进行浸出，因此可忽略其对酸浸提钒的影响。同时，随着温度的升高，含钒氧化物相的热力学稳定区逐渐增大，有利于后续采用湿法冶金工艺制备五氧化二钒。

6.3.2 Fe-S-H$_2$O 系 E-pH 图

在水溶液稳定存在区，铁以 Fe^{2+}、Fe、Fe^{3+}、Fe$_3$O$_4$、Fe$_2$O$_3$、Fe$_2$(SO$_4$)$_3$、FeS、FeS$_2$、FeSO$_4$ 或者 FeSO$_4^+$ 等几种形式存在。当溶液体系 pH<2 时，以可溶性离子存在的含铁相包括 Fe^{3+}、Fe^{2+} 及 FeSO$_4^+$ 等，以固态组分存在的含铁相包括 Fe$_2$(SO$_4$)$_3$、Fe$_2$O$_3$、FeS$_2$、FeS 及 FeSO$_4$ 等；当溶液体系 pH>7 时，不存在可溶性含铁离子相，铁可能以 Fe$_3$O$_4$、Fe$_2$O$_3$ 或 FeS$_2$ 等形式存在。Fe-S-H$_2$O 系各平衡反应及其表达式见表 6-2。

表 6-2 Fe-S-H$_2$O 系各平衡反应及其表达式

序号	反应方程式	平衡方程式
1	$Fe^{2+} + 2e \Longrightarrow Fe$	$E_{25} = -0.4807 + 0.0296\lg a_{Fe^{2+}}$
		$E_{150} = -0.3898 + 0.0420\lg a_{Fe^{2+}}$
2	$Fe^{3+} + e \Longrightarrow Fe^{2+}$	$E_{25} = 0.7697 + 0.0591\lg(a_{Fe^{2+}}/a_{Fe^{3+}})$
		$E_{150} = 0.9177 + 0.0839\lg(a_{Fe^{2+}}/a_{Fe^{3+}})$
3	$Fe_3O_4 + 8H^+ + 8e \Longrightarrow 3Fe + 4H_2O$	$E_{25} = -0.0849 - 0.0592pH$
		$E_{150} = -0.1302 - 0.0840pH$
4	$3Fe_2O_3 + 2H^+ + 2e \Longrightarrow 2Fe_3O_4 + H_2O$	$E_{25} = 0.1755 - 0.0592pH$
		$E_{150} = 0.1600 - 0.0840pH$
5	$Fe_2O_3 + 6H^+ \Longrightarrow 2Fe^{3+} + 3H_2O$	$pH_{25} = -0.6769 - 0.3333\lg a_{Fe^{3+}}$
		$pH_{150} = -1.7152 - 0.3333\lg a_{Fe^{3+}}$
6	$Fe_3O_4 + 8H^+ + 2e \Longrightarrow 3Fe^{2+} + 4H_2O$	$E_{25} = 0.8866 - 0.2367pH - 0.0887\lg a_{Fe^{2+}}$
		$E_{150} = 0.6484 - 0.3359pH - 0.1259\lg a_{Fe^{2+}}$
7	$Fe_2O_3 + 6H^+ + 2e \Longrightarrow 2Fe^{2+} + 3H_2O$	$E_{25} = 0.6495 - 0.1775pH - 0.0591\lg a_{Fe^{2+}}$
		$E_{150} = 0.4856 - 0.2519pH - 0.0839\lg a_{Fe^{2+}}$
8	$Fe(OH)_2 + 2H^+ + 2e \Longrightarrow Fe + 2H_2O$	$E_{25} = -0.0916 - 0.0592pH$
		$E_{150} = 0.1176 - 0.0840pH$
9	$Fe_3O_4 + 2H_2O + 2H^+ + 2e \Longrightarrow 3Fe(OH)_2$	$E_{25} = -0.0650 - 0.0592pH$
		$E_{150} = -0.1681 - 0.0840pH$
10	$Fe(OH)_2 + 2H^+ \Longrightarrow Fe^{2+} + 2H_2O$	$pH_{25} = 5.3608 - 0.5\lg a_{Fe^{2+}}$
		$pH_{150} = 3.2414 - 0.5\lg a_{Fe^{2+}}$
11	$FeS + 2H^+ + 2e \Longrightarrow Fe + H_2S$	$E_{25} = -0.3747 - 0.0592pH$
		$E_{150} = -0.4089 - 0.0840pH$
12	$FeS + H^+ + 2e \Longrightarrow Fe + HS^-$	$E_{25} = -0.5801 - 0.0296pH - 0.0296\lg a_{HS^-}$
		$E_{150} = -0.4089 - 0.0840pH - 0.0420\lg a_{HS^-}$
13	$FeS + 2e \Longrightarrow Fe + S^{2-}$	$E_{25} = -0.9642 - 0.0296\lg a_{S^{2-}}$
		$E_{150} = -1.0860 - 0.0420\lg a_{S^{2-}}$
14	$Fe^{2+} + FeS_2 + 2e \Longrightarrow 2FeS$	$E_{25} = -0.2045 + 0.0296pH + 0.0296\lg a_{Fe^{2+}}$
		$E_{150} = -0.1553 + 0.042pH + 0.0420\lg a_{Fe^{2+}}$
15	$3FeS_2 + Fe_3O_4 + 8H^+ + 8e \Longrightarrow 6FeS + 4H_2O$	$E_{25} = 0.0683 - 0.0592pH$
		$E_{150} = 0.0456 - 0.0840pH$
16	$FeS + 2H^+ \Longrightarrow Fe^{2+} + H_2S$	$E_{25} = 0.5752 - 0.5\lg a_{Fe^{2+}}$
		$E_{150} = -0.2273 - 0.5\lg a_{Fe^{2+}}$
17	$FeSO_4(s) + SO_4^{2-} + 16H^+ + 14e \Longrightarrow FeS_2 + 8H_2O$	$E_{25} = 0.3617 - 0.0676pH + 0.0074\lg a_{SO_4^{2-}}$
		$E_{150} = 0.3313 - 0.0960pH + 0.0105\lg a_{SO_4^{2-}}$
18	$Fe_2O_3 + 4H^+ + 2e + 2HSO_4^- \Longrightarrow 2FeSO_4(s) + 3H_2O$	$E_{25} = 0.5482 - 0.1183pH + 0.0591\lg a_{HSO_4^-}$
		$E_{150} = 0.5311 - 0.1679pH + 0.0839\lg a_{HSO_4^-}$

序号	反应方程式	平衡方程式
19	$Fe_2O_3 + 2SO_4^{2-} + 6H^+ + 2e = 2FeSO_4(s) + 3H_2O$	$E_{25} = 0.6702 - 0.1775pH + 0.0591lga_{SO_4^{2-}}$ $E_{150} = 0.8770V - 0.2519pH + 0.0839lga_{SO_4^{2-}}$
20	$2FeSO_4(s) + 16H^+ + 14e = FeS_2 + Fe^{2+} + 8H_2O$	$E_{25} = 0.3602 - 0.0676pH - 0.0042lga_{Fe^{2+}}$ $E_{150} = 0.3034 - 0.0960pH - 0.0060lga_{Fe^{2+}}$
21	$FeSO_4(s) + H^+ = HSO_4^- + Fe^{2+}$	$pH_{25} = 1.7132 + lg(a_{Fe^{2+}} \cdot a_{HSO_4^-})$ $pH_{150} = -0.5412 + lg(a_{Fe^{2+}} \cdot a_{HSO_4^-})$
22	$FeSO_4^+ + H^+ + e = Fe^{2+} + HSO_4^-$	$E_{25} = 0.6438 - 0.0592pH - 0.0591lg(a_{Fe^{2+}} \cdot a_{HSO_4^-}/a_{FeSO_4^+})$ $E_{150} = 0.7262 - 0.0840pH - 0.0839lg(a_{Fe^{2+}} \cdot a_{HSO_4^-}/a_{FeSO_4^+})$
23	$Fe_2O_3 + 2HSO_4^- + 4H^+ = 2FeSO_4^+ + 3H_2O$	$pH_{25} = 0.0481 - 1/2lg(a_{FeSO_4^+}/a_{HSO_4^-})$ $pH_{150} = -1.4325 - 1/2lg(a_{FeSO_4^+}/a_{HSO_4^-})$
24	$FeS_2 + 4H^+ + 2e = Fe^{2+} + 2H_2S$	$E_{25} = -0.1363 - 0.1183pH - 0.0296lga_{Fe^{2+}}$ $E_{150} = -0.1935 - 0.1679pH - 0.0420lga_{Fe^{2+}}$
25	$Fe^{2+} + 2S + 2e = FeS_2$	$E_{25} = 0.4208 + 0.0296lga_{Fe^{2+}}$ $E_{150} = 0.4139 + 0.0420lga_{Fe^{2+}}$
26	$Fe_3O_4 + 6SO_4^{2-} + 56H^+ + 44e = 3FeS_2 + 28H_2O$	$E_{25} = 0.3869 - 0.0753pH + 0.0887lga_{SO_4^{2-}}$ $E_{150} = 0.3724 - 0.1069pH + 0.1259lga_{SO_4^{2-}}$
27	$Fe_3O_4 + 6S^{2-} + 8H^+ - 4e = 3FeS_2 + 4H_2O$	$E_{25} = -2.4165 + 0.1183pH - 0.0887lga_{S^{2-}}$ $E_{150} = -2.6458 + 0.1679pH - 0.1259lga_{S^{2-}}$
28	$Fe_3O_4 + 3S^{2-} + 8H^+ + 2e = 3FeS + 4H_2O$	$E_{25} = 2.5531 - 0.2367pH + 0.0887lga_{S^{2-}}$ $E_{150} = 2.7371 - 0.3359pH + 0.1259lga_{S^{2-}}$
29	$Fe(OH)_2 + S^{2-} + 2H^+ = FeS + 2H_2O$	$E_{25} = 14.7495 + 0.5lga_{S^{2-}}$ $E_{150} = 11.5322 + 0.5lga_{S^{2-}}$
其他	同 S-H$_2$O 系各平衡反应及其表达式	

从 Fe-S-H$_2$O 系 E-pH 图（见图 6-3）中可以看出，随着温度逐渐增大，可溶性含铁离子的热力学稳定区逐渐减小。在 Fe^{3+} 与 $FeSO_4^+$ 共存的热力学稳定区中，其稳定区 pH 值的最大值由 -0.68 减小到 -1.72，其还原电位的最低值由 0.77V 增大到 0.92V。同样，在 Fe^{2+} 与 $FeSO_4^+$ 共存的热力学稳定区中，其稳定区 pH 值的最大值由 -0.05 减小到 -1.48，其还原电位的最低值由 0.64V 增大到 0.86V。

转炉钒渣中的铁含量较高，铁与钒以类质同象的形式在尖晶石晶格中互相取代、共存。Fe-S-H$_2$O 系 E-pH 图表明，直接酸浸提钒过程中，铁可能以 Fe^{3+}、Fe^{2+} 及 $FeSO_4^+$ 等多种形态进入浸出液中，无法实现钒的选择性浸出。从实际应用的角度考虑，如果铁元素在浸出液中的浓度过高，后续分离钒铁过程的难度将会增大。

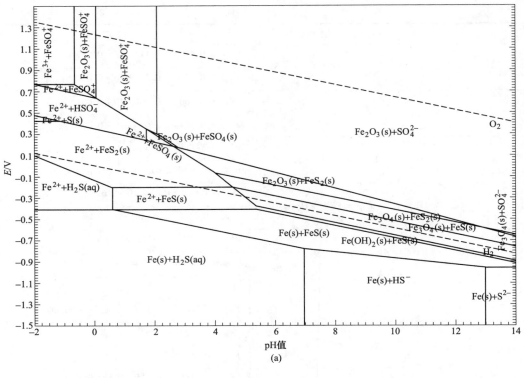

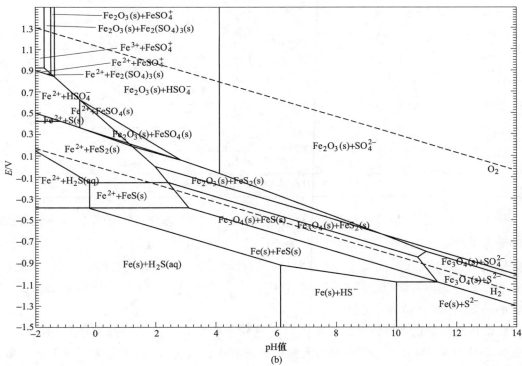

图 6-3 Fe-S-H$_2$O 系 E-pH 图

（a）25℃；（b）150℃

6.3.3 Cr-S-H₂O 系 *E*-pH 图

Cr-S-H$_2$O 系各个反应的电位值或 pH 值的表达式见表 6-3。

表 6-3 Cr-S-H₂O 系各平衡反应及其表达式

序号	反应方程式	平衡方程式
1	$Cr^{2+} + 2e = Cr$	$E_{25} = -0.9130 + 0.0296 lg a_{Cr^{2+}}$
		$E_{150} = -0.9875 + 0.0420 lg a_{Cr^{2+}}$
2	$Cr^{3+} + e = Cr^{2+}$	$E_{25} = -0.4101 - 0.0591 lg(a_{Cr^{2+}}/a_{Cr^{3+}})$
		$E_{150} = -0.0911 - 0.0839 lg(a_{Cr^{2+}}/a_{Cr^{3+}})$
3	$Cr_2O_7^{2-} + 14H^+ + 6e = 2Cr^{3+} + 7H_2O$	$E_{25} = 1.3652 - 0.1381 pH - 0.011 lg(a_{Cr^{3+}}^2/a_{Cr_2O_7^{2-}})$
		$E_{150} = 1.2053 - 0.1959 pH - 0.014 lg(a_{Cr^{3+}}^2/a_{Cr_2O_7^{2-}})$
4	$2CrO_4^{2-} + 2H^+ = Cr_2O_7^{2-} + H_2O$	$pH_{25} = 7.2588 - 0.5 lg(a_{Cr_2O_7^{2-}}/a_{CrO_4^{2-}}^2)$
		$pH_{150} = 7.8006 - 0.5 lg(a_{Cr_2O_7^{2-}}/a_{CrO_4^{2-}}^2)$
5	$Cr_2O_3 + 6H^+ = 2Cr^{3+} + 3H_2O$	$pH_{25} = 2.8788 - 0.3333 lg a_{Cr^{3+}}$
		$pH_{150} = 2.8477 - 0.3333 lg a_{Cr^{3+}}$
6	$Cr_2O_3 + 6H^+ + 6e = 2Cr + 3H_2O$	$E_{25} = -0.5750 - 0.0592 pH$
		$E_{150} = -0.6182 - 0.0840 pH$
7	$Cr(OH)^{2+} + H^+ = Cr^{3+} + H_2O$	$pH_{25} = 3.8664 - lg(a_{Cr^{3+}}/a_{Cr(OH)^{2+}})$
		$pH_{150} = 1.0590 - lg(a_{Cr^{3+}}/a_{Cr(OH)^{2+}})$
8	$Cr_2O_3 + 4H^+ = 2Cr(OH)^{2+} + H_2O$	$pH_{25} = 2.3851 - 0.5 lg a_{Cr(OH)^{2+}}$
		$pH_{150} = 1.0590 - 0.5 lg a_{Cr(OH)^{2+}}$
9	$Cr(OH)^{2+} + H^+ + e = Cr^{2+} + H_2O$	$E_{25} = -0.1813 - 0.0592 pH - 0.0592 lg(a_{Cr^{2+}}/a_{Cr(OH)^{2+}})$
		$E_{150} = -0.0574 - 0.0840 pH - 0.0840 lg(a_{Cr^{2+}}/a_{Cr(OH)^{2+}})$
10	$Cr_2O_7^{2-} + 12H^+ + 6e = 2Cr(OH)^{2+} + 5H_2O$	$E_{25} = 1.2890 - 0.1183 pH - 0.0099 lg(a_{Cr(OH)^{2+}}^2/a_{Cr_2O_7^{2-}})$
		$E_{150} = 1.1941 - 0.1679 pH - 0.0140 lg(a_{Cr(OH)^{2+}}^2/a_{Cr_2O_7^{2-}})$
11	$CrO_4^{2-} + H^+ = HCrO_4^-$	$pH_{25} = 6.4796 + lg(a_{CrO_4^{2-}}/a_{HCrO_4^-})$
		$pH_{150} = 7.9846 + lg(a_{CrO_4^{2-}}/a_{HCrO_4^-})$
12	$HCrO_4^- + 6H^+ + 3e = Cr(OH)^{2+} + 3H_2O$	$E_{25} = 1.3043 - 0.1183 pH - 0.0197 lg(a_{Cr(OH)^{2+}}/a_{HCrO_4^-})$
		$E_{150} = 1.1889 - 0.1679 pH - 0.0280 lg(a_{Cr(OH)^{2+}}/a_{HCrO_4^-})$
13	$HCrO_4^- + 7H^+ + 3e = Cr^{3+} + 4H_2O$	$E_{25} = 1.3806 - 0.1381 pH - 0.0197 lg(a_{Cr^{3+}}/a_{HCrO_4^-})$
		$E_{150} = 1.2001 - 0.1959 pH - 0.0280 lg(a_{Cr^{3+}}/a_{HCrO_4^-})$
14	$2HCrO_4^- + 8H^+ + 6e = Cr_2O_3 + 5H_2O$	$E_{25} = 1.2102 - 0.0789 pH + 0.0197 lg a_{HCrO_4^-}$
		$E_{150} = 1.1296 - 0.1120 pH + 0.0280 lg a_{HCrO_4^-}$
其他	同 S-H₂O 系各平衡反应及其表达式	

在 Cr-S-H$_2$O 系 *E*-pH 图（见图 6-4）中的水溶液稳定存在区，可能存在的组分主要包括 Cr^{3+}、$Cr_2O_7^{2-}$、Cr_2O_3、$HCrO_4^-$、CrO_4^{2-} 以及 $Cr(OH)^{2+}$ 等。当 Cr-S-H$_2$O 体系 pH<2 时，溶液中可能稳定存在的组分有 Cr^{3+} 与 HSO_4^-、Cr^{3+} 与 S、Cr^{3+} 与 H_2S、Cr_2O_3 与 HSO_4^-、$Cr_2O_7^{2-}$ 与

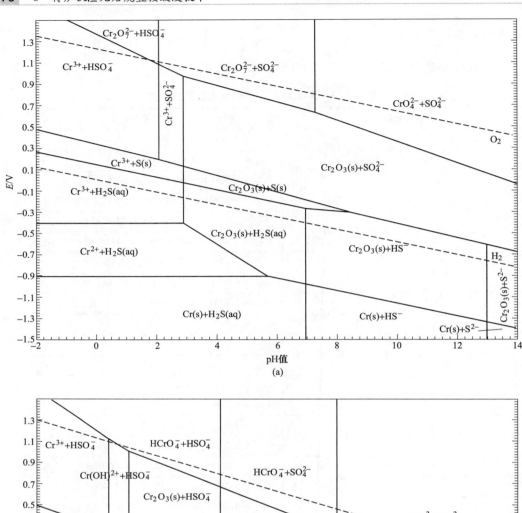

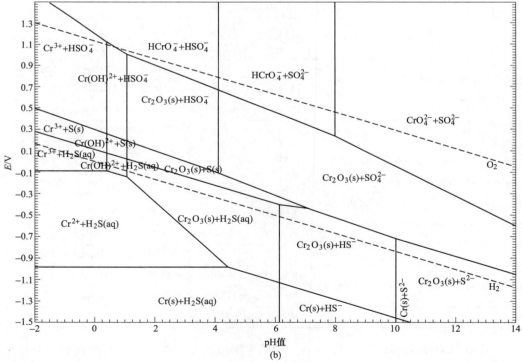

图 6-4　Cr-S-H$_2$O 系 E-pH 图

（a）25℃；（b）150℃

HSO_4^-、$Cr(OH)^{2+}$ 与 HSO_4^-、$Cr(OH)^{2+}$ 与 H_2S 以及 $Cr(OH)^{2+}$ 与 S 等；当 Cr-S-H_2O 体系 pH> 8 时，体系内可能稳定存在的组分有 Cr_2O_3 与 HS^-、Cr_2O_3 与 SO_4^{2-}、CrO_4^{2-} 与 SO_4^{2-} 以及 Cr_2O_3 与 S^{2-} 等。在一定的电位和 pH 值条件下，当体系温度为 25℃ 时，$Cr_2O_7^{2-}$ 与 HSO_4^- 能够稳定存在；在温度为 150℃ 时，可能出现 $HCrO_4^-$ 与 HSO_4^- 共存的情况。由 Cr-S-H_2O 系 E-pH 图的分析可知，在直接酸浸转炉钒渣过程中，铬随着钒的浸出而富集在溶液中。

6.3.4 Ti-S-H$_2$O 系 *E*-pH 图

转炉钒渣是经多种高温工艺处理后而得到的含钒、钛、铁、锰以及铬等元素的炉渣，结合转炉钒渣中的有关物相结构分析可知，钛元素以固相无结晶水的形式存在。根据目前有关文献报道，在绘制 Ti-H_2O 系 E-pH 图的过程中，体系中考虑存在的含钛相有 TiO_2、Ti_2O_3、TiH_2 以及 Ti^{3+} 相[14]。Ti-S-H_2O 系各平衡反应及其表达式见表 6-4。

表 6-4　Ti-S-H$_2$O 系各平衡反应及其表达式

序号	反应方程式	平衡方程式
1	$TiO_2 + 4H^+ + e === Ti^{3+} + 2H_2O$	$E_{25} = 0.0079 - 0.2375pH - 0.0566 lga_{Ti^{3+}}$
		$E_{150} = -0.1069 - 0.2245pH - 0.0803 lga_{Ti^{3+}}$
2	$2TiO_2 + 2H^+ + 2e === Ti_2O_3 + H_2O$	$E_{25} = 0.1257 - 0.0592pH$
		$E_{150} = 0.4360 - 0.0840pH$
3	$Ti_2O_3 + 10H^+ + 10e === 2TiH_2 + 3H_2O$	$E_{25} = -0.5347 - 0.0592pH$
		$E_{150} = -0.5147 - 0.0840pH$
4	$Ti_2O_3 + 6H^+ === 2Ti^{3+} + 3H_2O$	$pH_{25} = -0.6640 - 0.3333 lga_{Ti^{3+}}$
		$pH_{150} = -2.1552 - 0.3333 lga_{Ti^{3+}}$
5	$Ti^{3+} + 2H^+ + 5e === TiH_2$	$E_{25} = -0.5072 - 0.0237pH - 0.0113 lga_{Ti^{3+}}$
		$E_{150} = -0.4794 - 0.0336pH - 0.0161 lga_{Ti^{3+}}$
其他	同 S-H$_2$O 系各平衡反应及其表达式	

由 Ti-S-H_2O 系 E-pH 图（见图 6-5）可知，在水的稳定存在区，当电位较高时，钛主要存在的形态为 TiO_2；当电位较低时，钛会以 Ti^{3+} 的形式存在。当体系温度为 25℃ 时，Ti-S-H_2O 系 E-pH 图可以看出 Ti^{3+} 的稳定存在区，随着体系温度的升高，Ti^{3+} 的稳定存在区逐渐减小，TiO_2 的稳定存在区则逐渐变大。当体系温度达到 150℃ 后，Ti^{3+} 的稳定存在区已经消失。

无焙烧加压酸浸转炉钒渣提钒过程中，起初溶液中温度以及电位较低，可能会有一部分的含钛相会以 Ti^{3+} 的形式被浸出到溶液中。随着反应温度的提高以及溶液中金属离子的富集，体系内的电位必然升高导致酸浸体系进入 TiO_2 的热力学稳定区。

由 Ti-S-H_2O 系 E-pH 图的分析可知，浸出过程不会实现钛的进一步浸出，钛将以 TiO_2 的形式在浸出渣中富集。转炉钒渣酸浸过程能够实现钒、钛的有效分离，可以达到从浸出液中回收钒、从浸出渣中回收钛的目的。

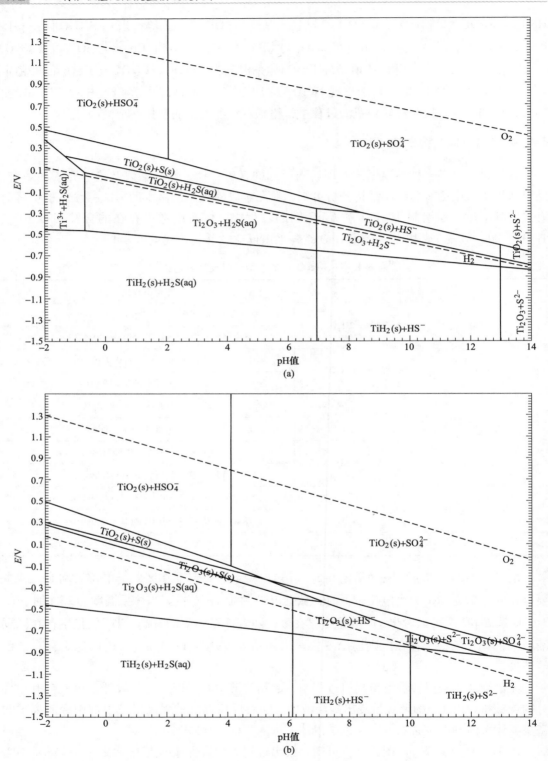

图 6-5　Ti-S-H$_2$O 系 E-pH 图

（a）25℃；（b）150℃

6.4 加压酸浸提钒工艺研究

由转炉钒渣的化学成分（见表 6-5）可知，钒渣中化学含量最高的为铁元素，其次分别为钒、硅、钛以及锰。钒渣中 SiO_2 的含量小于 16%，V_2O_5 的含量大于 18%，渣中 $0.11 < CaO/V_2O_5 < 0.16$，$P < 0.13\%$。

表 6-5 转炉钒渣化学成分

成 分	V_2O_5	Fe_2O_3	SiO_2	TiO_2	MnO	Al_2O_3	CaO	MgO	Cr_2O_3	P_2O_5
质量分数/%	18.04	42.17	12.49	9.88	8.62	2.52	2.40	1.50	1.46	0.09

对转炉钒渣试样进行 XRD 物相分析（见图 6-6）。转炉钒渣中主要物相为钒铁尖晶石相铁橄榄石相（Fe_2SiO_4）、$(Mn, Fe)(V, Cr)_2O_4$ 以及钛铁矿相（$FeTiO_3$），除钒、铬以及锰以类质同象的形式进入铁氧化物的晶格外，还存在磁铁矿相（Fe_3O_4）。

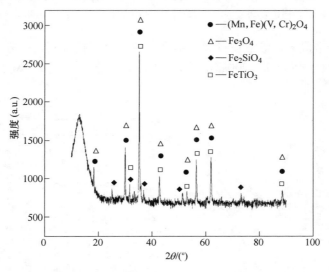

图 6-6 转炉钒渣的 XRD 图谱

6.4.1 浸出温度对浸出过程的影响

在加压酸浸过程中，提高浸出温度可以增大硫酸的扩散速度，提高有价金属的浸出速率，使其快速达到反应平衡。从动力学角度来看，在实验条件准许的条件下，应该增大浸出温度，加快反应进程。但从实际浸出提钒结果可知，当浸出温度升高到一定范围后，钒的浸出率并未有较大幅度的增加。因此，考察浸出温度（100℃、120℃、140℃、160℃、180℃）对钒渣中 V、Fe、Mn、Cr、Ti 浸出率的影响（见图 6-7）。

随着浸出温度由 100℃ 升高到 180℃，钒浸出率逐渐由 89.06% 增大到 96.37%，锰的浸出率由 82.03% 增大到 86.10%，铁的浸出率由 89.27% 增大到 94.35%，铬的浸出率由 90.58% 增大到 96% 左右，浸出渣中 TiO_2 的含量由 28% 左右增大到 31.21%。

6.4.2 初始酸浓度对浸出过程的影响

当采用低浓度硫酸对转炉钒渣进行浸出时，有价金属元素的浸出率较低，同时，高浓

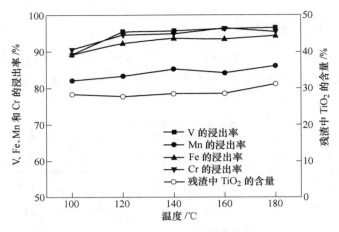

图 6-7　浸出温度对浸出过程的影响

（初始酸浓度 200g/L，液固比为 10∶1mL/g，浸出时间 60min，钒渣粒度小于 75μm，搅拌转速 400r/min）

度硫酸浸出过程会造成浸出液酸度过大，不利于后续溶液有价元素的分离。考察初始酸浓度（50g/L、100g/L、150g/L、200g/L、250g/L）对钒渣中 V、Fe、Mn、Cr、Ti 浸出率的影响（见图 6-8）。

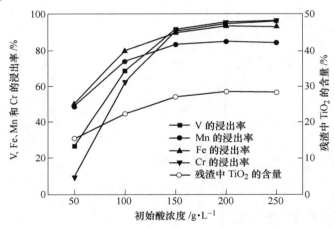

图 6-8　初始酸浓度对浸出过程的影响

（浸出温度为 140℃，液固比为 10∶1mL/g，浸出时间 60min，钒渣粒度小于 75μm，搅拌转速 400r/min）

初始酸浓度的变化对加压酸浸转炉钒渣的过程影响较大。初始酸浓度由 50g/L 升高到 250g/L，钒、铬、铁以及锰的浸出率逐渐增大，且渣中 TiO₂ 逐渐富集。在浸出温度 140℃、浸出时间 60min、初始酸浓度 250g/L、液固比为 10∶1mL/g、搅拌转速 400r/min、钒渣颗粒粒度 75μm 以下时，钒浸出率可达 96.88%，锰浸出率为 84.54%，铁浸出率为 93.40%，铬浸出率为 96.69%，此时渣中 TiO₂ 含量为 28.40%[12]。

当采用低浓度的硫酸对转炉钒渣进行浸出时，钒、锰以及铬等有价金属元素的浸出率较低，渣中的 TiO₂ 未能实现有效富集。随着浸出过程中硫酸浓度的升高，转炉钒渣中的含钒尖晶石相会被酸溶解破坏，实现有价金属元素的浸出、回收。随着初始酸浓度的进一步升高，有价金属元素的浸出率和浸出渣中的 TiO₂ 含量均会提高，但是其变化不大，同时，高浓度硫酸浸出过程会造成浸出液酸度过大，不利于后续溶液的分离。针对加压酸浸转炉钒渣提钒过程，初始酸浓度应控制在150g/L。

6.4.3 浸出时间对浸出过程的影响

浸出时间由反应的动力学过程决定，浸出时间较短时钒渣的浸出反应未能完全进行，浸出率较低。而当反应时间继续延长，钒的浸出过程已进行完全。时间继续增加，不会促进钒的进一步浸出，相反会使杂质元素钛、铬的浸出率有所增加，不利于后续的净化过程。因此，考察浸出时间（10min、30min、60min、90min、120min、180min）对钒渣中V、Fe、Ti、Mn、Cr浸出率的影响（见图6-9）。

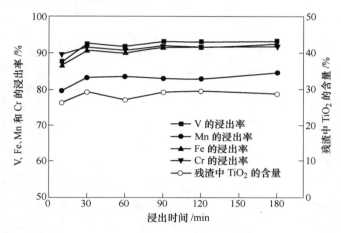

图6-9 浸出时间对浸出过程的影响

（浸出温度为140℃，液固比为10∶1mL/g，初始酸浓度为150g/L，钒渣粒度小于75μm，搅拌转速400r/min）

浸出时间由10min延长到30min时，钒浸出率由87.66%增大到92.59%，锰浸出率由79.57%增大到83.25%，铁浸出率由86.51%增大到90.75%，铬浸出率由89.69%增大到91.58%，浸出渣中TiO₂的含量由26.27%增大到29.30%。浸出时间由30min继续延长到180min时，有价金属浸出率未发生明显变化[12]。

由此可知，浸出时间为10min时，加压酸浸过程并未进行完全；当浸出时间为30min后，加压酸浸过程达到平衡。因为在整个加压酸浸升温过程中，钒渣物料与硫酸浸出剂在反应釜内一直密闭，在达到指定浸出温度前，随反应釜升温的过程中必定发生化学反应。因此，根据反应釜的升温特点，结合浸出时间的实验结果，浸出时间应控制在30min。

6.4.4 液固比对浸出过程的影响

当浸出过程液固比较小时，浸出剂的用量相对于钒渣质量过小，造成钒渣不能够被有效浸出。在增大浸出液液固比的过程中，钒渣颗粒能够在搅拌的作用下悬浮在足够多的液体中，进行充分的反应。虽然液固比较大时能够增大有价金属的浸出率，但是过大的液固比会造成后续酸液处理过程难度的加大，同时也会增加生产成本。因此，考察液固比（2∶1mL/g、4∶1mL/g、6∶1mL/g、8∶1mL/g、10∶1mL/g）对钒渣中V、Fe、Ti、Mn、Cr浸出率的影响（见图6-10）。

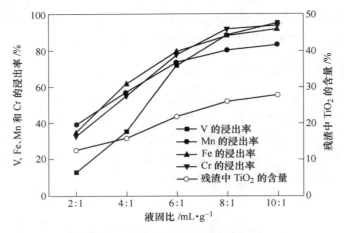

图 6-10　液固比对浸出过程的影响

（浸出温度为 140℃，浸出时间 30min，初始酸浓度 150g/L，钒渣粒度小于 75μm，搅拌转速 400r/min）

在无焙烧加压酸浸转炉钒渣的过程中，随着液固比从 2：1mL/g 增大到 10：1mL/g 时，钒浸出率由 12.61% 增大到 95.41%，锰浸出率由 39.10% 增大到 83.32%，铁浸出率由 34.78% 增大到 92.24%，铬浸出率由 32.93% 增大到 94.63%，浸出渣中的 TiO_2 含量从 12.50% 进一步富集到 27.77%[12]。

当浸出过程液固比较小时，浸出剂的用量相对于钒渣质量过小，钒渣不能够被有效浸出。增大浸出过程液固比时，钒渣颗粒能够在搅拌的作用下悬浮在足够多的液体中，进行充分的反应。虽然液固比较大时能够增大有价金属元素的浸出率，但是过大的液固比会造成后续酸液处理过程难度加大，同时也会增加生产成本。从适宜本工艺应用的角度考虑，加压酸浸转炉钒渣的体系适宜的液固比为 8：1mL/g。

6.4.5　粒度对浸出过程的影响

在相同体积的浸出剂液体条件下，当钒渣颗粒的粒度增大时，其比表面积减小，钒渣与浸出剂之间的有效接触、碰撞减少，造成钒渣不能被有效浸出，有价金属浸出率降低。而钒渣粒度太小，又会造成团聚现象，同样降低浸出率。因此，考察粒度（0～75μm、75～120μm、120～196μm、196～425μm）对钒渣中 V、Fe、Ti、Mn、Cr 浸出率的影响（见图 6-11）。

钒渣颗粒粒度的大小对浸出过程的影响较大。随着钒渣粒度的增大，各有价金属的浸出率呈现下降趋势。当钒渣的粒度由 0～75μm 增大到 196～425μm 时，钒浸出率由 88.96% 减小到 62.97%，锰浸出率由 86.50% 减小到 62.97%，铁浸出率由 88.67% 减小到 74.90%，铬浸出率由 92.35% 减小到 75.15%，浸出渣中 TiO_2 的含量由 26.06% 减小到 19.25%[12]。

在相同体积的浸出剂液体条件下，钒渣颗粒的粒度增大时，其比表面积减小，钒渣与浸出剂之间的有效接触、碰撞减少，造成钒渣不能被有效浸出，有价金属浸出率降低，因此，应该控制钒渣颗粒的粒度小于 75μm。

6.4.6　搅拌转速对浸出过程的影响

搅拌转速的大小，影响着浸出剂向钒渣颗粒表面扩散的速度。较大的搅拌转速加快了

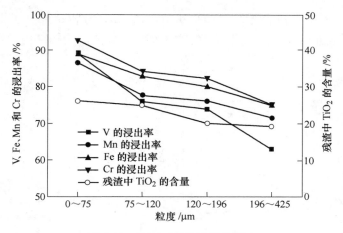

图 6-11　粒度对浸出过程的影响

（浸出温度为 140℃，浸出时间 30min，初始酸浓度为 150g/L，液固比为 8∶1mL/g，搅拌转速为 400r/min）

传质速度，能够促进浸出反应的快速进行。但是过快的搅拌速度会对搅拌桨及电机的使用寿命造成影响。因此，考察搅拌转速（0r/min、100r/min、300r/min、400r/min、500r/min）对钒渣中 V、Fe、Ti、Mn、Cr 浸出率的影响（见图 6-12）。

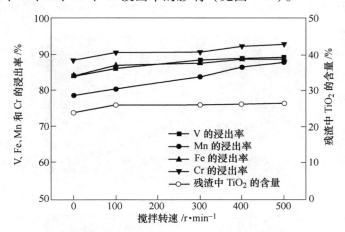

图 6-12　搅拌转速对浸出过程的影响

（浸出温度为 140℃，浸出时间 30min，初始酸浓度为 150g/L，液固比为 8∶1mL/g，钒渣颗粒粒度小于 75μm）

　　在加压酸浸转炉钒渣的过程中，当不加外部搅拌作用时，钒浸出率为 84.25%、锰浸出率为 78.55%、铁浸出率为 84.05%、铬浸出率为 88.50%，浸出渣中 TiO$_2$ 的含量为 23.69%；当搅拌转速增大到 400r/min 时，钒浸出率为 88.96%、锰浸出率为 86.50%、铁浸出率为 88.68%、铬浸出率为 92.35%，此时渣中 TiO$_2$ 的含量为 26.06%；当进一步增大搅拌转速，各有价金属元素的浸出率以及渣中 TiO$_2$ 的含量均无较大变化。从工艺应用的角度来看，在加压酸浸提钒技术中适宜的搅拌转速为 400r/min。

6.4.7　浸出渣的物相表征

　　采用 XRD、SEM 技术对浸出渣的物相和形貌进行表征，XRD 物相分析如图 6-13 所示，SEM 形貌分析如图 6-14 所示。将转炉钒渣原渣 XRD 分析结果（见图 6-6）与两个条件下浸出渣 XRD 分析结果对比，浸出渣的物相结构较原渣的物相结构发生了很大变化。

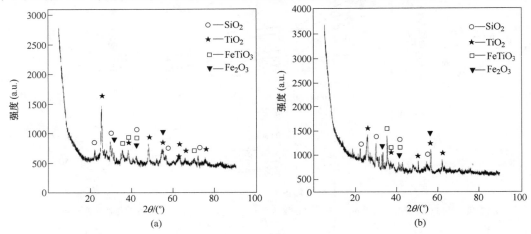

(a)　　　　　　　　　　　　　　(b)

图 6-13　浸出渣的 XRD 表征

（a）浸出温度 140℃，浸出时间 60min，初始酸浓度为 250g/L，液固比为 10∶1mL/g，搅拌转速 400r/min，钒渣颗粒的粒度为 75μm 以下，钒浸出率 96.88%；（b）浸出温度为 140℃，浸出时间 30min，初始酸浓度为 150g/L，液固比为 8∶1mL/g，搅拌转速 400r/min，钒渣颗粒的粒度为 75μm 以下，钒浸出率 88.96%

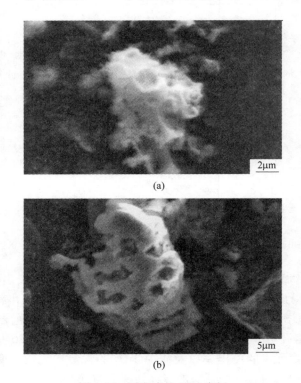

图 6-14　浸出渣的 SEM 表征

（a）浸出温度 140℃，浸出时间 60min，初始酸浓度为 250g/L，液固比为 10∶1mL/g，搅拌转速 400r/min，钒渣颗粒的粒度为 75μm 以下，钒浸出率 96.88%；（b）浸出温度为 140℃，浸出时间 30min，初始酸浓度为 150g/L，液固比为 8∶1mL/g，搅拌转速 400r/min，钒渣颗粒的粒度为 75μm 以下，钒浸出率 88.96%

转炉钒渣中原有的含钒尖晶石相并未出现在浸出渣中，这说明加压酸浸能够破坏转炉钒渣中含钒尖晶石结构，钒浸出到溶液中，两种浸出渣的物相基本一致。同时，正如渣中的化学成分分析一样，浸出渣中的物相分析结果中存在 TiO_2 相，这说明随着钒、铬、铁及锰等元素的浸出，渣中 TiO_2 相得到了富集[12]。

在图 6-14 中，浸出渣与转炉原渣的 SEM 表观相貌相比较，原渣中的钒渣颗粒较为饱满，多呈现致密规则的形状。在经加压酸浸后，浸出渣的表观形貌发生了明显变化，渣颗粒呈现了多孔状。

6.5 浸出液中有价组元的分离过程

随着提钒工艺的发展，萃取法和离子交换法已成为从含钒浸出液中提取钒的主要方法，尤其是萃取法。对于钒萃取剂的选择也非常多，主要有：N1923、N263、TOA、TBP、P204(D2EHPA)、P507(EHEHPA) 等。其中 P204 是酸性体系最经济有效的阳离子萃取剂，因此首先研究 P204 + TBP + 磺化煤油萃取体系对浸出液中金属离子分离效果的影响[15~19]。

6.5.1 各因素对萃取过程影响主次顺序的确定

采用的浸出液中各离子浓度见表 6-6，利用正交实验 $L16(4^5)$ 确定 P204 萃取体系合适的单因素实验考查范围，判断影响因素主次顺序（见表 6-7）。

表 6-6 浸出液中金属元素成分

组分	V(Ⅳ)	Fe(Ⅱ)	Fe(Ⅲ)	Mn	Al	Mg	Cr	Ti	其他
含量/g·L^{-1}	24.43	33.22	22.15	15.26	1.67	2.28	2.86	0.19	0.10

表 6-7 P204 体系正交试验设计表

因 素	温度/℃	pH 值	TBP/%	相比 A/O	时间/min	萃取率/%
实验 1	20	1.8	5	2:1	4	39.02
实验 2	20	2.0	10	1:1	6	78.78
实验 3	20	2.2	15	1:2	8	89.13
实验 4	20	2.5	20	1:3	12	89.54
实验 5	25	1.8	10	1:2	12	87.34
实验 6	25	2.0	5	1:3	8	97.70
实验 7	25	2.2	20	2:1	6	69.87
实验 8	25	2.5	15	1:1	4	83.40
实验 9	30	1.8	15	1:3	6	96.76
实验 10	30	2.0	20	1:2	4	95.72
实验 11	30	2.2	5	1:1	12	97.05
实验 12	30	2.5	10	2:1	8	91.41
实验 13	35	1.8	20	1:1	8	88.53
实验 14	35	2.0	15	2:1	6	86.27

因 素	温度/℃	pH 值	TBP/%	相比 A/O	时间/min	萃取率/%
实验 15	35	2.2	10	1:3	4	98.82
实验 16	35	2.5	5	1:2	6	99.23
均值 1	74.117	77.909	83.248	71.641	79.213	
均值 2	84.576	89.615	89.062	86.937	86.159	
均值 3	95.232	88.695	88.888	92.854	91.691	
均值 4	93.186	90.892	85.913	95.679	90.047	
极差	21.115	12.983	5.814	24.038	12.478	

由极差分析结果可得因素对萃取率影响的主次顺序为：

A/O(24.038) > 温度(21.115) > pH 值(12.983) > 时间(12.478) > TBP(5.814)

为保证钒较高的萃取率，较优水平的实验范围为萃取温度为 25~35℃，pH = 2.0~2.5，TBP 取 10%~15%，相比（A/O）为 1:1~1:3，振荡时间为 6~12min。

6.5.2 水相 pH 值对萃取率的影响

由水相 pH 值对萃取率影响（见图 6-15）可知，在水相 pH 值由 1.3 提高到 2.0 时，钒萃取率由 37.37% 提高到 88.99%，继续提高至 2.5 时，钒萃取率趋于稳定，为 90.28%，铁、锰、镁、铝等离子的萃取率在水相 pH 值为 1.5~2.0 区间保持着较高的范围，当 pH 值为 2.2 时，达到最低值。当水相 pH 值为 2.5~3.0 时趋于稳定，继续提高到 3.0 时，萃余液中铁、锰等离子由于水解作用浓度有较明显下降。

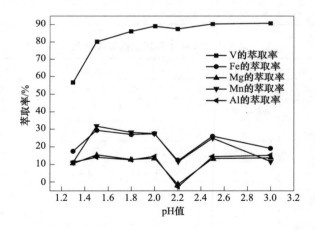

图 6-15 水相初始 pH 值对 V、Mg、Fe、Mn、Al 萃取率的影响

（还原剂 Na₂SO₃ 用量为 0.2 倍 Fe 的摩尔浓度，有机相组成为 20%P204、10%TBP 和 70%磺化煤油，

相比（O/A）1:1，振荡时间 8min，萃取温度为 30℃）

由于 P204 萃取钒为阳离子交换过程，钒以 VO^{2+} 离子与 P204 形成萃合物进入有机相，P204 中的 H^+ 进入水相，钒萃取率取决于溶液 pH 值。因此，增大溶液 pH 值有利于平衡向右移动，钒萃取率随之升高。在钒渣无焙烧酸浸过程中，原矿中的 Fe、Al、Mg、Mn 等杂

质以离子形式进入溶液中，导致浸出液成分复杂。当溶液 pH 值大于 2.5 时，浸出液中离子状态的 Fe、Ca 等水解产生沉淀，吸附一定量的钒离子进入渣相，导致钒损失，也导致了萃余液中铁离子浓度的明显降低。因此对于杂质元素含量较高的硫酸体系，pH 值过高，一方面将导致溶液中钒损失率增大；另一方面，产生的水解产物将导致萃取过程发生乳化现象，给萃取过程带来困难。因此，萃取过程水相的 pH 值应控制在 2.0~2.5 范围[20,21]。

6.5.3 萃取剂用量对萃取率的影响

萃取剂 P204 用量较小时，不能使溶液中有价金属 V 得到最大限度的富集，萃取剂用量过多时，不仅共萃溶液中的杂质元素，造成产品纯度较低，而且浪费萃取剂。由图 6-16 可知，随着 P204 用量由 5% 提高到 20%，钒的萃取率由 89.60% 提高至 99.10%，P204 用量继续提高至 30% 以后，钒萃取率增长趋于平缓。P204 用量增加至 20% 时，铁及其他杂质元素的萃取率缓慢上升。

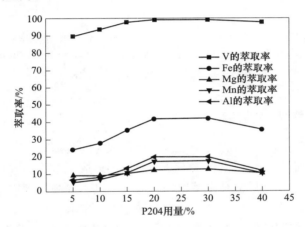

图 6-16　不同 P204 用量对 V、Mg、Fe、Mn、Al 萃取率的影响
（还原剂 Na₂SO₃ 用量为 0.2 倍 Fe 的摩尔浓度，水相初始 pH=2.5，相比（O/A）2∶1，
振荡时间 8min，萃取温度为 30℃）

在 P204 用量增加至 20% 后，有机相中的钒趋于饱和，V 的提取率不再增加，当其含量超过 30% 后，由于稀释度不足，V 的萃取率反而降低。但随着 P204 用量的增加，Fe 的萃取率将明显上升，当用量为 30%，萃取率达到最高值 42.21%。同时 P204 浓度过高将会萃取 Al、Mn 等其他金属离子，影响产品纯度。因此，对转炉钒渣浸出液的分离过程，P204 的浓度控制为 20% 较为适宜。

6.5.4 萃取相比对萃取率的影响

由于水相中钒总量是一定的，当 O/A 较低时，有机相含量相对较少，其萃取能力有限；当 O/A 较高时，萃取体系的有机相从饱和到不饱和状态，钒的萃取率几乎无增加且较高的相比会浪费大量有机萃取剂。由图 6-17 可知，随着 O/A 由 1∶1 增加至 2∶1 时，钒的萃取率由 95.26% 升到 98.62%。继续增加 O/A 至 3∶1，钒的萃取率趋于稳定。Fe、Mn 等金属的萃取率随着相比变化趋于一致，当相比由 1∶1 增加至 1.5∶1，有明显的下降趋势，随着相比增加至 2.5∶1，又有明显的上升趋势。当相比大于 3.5∶1 时，Fe、Mg、Al、Mn 的萃取率又呈缓慢下降趋势。因此，O/A 应控制在 2.5∶1 左右。

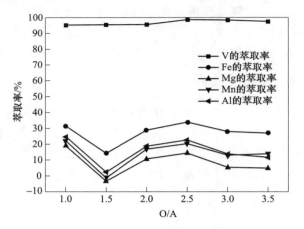

图 6-17　不同相比（O/A）对 V、Mg、Fe、Mn、Al 萃取率的影响

（还原剂 Na_2SO_3 用量为 0.2 倍 Fe 的摩尔浓度，有机相组成为 20%P204、10%TBP 和 70%磺化煤油，

水相初始 pH＝2.5，振荡时间 8min，萃取温度为 30℃）

6.5.5　振荡时间对萃取率的影响

振荡时间对萃取剂的影响分为三个阶段，当萃取时间较短时，萃取剂与溶液中的有价金属接触时间过短，部分有价元素钒来不及与萃取剂形成萃合物，致使萃取率降低；当延长萃取时间时，一些共萃杂质会被未萃取的钒取代，进而提高钒萃取率；继续延长萃取时间，有价金属钒已经全部被萃取，杂质元素会被进一步萃取。

由振荡时间对萃取率的影响（见图 6-18）可知，当振荡时间大于 4min 时，其对钒的萃取率影响不大；当振荡时间大于 6min 时，铁和铝的萃取率有所上升；振荡时间继续增

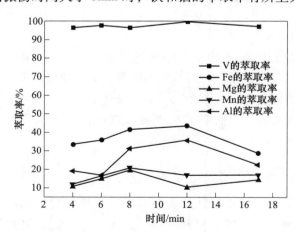

图 6-18　振荡时间对 V、Mg、Fe、Mn、Al 萃取率的影响

（还原剂 Na_2SO_3 用量为 0.2 倍 Fe 的摩尔浓度，有机相组成为 20%P204、10%TBP 和 70%磺化煤油，

水相初始 pH＝2.5，相比（O/A）为 2∶1，萃取温度为 30℃）

加至17min，钒、铁的萃取率趋于稳定。水相中钒离子与萃取剂之间的萃取反应发生相当迅速，短时间即可达到平衡。钒的萃取率主要受控于两相间各反应物、生成物之间的扩散过程，而铁的萃取则主要受控于其与水相、有机相的结合强度。Fe^{2+}与有机相的结合能力较弱，因此其萃取率相对较低。由于实验其他条件较优，钒的萃取率均达到96.46%以上，但振荡时间超过6min后，浸出液中的铁、铝等离子将进入有机相。综上，振荡时间控制在6min左右。

6.5.6 萃取温度对萃取率的影响

由于萃取振荡过程中，温度的升高加快了两相间的传质速度和反应速率，使金属元素的萃取率显著上升。但同时随着温度的明显提高，萃取过程副反应的速率提高也较为明显。由图6-19可知，随着萃取温度由20℃提高到30℃，钒的萃取率相对平稳，温度上升到40℃时，由96.75%降低至92.17%。在30℃时，Fe、Mn等的萃取率均达到最低值，温度上升后，这些元素的萃取率有所上升。

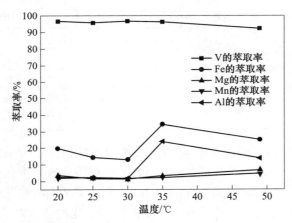

图6-19　萃取温度对 V、Mg、Fe、Mn、Al 萃取率的影响
（还原剂 Na_2SO_3 用量为 0.2 倍 Fe 的摩尔浓度，有机相组成为20%P204、10%TBP和70%磺化煤油，
水相 pH=2.5，相比（O/A）2∶1，振荡时间8min）

6.6　新型协同萃取体系提钒的研究

虽然 P204 可以取得良好的萃取效果，但它在反萃过程中需要消耗大量酸，当反萃液中的酸浓度达到130g/L（pH=−0.12），后续沉钒过程需加入大量的碱对溶液的 pH 值进行调节（沉钒过程 pH=1.8~2）。而 P507 作为另一种常用的酸性磷型萃取剂，具有更好的反萃性能和相分离性能，对 Mo(Ⅵ)、Al(Ⅲ) 和 Fe(Ⅱ) 等具有较低的选择性，但萃取率较 P204 低。考虑到 P204 和 P507 在钒浸出液萃取提钒过程中的性质和优势，尝试使用 P204 和 P507 的混合物对钒进行协同萃取是一种解决 P204 反萃酸耗较高的可行方法[22]。

6.6.1 协同萃取体系有机相组成的确定

不同钒浓度下的协萃因子计算结果见表6-8和表6-9。其中有机相中 P204 和 P507 的总浓度固定在 1mol/L，通过改变两种萃取剂的摩尔分数来配置不同配比的有机相。x_{P204} 代表 P204 的摩尔分数，协萃因子 R 可以通过式（6-4）计算求得[23]。

$$R = \frac{D_{mix}}{D_A + D_B} \tag{6-4}$$

式中，D_A、D_B 和 D_{mix} 分别为钒被 P204、P507 及其混合物萃取的分配比。

表 6-8　在不同平衡 pH 值和 P204 有机相摩尔分数下 V(Ⅳ)（$c_{VO^{2+}} = 0.01mol/L$）的协萃因子

	x_{P204}	0.2	0.4	0.6	0.8
	1.2	1.55	1.38	1.12	1.08
pH 值	1.4	1.32	1.13	1.03	1.03
	1.6	1.25	1.10	1.02	0.99
	1.8	0.62	0.70	0.82	0.93

表 6-9　在不同平衡 pH 值和 P204 有机相摩尔分数下 V(Ⅳ)（$c_{VO^{2+}} = 0.1mol/L$）的协萃因子

	x_{P204}	0.2	0.4	0.6	0.8
	1.2	1.20	1.11	1.07	1.03
pH 值	1.4	1.57	1.32	1.17	1.16
	1.6	1.64	1.28	1.16	1.31
	1.8	1.78	1.34	1.13	1.20

根据表 6-8，随着 x_{P204} 的减小，协同因子在不同酸性条件下均呈现增大的趋势，但在平衡 pH=1.8 时减小。可以解释为低浓度的 V(Ⅳ) 在适宜酸度下几乎完全被萃到有机相中，因此协萃强化效果消失，得到的 R 值小于 1。而表 6-9 中的协萃因子在不同酸性条件下，也随着 x_{P204} 的减小而增大，具有与表 6-8 相似的变化趋势。对比表 6-8 和表 6-9 的结果，可知协萃体系对钒浓度较高的溶液具备更高的协萃因子。以上结果表明，当 $x_{P204}=0.2$ 并且在合适的酸性条件下时可以获得较好的 V(Ⅳ) 协同萃取效果。

给定 pH 值的条件下 V(Ⅳ) 的分配比如图 6-20（$c_{VO^{2+}} = 0.01mol/L$）和图 6-21（$c_{VO^{2+}} =$

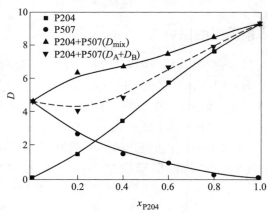

图 6-20　不同摩尔比下 P204 和 P507 协同萃取 VO²⁺ 的效果

（$c_{VO^{2+}} = 0.01mol/L$，pH = 1.2，$c_{P507_2} + c_{P204_2} = 0.5mol/L$）

0.1mol/L）所示。协萃体系的分配比 D_{mix} 和单一萃取剂分配比总和（D_A+D_B）之间的差值 ΔD 表示协萃体系相比单一体系萃钒分配比 D 增强的大小，而在另一方面 ΔD 值的大小可以直观地反映协同萃取的效果。从图 6-20 可以看出，当 $x_{P204}=0.2$ 时，ΔD 值达到最大值，然后随着 x_{P204} 的增加而略有下降，当 $x_{P204}=0.8$ 时，ΔD 值再次上升。在不同萃取剂摩尔比 x_{P204} 下，与图 6-20 相比，图 6-21 中的 ΔD 值通常较大，这表明协萃体系对较高浓度的钒溶液具有更好的协同萃取效应。

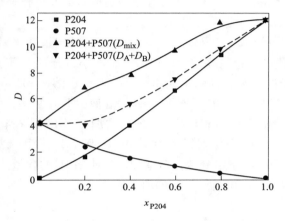

图 6-21　不同摩尔比下 P204 和 P507 协同萃取 VO^{2+} 的效果

（$c_{VO^{2+}}=0.1mol/L$，$pH=1.2$，$c_{(P507)_2}+c_{(P204)_2}=0.5mol/L$）

6.6.2　协同萃取机理的研究

酸性磷基萃取剂在非极性有机稀释剂中主要以二聚体的形式存在。使用有机酸性磷基萃取剂从含水硫酸介质中萃取 V(Ⅳ) 通常可通过以下反应表达：

$$VO^{2+}_{(aq)} + 2(H_2R_2)_{(org)} \Longrightarrow VO\cdot(HR_2)_{2(org)} + 2H^+ \tag{6-5}$$

鉴于此，硫酸介质中 P204 和 P507 的混合物对 V(Ⅳ) 的协同萃取可表示为：

$$VO^{2+}_{(aq)} + m[HA]_{2(org)} + n[HB]_{2(org)} \xrightarrow{K_{12}} VO[HA_2]_m\cdot[HB_2]_{n(org)} + (m+n)H^+_{(aq)} \tag{6-6}$$

式中，aq，org，K 分别为水相、有机相和萃取平衡常数；HA，HB 分别为 P204 和 P507。

协同萃取反应的分配比 D_{12} 和平衡常数 K_{12} 可写为：

$$D_{12} = D_T - D_1 - D_2 = \frac{\overline{c}_{VO[HA_2]_m\cdot[HB_2]_n}}{c_{VO^{2+}}} \tag{6-7}$$

$$K_{12} = \frac{\overline{c}_{VO[HA_2]_m\cdot[HB_2]_n}\cdot c_{H^+}^{m+n}}{c_{VO^{2+}}\cdot c_{[HA]_2}^m\cdot c_{[HB]_2}^n} \tag{6-8}$$

V(Ⅳ)-水体系在 298.15K 的优势组分-pH 区域图表明，在硫酸溶液中四价钒主要以两种钒络离子，即 VO^{2+} 和 V_2O_4 的形式存在。相应地，它们之间的平衡方程可表示为：

$$2VO^{2+} + 2H_2O \xrightarrow{K_V} V_2O_4 + 4H^+ \tag{6-9}$$

则平衡常数 K_V 可表示为：

$$K_V = \frac{c_{V_2O_4} \cdot c_{H^+}^4}{c_{VO^{2+}}^2} \qquad (6\text{-}10)$$

因此，水溶液中 VO^{2+} 的浓度表示为：

$$c_{[VO^{2+}]} = \frac{c_{V_T}}{1 + 2K_V c_{VO^{2+}} \cdot c_{H^+}^4} \qquad (6\text{-}11)$$

将等式（6-8）代入等式（6-4），并对等号两边取对数并进行整理，则协萃分配比 D_{12} 可表示为：

$$\lg D_{12} = \lg K_{12} + m\lg c_{[HA]_2} + n\lg c_{[HB]_2} + (m+n)\mathrm{pH} - \lg(1 + 2K_V c_{[VO^{2+}]} c_{H^+}^4) \qquad (6\text{-}12)$$

为了确定 m 和 n 值并获得最终的萃取反应式，本小节分别进行了平衡 pH 值和萃取剂浓度变化与协同萃取分配比相关性的研究和计算。考察了溶液 pH 值变化对协萃分配比的影响，测量了在不同 P204 的摩尔分数下，随着溶液 pH 值变化，钒萃取分配比的变化（见图 6-22）。$\lg D_{12}$ 的值随着平衡 pH 值的增加而增加，当 P204 在有机相中的摩尔分数为 0.8、0.6、0.4 和 0.2 时，分别得到斜率为 1.89、1.97、1.98 和 2.03 的拟合直线。结果表明，增加有机相中 P507 的摩尔分数，会增加水介质中 H^+ 的含量。然而，所有线性关系的斜率均接近 2，因此可以获得 $(m+n)$ 的值约为 2.0。

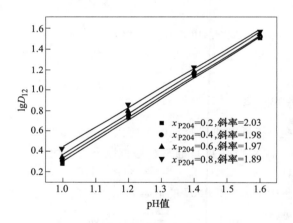

图 6-22 平衡 pH 值对协萃分配比的影响

($c_{VO^{2+}} = 1 \times 10^{-2}$ mol/L, $c_{(P204)_2} + c_{(P507)_2} = 0.5$ mol/L)

考察了萃取剂浓度对协萃分配比的影响，测量了协萃体系在给定 pH 值下，随着不同的萃取剂摩尔浓度的变化，钒萃取分配比的变化。在平衡 pH 值为 1.2 和 1.4 时，$\lg D_{12}$ 与 $c_{(P204)_2}$ 和 $c_{(P507)_2}$ 摩尔浓度变化之间的关系，分别被绘制在图 6-23（a）和（b）中。$\lg D_{12}$ 对 $\lg c_{(P507)_2}$ 作图得到斜率约为 1 的拟合直线，即 $n=1$；而图 6-23（b）中 $\lg D_{12}$ 对 $\lg c_{(P204)_2}$ 作图得到的斜率较低，约为 0.8。以上结果表明，在相同条件下，相比于 P204，更多的 P507 参与了协同萃取反应。从图 6-23 获得的 m 和 n 值与从图 6-22 获得的 $(m+n)$ 的值相符合，这表明式（6-14）的假设是合理的。根据图 6-22 和图 6-23 的计算和推理，V(Ⅳ) 的协同萃取反应如式（6-13）所示。考虑到可能存在少量由游离的 P204 和 P507 所组成的新二聚体参与到协同反应中，故也可发生式（6-14）所示的反应，式中选择萃取剂 $[HB]_{2(org)}$，主要是出于对 P507 参与反应的数量优势和氢离子平衡两方面的考虑。

$$VO^{2+}_{(aq)} + [HA]_{2(org)} + [HB]_{2(org)} \Longrightarrow VO[HA_2] \cdot [HB_2]_{(org)} + 2H^+_{(aq)} \quad (6-13)$$

$$VO^{2+}_{(aq)} + [HB]_{2(org)} + [H_2AB]_{(org)} \Longrightarrow VO[HB_2] \cdot [HAB]_{(org)} + 2H^+_{(aq)} \quad (6-14)$$

式中，$[H_2AB]$ 为由 P204 和 P507 的单体聚合成的二聚体。

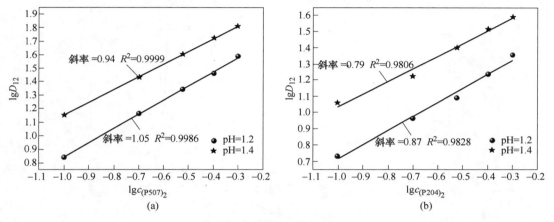

图 6-23　不同萃取剂浓度对协萃分配比的影响

$(c_{VO^{2+}} = 1 \times 10^{-2}\text{mol/L}, \ \mu = 1.0\text{mol/L})$

（a）$c_{(P507)_{2(O)}} = 0.1\text{mol/L}$；（b）$c_{(P204)_{2(O)}} = 0.1\text{mol/L}$

图 6-24 显示了 P204 和 P507 的结构式，它们在非极性有机稀释剂中由于分子内氢键作用而以二聚体的形式存在。萃取剂 P204 和 P507 萃取过程的傅里叶红外光谱（FT-IR）在早前的研究中多有报道[24]。本工作通过分析 FT-IR 光谱，研究了协同萃取体系协同萃取钒的机理。含有 P204 和 P507 空载有机相的 FT-IR 光谱分别显示在图 6-25 谱线 1 和 2 中，图 6-25 谱线 3 显示了稀释剂与 P204 和 P507（$x_{P204} = 0.2$）的混合空载萃取有机相的 FT-IR 光谱，图 6-25 谱线 4 显示萃取 VO^{2+} 后的负载有机相的 FT-IR 光谱。此外，相应的水相溶液（$c_{VO^{2+}} = 0.1\text{mol/L}$）萃取前后的 FT-IR 光谱（见图 6-26）。

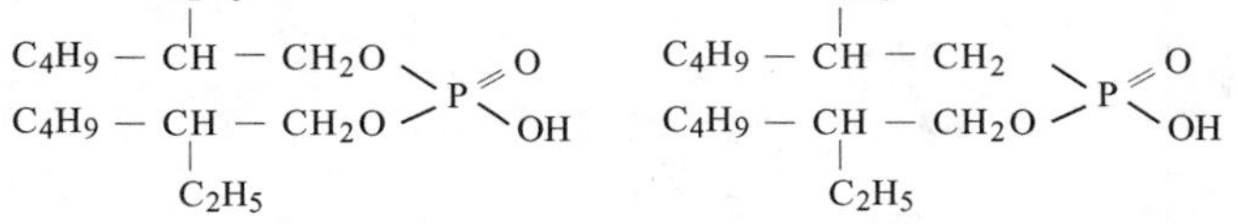

图 6-24　P204 和 P507 的分子结构式

如图 6-25 谱线 1 所示，P204 中 2326.4cm^{-1}、1683.4cm^{-1}、1230.7cm^{-1} 和 1034.6cm^{-1} 处的谱带分别归因于 P—O—H 谱带，氢键的二聚峰，P＝O 和 P—O—C 的伸缩振动[25]。新鲜 P507（图 6-25 谱线 2）中 982.6cm^{-1}、1196.0cm^{-1} 和 1037.0cm^{-1} 处的谱带分别归因于 P—O—H 带，P＝O 和 P—O—C 的弯曲振动[26]。与谱线 1 和谱线 2 相比，谱线 3 的 P＝O 带移至 1225.8cm^{-1} 并变宽，P507 在 982.6cm^{-1} 处的 P—O—H 谱带（弯曲振动）消失。而出现在 1034.4cm^{-1} 处的宽带，归因于协萃体系中的 P—O—C 键。在图 6-25 谱线 3 中还观察到 1687.7cm^{-1}（氢键的二聚峰）处谱带强度增加以及 P—O—H 谱带（伸展振动）的

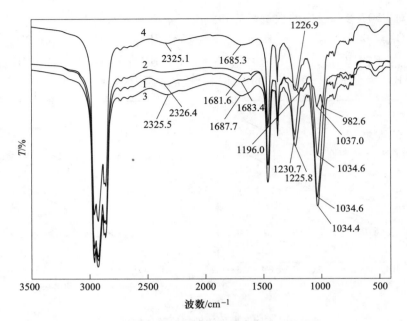

图 6-25　空载和负载有机相的傅里叶红外光谱

1—P204；2—P507；3—c_{P507}∶$c_{P204}=8∶2$；4—负载混合有机相

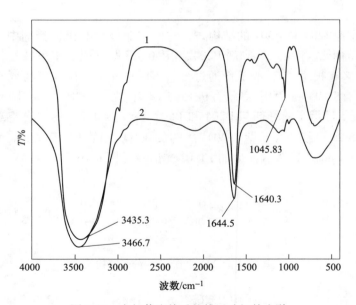

图 6-26　水相萃取前后的傅里叶红外光谱

1—萃取原液；2—萃余液

位移（移动到 2325.5cm⁻¹），说明 P204 和 P507 之间存在强烈的氢键相互作用，因此影响到每种萃取剂的 P—O—H 和 P ═O 带。可以推测，由 P204 和 P507 组成的二聚体可能在协同萃取体系中形成，这证实了式（6-14）推理的正确性。

从图 6-25 谱线 4 可以看出，在协同体系萃取 V（Ⅳ）后，P ═O 带移至 1226.9cm⁻¹，

P—O—H 带（伸缩振动）则略微移至 2325.1cm⁻¹。此外，氢键的二聚体峰移至 1685.3cm⁻¹ 并变弱。将协同萃取后有机相 FT-IR 光谱中的主要偏移峰和新出现峰列于表 6-10 中。相应地，萃取原液中 VO^{2+}（1045.8cm⁻¹）的特征振动带（图 6-26 中谱线 1）在完成萃取后消失（见图 6-26）。此外，该谱带可能与图 6-25 谱线 4 中负载 VO^{2+} 的有机相的 P—O—C 带（1034.6cm⁻¹）重叠并使其变宽。所有这些都表明 P ＝O 配体与 VO^{2+} 之间孤对电子键的形成有关，且协同萃取机理为阳离子交换。

表 6-10 傅里叶红外光谱中主要的官能团谱带 （cm⁻¹）

主要官能团	P—O—H		氢键	P ＝O	P—O—C
	伸缩振动	弯曲振动			
谱线 1	2326.4	—	1683.4	1230.7	1034.6
谱线 2	—	982.6	1681.6	1196.0	1037.0
谱线 3	2325.5	消失	1687.7↑增强	1225.8	1034.4
谱线 4	2325.1↓	消失	1685.3↓削弱	1226.9↑	1034.6

注：↑代表峰向高频波数移动，↓代表峰向低频波数移动。

6.6.3 协同萃取体系的反萃研究

由反萃剂浓度及有机相组成对有机相中钒反萃率的影响结果（见表 6-11）可知，在不同配比的萃取体系中，随着反萃剂浓度的提高，V（Ⅳ）的反萃率均出现不同程度的上升。当反萃剂硫酸溶液浓度为 3.68mol/L 时，随着 P204 在有机相中的摩尔分数由 1 减少到 0.2，钒 V（Ⅳ）的反萃率由 47.3% 显著上升到 94.5%。由此可知，在 P204 萃取体系中加入适量的 P507 不仅可以提高 V（Ⅳ）的萃取率，还可以提高萃取体系的反萃性能，这是因为协同萃取体系同时具备了 P204 较好的萃取性能和 P507 较优的反萃性能。当萃取体系中 P204 的摩尔分数为 0.2 时，V（Ⅳ）的协同萃取效果及反萃性能较好。

表 6-11 反萃剂浓度及有机相组成对有机相中 V（Ⅳ）的反萃率的影响

萃取剂组成	有机相中的钒浓度/g·L⁻¹	反萃液中的钒浓度/g·L⁻¹	H_2SO_4/mol·L⁻¹	反萃率/%
$x_{P204}=1$	4.5	1.01	0.92	22.5
		1.09	1.84	24.1
		1.42	2.76	31.3
		2.13	3.68	47.3
$x_{P204}=0.6$	4.5	1.02	0.92	22.6
		1.32	1.84	29.2
		1.66	2.76	36.8
		2.75	3.68	60.1
$x_{P204}=0.2$	4.5	1.03	0.92	22.8
		1.69	1.84	37.6
		2.80	2.76	62.3
		4.25	3.68	94.5

综合本章所述，由 V-S-H$_2$O 系 E-pH 图可知，加压酸浸转炉钒渣技术能够使钒浸出到溶液中。Fe-S-H$_2$O 系、Cr-S-H$_2$O 系及 Ti-S-H$_2$O 系 E-pH 图的分析表明当采用硫酸对转炉钒渣浸出时，铁以及铬等有价金属元素会在浸出液中富集，而钛会以 TiO$_2$ 的形式在浸出渣中富集。采用 P204 对浸出液中有价金属组分进行了分离与提取，钒、铁分离系数达到 135.30，钒与锰、铝、镁等元素的分离系数分别为 β(V/Mn) = 1151.5、β(V/Al) = 329.0 和 β(V/Mg) = 255.9，实现了较好的萃取分离提钒效果。由 P204 和 P507 组成的混合萃取剂可以通过协同作用有助于增强对硫酸中 V(Ⅳ) 的萃取。当有机相中 P204 的摩尔系数为 0.2，在不同平衡 pH 值下，可获得最大协萃因子 (R_{max} = 1.78)。在 P204 萃取体系中加入适量的 P507 可以提高萃取体系的反萃性能，从而减少反萃剂 H$_2$SO$_4$ 的消耗，解决了单一酸性磷型萃取剂萃取体系中萃取强度有限的问题。

参 考 文 献

[1] 任学佑. 稀有金属钒的应用现状及市场前景 [J]. 稀有金属, 2003, 27 (6)：809~812.

[2] 杨守志. 钒冶金 [M]. 北京：冶金工业出版社, 2010：1~180.

[3] 杨绍利. 钒钛材料 [M]. 北京：冶金工业出版社, 2007：83~197.

[4] Li X, Xie B. Extraction of vanadium from high calcium vanadium slag using direct roasting and soda leaching [J]. International Journal of Minerals, Metallurgy, and Materials, 2012, 19 (7)：595~601.

[5] 尹丹凤, 彭毅, 孙朝晖, 等. 攀钢钒渣钙化焙烧影响因素研究及过程热分析 [J]. 金属矿山, 2012, 41 (4)：91~94.

[6] 波良可夫. 钒冶金原理 [M]. 北京：中国工业出版社, 1962：1~28.

[7] 王长林. 钒渣的氧化 [M]. 北京：冶金工业出版社, 1982：1~155.

[8] 张廷安, 吕国志, 刘燕, 等. 一种钛白废酸综合利用的方法：中国, CN 104178632 B [P]. 2016-06-22.

[9] 张廷安, 吕国志, 刘燕, 等. 一种转炉钒渣中有价金属元素的回收方法：中国, CN 104164571 A[P]. 2014-11-26.

[10] Erust C, Akcil A, Bedelova Z, et al. Recovery of vanadium from spent catalysts of sulfuric acid plant by using inorganic and organic acids：laboratory and semi-pilot tests [J]. Waste Management, 2016, 49：455~461.

[11] Nikiforova A, Kozhura O, Pasenko O. Leaching of vanadium by sulfur dioxide from spent catalysts for sulfuric acid production [J]. Hydrometallurgy, 2016, 164：31~37.

[12] 张国权. 无焙烧加压浸出转炉钒渣提钒的基础研究 [D]. 沈阳：东北大学, 2016.

[13] Zhang G Q, Zhang T A, Lv G Z, et al. Extraction of vanadium from LD converter slag by pressure leaching process with titanium white waste acid [J]. Rare Metal Materials & Engineering, 2015, 44 (8)：1894~1898.

[14] Kelsall G H, Robbins D J. Thermo dynamics of Ti-H$_2$O-F (-Fe) systems at 298K [J]. Journal of Electroanalytical Chemistry & Interfacial Electrochemistry, 1990, 283 (1~2)：135~157.

[15] 徐光宪. 萃取化学原理 [M]. 上海：上海科学技术出版社, 1984：1~322.

[16] 罗津 A M. 萃取手册 (第二卷) [M]. 北京：原子能出版社, 1981：1~314.

[17] 杨佼庸. 萃取 [M]. 北京：冶金工业出版社, 1988：1~519.

[18] 徐辉远. 金属螯合物的溶剂萃取 [M]. 北京：冶金工业出版社, 1971：1~364.

［19］张莹，张廷安 . N1923 萃取钒渣无焙烧浸出液中钒的实验探究 ［J］. 有色金属科学与工程，2015，6（6）：14～19.

［20］魏昶，李兴彬，邓志敢，等 . P204 从石煤浸出液中萃取钒及萃余废水处理研究 ［J］. 稀有金属，2010（3）：86～91.

［21］张莹，张廷安，吕国志，等 . 钒渣无焙烧浸出液中钒铁萃取分离 ［J］. 东北大学学报（自然科学版），2015，36（10）：1445～1448.

［22］Remya P N, Saji J, Reddy M. Solvent extraction and separation of vanadium（Ⅴ）from multivalent metal chloride solutions by cyanex 923 ［J］. Solvent Extraction and Ion Exchange, 2003, 21（4）：573～589.

［23］Zhang Y, Zhang T A , Lv G Z, et al. Synergistic extraction of vanadium（Ⅳ）in sulfuric acid media using a mixture of D2EHPA and EHEHPA ［J］. Hydrometallurgy, 2016, 166：87～93.

［24］Zhang F, Wu W, Xue B, et al. Synergistic extraction and separation of lanthanum（Ⅲ）and cerium（Ⅲ）using a mixture of 2-ethylhexylphosphonic mono-2-ethylhexyl ester and di-2-ethylhexyl phosphoric acid in the presence of two complexing agents containing lactic acid and citric acid ［J］. Hydrometallurgy, 2014, 149：238～243.

［25］Fatmehsari D H, Darvishi D, Etemadi S, et al. Interaction between TBP and D2EHPA during Zn, Cd, Mn, Cu, Co and Ni solvent extraction：A thermodynamic and empirical approach ［J］. Hydrometallurgy, 2009, 98（1～2）：143～147.

［26］Li X, Wei C, Deng Z, et al. Selective solvent extraction of vanadium over iron from a stone coal/black shale acid leach solution by D2EHPA/TBP ［J］. Hydrometallurgy, 2011, 105（3～4）：359～363.

7 稀土精矿加压钙化固氟—酸浸新技术

7.1 引言

包头混合型稀土矿是中国特有的以氟碳铈矿和独居石组成的混合稀土矿，稀土储量占国内总储量的80%以上，其特点是成分复杂、矿相结构稳定、对处理工艺要求较苛刻。目前，混合型稀土精矿的主要工业利用技术是硫酸酸溶和烧碱分解两种方法，其中90%的包头稀土精矿采用硫酸酸溶法处理，该方法具有稀土提取率高、自动化程度高、适用于大规模生产的优点，但也存在含氟/硫废气、含酸废水以及带有辐射性的含钍废渣难处理等亟待解决的问题[1~5]。与硫酸酸溶法相比，碱分解法的分解温度较低，基本不产生废气污染，通过后续处理可获得较高纯度的氯化稀土，但对精矿品位要求较高，还存在苛性碱用量大、含氟废水排放量大等问题，目前仅少部分包头稀土矿采用该工艺处理[6~8]。

氟碳铈矿主要分布在我国四川、山东等地，是稀土碳酸盐和稀土氟化物的复合化合物。氧化焙烧—盐酸浸出法是工业上处理氟碳铈矿最主要的方法，但存在工艺不连续、流程冗长、固液转换多、试剂消耗量大以及稀土回收率低等缺陷。氟以废气、废水和废渣等形式分散到环境中，回收困难，对周围的大气、水源和土壤均造成严重的环境污染[9~12]。

综上，开发合理的、绿色无污染的、高效的处理技术对我国稀土产业的发展仍有重要的现实意义。为此，东北大学特殊冶金创新团队提出了钙化固氟分解稀土矿清洁工艺，并采用机械化学技术对钙化分解过程进行强化处理，本章围绕该技术及其机械化学强化处理过程进行阐述，旨在为我国稀土工业发展提供新的技术路线。

7.2 钙化固氟分解混合稀土精矿

7.2.1 工艺原理

钙化转型—酸浸处理包头混合稀土矿的工艺过程如图7-1所示。首先在氢氧化钠溶液中采用加压钙化分解的方式处理混合稀土矿，稀土相被转变为氢氧化稀土，氟和磷被分别转化为氟化钙和焦磷酸钙（钙化过程）；然后利用盐酸浸出钙化转型矿，稀土和磷进入浸出液，氟以氟化钙的形式留在浸出渣中，可以萤石的形式进行回收（酸浸过程）。加压钙化固氟分解稀土精矿新工艺的主要反应如下[13, 14]：

（1）钙化过程：

$$REPO_4 + 3OH^- = RE(OH)_3 + PO_4^{3-} \tag{7-1}$$

$$REFCO_3 + 3OH^- = RE(OH)_3 + F^- + CO_3^{2-} \tag{7-2}$$

$$2PO_4^{3-} + 2CaO + 3H_2O = Ca_2P_2O_7 + 6OH^- \tag{7-3}$$

$$2F^- + CaO + H_2O = CaF_2 + 2OH^- \tag{7-4}$$

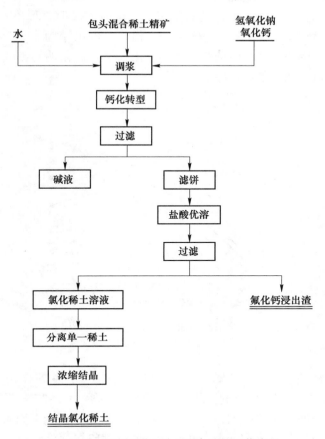

图 7-1 钙化转型处理稀土混合矿的工艺流程

（2）酸浸过程：

$$Ca_2P_2O_7 + 2HCl \Longrightarrow H_2P_2O_7 + CaCl_2 \tag{7-5}$$

$$RE(OH)_3 + 3HCl \Longrightarrow RECl_3 + 3H_2O \tag{7-6}$$

该技术的优势如下：

（1）在氢氧化钠溶液中进行钙化分解及转型，氟碳铈和独居石在转化为氢氧化稀土过程中释放的氟和磷分别与氧化钙结合形成氟化钙和焦磷酸钙，上述沉淀反应的持续进行降低了溶液中 PO_4^{3-} 和 F^- 的浓度，促进了分解反应的进行，实现了高效分解过程。

（2）混合稀土矿中的氟和磷分别进入浸出液和浸出渣，实现了氟、磷的分离，氟可以萤石的形式回收。

（3）大幅度降低了废液中的氟含量及处理成本。

7.2.2 氢氧化钠加入量的影响

氢氧化钠为稀土混合矿的钙化转型提供碱性环境，保证更多的稀土元素以稀土氢氧化物的形式存在于钙化渣中，为下一步的酸浸做好保证。同时，氢氧化钠又不宜太多，这样会增加氟的流出，导致固氟效果不佳。

氢氧化钠增加会使扩散速度加快，反应向着生成氢氧化稀土的方向进行，从而使稀土的浸出率逐渐升高，在一定条件下，氢氧化钠加入量为 35% 时，稀土的浸出率达到最高，Ce 为 82.59%、La 为 91.22%、Nd 为 99.97%、稀土总浸出率为 87.93%（见图 7-2）。然而继续增加氢氧化钠的用量，矿浆的黏度增加，阻碍了氢氧化钠的扩散，使稀土混合矿分解不完全，从而降低了稀土的浸出率。

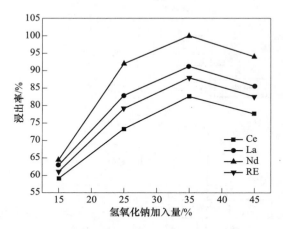

图 7-2　氢氧化钠加入量对稀土浸出率的影响
（氧化钙加入量 20%，温度 250℃，时间 3h）

从不同氢氧化钠加入量下氟和磷的分布规律（见表 7-1、表 7-2）可以看出，当氢氧化钠加入量从 15% 增加到 45% 时，进入到液相中的氟含量从 5.27% 增加到 10.9%，由式（7-2）可知，溶液中碱含量的增加，会增加 NaF 的生成量，不利于固氟。而氢氧化钠的增加对磷在固液两相中的分布影响不大，几乎所有的磷都留在钙化渣中，仅有约 0.20% 的磷进入到液相中去。

表 7-1　氢氧化钠加入量不同时氟的分布行为

氢氧化钠加入量/%	原矿中氟含量/g	钙化渣中氟含量/g	钙化液中氟含量/mg	钙化液中氟含量/%
15	0.3672	0.3428	19.35	5.27
25	0.3672	0.3359	31.32	8.53
35	0.3672	0.3346	34.99	9.53
45	0.3672	0.3262	39.99	10.9

表 7-2　氢氧化钠加入量不同时磷的分布行为

氢氧化钠加入量/%	原矿中磷含量/g	钙化渣中磷含量/g	钙化液中磷含量/mg	钙化液中磷含量/%
15	0.1256	0.1251	0.314	0.25
25	0.1256	0.1252	0.301	0.24
35	0.1256	0.1254	0.163	0.13
45	0.1256	0.1254	0.251	0.20

7.2.3　氧化钙加入量的影响

在稀土混合矿的钙化转型过程中，氧化钙的加入一方面是保证稀土混合矿中的氟以氟化钙的形式进入钙化渣中，另一方面氧化钙溶于水会解离出氢氧根离子，部分代替氢氧化钠为稀土混合矿的分解提供碱性环境，降低生产成本。

由不同氧化钙加入量对稀土浸出率的影响（见图 7-3）可知，氧化钙加入量为 20% 时稀土的浸出率最高，Ce 为 82.59%、La 为 91.22%、Nd 为 99.97%、稀土总浸出率为 87.93%，说明此时氧化钙对稀土混合矿的分解较为充分，随着氧化钙加入量的增加，稀土的浸出率有下降趋势。

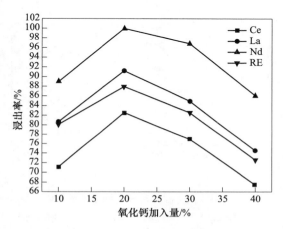

图 7-3　氧化钙加入量对稀土浸出率的影响
（氢氧化钠加入量 35%，温度 250℃，时间 3h）

当氧化钙的含量越来越多时，进入液相中的氟越少（见表 7-3），说明了氧化钙可以有效固氟，但氧化钙的增加对稀土浸出率有严重影响。氧化钙的加入量对磷的浸出效率影响不大（见表 7-4），磷仍主要进入渣中。

表 7-3　氧化钙加入量不同时氟的分布行为

氧化钙加入量/%	原矿中氟含量/g	钙化渣中氟含量/g	钙化液中氟含量/mg	钙化液中氟含量/%
10	0.3672	0.3130	54.16	14.75
20	0.3672	0.3346	34.99	9.53
30	0.3672	0.3408	26.33	7.17
40	0.3672	0.3657	0.0035	0.95

表 7-4　氧化钙加入量不同时磷的分布行为

氧化钙加入量/%	原矿中磷含量/g	钙化渣中磷含量/g	钙化液中磷含量/mg	钙化液中磷含量/%
10	0.1256	0.1253	0.276	0.22
20	0.1256	0.1254	0.163	0.13
30	0.1256	0.1253	0.238	0.19
40	0.1256	0.1251	0.339	0.27

7.2.4 钙化温度的影响

一方面，提高反应温度可以增加反应物的活性，从而提高反应速度；另一方面，温度的升高会降低溶液的黏度，有利于固液两相间的传质过程，氧化钙和氢氧化钠进入矿物晶格和产物进入溶液都更加容易，稀土元素的转型更加充分[13]。由钙化温度对稀土浸出率的影响（见图 7-4）可知，随着钙化温度的升高，稀土的浸出率有先增大后减小的趋势。当钙化温度为 250℃时，稀土的浸出率达到最高。

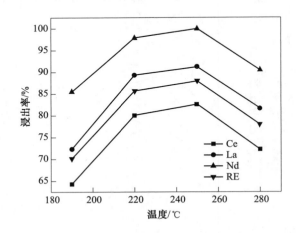

图 7-4 钙化温度对稀土浸出率的影响
（氢氧化钠加入量 35%，氧化钙加入量 20%，时间 3h）

随着温度的升高，物料反应活性增大，固液两相间的传质也加快，氟化钙与氢氧化钠的反应更加容易，导致钙化过程中有更多的氟化钠进入溶液（见表 7-5）。同前文的结果一样，磷几乎全部进入到钙化渣中（见表 7-6）。

表 7-5 钙化温度不同时氟的分布行为

钙化温度/℃	原矿中氟含量/g	钙化渣中氟含量/g	钙化液中氟含量/mg	钙化液中氟含量/%
190	0.3672	0.3440	22.50	6.13
220	0.3672	0.3352	30.02	8.17
250	0.3672	0.3346	34.99	9.53
280	0.3672	0.3340	34.96	9.53

表 7-6 钙化温度时不同磷的分布行为

钙化温度/℃	原矿中磷含量/g	钙化渣中磷含量/g	钙化液中磷含量/mg	钙化液中磷含量/%
190	0.1256	0.1251	0.138	0.11
220	0.1256	0.1255	0.037	0.03
250	0.1256	0.1253	0.163	0.13
280	0.1256	0.1254	0.263	0.21

7.2.5 物相分析

不同氢氧化钠加入量的条件下，由混合稀土精矿在加压钙化—浸出过程中的物相转变（见图7-5）可知，经加压钙化分解后，混合稀土精矿中的氟碳铈和独居石转化为氟化钙、焦磷酸钙和氢氧化稀土；这三种物相由盐酸浸出后，仅氟化钙留于浸出渣中，稀土和磷都经盐酸浸出进入溶液，从而实现了氟与稀土、磷的有效分离。

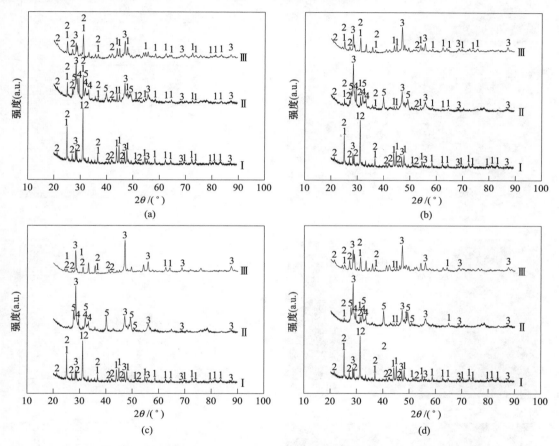

图 7-5 混合稀土精矿（Ⅰ线）及不同氢氧化钠条件下获得的钙化渣
（Ⅱ线）和相应浸出渣（Ⅲ线）的 XRD 图

（氢氧化钠加入量 35%，氧化钙加入量 20%，时间 3h，温度 250℃）

对应分解条件：(a) 15%；(b) 25%；(c) 35%；(d) 45%

1—$REFCO_3$；2—$REPO_4$；3—CaF_2；4—$Ca_2P_2O_7$；5—$RE(OH)_3$

由不同氢氧化钠加入量条件下钙化稀土和浸出稀土表观形貌分析结果（见图7-6）可知，初始混合稀土精矿的微观表面是光滑且致密的（见图7-6 (a)），经钙化分解以后，氟化钙、焦磷酸钙和氢氧化稀土以产物层的形式覆盖在稀土精矿表面，使颗粒的微观表面变得相对疏松（见图7-6 (b) 和 (f)）；进一步经过酸浸，颗粒的微观表面再次变得光滑致密，图7-6 (g) 和 (h) 中的 EDS 结果和图7-5 中的 XRD 共同表明，酸浸渣中最后剩余为未经分解的稀土矿和氟化钙。

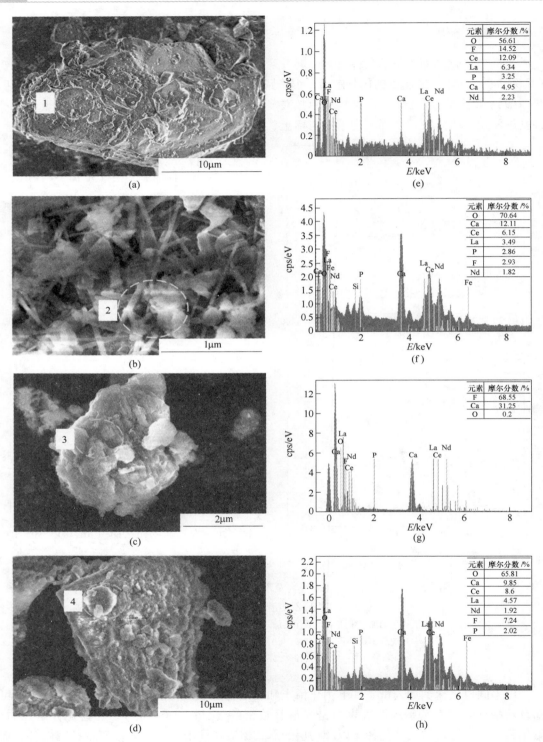

图7-6 混合稀土精矿在加压钙化—浸出过程中的微观形貌变化

（氢氧化钠加入量35%，氧化钙加入量20%，时间3h，温度250℃）

（a）混合稀土精矿；（b）钙化渣；（c），（d）浸出渣；（e）~（h）分别为区域1~4的EDS结果

7.3 加压钙化固氟分解氟碳铈矿

7.3.1 钙化温度的影响

由钙化温度对稀土浸出率的影响（见图 7-7）可知，随着钙化温度的升高，稀土的浸出率呈现先增大后减小的趋势，当钙化温度为 220℃ 时，稀土的浸出率达到最高。由于在钙化过程中，铈易被氧化为四价氧化物，在浸出过程中不易被溶解，因此其浸出率低于镧和钕的浸出率。由不同钙化温度下钙化渣的 XRD 图谱（见图 7-8）可知，钙化渣中主要物相为：$REFCO_3$、$RE(OH)_3$、CaF_2、$CaCO_3$，随温度逐渐升高到 220℃ 时，$REFCO_3$ 相特征峰逐渐降低，$RE(OH)_3$ 相特征峰逐渐升高；然而随着温度继续升高，$RE(OH)_3$ 相特征峰又有所降低。表明钙化温度为 220℃ 时，氟碳铈矿钙化转型效果最好，有利于稀土元素的提取与分离，因此稀土浸出率达到最高。

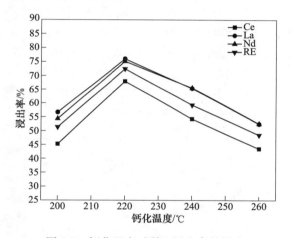

图 7-7　钙化温度对稀土浸出率的影响

（钙化液固比为 15:1，搅拌转速 300r/min，钙化时间 180min，$m_{氟碳铈精矿} : m_{氧化钙} : m_{氢氧化钠} = 20 : 7.53 : 4$）

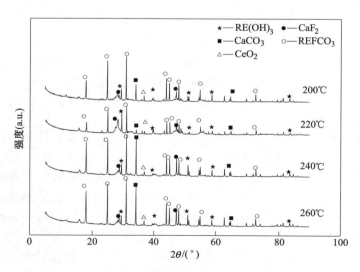

图 7-8　不同钙化温度时钙化渣的 XRD 图

由钙化温度对氟分布的影响（见表7-7）可知，钙化转型过程中氟碳铈矿中的氟进入液相中含量仅在0.3%~0.5%，几乎所有的氟都进入钙化渣中，氟进入液固两相中的含量基本守恒，氟碳铈矿钙化过程能够有效固氟。

表7-7　钙化温度不同时氟的分布行为

钙化温度/℃	钙化渣质量/g	钙化渣中氟含量/g	钙化液中氟含量/mg	钙化液中氟含量/%
200	28.18	1.534	6.437	0.41
220	28.29	1.538	5.375	0.34
240	28.23	1.533	6.013	0.38
260	29.11	1.531	5.918	0.38

7.3.2　钙化时间的影响

由钙化时间对稀土浸出率（见图7-9）的影响可知，随着钙化时间延长，稀土浸出率逐渐升高然后略有降低。当钙化时间从60min增加到180min时，稀土浸出率从26.34%增加到72.46%，此时铈、镧、钕浸出率分别为67.96%、76.04%和75.18%。说明钙化时间不足时，氟碳铈矿的钙化转型过程不彻底，当钙化时间达到180min时，钙化反应才较为充分，然而继续延长钙化时间，并不能提高氟碳铈矿的钙化转型程度，稀土浸出率反而略有降低，因此控制钙化时间为180min左右为宜。

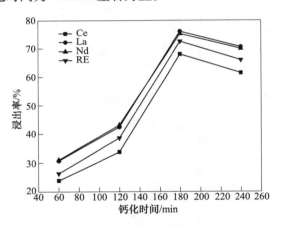

图7-9　钙化时间对稀土浸出率的影响

（钙化液固比为15∶1，搅拌转速300r/min，钙化温度220℃，$m_{氟碳铈精矿}$∶$m_{氧化钙}$∶$m_{氢氧化钠}$=20∶7.53∶4）

对不同钙化时间下钙化渣的XRD图分析（见图7-10）可知，钙化转型后，矿物中主要物相为：$REFCO_3$、$RE(OH)_3$、CaF_2、$CaCO_3$。当钙化时间从60min增加到180min时，钙化渣中物相有明显改变。在钙化时间为60min，由于钙化时间较短，氟碳铈矿的钙化转型程度不够充分，钙化转型后渣中含有大量未分解的氟碳铈矿，且氢氧化稀土和氟化钙的特征峰较弱。当时间延长到180min时，氟碳铈矿的特征峰明显降低，氢氧化稀土特征峰显著增强，说明钙化转型效果较好，因此稀土浸出率较高。进一步延长钙化时间到240min，由氟碳铈矿和氢氧化稀土特征峰强度变化可以看出，钙化转型效果变差，相应地稀土浸出率降低。

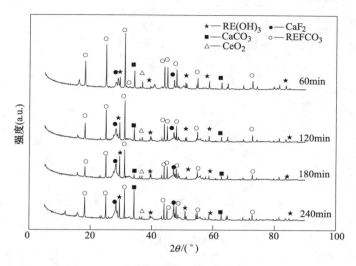

图 7-10 不同钙化时间时钙化渣的 XRD 图

由钙化时间对氟分布的影响（见表 7-8）可知，钙化转型过程中氟碳铈矿中的氟进入液相中含量仅在 0.3%~0.5%，几乎所有的氟都进入钙化渣中，说明氟碳铈矿钙化过程能够有效固氟。

表 7-8 钙化时间对氟分布行为的影响

钙化时间/min	钙化渣质量/g	钙化渣中氟含量/g	钙化液中氟含量/mg	钙化液中氟含量/%
60	28.19	1.542	4.679	0.30
120	28.31	1.536	6.017	0.38
180	28.29	1.540	6.102	0.39
240	27.98	1.537	6.901	0.44

7.3.3 钙化矿碱比的影响

钙化转型的目的首先是要保证稀土矿相尽可能转化为氢氧化稀土，同时保证氟以氟化钙的形式进入钙化渣中。其中，氢氧化钠为氟碳铈矿的分解提供了良好的碱性环境，而氧化钙在促进氟碳铈矿分解的同时又能够有效固氟，但如果两者加入量过高，会增大体系黏度，影响体系流动性，不利于固液两相反应的进行。因此，确定合理的氢氧化钠与氧化钙加入量的配比，是实现氟碳铈矿钙化转型的必要条件。由矿碱比对稀土浸出率的影响（见图 7-11）可知，在矿碱比 $m_{氟碳铈精矿}:m_{氧化钙}:m_{氢氧化钠}=20:7.53:0$（即不加氢氧化钠时，稀土浸出率较低，不足 20%）。随着氢氧化钠的增加，稀土浸出率逐渐增大，在矿碱比为 $m_{氟碳铈精矿}:m_{氧化钙}:m_{氢氧化钠}=20:7.53:4$ 时浸出率达到最大，稀土总浸出率达到 72.46%，其中铈、镧、钕分别为 67.96%、76.04% 和 75.18%。继续增加氢氧化钠的加入量，浸出率不再增加。不同矿碱比时钙化渣的物相变化（见图 7-12）与稀土浸出率的变化趋势一致，当控制矿碱比 $m_{氟碳铈精矿}:m_{氧化钙}:m_{氢氧化钠}=20:7.53:4$ 时，钙化渣中氟碳铈矿特征峰强度最低，氢氧化稀土特征峰强度最高，此时氟碳铈矿钙化转型效果最好，因此稀土浸出率最高。

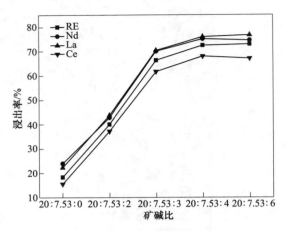

图 7-11   矿碱比对稀土浸出率的影响
（钙化液固比为 15：1，搅拌转速 300r/min，钙化时间 180min，钙化温度 220℃）

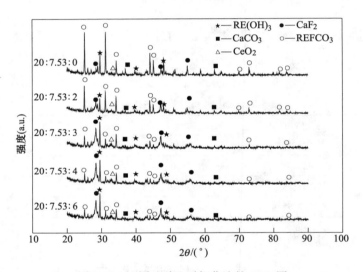

图 7-12   不同矿碱比时钙化渣的 XRD 图

由矿碱比对氟分布的影响（见表 7-9）可知，随氢氧化钠加入量的增加，氟进入液相中的含量增加，溶液碱性提高虽有利于氟碳铈矿中稀土向氢氧化稀土的转化，但会减弱氧化钙固氟作用，因此氟进入液相中的含量增加。

表 7-9   矿碱比对氟分布行为的影响

矿碱比	钙化后渣质量/g	钙化渣中氟含量/g	钙化液中氟含量/mg	钙化液中氟含量/%
20：7.53：0	27.86	1.545	0	0
20：7.53：2	28.13	1.542	4.239	0.27
20：7.53：3	28.26	1.538	5.014	0.32
20：7.53：4	28.29	1.540	5.375	0.34
20：7.53：6	28.78	1.492	9.319	0.59

7.3.4 钙化液固比的影响

由钙化液固比对稀土浸出率（见图 7-13）的影响可知，当液固比从 5∶1 增加到 15∶1 时，稀土元素的浸出率从 31.2% 增大到 72.2%。继续增大液固比到 20∶1 时，稀土元素的浸出率不再增大。液固比较小时，随着液固比的增大，溶液的黏度降低，物料间的扩散更容易进行，有利于氟碳铈矿的钙化转型，因此稀土浸出率增大。考虑液固比过大会增大废水排放，不能达到节能减排的目的，因此控制液固比在 15∶1 左右为宜。由液固比对氟分布行为的影响（见表 7-10）可知，进入液相中的氟仅占 0.3% 左右，实现了较好的钙化固氟效果。

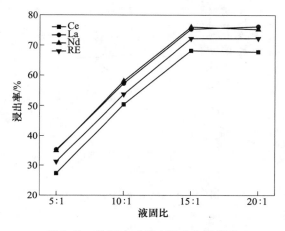

图 7-13 液固比对稀土浸出率的影响

（钙化时间 180min，搅拌转速 300r/min，钙化温度 220℃，$m_{氟碳铈精矿}∶m_{氧化钙}∶m_{氢氧化钠}=20∶7.53∶4$）

表 7-10 钙化液固比对氟分布的影响

液固比	钙化渣质量/g	钙化渣中氟含量/g	钙化液中氟含量/mg	钙化液中氟含量/%
5∶1	56.23	3.058	9.239	0.29
10∶1	56.19	3.071	10.017	0.32
15∶1	55.98	3.104	10.102	0.32
20∶1	56.20	3.088	9.890	0.31

7.4 机械化学钙化固氟分解氟碳铈矿

机械化学或机械力化学是化学学科的一个分支，主要研究机械力作用下诱发的化学或物理化学变化的科学规律。目前机械化学作为一种高效的强化浸出绿色工艺，在硫化矿、黑钨矿等金属矿物的强化浸出上都取得了很好的结果，并成功用于工业生产[17~19]。将机械化学技术用于稀土精矿的强化分解，不但可以提高稀土的浸出率，而且可以极大降低浸出介质的用量（酸或碱）以及处理温度等，将是实现稀土精矿绿色高效分解浸出的理想选择。

7.4.1   钙化温度的影响

随着钙化温度的升高，稀土浸出率先增大后减小（见图 7-14），该趋势与混合稀土矿处理过程一致，但浸出率达到最大时所需的钙化温度更低。结果表明，当温度达到 220℃ 时，稀土浸出率达到 87.9%，说明单一氟碳铈矿的分解更为容易。不同钙化温度时钙化渣的物相变化（见图 7-15）与稀土浸出率的变化趋势一致，钙化渣中主要物相为：$REFCO_3$、$RE(OH)_3$、CaF_2、$CaCO_3$，随着钙化温度升高，钙化渣中氟碳铈矿特征峰强度降低，氢氧化稀土特征峰强度变高，说明钙化转型程度增强，因此稀土浸出率最高。

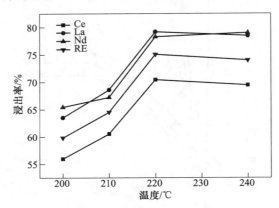

图 7-14   钙化温度对稀土浸出率的影响

（钙化液固比 8：1，矿碱比 $m_{氟碳铈精矿}$：$m_{氧化钙}$：$m_{氢氧化钠}$ = 5.075：1.911：1.015，时间 3h）

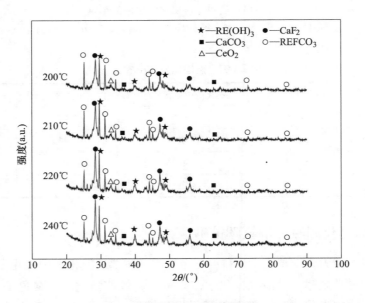

图 7-15   不同钙化温度时钙化渣的 XRD 图

由钙化温度不同时氟的分布行为（见表 7-11）可知，在所用的实验条件下，氟进入液相中含量均在 0.5% 以内，达到了较好的固氟效果。

表 7-11 钙化温度不同时氟的分布行为

钙化温度/℃	钙化渣质量/g	钙化渣中氟含量/g	钙化液中氟含量/mg	钙化液中氟含量/%
200	7.118	0.3882	1.615	0.41
210	7.168	0.3815	1.589	0.40
220	7.156	0.3828	1.723	0.43
240	7.321	0.3891	1.498	0.38

7.4.2 钙化时间的影响

由钙化时间对稀土浸出率（见图 7-16）的影响可知，随着钙化时间延长，稀土浸出率逐渐升高然后略有降低。当钙化时间为 180min 时，稀土浸出率最高，其中铈为 80.30%、镧为 90.47%、钕为 89.39%、稀土浸出率为 85.32%。由不同钙化时间下钙化渣的 XRD 图分析（见图 7-17）可知，钙化渣中主要物相为：$REFCO_3$、$RE(OH)_3$、CaF_2、$CaCO_3$，钙

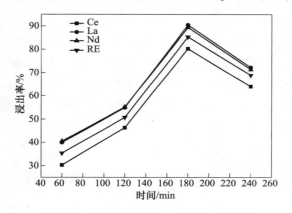

图 7-16 钙化时间对稀土浸出率的影响

（钙化液固比 8:1，矿碱比 $m_{氟碳铈精矿} : m_{氧化钙} : m_{氢氧化钠} = 5.075:1.911:1.015$，温度 220℃）

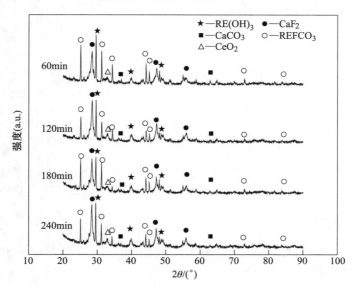

图 7-17 不同钙化时间时钙化渣的 XRD 图

化时间在 120~180min 时氟碳铈矿相衍射峰强度降低，该时间段内钙化转型效果最好，因此控制钙化时间在 180min 左右为宜。

由不同时间条件下氟分布行为（见表 7-12）可知，进入钙化液中的氟含量均处于 0.5% 以下，说明实现了较好的固氟效果。

表 7-12　不同时间时氟的分布行为

钙化时间/min	钙化渣质量/g	钙化渣中氟含量/g	钙化液中氟含量/mg	钙化液中氟含量/%
60	7.362	0.3901	1.439	0.36
120	7.220	0.3833	1.521	0.38
180	7.476	0.3908	1.620	0.41
240	7.199	0.3879	1.508	0.38

7.4.3　钙化矿碱比的影响

氢氧化钠加入量对氟碳铈矿中稀土元素的浸出效率影响较大（见图 7-18），未加氢氧化钠时稀土元素的总浸出率仅为 26% 左右。体系中稀土矿物、NaOH 与 CaO 的质量比为 5.075∶1.911∶1.015 时，稀土的总浸出率为 50.77%，而继续增加氧化钙和氢氧化钠的加入量稀土浸出率没有明显变化。由不同矿碱比下钙化渣的 XRD 分析（见图 7-19）可知，钙化渣中氟碳铈矿与氢氧化稀土特征峰强度变化趋势与稀土浸出率变化趋势一致。因此控制矿碱比稀土矿物、NaOH 与 CaO 的质量比为 5.075∶1.911∶1.015 时为宜。

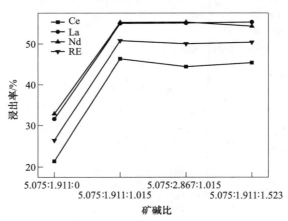

图 7-18　矿碱比对稀土浸出率的影响
(液固比 8∶1，温度 220℃，时间 2h)

由矿碱比对氟分布行为影响（见表 7-13）可知，进入液相中的氟含量均在 0.58% 以下，可实现较好的钙化固氟效果。

7.4.4　钙化液固比的影响

由钙化液固比对稀土浸出率（见图 7-20）的影响可知，当液固比从 2∶1 增加到 5∶1 时，稀土元素的浸出率从 24.9% 增大到 75.1%。继续增大液固比到 15∶1 时，稀土元素的浸出率迅速降低。这是因为过高液固比减缓了球磨过程中磨球的碰撞作用，削弱机械力的

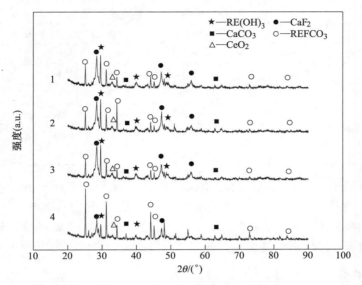

图 7-19 不同矿碱比时钙化渣的 XRD 图

1—5.075∶1.911∶1.523；2—5.075∶2.867∶1.015；3—5.075∶1.911∶1.015；4—5.075∶1.911∶0

表 7-13　不同矿碱比时氟的分布行为

矿碱比（稀土矿物∶ NaOH∶CaO）	钙化渣质量/g	钙化渣中氟含量/g	钙化液中氟含量/mg	钙化液中氟含量/%
5.075∶1.911∶1.523	7.225	0.3892	2.315	0.58
5.075∶2.867∶1.015	8.511	0.3760	1.671	0.42
5.075∶1.911∶1.015	7.220	0.3879	1.656	0.42
5.075∶1.911∶0	6.724	0.3908	0	0

做功效果。故控制液固比在 5∶1 左右为宜。由液固比对氟分布行为影响（见表 7-14）可知，进入到液相中氟含量均在 0.5% 以下，实现了较好的钙化固氟效果。

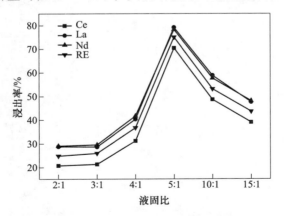

图 7-20　钙化液固比对稀土浸出率的影响

（钙化时间 180min，矿碱比 $m_{氟碳铈精矿}∶m_{氧化钙}∶m_{氢氧化钠}=5.075∶1.911∶1.015$，温度 220℃）

表 7-14   不同钙化液固比时氟的分布行为

液固比	钙化渣质量/g	钙化渣中氟含量/g	钙化液中氟含量/mg	钙化液中氟含量/%
2:1	7.1658	0.3921	1.516	0.38
3:1	7.2502	0.3856	1.687	0.42
4:1	7.1622	0.3891	1.555	0.39
5:1	7.1555	0.3828	1.602	0.40
10:1	7.2035	0.3822	1.623	0.41
15:1	7.2085	0.3818	1.598	0.40

综上，采用机械化学钙化固氟分解氟碳铈矿，在钙化时间 180min，钙化温度 220℃，氧化钙加入量（质量分数）35%，氢氧化钠加入量（质量分数）20%时，可将液固比从加压钙化分解过程中的 15:1 显著降低到 5:1，稀土浸出率从 72.2% 提高到 75.1%，因此，机械化学技术可有效降低废水排放，实现工艺的清洁绿色高效生产[15,16]。

7.5   机械化学分解氟碳铈矿动力学

使用氢氧化钠溶液直接机械化学分解氟碳铈矿，其反应如下：

$$REFCO_3 + 3NaOH \Longrightarrow RE(OH)_3 + NaF + Na_2CO_3 \qquad (7-7)$$

氟碳铈矿机械化学分解反应过程是一个边磨边破边反应的过程，氟碳铈矿矿物颗粒遭到磨球强烈的机械力作用，使球磨颗粒粒度减小、比表面积增加、位错增加、非晶化增加，这些变化引起球磨颗粒反应活性增加，从而极大地提高反应动力学速率。对于机械化学反应的动力学过程，反应在超低液固比（0.8:1）条件下进行，反应过程中氢氧根离子浓度不断变化；矿物颗粒持续遭到破碎，颗粒形状越发不规则。基于上述特点，使用第 2 章分形动力学模型对转速、温度等条件下的氟碳铈矿机械化学分解动力学进行拟合。

7.5.1   转速的影响

由氟碳铈矿分解率随转速的变化（见图 7-21）可知，随转速增加，分解率呈现出先增大

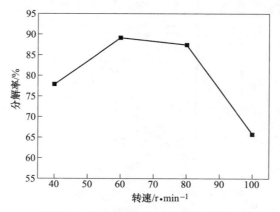

图 7-21   转速对氟碳铈矿分解率的影响

（装填量为 30%，球料比 21:1，配球比 6mm:8mm:10mm=1:1:1，氢氧化钠浓度 56%，液固比 0.8:1，时间 60min，温度 180℃）

后减小的趋势，在转速为 60r/min 时出现峰值，达到 89.1%，说明适当提高转速，可以强化矿物的分解效果。转速越快，磨球碰撞瞬间产生的机械力越大，颗粒晶格内部积累的能量就越大，也就容易诱发化学反应。但是当转速达到临界转速之后，磨球与物料的相对滑动趋势的减小导致磨球对物料的作用力减小，机械能的利用率降低，氟碳铈矿的分解率下降。

7.5.2 温度的影响

由温度对分解率的影响（见图 7-22）可知，随着温度升高，氟碳铈矿分解率随之增大，但增幅并不明显。当温度从 120℃提高到 180℃时，氟碳铈矿分解率从 80.6%增加到 92.0%。这时因为机械力也会造成局部升温，磨球与磨球、磨球与反应器内壁之间强烈的机械摩擦、剪切和碰撞，造成微小局部空间的高温和高压，从而诱发化学反应。因此外加温度对分解率的影响有所减小，升高温度对分解率的影响不是很显著[20]。

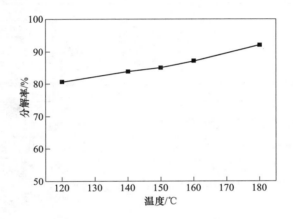

图 7-22　温度对氟碳铈矿分解率的影响

（装填量为 30%，球料比 21:1，配球比 6mm:8mm:10mm=1:1:1，转速 60r/min，
氢氧化钠浓度 56%，液固比 0.8:1，时间 60min）

7.5.3 机械化学分解过程的动力学研究

数学模型法是研究冶金过程动力学的基本方法，根据所观察到的变化，归纳出反应变量关系的数学公式，来描述研究对象的发展规律。这套数学公式也是动力学模型。未反应收缩核模型是最经典的研究液固反应的动力学模型，通常模型假定：（1）溶液离子浓度保持恒定，不随时间变化；（2）反应物颗粒是完美的球形。然而，用其直接地描述机械化学反应的动力学过程是相当困难的，其难点在于：机械化学反应是一个动态的变化过程，（1）反应界面处反应物离子浓度随时间持续变化；（2）颗粒形状越发不规则。在未反应收缩核模型的基础上，考虑了氢氧根离子浓度的变化和颗粒形状的不规则性，建立了用于描述氟碳铈矿机械化学分解过程的分形模型。动力学所有实验条件见图 7-23 和表 7-15。

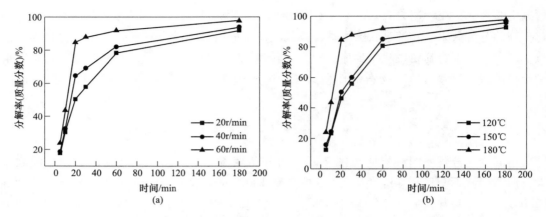

图 7-23 不同球磨转速（a）和分解温度（b）条件下氟碳铈矿分解率随时间变化

表 7-15 实验条件

实　　验	转速/r·min^{-1}	温度/℃
a	20	180
b	40	180
c	60	180
d	60	120
e	60	150

7.5.3.1 反应物离子浓度变化的模型

考虑到机械化学分解过程中，OH^-离子浓度随时间不断变化，依照 Pereira 等人的研究，本节将建立一个 OH^-离子浓度变化的动态模型[21~23]。当分解过程受化学反应控制，模型认为分解过程反应速率与颗粒的表面积 A 呈正比，即：

$$\frac{d\alpha}{dt} = k'Ac_{OH^-} \tag{7-8}$$

式中，α 和 c_{OH^-} 分别为精矿的分解率和溶液中 OH^- 离子的浓度；k' 为动力学速率常数。

假设溶液中颗粒的形状为球体，颗粒的表面积可表示为：

$$A = N4\pi r_c^2 \tag{7-9}$$

式中，N 为参与反应的颗粒数量；r_c 为未反应核颗粒的平均半径。

随着氟碳铈矿分解的不断进行，颗粒半径不断发生变化，可建立分解率 α 与未反应核颗粒体积变化的关系：

$$1 - \alpha = \frac{\frac{4}{3}\pi r_c^3}{\frac{4}{3}\pi R_0^3} \tag{7-10}$$

式中，R_0 为颗粒的初始半径。

将式（7-10）变形，可得到颗粒半径与分解率的关系：

$$\frac{r_c}{R_0} = (1 - \alpha)^{\frac{1}{3}} \tag{7-11}$$

将式（7-8）、式（7-9）和式（7-11）合并，得到式（7-12）：

$$\frac{d\alpha}{dt} = k_c(1-\alpha)^{\frac{2}{3}} \cdot c_{OH^-}$$ （7-12）

式中，k_c 为受化学反应控制的反应动力学常数，与机械力的作用有关。

根据分解过程，c_{OH^-} 可表示为初始溶液中 OH^- 浓度与反应的 OH^- 浓度的差：

$$c_{OH^-} = c_{OH^-}^0 - c_{\Delta OH^-}$$ （7-13）

式中，$c_{OH^-}^0$ 为反应开始时 OH^- 的初始浓度；$c_{\Delta OH^-}$ 为反应消耗的 OH^- 浓度。

反应消耗的 OH^- 浓度与反应消耗的 OH^- 的物质的量的关系为：

$$c_{\Delta OH^-} = \frac{N_{\Delta OH^-}}{V}$$ （7-14）

式中，$N_{\Delta OH^-}$ 为消耗的 OH^- 离子的物质的量；V 为氢氧化钠溶液的体积。

随着反应的进行，由式（7-7）中的反应可知，每消耗 3mol 的 OH^- 离子，就会有 1mol 的氟在溶液中生成，两者的关系可表达如下：

$$N_{\Delta OH^-} = 3N_F$$ （7-15）

式中，N_F 为溶液中生成的氟离子的物质的量。

根据氟碳铈矿分解率的计算，溶液中生成的 N_F 与分解率 α 的关系为：

$$N_F = \frac{m_F}{M_F} = \frac{m_{F0}\alpha}{M_F}$$ （7-16）

式中，M_F 为氟的相对原子质量；m_F 和 m_{F0} 分别为氟在溶液中和氟碳铈矿中的质量。

合并式（7-13）~式（7-16），溶液中 OH^- 离子浓度可表达为：

$$c_{OH^-} = c_{OH^-}^0 - \frac{3m_{F0}\alpha}{M_F V}$$ （7-17）

将式（7-17）与式（7-12）合并，可得到关于 OH^- 离子浓度的受化学反应控制的模型，模型最终表达式为：

模型 1
$$\frac{d\alpha}{dt} = k_c(1-\alpha)^{\frac{2}{3}}\left(c_{OH^-}^0 - \frac{3m_{F0}\alpha}{M_F V}\right)$$ （7-18）

当分解过程受通过产物层的扩散控制，建立了瞬时分解率随时间变化的模型，模型的推导过程如下。

未反应核模型认为，在分解过程中，OH^- 和未反应核都向颗粒的中心移动。假设由于产物层的产生，反应前后颗粒边界不受到化学反应的影响，OH^- 的瞬时反应速率可以由 OH^- 向未反应核表面扩散速率表示：

$$-\frac{dN_{OH^-}}{dt} = 4\pi r^2 q_{OH^-} = 4\pi R_0^2 q_{OH^-,s} = 4\pi r_c^2 q_{OH^-,c}$$ （7-19）

式中，N_{OH^-} 为 OH^- 在溶液中的物质的量；q_{OH^-}、$q_{OH^-,s}$ 和 $q_{OH^-,c}$ 分别为 OH^- 通过颗粒任意半径 r 处表面的通量、颗粒外表面（向内为正，向外为负）的通量和未反应核表面的通量；R_0 为颗粒的半径；r_c 为未反应核半径。

根据菲克定理，将 OH^- 在产物层中的通量取正，可表示为：

$$q_{OH^-} = D_e \frac{dc_{OH^-}}{dr}$$ （7-20）

式中，D_e 为 OH^- 在产物层中的有效扩散系数，与机械力的作用有关。

将式（7-19）和式（7-20）合并，可建立扩散速率的方程：

$$-\frac{dN_{OH^-}}{dt} = 4\pi r^2 D_e \frac{dc_{OH^-}}{dr} \tag{7-21}$$

两边从 r_c 到 R_0 同时积分，可得：

$$-\frac{dN_{OH^-}}{dt}\left(\frac{1}{r_c} - \frac{1}{R_0}\right) = 4\pi D_e c_{OH^-} \tag{7-22}$$

式中，c_{OH^-} 为 OH^- 在溶液中的浓度。

又可知 N_{OH^-} 与分解率 α 的关系为：

$$N_{OH^-} = c_{OH^-} V = \left(c_{OH^-}^0 - \frac{3m_{F0}\alpha}{M_F V}\right) V \tag{7-23}$$

因此得：

$$-\frac{dN_{OH^-}}{dt} = \frac{3m_{F0}\alpha}{M_F V} \frac{d\alpha}{dt} \tag{7-24}$$

将式（7-11）、式（7-23）与式（7-24）合并，同时将有效扩散系数与其他相关常数合并，可得到受内扩散控制的氟碳铈矿机械化学分解过程的动力学模型：

模型 2
$$\frac{d\alpha}{dt} = k_d \frac{c_{OH^-}^0 - \dfrac{3m_{F0}\alpha}{M_F V}}{(1-\alpha)^{-1/3} - 1} \tag{7-25}$$

将方程做积分处理，可得到分解过程中氟碳铈矿的瞬时分解率。积分的初始边界条件为 $t=0$，$\alpha=0$。但方程中的参数，例如反应速率常数等很难通过实验获得，故本书采用非线性回归分析法比较实验结果与模型的关系，结合 Levenberg-Marquardt 法，改变模型参数，例如 k 的值，使模型与实验数据间达到最大拟合度。借助 Matlab 软件完成拟合过程，以 R^2 表征模型与实验结果之间的拟合程度。

采用非线性回归分析，氟碳铈矿在不同分解条件下的实验结果拟合到模型 1 和模型 2 中（见图 7-24 和表 7-16）。对于化学反应控制的模型，模型 1 与实验值之间的相关系数范围在 0.966~0.992 之间；对于内扩散控制模型，模型 2 与实验值之间的相关系数范围在 0.936~0.977 之间。

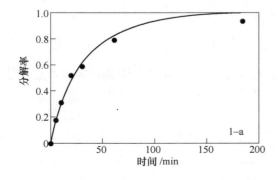
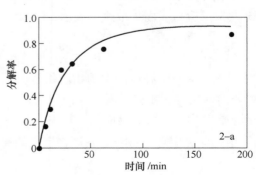

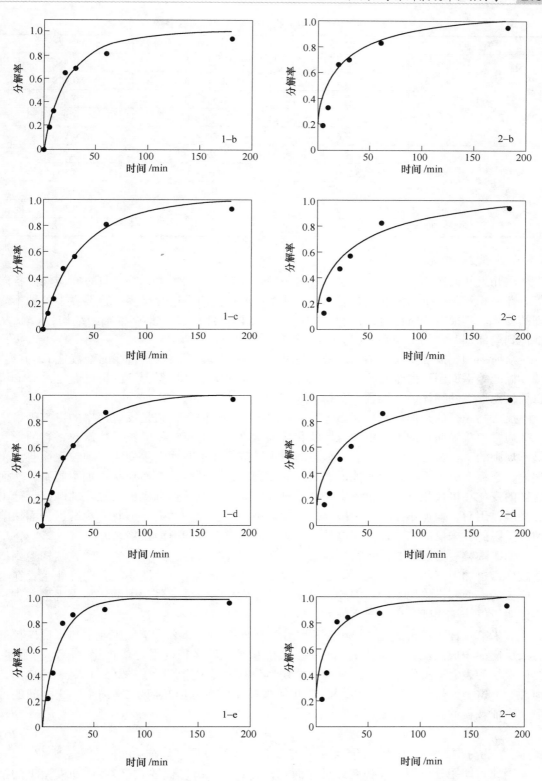

图 7-24　模型 1 和模型 2 对实验数据的拟合

表 7-16 使用模型 1 和模型 2 获得的实验参数

模 型	实 验	速率常数 k	分形维数 p
1	a	1.722×10^{-3}	0.986
	b	2.317×10^{-3}	0.978
	c	1.544×10^{-3}	0.991
	d	1.774×10^{-3}	0.992
	e	3.890×10^{-3}	0.966
2	a	2.192×10^{-6}	0.977
	b	3.468×10^{-4}	0.964
	c	2.056×10^{-4}	0.968
	d	2.481×10^{-4}	0.960
	e	7.305×10^{-4}	0.936

7.5.3.2 分形动力学

欧几里几何理论假设空间平整没有内曲率,没有孔隙和边界,并且具有同质性和各向等方性。相对于传统的欧几里几何的理论体系,分形几何更适合于表征自然界中各种不规则的物体。其模型的特征包括:(1)具有某种自相似性;(2)具有精细的结构;(3)从整体到局部都非常的不规则;(4)定义简单。

众所周知,欧几里几何中,用来描述物体的维数都是正整数:直线的维数是 1,方形、圆、椭圆等平面图形的维数是 2,立方体、球等立体图形的维数是 3。相对而言,分形可以用任意形态的物体,其维数为 0~3 之间的任意正数。

反应物颗粒的几何形态显著影响着液固两相的接触面积,它是反应速率的影响因素之一。通常,接触面积的大小由颗粒形状和粒度所决定。对于初始的氟矿物颗粒,它的形状是不规则的。在参与化学反应后,颗粒的表观结构更在不断地发生变化,颗粒表面会产生裂痕,裂痕部分会不断发生腐蚀形成微孔或孔洞,这使颗粒的表面形状更加不规则,然而这样的变化在机械化学反应过程中是更加显著的。反应颗粒受到机械力强烈的摩擦、撞击和挤压作用后,颗粒不断地发生破碎,粒度减小、比表面积增大、形状不规则、表面缺陷增加。因此,未反应核表面是粗糙的、不规则的、带有高的表面缺陷。

原矿颗粒表面虽然光滑致密,但形状任意。在经过机械化学分解后,颗粒结构遭到严重破坏,再加上产物层的覆集,颗粒表面变得粗糙,杂乱无章,缺陷和孔洞可能生长在未反应核的表面和产物层当中。因此,氟碳铈矿在机械化学分解过程中的实际表现形态进一步证明了以传统的欧几里几何表征的反应面积的不适宜性。

如果氟碳铈矿的机械化学分解过程受化学反应控制,那么化学反应速率与未反应核的有效反应面积成正比。在欧几里几何中,表面积与颗粒半径的平方成正比。但如前所述,初始颗粒的表面形态便不规则并且在机械化学分解过程中遭到严重破坏,相对于经典的几何理论,这个无规律的体系可以用分形几何来描述。在分形几何中,使用 1~3 之间的维数来表征颗粒的有效反应面积[22~24]:

$$A_p = k'_p r^p \tag{7-26}$$

式中,p 为分形维数;A_p 为分形面积;k'_p 是反应面积与分形维数有关的反应速率常数。

因此,使用分形面积代替有效反应面积,将式(7-26)代替式(7-9)到模型 1 的推导当中,模型 1 可转变为模型 3,受化学反应控制的分形模型可表示如下:

模型 3
$$\frac{\mathrm{d}\alpha}{\mathrm{d}t} = k_c(1 - \alpha)^{p/3}c_{OH^-}$$ 　　　　(7-27)

式中，分形维数 p 表示有效反应面积，有两层意思：从静态角度，分形维数表示了颗粒形状的不规则及反应表面的粗糙程度；从动态来讲，分形维数表明了在机械化学分解过程中颗粒形态及表面结构的变化情况。因此，引入分形维数能够将机械化学反应动力学这一动态的过程更形象地描述出来。

由模型 3 与实验数据的对比结果（见图 7-25 和表 7-17）可知，模型 3 与实验数据的拟合度要远远优于模型 1 对实验数据的拟合，各个模型与对应实验数据之间的相关系数都高于 0.98，说明采用分形维数表示的颗粒表面有效反应面积要优于传统几何中的二维平面。且从表 7-17 中可知，得到的分形维数都处在 1~3 之间。

相似地，如果氟碳铈矿的机械化学分解过程受内扩散控制，这时将式（7-26）替代式（7-19）到模型 2 的推导当中，模型 2 可转变为模型 4，受内扩散控制的分形模型可表示如下：

模型 4
$$\frac{\mathrm{d}\alpha}{\mathrm{d}t} = k\frac{c_{OH^-}}{(1 - \alpha)^{(1-p)/3} - 1}$$ 　　　　(7-28)

式中分形维数 p 不仅能够反映 OH⁻ 离子在产物层中的扩散面积，还能够反映在机械分解过程中产物层的结构变化。颗粒在机械化学分解过程中，由于颗粒表面各方向受机械力强度不同，形成的产物层也是不均匀的。如果产物层较疏松，OH⁻ 离子的扩散速率大，分解程度加大，产物层加厚；有的部分比较致密，对颗粒的分解程度相对较小；还有的部分被机械力直接剥离，使未反应核表面与溶液直接接触。因此分形维数 p 也一定程度上反映了产物层的结构变化。

同样，采用非线性回归数值分析法在 Matlab 程序中对模型 4 进行实验拟合（见图 7-25 和表 7-17），对比模型 2，由于分形几何的引入，模型 4 与实验数据的拟合程度提高，其拟合度在 0.94~0.98 之间。

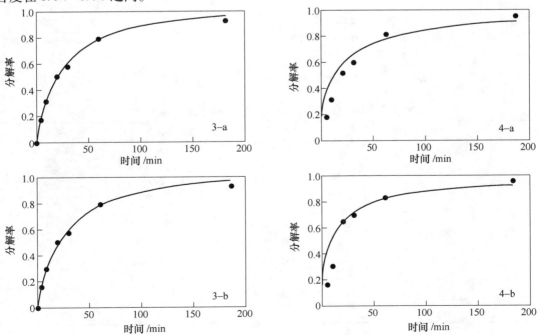

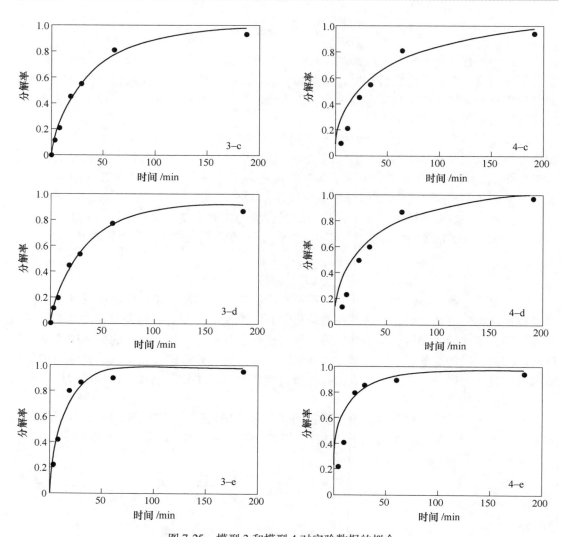

图 7-25   模型 3 和模型 4 对实验数据的拟合

表 7-17   使用模型 3 和模型 4 获得的实验参数

模　型	实　验	速率常数 k	分形维数 p	相关系数 R^2
	a	$2.005×10^{-3}$	1.519	0.997
	b	$2.712×10^{-3}$	1.719	0.982
3	c	$1.599×10^{-3}$	2.343	0.992
	d	$1.855×10^{-3}$	2.999	0.994
	e	$3.701×10^{-3}$	3.000	0.969
	a	$3.718×10^{-7}$	1.001	0.977
	b	$3.199×10^{-6}$	1.005	0.966
4	c	$1.656×10^{-6}$	1.007	0.972
	d	$4.808×10^{-6}$	1.026	0.965
	e	$1.601×10^{-3}$	2.695	0.940

　　在所有模型当中，显然模型 3 与实验数据间的拟合度最好。利用反应速率常数与温度的关系（见图 7-26），通过阿累尼乌斯公式可求得该模型下活化能的数值，计算的活化能为 20.36kJ/mol，这表明该过程由化学反应控制。因此可确定氟碳铈矿机械化学分解过程由化学反应控制。

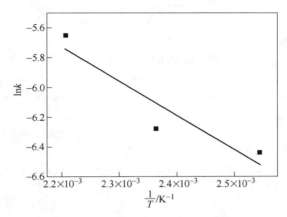

图 7-26　反应速率常数与温度关系的阿累尼乌斯图

参 考 文 献

[1] 徐光宪. 稀土（上册）[M]. 北京：冶金工业出版社，1995：401~420.

[2] 黄宇坤. 微波强化分解包头稀土矿清洁工艺的基础研究 [D]. 沈阳：东北大学，2017.

[3] 吴志颖，吴文远，孙树臣，等. 混合稀土精矿氧化焙烧过程中氟的逸出规律研究 [J]. 稀土，2009，30（6）：18~21.

[4] Huang X W, Long Z Q, Li H W, et al. Development of rare earth hydrometallurgy technology in China [J]. Journal of Rare Earths, 2005, 23（1）：1~5.

[5] Huang X W, Long Z Q, Wang L S, et al. Technology development for rare earth cleaner hydrometallurgy in China [J]. Rare Metals, 2015, 34（4）：215~222.

[6] 黄小卫，李红卫，薛向欣，等. 我国稀土湿法冶金发展状况及研究进展 [J]. 中国稀土学报，2006，24（2）：129~133.

[7] Li M, Zhang X, Liu Z, et al. Kinetics of leaching fluoride from mixed rare earth concentrate with hydrochloric acid and aluminum chloride [J]. Hydrometallurgy, 2013, 140（11）：71~76.

[8] 刘海蛟，许延辉，孟志军，等. 浓碱法分解包头混合稀土矿的静态工艺条件研究 [J]. 稀土，2011，32（1）：68~71.

[9] Jha M K, Kumari A, Panda R, et al. Review on hydrometallurgical recovery of rare earth metals [J]. Hydrometallurgy, 2016, 165：2~26.

[10] Wang L S, Huang X W, Yu Y, et al. Towards cleaner production of rare earth elements from bastnaesite in China [J]. Journal of Cleaner Production, 2017, 165：231~242.

[11] Chen L, Wu Y L, Dong H J, et al. An overview on membrane strategies for rare earths extraction and separation [J]. Separation and Purification Technology, 2018, 197：70~85.

[12] 张国成，黄小卫. 氟碳铈矿冶炼工艺述评 [J]. 稀有金属，1997，21（3）：193~199.

［13］豆志河，刘江，张廷安，等. 氟碳铈精矿钙化转型渣酸浸研究［J］. 东北大学学报（自然科学版），2015，36（5）：680~684.

［14］刘江. 包头混合稀土矿钙化转型高效提取稀土的研究［D］. 沈阳：东北大学，2015.

［15］唐方方. 氟碳铈矿钙化转型高效提取稀土的研究［D］. 沈阳：东北大学，2014.

［16］Liu J, Zhang T A, Dou Z H, et al. Decomposition process of bastnaesite concentrate in NaOH-CaO-H_2O system［J］. Journal of Rare Earths, 2019, 37（7）：760~766.

［17］陶德宁. 机械化学活化黑钨矿［J］. 铀矿冶，1994（2）：140.

［18］李运姣，李洪桂，刘茂盛，等. 浅谈机械活化在湿法冶金中的应用［J］. 稀有金属与硬质合金，1993（3）：38~42.

［19］Zhang C L, Zhao Y C. Mechanochemical leaching of sphalerite in an alkaline solution containing lead carbonate［J］. Hydrometallurgy, 2009, 100：56~59.

［20］Liu J, Zhang T A, Dou Z H. Mechanochemical decomposition on（rare earth）bastnaesite concentrate in NaOH solution［J］. Minerals Engineering, 2019, 137：27~33.

［21］Pereira J A M, Schwaab M, Dell'Oro E, et al. The kinetics of gibbsite dissolution in NaOH［J］. Hydrometallurgy, 2009, 96（1~2）：6~13.

［22］鲍丽. 铝土矿溶出过程热分析动力学及溶出模型的研究［D］. 沈阳：东北大学，2011.

［23］Liu Jiang, Dou Zhihe, Zhang Ting'an. The kinetic study on bastnaesite concentrate mechanochemical decomposition in NaOH solution［J］. Journal of Rare Earth, 2010, 38（4）：418~426.

［24］Bao L, Nguyen A V. Developing a physically consistent model for gibbsite leaching kinetics［J］. Hydrometallurgy, 2010, 104（1）：86~98.

8 加压预氧化—液氯化浸出金矿技术

8.1 引言

黄金是人类较早发现和利用的金属，自古以来被视为五金之首，有"金属之王"的称号。黄金广泛应用于首饰、电子工业、航空航天、化学工业及医疗等行业。作为特殊商品，黄金在金融储备货币中发挥重要作用。随着易处理金矿资源日益减少，如何合理、高效、环保地开发利用难处理金矿资源已成为我国当前面对的主要技术问题。

难处理金矿浸出时，为提高金回收率，须对金精矿进行预处理。目前，工业实践中难处理金矿预处理的方法主要有焙烧氧化法、生物氧化法、加压氧化法等[1]。其中加压氧化法金回收率高、"三废"排放量小，是比较理想的难处理金矿预处理方法。

金浸出方法按照浸出剂的组成，分成氰化法和非氰化法。氰化法提金工艺简单，成本低廉，但氰化浸金致命的缺点是该方法具有剧毒性。液氯化法是非氰化法的一种，对环境污染小，浸出速度快，对难处理矿石的金浸出率较其他方法高。

基于此，本章围绕"加压预氧化—液氯化浸出—树脂矿浆吸附"工艺，系统阐述该方法的技术原理、热力学及工艺过程。

8.2 加压预氧化—液氯化浸出—树脂矿浆吸附工艺的原理及流程

难处理金矿浸出时，由于包裹现象使得氰化物溶液不能与金矿物有效接触，且存在耗氰耗氧物质、劫金物质、导电矿物时较难浸出。因此难处理金矿须进行预处理，使被包裹的金粒裸露出来，除去砷、锑、有机碳等妨碍氰化浸出的有害杂质或改变其理化性能，同时使难浸出的金碲化合物等矿物转变为易溶于氰化物的溶液，从而提高金的回收率[2]。金精矿加压氧化的原理是在高温、高压、有氧条件下，用酸或碱分解矿石中包裹金的硫、砷矿物，使金暴露出来[3~7]，该方法具有氧化时间短、氧化彻底、金浸出率高、适应性广、环境污染小等优点[8]。本节介绍了金精矿的加压预氧化工艺原理。

8.2.1 加压预氧化技术原理

8.2.1.1 酸性加压预氧化

酸性介质加压预氧化是目前分解黄铁矿和毒砂最有效的方法，其反应过程是在高温高压条件下通入氧气，使毒砂和黄铁矿完全分解。其中，铁元素转化为氧化物，硫元素转化为硫酸盐，砷元素转化为砷酸盐，部分铁和砷元素可形成砷酸铁沉淀，包裹金则暴露出来。黄铁矿和砷黄铁矿是最常见的载金矿物，了解它们的行为对提高酸性热压氧化效率极为重要。

A 黄铁矿的行为

酸性加压预氧化过程中，黄铁矿存在两个平行的氧化竞争反应：

$$2FeS_2 + 7O_2 + 2H_2O \Longrightarrow 2FeSO_4 + 2H_2SO_4$$

$$\tag{8-1}$$

$$FeS_2 + 2O_2 = FeSO_4 + S^0 \tag{8-2}$$

反应产生的亚铁离子可进一步氧化为高铁离子：

$$4FeSO_4 + O_2 + 2H_2SO_4 = 2Fe_2(SO_4)_3 + 2H_2O \tag{8-3}$$

黄铁矿的氧化程度与温度、时间、氧分压、酸度及硫酸盐浓度等因素有关。当反应温度高于硫的熔点（120℃）时，反应主要为式（8-1）。

单质硫的生成是低温时金回收率低的一个重要原因。在低于120℃时，熔融的单质硫能够有效捕集未反应的硫化物，从而阻碍了载金硫化物的继续氧化[9]。熔融单质硫还会包裹金颗粒，并增加氰化物和氧气的消耗量，严重影响金的氰化浸出。因此，酸性加压预氧化浸出温度应高于160℃，最好高于175℃，可促使硫元素及硫化物完全被氧化。

$$2S^0 + 3O_2 + 2H_2O = 2H_2SO_4 \tag{8-4}$$

在某些条件下产物中发现一种含铁、砷和硫的复杂物质，它们物质的量的比为2:1:1，类似于砷铁矾和 $Fe_2(AsO_4)(SO_4)OH \cdot nH_2O$。当溶液中含有钾、钠（某些脉石溶解产生）时，部分硫酸铁水解为相应的黄钾铁矾。

$$3Fe_2(SO_4)_3 + K_2SO_4 + 12H_2O = 2KFe_3(SO_4)_2 \cdot (OH)_6 + 6H_2SO_4 \tag{8-5}$$

某些诸如银、汞、铅等元素，可通过取代钠、钾或水合氢离子而沉淀为黄钾铁矾，或者在其中形成固溶体等沉淀。

B　砷黄铁矿的行为

100~150℃条件下，当硫酸和硫酸铁大量存在时，单质硫主要由砷黄铁矿的氧化产生（见式（8-6）~式（8-9））。前文已提到硫化矿物氧化反应最适宜的温度应不低于175℃，这样硫化物及中间产物 S^0 能被彻底氧化为硫酸盐。

$$4FeAsS + 7O_2 + 4H_2SO_4 + 2H_2O = 4H_3AsO_4 + 4FeSO_4 + 4S^0 \tag{8-6}$$

$$2FeAsS + 7Fe_2(SO_4)_3 + 8H_2O = 16FeSO_4 + 2H_3AsO_4 + 5H_2SO_4 + 2S^0 \tag{8-7}$$

$$2Fe_7S_8 + 14H_2SO_4 + 7O_2 = 14FeSO_4 + 16S^0 + 14H_2O \tag{8-8}$$

$$Fe_7S_8 + 7Fe_2(SO_4)_3 = 21FeSO_4 + 8S^0 \tag{8-9}$$

氧化金属硫化物时产生的 S^0 会在待浸矿物上形成厚厚的保护层（见式（8-10）），砷黄铁矿中所有 S^{2-} 均可转化为 SO_4^{2-}（见式（8-11）），黄铁矿和磁黄铁矿在高温条件下的氧化也具有类似的机理（见式（8-12）和式（8-13））。同时，Fe^{2+} 和 As^{3+} 也会进一步氧化（见式（8-14）~式（8-16））。

$$MS = M^{2+} + S^0 + 2e \tag{8-10}$$

$$4FeAsS + 13O_2 + 6H_2O = 4H_3AsO_4 + 4FeSO_4 \tag{8-11}$$

$$2FeS_2 + 7O_2 + 2H_2O = 2FeSO_4 + 2H_2SO_4 \tag{8-12}$$

$$2Fe_7S_8 + 31O_2 + 2H_2O = 14FeSO_4 + 2H_2SO_4 \tag{8-13}$$

$$4FeSO_4 + 2H_2SO_4 + O_2 = 2Fe_2(SO_4)_3 + 2H_2O \tag{8-14}$$

$$2FeAsS + 7O_2 + H_2SO_4 + 2H_2O = Fe_2(SO_4)_3 + 2H_3AsO_4 \tag{8-15}$$

$$2HAsO_2 + O_2 + 2H_2O = 2H_3AsO_4 \tag{8-16}$$

8.2.1.2　碱性加压预氧化

当金矿被黄铁矿和毒砂包裹时，还含有较多的碳酸盐等耗酸量较高的碱性物质，此时用酸性加压氧化将消耗大量的酸,因此采用碱性加压预氧化较为理想。碱性加压预氧化是指在碱性介质中通入高压氧从而完成对毒砂和黄铁矿的分解,该法的优点是采用碱性介质,作业温度低、设备腐蚀轻、无污染。但该法存在分解不彻底,固体产物形成新的包裹体,后续过程金的浸出率不高等问题,妨碍了碱性加压氧化法的进一步发展。

A 黄铁矿的行为

黄铁矿在碱性介质中加压预氧化工艺过程的主要化学反应为式(8-17):

$$2FeS_2 + 7O_2 + 8NaOH === 2Fe(OH)_2 + 4Na_2SO_4 + 2H_2O \qquad (8-17)$$

碱性(石灰)加压预氧化过程中,黄铁矿的主要化学反应见式(8-18):

$$4FeS_2 + 15O_2 + 8Ca(OH)_2 === 2Fe_2O_3 + 8CaSO_4 + 8H_2O \qquad (8-18)$$

在氨介质中进行加压预氧化时,过量氨存在的条件下,简单的金属硫化物可转变为可溶性硫酸盐或不溶的氢氧化物。复杂的金属硫化物经氧化分解,铜、镍等转入溶液,铁留在渣中:

$$4CuFeS_2 + 17O_2 + 24NH_4OH === 4Cu(NH_3)_4SO_4 + 4(NH_4)_2SO_4 + 2Fe_2O_3 + 20H_2O$$
$$(8-19)$$

$$4FeS_2 + 15O_2 + 16NH_4OH === 8(NH_4)_2SO_4 + 2Fe_2O_3 + 8H_2O \qquad (8-20)$$
$$4Au + 13O_2 + 12S_2O_2^{3-} + 14H_2O === 4Au(S_2O_3)_3^{2-} + 28OH^- \qquad (8-21)$$
$$4Au + O_2 + 4HS^- === 4AuS^- + 2H_2O \qquad (8-22)$$

方铅矿转变为 $PbSO_4 \cdot Fe_2(SO_4)_3 \cdot 4Fe(OH)_3$ 并留在渣中。砷元素以 AsO_4^{3-} 形式转入溶液,在氨介质中可呈铵镁复盐或铵钙复盐析出:

$$(NH_4)_3AsO_4 + MgCl_2 === NH_4MgAsO_4 \downarrow + 2NH_4Cl \qquad (8-23)$$
$$(NH_4)_3AsO_4 + CaCl_2 === NH_4CaAsO_4 \downarrow + 2NH_4Cl \qquad (8-24)$$

B 砷黄铁矿的行为

碱性加压预氧化过程中,硫化物中的硫、砷和铁分别被氧化成硫酸盐、砷酸盐和赤铁矿,最终导致硫化物晶体的破坏,使其包裹的金暴露出来,可采用氰化法回收:

$$2FeAsS + 5Ca(OH)_2 + 7O_2 === Fe_2O_3 + Ca_3(AsO_4)_2 + 5H_2O + 2CaSO_4 \quad (8-25)$$
$$Ca(OH)_2 + H_2SO_4 === CaSO_4 + 2H_2O \qquad (8-26)$$
$$SiO_2 + Ca(OH)_2 === CaSiO_3 + H_2O \qquad (8-27)$$
$$Al_2O_3 \cdot nH_2O + Ca(OH)_2 === Ca(AlO_2)_2 + (n+1)H_2O \qquad (8-28)$$

碱性加压预氧化法处理耗酸量高的难处理含金硫化物矿石的过程反应见式(8-29)~式(8-32):

$$2FeAsS + 10NaOH + 7O_2 === 2Fe(OH)_3 + 2Na_3AsO_4 + 2Na_2SO_4 + 5H_2O \quad (8-29)$$
$$As_2S_3 + 12NaOH + 6O_2 === 2Na_3AsO_3 + 3Na_2SO_4 + 6H_2O \qquad (8-30)$$
$$As_2S_3 + 12NaOH + 7O_2 === 2Na_3AsO_4 + 3Na_2SO_4 + 6H_2O \qquad (8-31)$$
$$As_2O_3 + 6NaOH === 2Na_3AsO_3 + 3H_2O \qquad (8-32)$$

砷可由得到的砷酸钠溶液回收,并使碱再生:

$$2Na_3AsO_4 + 3Ca(OH)_2 === Ca_3(AsO_4)_2 + 6NaOH \qquad (8-33)$$

8.2.2 液氯化法技术原理

液氯化法(也称水氯化法或湿法氯化法)是在含有氯化钠等氯化物的水溶液中加入氯

气、氯酸盐、次氯酸盐等氯氧化剂，使金生成可溶性金氯络离子的一种浸金方法[10]。

$$2Au + 3Cl_2 + 2Cl^- \longrightarrow 2AuCl_4^-$$ (8-34)

$$2Au + 3ClO^- + 6H^+ + 5Cl^- \longrightarrow 2AuCl_4^- + 3H_2O$$ (8-35)

由于氯的活性很高，不存在金粒表面被钝化问题，因此在给定的条件下，金的浸出速度很快，一般只需 1~2h。这种方法更适于处理碳质金矿、经酸洗过的金矿和含砷矿等。

8.2.3　加压预氧化—液氯化浸出—树脂矿浆吸附工艺流程

加压预氧化—液氯化浸出—树脂矿浆吸附工艺流程如图 8-1 所示[11]。此工艺对难处

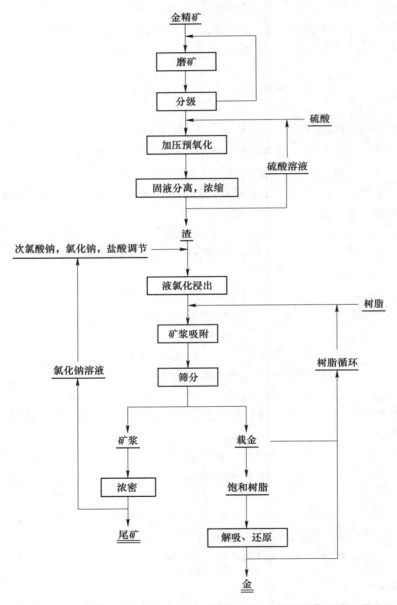

图 8-1　难处理金精矿的加压预氧化—液氯化浸出—树脂矿浆吸附工艺流程

理硫化金精矿金的回收率高，且具有试剂消耗少、污染小、反应速度快等优点，符合今后黄金工业的发展趋势。

8.3 加压预氧化—液氯化浸出过程热力学

8.3.1 金精矿湿法预氧化过程的热力学

8.3.1.1 FeS_2-H_2O 系 E-pH 图

根据 FeS_2-H_2O 系各物质的 $\Delta_f G^{\ominus}$ 值计算得到 FeS_2-H_2O 系的 E-pH 计算式（见表 8-1）。设定该体系离子浓度为 1.0mol/L，假设各离子的活度系数为 1，即以离子浓度代替离子活度。进而可以得到 FeS_2-H_2O 系的 E-pH 图（见图 8-2）。

表 8-1　FeS_2-H_2O 系的平衡反应式及 298.15K E-pH 计算式

序号	反应方程式	E-pH 计算式
a	$O_2 + 4H^+ + 4e \Longrightarrow 2H_2O$	$E = 1.228 - 0.0591\text{pH}$
b	$2H^+ + 2e \Longrightarrow H_2$	$E = -0.0591\text{pH}$
1	$HSO_4^- + 7H^+ + 6e \Longrightarrow S + 4H_2O$	$E = 0.332 - 0.069\text{pH} + 0.00983\lg c_{HSO_4^-}$
2	$SO_4^{2-} + 8H^+ + 6e \Longrightarrow S + 4H_2O$	$E = 0.352 - 0.078\text{pH} + 0.00983\lg c_{SO_4^{2-}}$
3	$SO_4^{2-} + H^+ \Longrightarrow HSO_4^-$	$\text{pH} = 2.00 - \lg(c_{HSO_4^-}/c_{SO_4^{2-}})$
4	$SO_4^{2-} + 9H^+ + 8e \Longrightarrow HS^- + 4H_2O$	$E = 0.248 - 0.067\text{pH} - 0.00738\lg(c_{HS^-}/c_{SO_4^{2-}})$
5	$SO_4^{2-} + 8H^+ + 8e \Longrightarrow S^{2-} + 4H_2O$	$E = 0.153 - 0.0591\text{pH} - 0.00738\lg(c_{S^{2-}}/c_{SO_4^{2-}})$
6	$S + 2H^+ + 2e \Longrightarrow H_2S$	$E = 0.139 - 0.0591\text{pH} - 0.0295\lg(p_{H_2S}/(p^0))$
7	$S + H^+ + 2e \Longrightarrow HS^-$	$E = -0.063 - 0.0295\text{pH} - 0.0295\lg c_{HS^-}$
8	$HS^- + H^+ \Longrightarrow H_2S$	$\text{pH} = 6.93 - \lg(p_{H_2S}/p_{HS^-})$
9	$S^{2-} + H^+ \Longrightarrow HS^-$	$\text{pH} = 12.92 - \lg(c_{HS^-}/c_{S^{2-}})$
10	$Fe^{2+} + 2e \Longrightarrow Fe$	$E = -0.409 + 0.0295\lg c_{Fe^{2+}}$
11	$Fe^{3+} + e \Longrightarrow Fe^{2+}$	$E = 0.769 - 0.0591\lg(c_{Fe^{2+}}/c_{Fe^{3+}})$
12	$Fe(OH)_3 + 3H^+ \Longrightarrow Fe^{3+} + 3H_2O$	$\text{pH} = 1.14 - 0.33\lg c_{Fe^{3+}}$
13	$Fe(OH)_3 + 3H^+ + e \Longrightarrow Fe^{2+} + 3H_2O$	$E = 0.971 - 0.177\text{pH} - 0.0591\lg c_{Fe^{2+}}$
14	$Fe(OH)_2 + 2H^+ \Longrightarrow Fe^{2+} + 2H_2O$	$\text{pH} = 6.47 - 0.5\lg c_{Fe^{2+}}$
15	$Fe(OH)_3 + H^+ + e \Longrightarrow Fe(OH)_2 + H_2O$	$E = 0.208 - 0.059\text{pH}$
16	$Fe(OH)_2 + 2H^+ + 2e \Longrightarrow Fe + 2H_2O$	$E = -0.026 - 0.059\text{pH}$
17	$Fe^{2+} + 2S + 2e \Longrightarrow FeS_2$	$E = 0.456 + 0.0295\lg c_{Fe^{2+}}$
18	$Fe^{2+} + 2HSO_4^- + 14H^+ + 14e \Longrightarrow FeS_2 + 8H_2O$	$E = 0.35 - 0.0591\text{pH} + 0.0042\lg(c_{Fe^{2+}} \cdot c_{HSO_4^-})$
19	$Fe^{2+} + 2SO_4^{2-} + 16H^+ + 14e \Longrightarrow FeS_2 + 8H_2O$	$E = 0.367 - 0.0675\text{pH} + 0.0042\lg(c_{Fe^{2+}} \cdot c_{SO_4^{2-}})$
20	$Fe(OH)_3 + 2SO_4^{2-} + 19H^+ + 15e \Longrightarrow FeS_2 + 11H_2O$	$E = 0.407 - 0.0749\text{pH} + 0.00788\lg c_{SO_4^{2-}}$
21	$Fe(OH)_2 + 2SO_4^{2-} + 18H^+ + 14e \Longrightarrow FeS_2 + 10H_2O$	$E = 0.421 - 0.076\text{pH} + 0.00844\lg c_{SO_4^{2-}}$
22	$FeS_2 + 4H^+ + 2e \Longrightarrow Fe^{2+} + 2H_2S$	$E = -0.177 - 0.118\text{pH} - 0.0295\lg(c_{Fe^{2+}} \cdot p_{H_2S}^2)$
23	$FeS_2 + 2H^+ + 2e \Longrightarrow FeS + H_2S$	$E = -0.205 - 0.0591\text{pH} - 0.0295\lg p_{H_2S}$
24	$FeS_2 + H^+ + 2e \Longrightarrow FeS + HS^-$	$E = -0.407 - 0.295\text{pH} - 0.0295\lg c_{HS^-}$

序号	反应方程式	E-pH 计算式
25	$FeS_2 + 2e \rightleftharpoons FeS + S^{2-}$	$E = -0.789 - 0.0295 lg c_{S^{2-}}$
26	$FeS + 2H^+ \rightleftharpoons Fe^{2+} + H_2S$	$pH = 0.48 - 0.5 lg(c_{Fe^{2+}} \cdot p_{H_2S})$
27	$FeS + 2H^+ + 2e \rightleftharpoons Fe + H_2S$	$E = -0.38 - 0.0591 pH - 0.0295 lg p_{H_2S}$
28	$FeS + H^+ + 2e \rightleftharpoons Fe + HS^-$	$E = -0.583 - 0.0295 pH - 0.0295 lg c_{HS^-}$
29	$FeS + 2e \rightleftharpoons Fe + S^{2-}$	$E = -0.965 - 0.0295 lg c_{S^{2-}}$

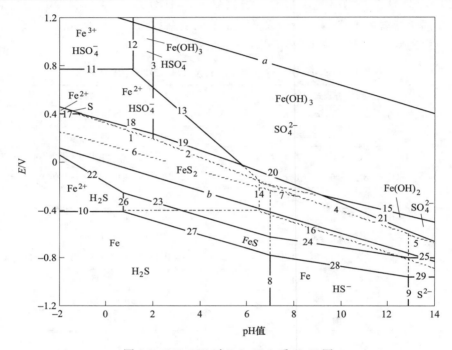

图 8-2   298.15K 时 FeS_2-H_2O 系 E-pH 图

  FeS_2 在水的稳定区范围内属于难氧化矿物，但通过提高体系氧化电位，便可被 O_2 等氧化剂氧化分解。当 pH 值或电位升高时，黄铁矿中的硫最终以稳定的亚硫酸根和硫酸根形式存在。同时，在酸性条件下铁元素以亚铁离子和铁离子的形式存在，pH 值升高时则以氢氧化铁的形式沉淀，尽管其为不溶性产物，但在预氧化过程中金仍能够得到一定程度的暴露，有利于后续的浸金过程。因此酸性加压预氧化的方法可以更好地达到预处理的效果[12]。

8.3.1.2 $FeAsS$-H_2O 系 E-pH 图

  根据 $FeAsS$-H_2O 系中各物质的 $\Delta_f G^{\ominus}$ 值计算得到 $FeAsS$-H_2O 系的 E-pH 计算式（见表 8-2）。设定该体系离子浓度为 1.0mol/L，假设各离子的活度系数为 1，即以离子浓度代替离子活度。进而可以得到 $FeAsS$-H_2O 系的 E-pH 图（见图 8-3）。

  砷元素有 4 种稳定价态，分别为 -3、0、+3 和 +5 价。但其在水溶液中只存在 +3 价和 +5 价态。体系氧化电位较低时，砷元素以 $HAsO_3^{2-}$、$H_2AsO_3^-$、H_3AsO_3 等三价酸根及亚砷酸的形式存在；体系氧化电位较高时，砷元素将以 AsO_4^{3-}、$HAsO_4^{2-}$、$H_2AsO_4^-$、H_3AsO_4 等五

表 8-2 FeAsS-H_2O 系的平衡反应式及 298.15K E-pH 计算式

序号	反应方程式	E-pH 计算式
a	$O_2 + 4H^+ + 4e = 2H_2O$	$E = 1.228 - 0.0591pH$
b	$2H^+ + 2e = H_2$	$E = -0.0591pH$
1~16	与 FeS_2-H_2O 系一致	与 FeS_2-H_2O 系一致
30	$H_3AsO_3 + 3H^+ + 3e = As + 3H_2O$	$E = 0.247 - 0.0591pH + 0.0197lgc_{H_3AsO_4}$
31	$H_3AsO_4 + 2H^+ + 2e = H_3AsO_3 + H_2O$	$E = 0.575 - 0.0591pH - 0.0295lg(c_{H_3AsO_3}/c_{H_3AsO_4})$
32	$H_2AsO_4^- + H^+ = H_3AsO_4$	$pH = 2.24 + lg(c_{H_2AsO_4^-}/c_{H_3AsO_4})$
33	$H_2AsO_4^- + 3H^+ + 2e = H_3AsO_3 + H_2O$	$E = 0.641 - 0.0887pH - 0.0295lg(c_{H_3AsO_3}/c_{H_2AsO_4^-})$
34	$HAsO_4^{2-} + H^+ = H_2AsO_4^-$	$pH = 6.75 + lg(c_{H_3AsO_4^{2-}}/c_{H_2AsO_4^-})$
35	$HAsO_4^{2-} + 4H^+ + 2e = H_3AsO_3 + H_2O$	$E = 0.84 - 0.1182pH - 0.0295lg(c_{H_3AsO_3}/c_{H_2AsO_4^-})$
36	$H_2AsO_3^- + H^+ = H_3AsO_3$	$pH = 9.24 + lg(c_{H_2AsO_3^-}/c_{H_3AsO_3})$
37	$H_2AsO_3^- + 4H^+ + 3e = As + 3H_2O$	$E = 0.429 - 0.0788pH + 0.0197lgc_{H_2AsO_3^-}$
38	$HAsO_4^{2-} + 3H^+ + 2e = H_2AsO_3^- + H_2O$	$E = 0.826 - 0.0877pH - 0.0295lg(c_{H_2AsO_3^-}/c_{H_2AsO_4^-})$
39	$AsO_4^{3-} + H^+ = HAsO_4^-$	$pH = 11.63 + lg(c_{AsO_4^{3-}}/c_{HAsO_4^{2-}})$
40	$AsO_4^{3-} + 4H^+ + 2e = H_2AsO_3^- + H_2O$	$E = 0.911 - 0.1182pH - 0.0295lg(c_{H_2AsO_3^-}/c_{AsO_4^{3-}})$
41	$HAsO_3^{2-} + H^+ = H_2AsO_3^-$	$pH = 12.15 + lg(c_{HAsO_3^{2-}}/c_{H_2AsO_3^-})$
42	$HAsO_3^{2-} + 5H^+ + 3e = As + 3H_2O$	$E = 0.67 - 0.0985pH + 0.0197lgc_{HAsO_3^{2-}}$
43	$AsO_4^{3-} + 3H^+ + 2e = HAsO_3^{2-} + H_2O$	$E = 0.549 - 0.08865pH - 0.0295lg(c_{HAsO_4^{2-}}/c_{AsO_4^{3-}})$
44	$As + 3H^+ + 3e = AsH_3$	$E = -0.54 - 0.0591pH - 0.0197lgp_{AsH_3}$
45	$FeAsO_4 + 3H^+ = Fe^{3+} + H_3AsO_4$	$E = 0.12 - 0.0333lg(c_{Fe^{3+}} \cdot c_{H_3AsO_4})$
46	$FeAsO_4 + 3H^+ + e = Fe^{2+} + H_3AsO_4$	$E = 0.819 - 0.177pH - 0.059lg(c_{Fe^{2+}} \cdot c_{H_3AsO_4})$
47	$FeAsO_4 + 5H^+ + 3e = Fe^{2+} + H_3AsO_3 + H_2O$	$E = -0.172 - 0.0985pH - 0.0197lg(c_{Fe^{2+}} \cdot c_{H_3AsO_3})$
48	$FeAsO_4 + 2H^+ + 2e + 2H_2O = Fe(OH)_3 + H_3AsO_3$	$E = 0.484 - 0.0591pH - 0.0295lgc_{H_3AsO_3}$
49	$Fe(OH)_3 + H_2AsO_4^- + H^+ = FeAsO_4 + 3H_2O$	$E = 5.3 + lgc_{H_2AsO_4^-}$
50	$Fe^{2+} + As + S + 2e = FeAsS$	$E = 0.16 + 0.0295lgc_{Fe^{2+}}$
51	$Fe^{2+} + H_3AsO_3 + S + 3H^+ + 5e = FeAsS + 3H_2O$	$E = 0.212 - 0.035pH + 0.0118lg(c_{Fe^{2+}} \cdot c_{H_3AsO_3})$
52	$Fe^{2+} + H_3AsO_3 + SO_4^{2-} + 11H^+ + 11e = FeAsS + 7H_2O$	$E = 0.289 - 0.0591pH + 0.00537lg(c_{Fe^{2+}} \cdot c_{H_3AsO_3} \cdot c_{SO_4^{2-}})$
53	$Fe(OH)_3 + H_3AsO_3 + SO_4^{2-} + 14H^+ + 12e$ $= FeAsS + 10H_2O$	$E = 0.345 - 0.0689pH + 0.0049lg(c_{H_3AsO_3} \cdot c_{SO_4^{2-}})$
54	$Fe(OH)_2 + H_3AsO_3 + SO_4^{2-} + 13H^+ + 11e$ $= FeAsS + 9H_2O$	$E = 0.358 - 0.0698pH + 0.0053lg(c_{H_3AsO_3} \cdot c_{SO_4^{2-}})$
55	$Fe(OH)_2 + H_2AsO_3^- + SO_4^{2-} + 14H^+ + 11e$ $= FeAsS + 9H_2O$	$E = 0.408 - 0.075pH + 0.0053lg(c_{H_3AsO_3} \cdot c_{SO_4^{2-}})$
56	$FeAsS + 2H^+ = Fe^{2+} + As + H_2S$	$pH = -0.333 - 0.5lgc_{Fe^{2+}} \cdot p_{H_2S}$
57	$FeAsS + 2H^+ + 2e = Fe + As + H_2S$	$E = -0.428 - 0.0591pH - 0.0295lgp_{H_2S}$
58	$FeAsS + H^+ + 2e = Fe + As + HS^-$	$E = -0.631 - 0.0295pH - 0.0295lgc_{HS^-}$
59	$FeAsS + 2e = Fe + As + S^{2-}$	$E = -1.012 - 0.0295lgc_{S^{2-}}$

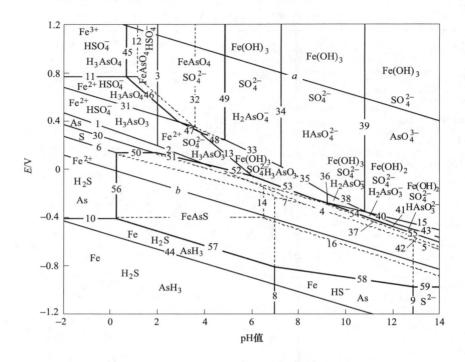

图 8-3　298. 15K 时 FeAsS-H_2O 系 E-pH 图

价酸根及砷酸的形式存在。虽然单质砷也具有一定的稳定区，但其稳定区较小，一般工艺条件下生成的单质砷不稳定，易被氧化。而 H_3AsO_3 稳定区较大，从溶液中提取 As_2O_3 具有可行性；另外，为防止砷元素以 As_2O_3 水合物的形式保留在渣中而影响金的浸出过程，需要在预氧化过程中保持较高的电位和酸度[11]。

在水的稳定区范围内，提高氧化电位，FeAsS 可被 O_2 等氧化剂氧化分解（见图 8-3）。与 FeS_2 相比，FeAsS 湿法氧化分解的电位更负，从热力学的角度来说比黄铁矿更易氧化分解。与 FeS_2-H_2O 系相比，元素硫在 FeAsS-H_2O 系中的稳定区范围较大。单质硫一旦生成，氧化过程继续进行的难度增大。因此，在后续浸金过程中，应充分注意单质硫对浸金的不利影响，尽可能地降低酸浓度并提高氧化电位，使硫以 SO_4^{2-}、HSO_4^- 的形式直接进入浸出液。

在水的稳定区范围内，当 pH>0. 12 时，$FeAsO_4$ 具有较大的稳定区，电位较高时，其沉淀的酸度较高，但随着电位的降低，使其沉淀的酸度范围也逐渐减小，因此在浸出预氧化过程中，应保持较高的酸浓度（pH<0. 12），以免生成 $FeAsO_4$ 包裹金，使其难以浸出。当 pH>5. 3 时，$FeAsO_4$ 转化成 $Fe(OH)_3$，砷也以离子形式进入溶液，说明以 $FeAsO_4$ 形式固化砷是不可行的[12]。

8. 3. 1. 3　FeS_2-FeAsS-H_2O 系 E-pH 图

将 FeS_2-H_2O 系、FeAsS-H_2O 系 E-pH 图进行叠加，绘制相同条件下的 FeS_2-FeAsS-H_2O 系 E-pH 图，再将酸性区域进行局部放大，可看出由反应 17、18、19、22 围成的 FeS_2 稳定区面积比由反应 50、51、56 围成的 FeAsS 稳定区大，且 FeS_2 的稳定区完全包含 FeAsS 的稳定区（见图 8-4），说明毒砂比黄铁矿更易被氧化分解，即在黄铁矿的氧化分解条件下，毒砂能够氧化分解。因此含砷硫矿物的氧化分解过程要以黄铁矿的氧化分解为重点；

同时，在由反应 45、46、47、48、49 即 HSO_4^-（或 SO_4^{2-}）、$FeAsO_4$ 构成的区域中，$FeAsO_4$ 能够稳定存在，因此氧化过程中生成的 As^{5+} 与 Fe^{3+} 反应并以 $FeAsO_4$ 形式沉淀。在 298.15K 条件下，$FeAsO_4$ 的溶度积为 $5.7×10^{-21}$，有利于除去含砷溶液中的 As^{5+}。因此预氧化过程中，通过合理控制电位和酸度，即可控制 $FeAsO_4$ 的生成，从而阻止含砷溶液的排放[13]。

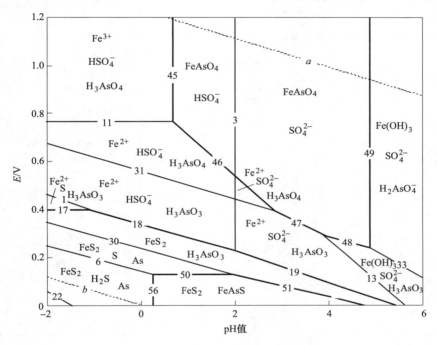

图 8-4　298.15K 时 FeS_2-$FeAsS$-H_2O 系 E-pH 图

8.3.2　液氯化法浸金过程的热力学

液氯化法浸金的电化学反应式见式（8-36）和式（8-37）。

$$Au^+ + e \xrightarrow{\quad} Au \qquad E^{\ominus} = 1.691V \qquad (8-36)$$

$$Au^{3+} + 3e \xrightarrow{\quad} Au \qquad E^{\ominus} = 1.498V \qquad (8-37)$$

黄金属于高正电位的金属，在自然界中主要以单质的形式存在，在水溶液中结构稳定，因此金的溶解需要电极电位高的活性氧化剂。仅从标准电极电位的角度考虑，氯气（$E^{\ominus}_{Cl_2/Cl^-} = 1.359V$）、次氯酸（$E^{\ominus}_{HClO/Cl^-} = 1.495V$）的标准电极电位均小于金的氧化电位，氧化过程中不足以将金氧化为 Au^{3+} 或 Au^+。但在有氯离子存在的溶液中，由于金离子与氯离子生成稳定的络离子 $AuCl_2^-$、$AuCl_4^-$，使其活度降低，从而使金的溶解电位大幅度降低。金氯化溶解过程中，热力学上更有利于金以三价金氯络合物的形态溶解。

$$AuCl_2^- + e \xrightarrow{\quad} Au + 2Cl^- \qquad E^{\ominus} = 1.113V \qquad (8-38)$$

$$AuCl_4^- + 3e \xrightarrow{\quad} Au + 4Cl^- \qquad E^{\ominus} = 0.994V \qquad (8-39)$$

Au-Cl-H_2O 体系 E-pH 图可预测在水溶液中浸金反应发生的可行性，是重要的热力学数据。假定氯化浸金过程中金以三价金氯络合物的形态溶解，根据该体系内各物质的 $\Delta_f G^{\ominus}$ 值计算 Au-Cl-H_2O 体系的 E-pH 表达式（见表 8-3）。设定该体系 $T = 298.15K$、$p_{O_2} =$

$p_{Cl_2} = 1.013 \times 10^5 Pa$、$c_{Cl^-} = c_{HClO} = c_{ClO^-} = 1mol/L$，得到 Au-Cl-$H_2O$ 体系的 E-pH 图（见图 8-5）。

表 8-3   298.15K 时 Au-Cl-H_2O 体系 $\Delta_f G^\ominus$ 值

序号	反应方程式	E-pH 计算式
a	$O_2 + 4H^+ + 4e = 2H_2O$	$E = 1.228 - 0.0591pH$
b	$2H^+ + 2e = H_2$	$E = -0.0591pH$
1	$Cl_2 + 2e = 2Cl^-$	$E = 1.359 + 0.0295lgp_{Cl_2} - 0.0591lgc_{Cl^-}$
2	$HClO + H^+ + 2e = Cl^- + H_2O$	$E = 1.494 - 0.0295pH + 0.0295lgc_{HClO} - 0.0295lgc_{Cl^-}$
3	$2HClO + 2H^+ + 2e = Cl_2 + 2H_2O$	$E = 1.63 - 0.0591pH + 0.0591c_{HClO} - 0.0295lgp_{Cl_2}$
4	$ClO^- + H^+ = HClO$	$pH = 7.485 - lg(c_{HClO}/c_{ClO^-})$
5	$ClO^- + 2H^+ + 2e = Cl^- + H_2O$	$E = 1.716 - 0.0591pH + 0.0295lgc_{ClO^-} - 0.0295c_{Cl^-}$
6	$AuCl_4^- + 3e = Au + 4Cl^-$	$E = 0.994 + 0.0197lgc_{AuCl_4^-} - 0.0788lgc_{Cl^-}$
7	$Au(OH)_3 + 3H^+ + 4Cl^- = AuCl_4^- + 3H_2O$	$pH = 6.184 + 1.333lgc_{Cl^-} - 0.333lgc_{AuCl_4^-}$
8	$Au(OH)_3 + 3H^+ + 3e = Au + 3H_2O$	$E = 1.363 - 0.0591pH$
9	$H_2AuO_3^- + H^+ = Au(OH)_3$	$pH = 17.35 + lgc_{H_2AuO_3^-}$
10	$H_2AuO_3^- + 4H^+ + 3e = Au + 3H_2O$	$E = 1.704 - 0.0789pH + 0.0197lgc_{H_2AuO_3^-}$
11	$HAuO_3^{2-} + H^+ = H_2AuO_3^-$	$pH = 13.35 - lg(c_{H_2AuO_3^-}/c_{HAuO_3^{2-}})$
12	$HAuO_3^{2-} + 5H^+ + 3e = Au + 3H_2O$	$E = 1.967 - 0.0987pH + 0.0197lgc_{HAuO_3^{2-}}$
13	$AuO_2 + 4H^+ + 4Cl^- + e = AuCl_4^- + 2H_2O$	$E = 3.883 - 0.2368pH + 0.2368lgc_{Cl^-} - 0.0591lgc_{AuCl_4^-}$
14	$AuO_2 + H^+ + e + H_2O = Au(OH)_3$	$E = 2.63 - 0.0591pH$
15	$AuO_2 + e + H_2O = H_2AuO_3^-$	$E = 1.61 - 0.0591lgc_{H_2AuO_3^-}$
16	$AuO_2 + e + H_2O = HAuO_3^{2-} + H^+$	$E = 0.821 + 0.0591pH - 0.0591lgc_{HAuO_3^{2-}}$

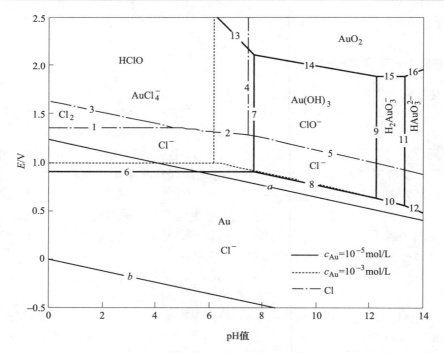

图 8-5   298.15K 时 Au-Cl-H_2O 体系 E-pH 图

Au-Cl-H$_2$O 体系的电位与溶液中氯氧化剂的形态及其浓度有关,在水溶液中氯氧化剂化学种类之间的平衡式见式(8-40)~式(8-42)[14]。

$$Cl_2(aq) + H_2O \Longrightarrow HClO + H^+ + Cl^- \qquad K_p = 3.94 \times 10^{-4} \qquad (8-40)$$

$$HClO \Longrightarrow H^+ + ClO^- \qquad K_p = 7 \times 10^{-9} \qquad (8-41)$$

$$Cl_2 + Cl^- \Longrightarrow Cl_3^- \qquad K_p = 1.95 \times 10^{-1} \qquad (8-42)$$

体系中,总氯浓度 $c_{总Cl_2}$ 守恒公式见式(8-43)。

$$c_{总Cl_2} = c_{Cl_2} + c_{Cl_3^-} + c_{HClO} + c_{ClO^-} \qquad (8-43)$$

氯氧化剂的百分比浓度分别见式(8-44)~式(8-47)。

$$a_{Cl_2} = c_{Cl_2} / c_{总Cl_2} \qquad (8-44)$$

$$a_{Cl_3^-} = c_{Cl_3^-} / c_{总Cl_2} \qquad (8-45)$$

$$a_{HClO} = c_{HClO} / c_{总Cl_2} \qquad (8-46)$$

$$a_{ClO^-} = c_{ClO^-} / c_{总Cl_2} \qquad (8-47)$$

根据式(8-40)~式(8-47)得到在水溶液中 pH 值与氯氧化剂分布关系图(见图 8-6)。pH<3.5 时,氯氧化剂以 Cl$_2$ 为主要存在形式;pH>8 时,以 ClO$^-$ 为主要存在形式;pH 值介于 3.5 和 8 之间时,以 HClO 为主要存在形式;整个 pH 值范围内,Cl$_3^-$ 均不作为主要的存在形式。

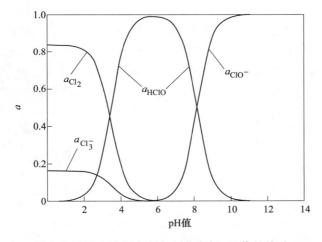

图 8-6　298.15K 时氯氧化剂分布与 pH 值的关系

AuCl$_4^-$ 稳定地存在于 pH<7.8 的范围内,此时氯氧化剂以 Cl$_2$ 或 HClO 为主(见图 8-5、图 8-6)。在热力学上,由于 $E_{HClO/Cl^-}^{\ominus}$ = 1.495V 比 $E_{Cl_2/Cl^-}^{\ominus}$ = 1.359V 更高,因此 HClO 比 Cl$_2$ 更有利于金的浸出。同时在较强的酸性条件下,Cl$_2$ 溶解度较小,氯气具有强烈的腐蚀性,容易逸出造成环境污染。因此,从浸金的角度来说,适于氯化浸金的 pH 值范围为 3.5~7.8。

除了介质的 pH 值及电位外,溶液中 AuCl$_4^-$ 和氯化物浓度也影响 AuCl$_4^-$ 的稳定性及浸金率。根据表 8-3 的数据得到 Au-Cl-H$_2$O 体系的 lgc_{Au}-pH 图及 lgc_{Cl^-}-pH 图。它们分别反映了不同含金离子浓度和不同氯化物浓度对金浸出率的影响。随着 AuCl$_4^-$ 浓度的升高,Au(OH)$_3$ 沉淀,pH 值下降,且 AuCl$_4^-$ 的氧化还原电位升高(见图 8-7),表明增大 AuCl$_4^-$

的浓度不利于液氯化浸金反应的进行，溶液中的金离子易于形成 Au(OH)₃ 沉淀而难以被浸出，浸金率降低。因此，在浸出过程中，金氯络合物的浓度不宜过高。在实际浸出体系中金的体系浓度不超过 $10^{-5} \sim 10^{-4}$ mol/L。在 pH 值低于 7.8、氧化电位高于 0.9V 条件下，金溶液浓度低于 10^{-5} mol/L。

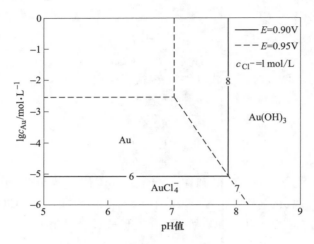

图 8-7　298.15K 时 Au-Cl-H₂O 系 $\lg c_{\mathrm{Au(Ⅲ)}}$-pH 图

随着氯化物浓度的降低，Au(OH)₃ 沉淀，pH 值下降，且 $\mathrm{AuCl_4^-}$ 的还原电位升高（见图 8-8），因此较低浓度的氯化物体系不利于浸金过程的顺利进行。因此实际浸金过程中，应尽可能增大氯化物浓度以确保金的充分浸出。介质 pH 值低于 7.8、氧化电位高于 0.9V 的条件下，要得到 10^{-5} mol/L 的金溶液所需氯化物的最低浓度为 1mol/L。

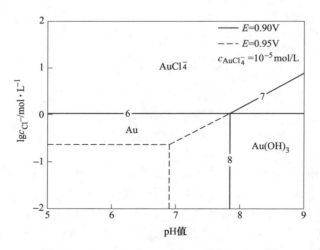

图 8-8　298.15K 时 Au-Cl-H₂O 系 $\lg c_{\mathrm{Cl^-}}$-pH 图

液氯化浸金过程的 Au-Cl-H₂O 体系的 E-pH 图、$\lg c_{\mathrm{Au(Ⅲ)}}$-pH 图、$\lg c_{\mathrm{Cl^-}}$-pH 图是在标态下得到的计算结果，其分析只能作为热力学上的参考，并不能完整描述氯化浸出这一复杂过程。因此在实际应用中还需要通过实验进一步的补充完善。

8.4 过程参数对预氧化处理效果的影响

金精矿的加压预氧化过程是有气态 O_2 参与的复杂的多相反应过程，需在密闭容器中进行。影响氧化过程的因素较多，除了矿物自身的组成与结构形态、元素分布外，反应温度、氧分压以及反应时间等因素的变化都会对金精矿加压预氧化过程产生较大的影响。所用金精矿的主要成分含量见表 8-4，金精矿中的主要金属矿物为黄铁矿、毒砂以及微量的闪锌矿、方铅矿和黄铜矿。精矿中脉石的成分主要为石英、三水铝石等（见图 8-9）。如果直接通过氰化提金，金的浸出率仅为 34.67%，是典型的难处理金精矿。按照金精矿难浸度划分标准，可将其浸性类别划为 D 级，属于极难浸金矿[15]。

表 8-4　金精矿的化学成分

成　分	Au	Ag	S	Fe	As	Zn	Cu	Pb	SiO₂	Al₂O₃
质量分数/%	17.90g/t	25.09g/t	28.07	27.23	3.25	0.77	0.04	0.14	26.33	4.52

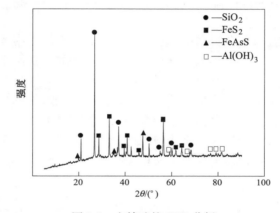

图 8-9　金精矿的 XRD 分析

8.4.1　反应温度的影响

对金精矿的加压预氧化过程来说，反应温度的影响较为显著。因此考察加压预氧化过程反应温度对金精矿脱硫率及金浸出率的影响具有重要现实意义。提高温度能够促进氧键的断裂，并提高加压预氧化体系的反应活性，提高反应速度；使溶液黏度下降，促进传质过程的进行，加快反应物和产物的扩散速率；使硫化物充分氧化。但温度的升高会使氧在溶液中的溶解度降低，提高了气相中水蒸气的分压，并且要求加压预氧化设备具有更高的耐腐蚀性能，增大了加压预氧化工艺的难度。从热力学的角度来说，提高温度将使可溶性硫酸盐稳定区对应的氧化还原电位提高，pH 值变负，使氧化变得困难，不利于金属硫化物的氧化。因此过分提高温度对加压预氧化过程不利。

不同反应温度条件下金精矿加压预氧化结果（见图 8-10）表明随着反应温度提高，金的浸出率和金精矿脱硫率均呈上升趋势。随着温度提高到 180℃，金的浸出率为 92.44%，金精矿脱硫率为 83.27%，且升高幅度均较大。但继续升高温度，金浸出率的升高幅度逐渐变小，反应温度进一步提高到 200℃，金浸出率升高到 93.83%，金精矿脱硫率升高到 93.12%，金浸出率趋于稳定。

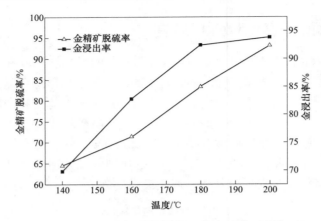

图 8-10　反应温度对金精矿脱硫率、金浸出率的影响
（金精矿粒度 75~61μm（200~240 目），氧分压 0.8MPa，液固比 4∶1，
反应时间 120min，搅拌速度 600r/min，初始硫酸浓度 80g/L）

　　难处理金精矿的加压预氧化过程中，反应温度是影响金浸出率及金精矿脱硫率的最重要因素。温度升高，分子热运动加剧，分子间碰撞频率增加，提高了活化分子数目，从而加快了反应速率。反应温度在 100~170℃ 时，若硫酸铁和硫酸大量存在，则加压预氧化过程中黄铁矿和砷黄铁矿的氧化产生单质硫，造成低温时金浸出率低。熔融的单质硫能够有效捕集未反应的硫化物，并包裹金精矿中的金颗粒，影响金的浸出效果。因此，金精矿的加压预氧化温度应不低于 170℃，以便使中间产物单质硫与硫化物被完全氧化为硫酸盐。出于操作和经济考虑，实际反应温度应不超过 180℃。

8.4.2　反应时间的影响

　　反应时间影响着金精矿的加压预氧化过程反应进行的完全程度，因此考察加压预氧化时间对金精矿脱硫率及金浸出率的影响具有重要的意义。
　　不同反应时间条件下，金精矿加压预氧化的实验结果（见图 8-11）表明随着反应时间延

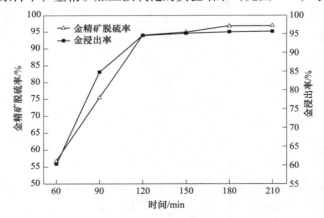

图 8-11　反应时间对金精矿脱硫率、金浸出率的影响
（反应温度 180℃，金精矿粒度 75~61μm（200~240 目），氧分压 0.8MPa，
液固比 4∶1，搅拌速度 600r/min，初始硫酸浓度 80g/L）

长到 120min，金浸出率和金精矿脱硫率提高均较为明显，分别提高到 94.54% 和 93.85%；反应时间继续增加，金的浸出率和金精矿脱硫率趋于稳定。可见，反应时间在 120min 时，脱硫反应已基本完成。

金精矿的加压预氧化过程中，反应时间决定着反应进行的完全程度。反应时间不足，载金硫化矿物的氧化不充分，导致金精矿脱硫率及金的浸出率较低；而反应时间过长，氧化程度增加较小，对实验结果影响较小，降低生产效率，延长了生产周期，提高了生产成本，对工艺过程来说是十分不利的。

8.4.3 氧分压的影响

金精矿加压预氧化过程中，氧作为一种极重要的反应物质而被引入反应体系。因此考察加压预氧化过程中氧分压对金浸出率的影响具有重要的意义。金精矿中硫化物的氧化是在液相中进行的，溶解在液相与气相中的氧按照亨利定律保持一定的平衡关系，即气相中的氧分压越大，在液相中溶解的氧越多。采用一定的氧压进行反应对提高氧化速率作用明显，增大了氧电极的氧化电位。高硫型难处理金精矿加压预氧化反应必须在富氧条件下进行的主要原因即在于此。

金精矿的加压预氧化首先要考虑到氧的溶解和水的饱和蒸气压问题。

气-液反应与气体在溶液中的溶解度相关，而气体在溶液中的溶解度与温度和压力相关。温度对气体溶解度的影响用范特霍夫方程表示为式（8-48）：

$$\lg \frac{\alpha_2}{\alpha_1} = \frac{\Delta H}{2.303R} \frac{T_2 - T_1}{T_2 T_1} \tag{8-48}$$

式中，ΔH 为 1mol 气体溶解时的焓变；α 为气体吸收常数，表示在实验温度下，单位体积溶液中溶解分压为 $1.013 \times 10^5 Pa$ 的气体换算为 $1.013 \times 10^5 Pa$ 下、0℃的体积数。如在实验温度下，每升溶液溶解的气体的物质的量见式（8-49）：

$$溶解度 = \frac{\alpha}{22.4} \tag{8-49}$$

气体溶于水的过程会放出热量。常温下，升高温度都会使其溶解度降低。压力对气体溶解度的影响服从亨利定律。

$$W = KP \tag{8-50}$$

式中，W 为恒温下在指定体积的溶液中溶解气体量；K 为亨利常数；P 为平衡压力。

当液体与气体接触时，在界面的气体一侧存在着气体边界层，界面的液体一侧存在液体边界层，溶质通过边界层时都会受到扩散影响。对于气体的扩散速率有以下关系。

$$v = \frac{DA}{\delta}(p - p_s) \tag{8-51}$$

式中，D 为气体在气相中的扩散系数；A 为界面表面积；p 为溶质在气相中分压；p_s 为溶质在液相中分压；δ 为气体附面层厚度。

对氧溶于水而言，液体吸收氧气的速率很小，气体膜的阻力可以忽略。速率方程式见式（8-52）：

$$v = \frac{D'A}{\delta'}(c - c_s) \tag{8-52}$$

式中，D' 为气体在液相中的扩散系数；A 为界面表面积；c 为液体中气体浓度；c_s 为界面处气体浓度；δ' 为液体附面层厚度。

应当指出，增大氧分压不能无限制地提高反应速度，存在极限压力。当氧分压较小时，溶解速率与氧分压成正比，动力学方程见式（8-53）：

$$\frac{dc_i}{dt} = k_1 p_{O_2} \tag{8-53}$$

在压力较大时，反应速率与压力无关：

$$\frac{dc_i}{dt} = k_2 \tag{8-54}$$

压力介于这两者之间，溶解过程的速率为式（8-53）和式（8-54）的几何平均值：

$$\frac{dc_i}{dt} = \sqrt{k_1 k_2}\, p_{O_2}^{1/2} \tag{8-55}$$

对于金精矿的加压预氧化来说，体系的总压力等于氧分压与水的平衡分压之和，即 $p_{总} = p_{O_2} + p_{H_2O}$。水的物理性质见表8-5。不同氧分压条件下得到金精矿加压预氧化实验结果如图8-12所示。

表8-5 水的物理性质

温度/℃	饱和蒸气压/kPa	密度/kg·m^{-3}	焓/kJ·kg^{-1}	比热容/kJ·(kg·K)$^{-1}$
70	31.164	977.8	292.99	4.178
80	47.379	971.8	334.94	4.195
90	70.136	965.3	376.98	4.208
100	101.33	958.4	419.10	4.220
110	143.31	951.0	461.34	4.233
120	198.64	943.1	503.67	4.250
130	270.25	934.8	546.38	4.266
140	361.47	926.1	589.08	4.287
150	476.24	917.0	632.20	4.312
160	618.28	907.4	675.33	4.346
170	792.59	897.3	719.29	4.379

图8-12表明随着氧分压提高到0.8MPa，金的浸出率和金精矿脱硫率升高较为明显，分别提高到94.30%和91.84%，该阶段氧分压对金浸出率及金精矿脱硫率的影响较大，进一步增大到1.2MPa时，该影响逐渐减小。因此增大氧分压对提高氧化速率作用明显，增大了加压预氧化反应过程的热力学推动力，提高了氧的氧化电位，但氧分压过高，金浸出率及金精矿脱硫率增幅很小并且逐渐趋于平缓，同时对加压预氧化设备的耐压条件要求提高。因此加压预氧化过程氧分压应控制在0.8MPa左右[16]。

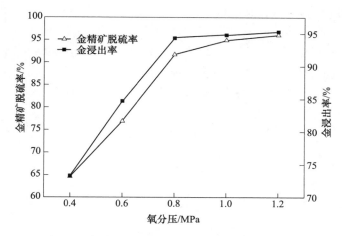

图 8-12　氧分压对金精矿脱硫率、金浸出率的影响

（反应温度 180℃，反应时间 120min，金精矿粒度 75~61μm（200~240 目），

液固比 4:1，搅拌速度 600r/min，初始硫酸浓度 80g/L）

8.5　过程参数对液氯化浸出效果的影响

本节以次氯酸钠作为浸出剂，研究了氧化电位、pH 值、氯化钠浓度、液固比和浸出温度等过程参数对加压预处理后金精矿的金浸出效果的影响[17]。

8.5.1　金浸出体系的氧化电位选择

电位控制对金氯化浸出过程有着十分重要的作用，因此考察浸出体系氧化电位对金浸出率的影响具有重要意义。自然界中的高正电位金属金主要以单质的形式存在，其离子形式在水溶液中结构稳定，因此需要电极电位高的活性氧化剂将金氧化，但反应体系的电位过高会导致腐蚀加剧及氧化剂过度消耗，只有适当控制电位，才能确保高金浸出率的同时减少设备腐蚀及降低氧化剂消耗。因此考察体系氧化电位对金浸出率的影响具有重要的现实意义。

8.5.1.1　次氯酸钠溶液的氧化电位

如上节所知，次氯酸钠溶液的氧化电位及氧化性与其中氯氧化剂的存在形态和含量有关，而氯氧化剂的存在形态与溶液的 pH 值有关。pH<3.5 时，氯氧化剂以 Cl_2 为主要存在形态；pH>8 时，以 ClO^- 为主要存在形态；pH 值介于 3.5 和 8 之间时，以 HClO 为主要存在形态。金氯络合物 $AuCl_4^-$ 稳定地存在于 pH<7.8 的范围内，氯氧化剂以 Cl_2 或 HClO 为主。

在热力学上，HClO 比 Cl_2 更有利于金的浸出，因为 $E^{\ominus}_{HClO/Cl^-}=1.49V$ 比 $E^{\ominus}_{Cl_2/Cl^-}=1.36V$ 更高，同时在较强的酸性条件下，Cl_2 溶解度较小，氯气具有强烈的腐蚀性，容易逸出造成环境污染。因此从金浸出的角度来说，适于金氯化浸出的 pH 值范围为 3.5~7.8。

总之，次氯酸钠溶液的氧化电位主要由其 pH 值控制，通过实验考察了次氯酸钠溶液的氧化电位与 pH 值之间的相关性。使用盐酸调节有效氯（有效氯指含氯化合物中氧化态氯的质量分数），初始质量分数为 0.1% 的次氯酸钠溶液的 pH 值与电位变化关系如图 8-13

所示。随着溶液的 pH 值降低，其电位呈升高趋势，pH 值低于 6.5 时，根据式（8-56）生成的 HClO 显著地提高了溶液的电位，pH 值为 5.5 时电位达到 1.0V，当 pH 值低于 3.8 后反应加剧，生成大量刺激性气体 Cl_2，难以测量其电位。因此可以看出 pH 值在 4.0~5.5 范围时溶液的氧化能力较强，有利于浸金反应的进行。

$$HClO \Longrightarrow H^+ + ClO^- \qquad K_p = 7 \times 10^{-9} \qquad (8\text{-}56)$$

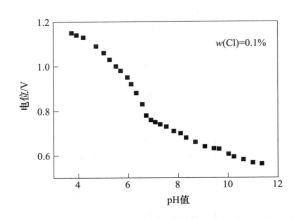

图 8-13   次氯酸钠溶液的 pH 值与氧化电位之间的关系

8.5.1.2   金浸出过程的氧化电位选择

实验过程中，首先将已制备的浓度为 50g/L 的氯化钠溶液，用盐酸和次氯酸钠分别调整 pH 值及电位，然后与一定质量的加压预氧化渣按液固比 3：1 混合调浆，随后在恒温水浴中进行搅拌使其反应，搅拌速度为 300r/min，所有实验在 40℃下进行。每隔一定时间记录电位及 pH 值，并取样，过滤，通过碘-硫代硫酸钠滴定法分析溶液中的有效氯浓度，用原子吸收分光光度计分析金含量并计算金浸出率，考察在金浸出过程中金浸出率与有效氯浓度及氧化电位之间的相关性，由此确定合适的氧化剂浓度、氯化物浓度、pH 值、温度等浸金条件。

对初始有效氯质量分数分别为 0.1%、0.5% 和 0.9% 的次氯酸钠溶液，在初始 pH 值为 4.0 时，金浸出过程中有效氧浓度、pH 值、氧化电位的变化及反应时间与金浸出率之间的关系如图 8-14 所示。所有实验中随着反应时间延长，pH 值增加，有效氯浓度及氧化电位减少，可能是由于式（8-57）反应消耗次氯酸和 H^+。

$$HClO + H^+ + 2e \Longrightarrow Cl^- + H_2O \qquad (8\text{-}57)$$

反应初期浸出速率迅速升高，1h 以内 90% 以上的金被浸出，此时有效氯也很快消耗。随后金浸出率升高较慢，2h 时出现最大值后趋于稳定，之后，在初始有效氯浓度较低时金浸出率不断下降。

根据电位变化可以说明，只要溶液中有少量有效氯存在，电位就可以保持在 1.0V 以上，经过一定时间后有效氯浓度过低，致使氧化还原电位低于 1.0V，溶液中的金氯络合物开始再沉淀为单质金，金浸出率随之下降。然而，初始有效氯较高时，高电位持续很长时间，氧化剂消耗过大并且设备腐蚀严重。从浸出速度、金浸出率、氧化剂消耗和设备腐蚀的角度考虑，浸出过程必须保证电位在 1.0V 以上至少 2h。

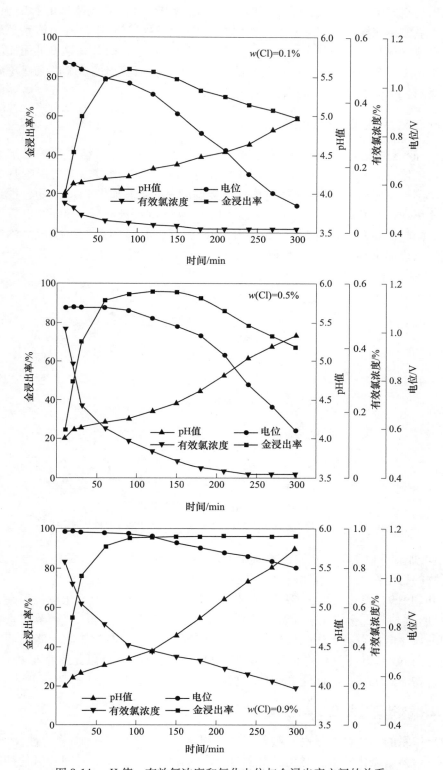

图 8-14　pH 值、有效氯浓度和氧化电位与金浸出率之间的关系

金浸出过程的电位变化实验结果表明，金浸出受电位和有效氯浓度的影响极其显著，可能是由次氯酸钠在浸出过程中所起的作用决定的。在浸出过程中，浸出体系必须保持一定的氧化电位（体现为有效氯浓度）以便金得以充分浸出。当有效氯浓度低而使浸出体系的氧化电位达不到金的氧化电位时，将不能氧化浸出金；而溶出的 $AuCl_4^-$ 会以单质金或金的氢氧化物形式沉淀下来，导致金浸出率显著降低[18]。

8.5.2 pH 值对金浸出率的影响

pH 值是液氯化法金浸出过程中最重要的影响因素之一，金氯络合物的稳定性及金浸出率均受反应体系的 pH 值影响。因此考察浸出体系 pH 值对金浸出率的影响具有重要的现实意义。不同反应时间及反应体系 pH 值对金浸出率的影响如图 8-15 所示。浸出反应初期金浸出速率均快速升高，30min 后金浸出率的升高速度逐渐减缓，60min 以后金浸出率趋于稳定。同时，随着 pH 值降低，金浸出率升高；但 pH 值过低时，次氯酸钠溶液易分解逸出氯气，增加试剂消耗，污染环境，不利于金的液氯化浸出过程。

$$HCl + HClO \Longrightarrow Cl_2 + H_2O \tag{8-58}$$

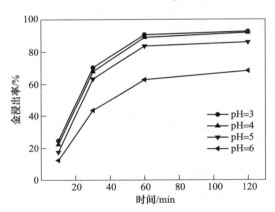

图 8-15   pH 值对金浸出率的影响

（氧化电位为 1.0V 以上，氯化钠浓度为 50g/L，温度为 30℃，液固比为 3:1）

pH 值增加到 5 以上时，金浸出率减小的原因是由于金氯化反应的溶解电位升高并使金氯络合物的稳定性下降，因此浸出体系的 pH 值应控制在 4 左右。

不同 pH 值的金氯化浸出实验结果表明：加盐酸后浸出体系的氧化电位提高，促进金的浸出，且 pH 值越低金浸出率越高，表明了金氯化浸出过程中 pH 值调节很重要，必须保持一定的氧化电位否则无法氧化浸出金。但 pH 值过低后因有效氯浓度降低而使金浸出效果变差。而 pH 值升高氧化电位随之降低，已溶出的 $AuCl_4^-$ 会以元素金形式还原沉淀，或以氢氧化物形式沉淀。因此随着 pH 值升高，金浸出率降低。

8.5.3 氯化钠浓度对金浸出率的影响

金浸出体系的氯化钠浓度也是重要的影响因素，影响金氯络合物稳定性及金浸出率。因此考察浸出体系氯化钠浓度对金浸出率的影响具有重要的意义。时间及氯化钠浓度对金浸出率的影响如图 8-16 所示。随着氯化钠浓度升高，金浸出率升高，当氯化钠浓度升高到 75g/L 以上时，金浸出率趋于稳定。氯化物浓度升高导致金浸出体系的氧化电位下降，并使金氯络合物的稳定性提高，促进原料中金的溶解，但氯化钠浓度过高导致试剂成本增加。因此氯化钠浓度不应低于 50g/L 且不宜过高。

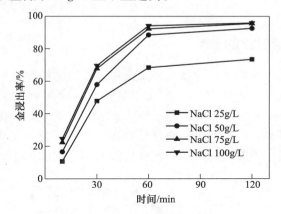

图 8-16　氯化钠浓度对金浸出率的影响
（氧化电位为 1.0V 以上，pH 值为 4，温度为 30℃，液固比为 3∶1）

不同氯化钠浓度的金氯化浸出实验结果表明：氯化钠浓度对金浸出有一定的影响，其浓度较高时，浸出效果较为显著；当浓度继续升高时，该影响减小。这可能与氯化钠影响金的浸出的机理有关，随着氯化物浓度减少，金的氧化电位升高，因此较低浓度的氯化物体系不利于金氧化浸出过程。随着氯化物浓度增大，氯离子的络合能力增大，降低金的氧化电位从而有利于金的氧化浸出，但氯化物浓度过高，其金浸出率增加效果不明显。

8.5.4　液固比对金浸出率的影响

液固比对浸出体系和后续工序影响较为明显，考察其对金浸出率的影响具有重要的意义。浸出液固比对金浸出率的影响（见图 8-17）研究表明：加大液固比可使金与次氯酸钠浸出液充分接触，从而使浸出反应更充分，金浸出率更高，但升高到一定程度后其对浸出率没有明显影响。

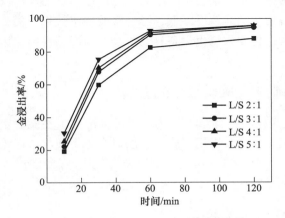

图 8-17　液固比对金浸出率的影响
（氧化电位为 1.0V 以上，pH 值为 4，温度为 30℃，氯化钠浓度为 75g/L）

比较不同液固比对金浸出率影响的实验结果可知，当液固比为 2：1 时，矿浆中矿样与浸出溶液的接触面积不足，金浸出率较低，当液固比提高到 5：1 时，金浸出率显著提高，随着液固比的进一步增大，实验结果趋于稳定。在保证金能够充分浸出的前提下，液固比不宜过高。

8.5.5   浸出温度对金浸出率的影响

浸出温度是重要的影响因素，考察浸出温度对金浸出率的影响具有重要的意义。浸出温度对金浸出率的影响如图 8-18 所示。浸出过程中，反应初期各温度下，金浸出率随时间的延长而升高；在 60min 以后，温度高于 50℃ 的浸出体系，金浸出率随时间的延长而下降。因为随着温度的升高，次氯酸钠溶液易分解逸出氯气，氯氧化剂部分损失，有效氯的浓度也随之降低，金浸出率显著降低，因此反应温度不应超过 50℃。

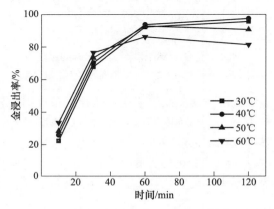

图 8-18   温度对金浸出率的影响

（氧化电位为 1.0V 以上，pH 值为 4，液固比为 3：1，氯化钠浓度为 75g/L）

由不同温度下金浸出率的变化趋势可知，在一定范围内提高温度能促进金的浸出，同时降低溶液黏度，促进传质过程，加速了反应产物及浸出剂扩散，有利于金的充分浸出；但浸出温度升高时，由于次氯酸根浸金反应为放热反应，金的浸出反应向逆向进行趋势增大，且次氯酸根在水溶液中的溶解度降低，影响金的浸出效果。另外，浸出温度高会增加能耗，加大药剂耗费量，且要求浸出设备具有更高的耐腐蚀性能，因此液氯化浸出温度应在 50℃ 左右为佳。

8.6   过程参数对树脂矿浆吸附效果的影响

717 强碱阴离子交换树脂具有操作简便、交换容量大、性能稳定、价廉易得、易再生重复和使用寿命长等优点。本节采用树脂矿浆法对金进行回收。以该树脂作为氯化浸出矿浆的金吸附材料，考察了吸附体系 pH 值、氯化物浓度和吸附温度等因素对金吸附效果的影响。

8.6.1   pH 值对金吸附效果的影响

717 强碱阴离子交换树脂在浸出体系中的 pH 值使用范围为 1~14。金精矿浸出 2h 后，把已预处理的 717 树脂按 1g/L 比例直接放入矿浆对金进行吸附回收，吸附过程中吸附时间及 pH 值对金吸附率的影响如图 8-19 所示。吸附初期不同 pH 值条件下金的吸附率均快速升高，30min 后金吸附率平缓，达到平衡。体系 pH 值小于 4 时，pH 值对金吸附率的影响很小，但 pH 值大于 4 且随着 pH 值的继续升高，金吸附率略有下降。综合考虑浸出条件与 $AuCl_4^-$ 稳定性，以下吸附实验中体系 pH 值均采用 4.0。

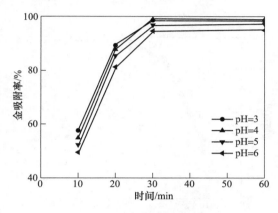

图 8-19　pH 值对金吸附率的影响
（氧化电位为 1.0V 以上，温度为 30℃，氯化钠浓度为 50g/L，液固比为 3∶1）

8.6.2　氯化物浓度对金吸附效果的影响

金精矿浸出 2h 后，把已预处理的 717 树脂按 1g/L 比率直接放入矿浆进行金吸附，氯化钠浓度及吸附时间对金吸附率的影响如图 8-20 所示。

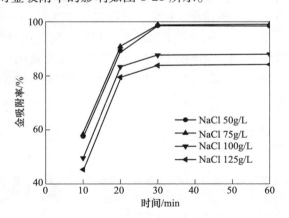

图 8-20　氯化钠浓度对金吸附率的影响
（氧化电位为 1.0V 以上，温度为 30℃，pH 值为 4，液固比为 3∶1）

随着氯化钠浓度的升高，金吸附率先平稳升高后降低。增加氯化钠浓度能够提高金氯络合物的稳定性，但体系氯化钠浓度过高，金的吸附率却减小，这是因为若氯离子浓度过高，氯离子和金氯络合离子形成竞争关系，降低了树脂对金氯络合离子的吸附作用，因此体系氯化钠浓度应不高于 75g/L。

8.6.3　吸附温度对金吸附效果的影响

金精矿浸出 2h 后，把已预处理的 717 树脂按 1g/L 比例直接放入矿浆进行金吸附，温度及吸附时间对金吸附率的影响如图 8-21 所示。在吸附初期各温度下，金吸附率随时间的延长而升高；20min 以后，温度高于 60℃的吸附体系，金吸附率随时间的延长而略有下降。

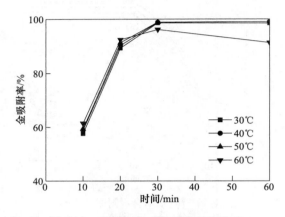

图 8-21　吸附温度对金吸附率的影响

（氧化电位为 1.0V 以上，pH 值为 4，液固比为 3∶1，氯化钠浓度为 50g/L）

研究结果表明：在反应动力学上，提高温度有利于吸附，但温度过高会破坏树脂吸附活性，吸附率也随之下降，因此吸附温度应不高于 50℃，可以获得较高的金吸附率[19]。

综上，金精矿经过预氧化处理及液氯化浸出过程的适宜工艺条件为：电位 1.0V 以上、pH 值为 4、液固比 3∶1、氯化钠浓度 75g/L、反应温度 40℃、反应时间 120min，此时金精矿浸出效率可达 96.54%。浸出液树脂矿浆吸附过程中，树脂用量为 0.1g/L 的条件下吸附 30min，金的吸附率为 99.2%。相比焙烧等预处理方法以及氰化浸出过程，该技术生产过程"三废"排放少，浸出剂无毒，实现了难处理金矿的高效、清洁生产过程。

参 考 文 献

［1］陈桂霞. 我国黄金难选冶矿石预氧化技术研究现状及发展前景［J］. 新疆有色金属，2008（S2）：96~98.
［2］李俊萌. 难处理金矿石预处理工艺现状与发展［J］. 湿法冶金，2003（1）：1~8.
［3］林燕. 难处理金矿的热压氧化预处理［J］. 世界有色金属，2009（7）：26~29.
［4］孙全庆. 难处理金矿石的碱法加压氧化预处理［J］. 湿法冶金，1999，18（2）：14~18.
［5］杨洪英，佟琳琳，殷书岩. 湖南某难处理金矿的加压预氧化—氰化浸金试验研究［J］. 东北大学学报（自然科学版），2007，28（9）：1305~1308.
［6］Hu Long，Dixon D G. Pressure oxidation of pyrite in sulfuric acid media：A kinetic study［J］. Hydrometallurgy，2004，73（3~4）：335~349.
［7］Kartinen E O，Martin C J. An overview of arsenic removal processes［J］. Desalination，1995，103（1~2）：78~88.

［8］刘汉钊. 国内外难处理金矿压力氧化现状和前景（第一部分）［J］. 国外金属矿选矿，2006（8）：4~9.

［9］黄怀国. 某难处理金精矿的酸性热压氧化预处理研究［J］. 黄金，2007（6）：35~39.

［10］金创石，张廷安，牟望重. 液氯化法浸金过程热力学［J］. 稀有金属，2012，36（1）：129~134.

［11］金创石. 高硫难处理金精矿加压氧化预处理液氯化提金的基础研究［D］. 沈阳：东北大学，2012.

［12］金创石，张廷安，牟望重，等. 难处理金矿浸出预处理过程的电位-pH图［J］. 东北大学学报（自然科学版），2011（11）：1599~1602.

［13］金创石，张廷安，牟望重，等. 难处理金矿浸出预处理过程的 FeS_2-FeAsS-H_2O 系电位-pH图［J］. 材料与冶金学报，2011（2）：120~124.

［14］Alkan M，Oktay M，Kocakerimc M M，et al. Solubility of chlorine in aqueous hydrochloric acid solutions ［J］. Journal of Hazardous Materials，2005，119（1~3）：13~18.

［15］金创石，张廷安，吕国志，等. 液氯化法从难处理金精矿加压氧化渣中浸金的研究［J］. 稀有金属材料与工程，2012，41（S2）：569~572.

［16］金创石，张廷安，曾勇，等. 难处理金精矿的加压氧化—氯化浸出实验［J］. 东北大学学报（自然科学版），2011（6）：826~830.

［17］金创石，张廷安，曾勇，等. 难处理金精矿液氯化法浸金实验［C］//第十五届冶金反应工程会议论文集，2011：143~149.

［18］金创石，张廷安，赵洪亮，等. 液氯化法浸出硫化金精矿压热氧化渣的电位变化研究［J］. 黄金，2012，33（2）：39~42.

［19］金创石，张廷安，曾勇，等. 从难处理金精矿氯化浸金溶液中吸附金［J］. 有色金属（冶炼部门），2012（3）：39~42.

9 硼、镍和钨钼的加压湿法冶金

9.1 引言

本章主要介绍加压湿法冶金技术处理硼矿、镍红土矿、钨矿和钼矿的典型方法。碳碱法生产硼砂是我国硼矿加工的一项技术创新，在矿粉中添加纯碱溶液，再通入 CO_2 进行碳解反应后，经过过滤、蒸发浓缩、冷却结晶工序后得到硼砂，母液返回用于碳解配料，硼的收率和碱利用率较高；镍红土矿的微波烧结—高压浸出工艺，可以缩短反应时间、降低能耗，镍、钴浸出率都可以达到 90% 以上，同时反应过程中，溶液中大量铁杂质会以赤铁矿的形式沉降进入渣中，浸出与除铁在同一容器中完成；钨钼矿物处理主要讲述苏打高压浸出法的基本流程和碱性高压氧浸处理辉钼矿生产钼酸铵产品的工艺。

9.2 硼矿加压浸出技术

硼（B）是一种非金属元素，对氧有较强的亲和力，在地壳中的分布比较分散且广泛。硼主要以硼酸和硼酸盐（$Na_2B_4O_7 \cdot 10H_2O$）的形式存在于自然界中，含量约为 3.0mg/kg。硼性质特殊，兼具金属及非金属特性，有阻燃、耐磨、耐高温、高强度、高硬度的特点，在国民生产中用途广泛，是机械、化工、核工业、医药、农业、冶金、国防军工等领域的重要原料[1]。

硼在岩石、盐湖、海河、石油、火山及动植物体中均有分布，是一种典型的亲石元素，地壳中的硼矿形态是多样性且形成条件是多变的[2]。不但矿石的组合复杂繁多，而且在不同介质中的物化性质也各不相同。地壳中的硼矿床可大致分为四种矿床：内生矿床、变质矿床、火山沉积矿床、外生矿床。这些硼矿床在土耳其和美国的分布最多，在南美、俄罗斯和中国的储量也较大[3]。

9.2.1 我国硼资源概述

我国的硼资源主要分布在辽宁、吉林、西藏、青海地区，占总储量的 90% 以上，其余在黑龙江、内蒙古、天津、浙江、湖南、广西等地零星分布。我国的硼矿物矿种结构复杂，共生矿、贫矿多，很少能够直接进行利用。

我国多年来主要在辽宁和吉林地区开采硼矿，该地区硼储量占我国总储量的 60%，凤城、宽甸和大石桥等地的硼产量占全国总产量的 80%。青海柴达木盆地主要为盐湖沉积矿、硼镁石和硼解石，占我国总硼储量的 30%。西藏主要为盐湖沉积形成的固体硼矿和地表与晶间卤水的液体硼矿，占全国总储量的 10%。另外，四川、吉林、江苏、河北、湖南和安徽等地也发现了一定储量的硼矿[4]。

东北大学张显鹏等人提出"硼铁矿高炉分离生产含硼生铁及富硼渣工艺"，以硼为主全面综合利用各有价元素。通过控制适当高炉冶炼条件能生产出含硼约1%的生铁及$B_2O_3$12%~16%的富硼渣。硼铁矿高炉分离得到的熔态富硼渣经缓冷处理后可代替硼镁石作制硼砂和硼酸的原料，硼铁矿提硼工艺流程如图9-1所示[5,6]。

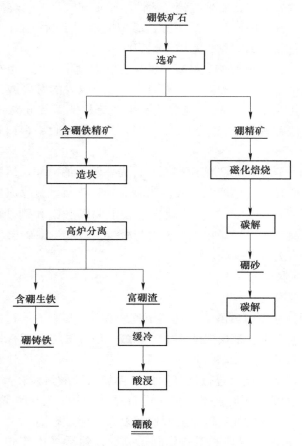

图 9-1　硼铁矿提硼工艺流程

9.2.2　我国硼矿的处理技术

9.2.2.1　硼砂制取工艺

硼砂制取工艺主要有：

（1）硫酸法。硼矿经硫酸酸解后，经过滤、结晶分离后得到粗硼酸，再加入纯碱中和，经过滤、结晶分离工序后制得硼砂[7,8]，硼砂母液返回循环使用。随着矿石品位的下降，硼酸的结晶率也随之降低，进而降低了硼砂的收率。采用该方法硼砂收率低，生产成本较高，对设备有严重腐蚀，该方法已在20世纪60年代左右停用。70年代中后期，该方法随着晶体硼镁肥的推广和应用被重新启用，用于生产晶体硼镁肥和硼酸[9]。

（2）常压碱解法。常压碱解法生产硼砂在20世纪50年代中后期开始应用。将硼矿焙烧成熟硼矿后，用 NaOH 强碱溶液进行碱解浸出，通过过滤分离残渣后，浸出液经蒸发浓缩、冷却结晶后制得偏硼酸钠晶体[10]。母液及洗液返回配制碱液。制得的偏硼酸钠重新溶解，加入小苏打进行反应，通过结晶分离后得到产品硼砂晶体。用 CO_2 碳化代替小苏打可降低碱耗，提高硼砂的收率。

常压碱解法制取硼砂工艺，要求有较高活性的矿石和较高的焙烧质量，生烧或过烧都会影响硼的浸出。随着开采硼矿品位的下降，碱解的难度不断增加，该方法工艺流程长，设备自动化程度低，且硼和碱的总收率均不到 50%。

（3）加压碱解法。加压碱解法是在较高的压力和温度下对硼矿进行碱解，保持较高碱解率的同时减少了碱用量，制取的偏硼酸钠溶液中含有较少的游离碱量，可以省去结晶处理工序，直接进行碳化分解[11]，极大地缩短了生产流程，固液分离时的硼碱夹带损失也大为减少。使用该方法碱解率可以达到 87%～94%，硼的总收率可以达到 83%～91%，碱利用率可以达到 66%～78%。

（4）碳碱法。由于碱解法的工艺流程冗长，需要较多的碱耗，研究人员研发出采用碳碱法代替碱解法，在矿粉中添加纯碱溶液，在通入 CO_2 进行碳解反应后，经过过滤、蒸发浓缩、冷却结晶工序后得到硼砂[12]。碳碱法省去了偏硼酸钠和硼砂母液苛化工序[13,14]，工艺流程得到极大的简化，过程操作损失也大为减少，母液返回碳解配料，使用该方法硼的收率和碱利用率都有大幅度提高。

9.2.2.2　硼酸制取工艺

硼酸制取工艺主要有：

（1）硫酸法。硼镁矿制取硼酸主要是利用硫酸法分解硼镁石。过去矿山开采出来的硼矿品位比较高，国内大多企业都用硫酸法生产硼酸。该方法将硼矿石粉碎后直接分解，不需要焙烧，工艺流程简单，但是硼的收率不高，环境不友好，容易对设备造成破坏。

（2）碳铵法。首先对硼镁石进行焙烧活化，再加入碳酸氢铵在高温下进行浸出反应，用二氧化碳和水吸收逸出的氨生成碳酸氢铵进行循环使用，冷却结晶酸解液获得产品硼酸。该方法减少了对设备的腐蚀，但是流程比较复杂，能耗较高。

（3）硼砂酸化法。首先将硼矿碳酸化制得硼砂，然后采用硫酸（硝酸）进行中和，经过结晶分离工序获得产品硼酸、硫酸钠（硝酸钠）。该方法具有设备简单、工艺流程短、硼回收率高等优点，国内外大部分企业均采用该方法。

（4）多硼酸钠法。将焙烧活化后的硼矿在一定温度、压力下与纯碱和 CO_2 进行碳解反应，过滤后的母液中加入适量硫酸进行中和，经过结晶、分离工序获得产品硼酸[8]。

9.2.3　硼矿加压浸出工艺原理

本章在现有硼砂处理工艺的基础上，主要对碳碱法制备硼砂和硫酸一步法制备硼酸进行工艺及机理介绍。

9.2.3.1　加压碳碱法制备硼砂工艺

目前，国内企业生产硼砂大部分采用碳碱法，少量采用西藏产天然硼砂水溶解法。碳碱法是以硼镁矿（硼铁矿）为原料，由纯碱液和二氧化碳碳解得到硼砂的方法。碳碱法生产硼砂的工艺过程为：首先对硼镁矿进行焙烧、磨碎（90%通过 150 目筛）得到熟硼矿粉，接着按固液比 1.4∶1 到 1.6∶1 加入纯碱液配制成料浆，升温至 125～135℃后通入二氧化碳，将压力调节至 0.6MPa 反应 12～20h，然后在过滤机中进行固液分离，其滤液经结晶、离心分离得 95%的硼砂，其质量可达到相关标准的一等品要求，再经气体干燥而得到99.5%的硼砂，其质量可达到相关标准的优等品要求。滤饼为硼泥，分离母液作配料循环使用。碳碱法生产硼砂的工艺流程如图 9-2 所示。

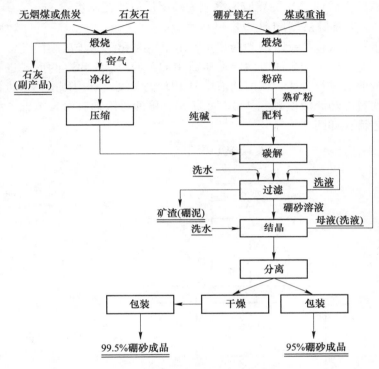

图 9-2　碳碱法生产硼砂工艺流程

对碳碱法加工硼镁矿的 Na_2CO_3 用量进行理论分析，反应方程式如下：

$$CO_2 + H_2O = H_2CO_3 \tag{9-1}$$

$$Na_2CO_3 + H_2CO_3 = 2NaHCO_3 \tag{9-2}$$

$$2(2MgO \cdot B_2O_3) + 2NaHCO_3 + H_2O = Na_2B_4O_7 + 2MgCO_3 + 2Mg(OH)_2 \tag{9-3}$$

总反应方程式为：

$$2(2MgO \cdot B_2O_3) + Na_2CO_3 + CO_2 + 4H_2O = Na_2B_4O_7 + 2(MgCO_3 \cdot Mg(OH)_2 \cdot H_2O) \tag{9-4}$$

碳碱法制备硼砂工艺是我国硼砂生产行业的一项技术创新，它针对我国硼资源品位较低的特点，显著提高了硼砂行业的经济效益，对我国硼工业的发展产生了促进作用。跟其他的加工方法相比，碳碱法主要有以下优点[15]：

（1）工艺流程短，硼砂母液循环利用，减少了"三废"的排放；

（2）生产设备简单，有效减少了基建投资；

（3）硼收率和碱利用率都较高；

（4）用纯碱代替烧碱节约了成本，纯碱价格较低，且较易得；

（5）减小了料液的腐蚀性和滤布的损耗，设备材料容易获得；

（6）按当量或微过量配碱时，可以处理品位较低（B_2O_3 含量 8% 以上）的硼镁矿。

关于碳碱法加工硼镁矿制取硼砂过程的反应机理，前人做了很多研究[16~20]。大部分反应过程中，CO_2 反应速率与 CO_2 吸收速率是相当的。在碳解过程的反应前期和中期没有控制步骤；在反应后期，CO_2 反应速率慢于吸收速率，随着反应不断进行，二者差距逐渐增大。所以，在反应后期 CO_2 的反应速率成为碳解反应的控制步骤。

9.2.3.2 一步硫酸法制硼酸工艺

现行硼酸生产方法包括一步法和两步法，本书主要介绍一步法中的硫酸法。其过程是将硼镁石矿在一定温度下用硫酸分解，使矿石中的 B_2O_3 以 H_3BO_3 的形式进入液相后，将残渣和含硼酸的滤液进行分离，调节滤液中 H_3BO_3 的浓度，利用硼酸溶解度随温度降低而减小的特性，通过冷却滤液使硼酸从液相中析出，硼酸母液通过蒸发浓缩、结晶工序制得硼镁肥。其工艺流程如图 9-3 所示。

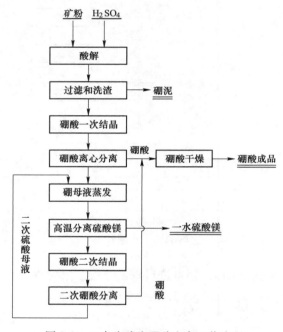

图 9-3   一步硫酸法硼酸生产工艺流程

在一定温度条件下，富硼渣与硫酸进行酸解反应，渣中的硼元素以硼酸的形式进入浸出液中，大部分镁元素以镁离子的形式进入浸出液中（硫酸镁溶液），主要化学反应为：

$$2MgO \cdot SiO_2 + 2H_2SO_4 = 2MgSO_4 + SiO_2 + 2H_2O \qquad (9\text{-}5)$$

$$2MgO \cdot B_2O_3 + 2H_2SO_4 + H_2O = 2H_3BO_3 + 2MgSO_4 \qquad (9\text{-}6)$$

一水硫酸镁的生产原理为：氧化镁（碳酸镁或氢氧化镁）首先与硫酸反应后生成硫酸镁溶液，经过结晶分离工序制得七水硫酸镁，再经高温脱水得到产品一水硫酸镁。主要反应为：

$$MgO + H_2SO_4 = MgSO_4 + H_2O \qquad (9\text{-}7)$$

$$MgCO_3 + H_2SO_4 = MgSO_4 + CO_2 \uparrow + H_2O \qquad (9\text{-}8)$$

$$Mg(OH)_2 + H_2SO_4 \Longrightarrow MgSO_4 + 2H_2O \tag{9-9}$$

$$MgSO_4 \cdot 7H_2O \Longrightarrow MgSO_4 \cdot H_2O + 6H_2O \uparrow \tag{9-10}$$

一步法硫酸法制取硼酸工艺不需要对硼镁矿石进行焙烧，工艺较为成熟、流程比较简单，国内许多硼酸生产企业均采用这种工艺[21]。

9.2.4 硼矿加压浸出过程

9.2.4.1 碳碱法制备硼砂

在已有研究的基础上[22~26]，以碳碱法为例，对硼矿加工制备硼砂过程进行研究，考察碳酸钠和碳酸氢钠的加入量、反应温度、CO_2 的气压、反应时间、液固比、二乙醇胺等条件对硼矿加压浸出过程的影响[27]。

A 碳酸钠加入量对硼铁矿碳解反应的影响

碳解率和收率随着 Na_2CO_3 加入量的增大，呈现先增大后减小的趋势（见图 9-4）。碳酸钠和 CO_2 分解硼铁矿的这种变化趋势与碳酸氢钠分解硼铁矿的情况有所不同，后者分解率是随着碳酸氢钠加入量的增大而逐渐增大。200g 矿粉中加入 Na_2CO_3 25.2g 时（12.6g Na_2CO_3/100g 矿），碳解率和收率最大，碳解率达到 75%。200g 矿粉中加入碳酸钠 63.1g 和 50.5g 时，碳解率和收率都很接近，均明显小于加入量为 25.2g 时的碳解率和收率。

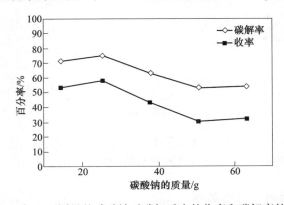

图 9-4 加入不同量的碳酸钠对碳解反应的收率和碳解率的影响

B 反应温度对碳解反应的影响

保持反应温度分别为 125℃、135℃、145℃和 155℃。碳解率和收率在 135℃时都取得最大值。相同的反应时间内，反应速率随着温度的降低而降低，导致碳解率和收率降低（阿累尼乌斯方程）。随着温度的升高，CO_2 在溶液中的溶解度降低，所以 HCO_3^- 浓度降低，导致反应速率降低，碳解率和收率随着降低（见图 9-5）。

C CO_2 的气压对碳解反应的影响

调节通入 CO_2 的气压分别为 0.3MPa、0.4MPa、0.5MPa 和 0.6MPa。CO_2 的气压增大，即增加了气相中的 CO_2 分压，CO_2 吸收速率会随着增大，液相中 HCO_3^- 离子浓度也会增加，反应速率加快，反应平衡向生成硼砂的方向移动，碳解率和收率均有所增加（见图 9-6）。

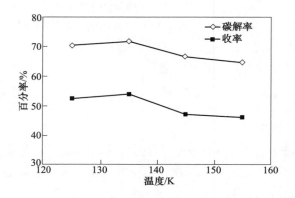

图 9-5   不同温度对碳解反应的收率和碳解率的影响

（液固比为 1.50∶1，CO_2 气压为 0.6MPa，碳酸钠 14.4g，反应时间 10h）

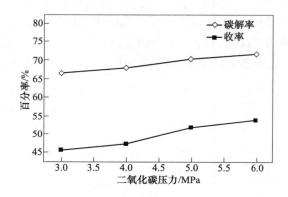

图 9-6   不同二氧化碳气压对碳解反应的收率和碳解率的影响

（液固比为 1.50∶1，反应温度 135℃，碳酸钠 14.4g，反应时间 10h）

    D   反应时间对碳解反应的影响

    保持反应时间分别为 2h、4h、6h、8h 和 10h。当反应时间从 2h 增加到 6h 时，碳解率和收率都随着反应时间的增加而增加。反应时间较短时，生成的 $NaHCO_3$ 量不足，导致碳解率和收率均不高。反应时间增加到 10h 后，碳解率和收率变化较小，反应时间过长会导致设备利用率降低，反应时间保持为 10h 比较经济可行（见图 9-7）。

    E   液固比对碳解反应的影响

    调节液固比分别为 1.25∶1、1.50∶1、1.75∶1、2.00∶1。液固比从 1.25∶1 增大到 1.75∶1 时，碳解率和收率均随着液固比的增大而增大（增大幅度不大）；液固比增大到 2.00∶1 时，碳解率和收率有小幅下降（见图 9-8），液固比对反应影响较小。

    F   二乙醇胺（DEA）对碳解反应的影响

    不添加二乙醇胺和加入二乙醇胺体积分别为 3mL、6mL 和 9mL 时，碳碱反应的碳解率和收率均比不添加二乙醇胺时大，不同二乙醇胺的添加量对碳解率和收率影响不大（见图 9-9）。加入不同体积的二乙醇胺，碳解率和收率都比较接近[25,26]。

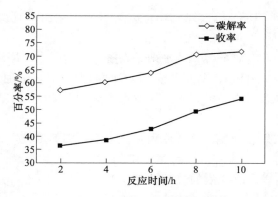

图 9-7　反应时间对碳解反应的碳解率和收率的影响
（液固比为 1.50∶1，CO_2 气压为 0.6MPa，反应温度 135℃，碳酸钠 14.4g）

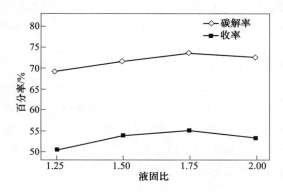

图 9-8　液固比对碳解反应的碳解率和收率的影响
（CO_2 气压为 0.6MPa，反应温度 135℃，碳酸钠 14.4g，反应时间 10h）

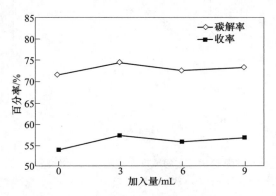

图 9-9　添加剂对碳解反应的碳解率和收率的影响
（液固比为 1.50∶1，CO_2 气压为 0.6MPa，反应温度 135℃，碳酸钠 14.4g，反应时间 10h）

　　通过研究单因素条件对富硼渣碳解的影响规律，结合正交实验得到碳酸钠碳解富硼渣的较优工艺条件如下：

　　（1）低品位富硼渣碳酸钠碳碱法制备硼砂的较优工艺条件为：反应温度 135℃，碳解时间 10h，总压力 0.6MPa，液固比 2.00∶1，碱量为理论碱量的 1.1 倍。B_2O_3 碳解率达到

76.04%，硼砂收率达到71.85%。影响B_2O_3碳解率的因素由主到次的顺序为：反应总压力>碳解时间>碱量>液固比。

（2）二氧化碳的吸收与碳酸氢钠的平衡是碳解的关键因素。用碳酸氢钠碳解，先通入二氧化碳气体至压力为0.4MPa，温度升至135℃时加大二氧化碳通气量使总压在0.6MPa下再碳解6h，氧化硼碳解率达76.13%，硼砂收率达到71.93%，硼砂纯度达到97.37%，符合国家硼砂质量标准。

（3）硼铁矿碳碱法硼收率低的主要原因是渣中水溶硼的量较大，解决硼铁矿碳碱法硼收率低应从三个方面考虑：其一，提高硼铁矿的品位，减少渣量；其二，降低纯碱的消耗，减少碳酸镁等的生成，改善渣的过滤性能；其三，采用浆洗或其他先进的洗涤方式，减少渣中的水溶硼[27]。

9.2.4.2　一步硫酸法制硼酸

在已有研究的基础上，以一步硫酸法为例，对硼矿加工制备硼酸过程进行研究，探究影响硼浸出的因素，其中关于铁的去除、硼酸结晶、母液中的硫酸镁回收等问题只做简单介绍[21]。

A　硫酸浓度对硼浸出率的影响

硫酸浓度分别为10%、15%、20%、25%和30%，总体上硼的浸出率随着硫酸浓度的增加而增加。当硫酸浓度增至20%以上，硫酸浓度的增加对硼的浸出率增幅减缓（见图9-10）。如果反应时间足够长，硼的浸出率是一定的，硫酸浓度对硼酸的浸出率并没有太大的影响。在工业生产中，反应时间不能无限延长，反应时间一般控制在1~2h之间。所以，在一定时间内，硫酸的浓度越大硼的浸出率就会越高。

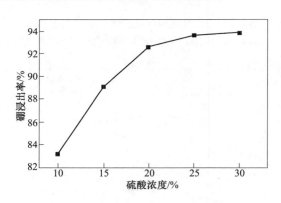

图9-10　硫酸浓度对硼浸出率的影响

（硫酸量为理论用量的85%，反应温度95℃，反应时间100min，搅拌速度100r/min）

B　反应时间对硼浸出率的影响

控制浸出时间分别为40min、60min、80min、100min和120min，硼的浸出率随反应时间的增加而增加。当浸出时间为100min时，硼浸出率已经达到93.8%，再继续延长时间，浸出率增加缓慢（见图9-11），浸出时间过长会导致设备利用率降低。

C　硫酸用量对硼浸出率的影响

控制硫酸用量分别为理论用量的60%、65%、70%、75%、80%、85%和90%，硼的

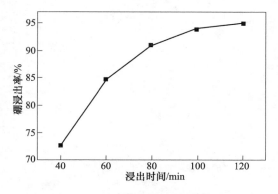

图 9-11 浸出时间对硼浸出率的影响

（硫酸量为理论用量的 85%，反应温度 95℃，硫酸浓度为 20%，搅拌速度 100r/min）

浸出率随着硫酸用量的增加而增加。当硫酸用量在 60%～80% 之间时，硼浸出率增长速度较快；当硫酸用量在 80%～85% 之间时，硼浸出率增长相对缓慢；当硫酸用量超过 85% 时，硼浸出率基本保持不变（见图 9-12）。

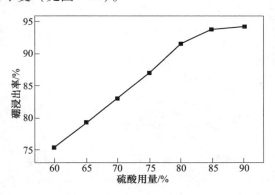

图 9-12 硫酸用量对硼浸出率的影响

（反应温度 95℃，反应时间 100min，硫酸浓度为 20%，搅拌速度 100r/min）

D 反应温度对硼浸出率的影响

反应温度对硼浸出率有较大影响。控制浸出温度分别为 65℃、75℃、85℃、95℃ 和 99℃。硼的浸出率随着反应温度的升高而增加。当反应温度为 95℃ 时，硼浸出率可达 93.8%，温度继续增加对硼浸出率的提高影响不大（见图 9-13）。

E 矿石品位对硼浸出率的影响

用硫酸浸出不同品位的硼镁矿石。硼、镁的浸出率均随矿石品位的提高呈线性增长（见图 9-14）。硼的浸出率均在 93% 以上，镁的浸出率最低为 76.89%。随着矿石中硼含量的增加，矿石中 $Mg_2(OH)(B_2O_4(OH))$ 的量也越来越多。而 $Mg_2(OH)(B_2O_4(OH))$ 相与硫酸的反应很容易发生且反应较为彻底，导致镁浸出率随矿石品位的提高而增加。

F 搅拌强度对硼浸出率的影响

搅拌能够影响硼矿石的浸出率，矿石与浸出剂接触后会在矿石表面形成扩散层。在静

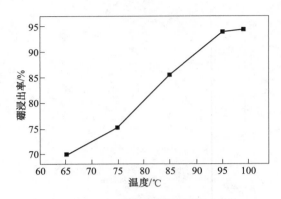

图 9-13　反应温度对硼浸出率的影响

（硫酸量为理论用量的 85%，反应时间 100min，硫酸浓度为 20%，搅拌速度 100r/min）

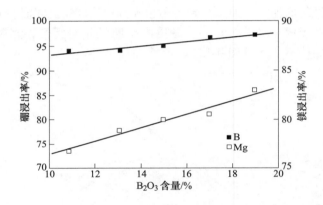

图 9-14　矿石品位对硼、镁浸出率的影响

（硫酸量为理论用量的 85%，反应温度 95℃，反应时间 100min，硫酸浓度为 20%，搅拌速度 100r/min）

止状态，浸出剂和硼镁矿在扩散层的两边分别产生浓度梯度，扩散层的厚度减小有利于提高浸出速率。加入搅拌促进矿石和溶液均匀混合，有利于减小扩散层厚度，同时可以防止矿粒沉降到反应器底部。搅拌速度过慢，矿石与浸出剂不能实现均匀混合，不利于提高浸出速率。搅拌过于强烈会导致细矿粒与液体整体移动或附壁旋转，矿石与浸出剂无法混匀，反而降低浸出速率。因此适当的搅拌速度能够提高硼矿石的浸出率。研究表明，搅拌速度约 100r/min 时，矿石与浸出液混合均匀，硼浸出效果良好[21]。

对于一步硫酸法中硼酸结晶和硫酸镁的回收问题：

（1）硼酸、硫酸的加入导致硫酸镁溶液过饱和度、溶液的性质发生了变化，降低了一水硫酸镁的极限饱和度，增加了一水硫酸镁的结晶动力，对一水硫酸镁的结晶起促进作用。由于同离子效应和勒夏特列原理，硫酸对一水硫酸镁的结晶起促进作用。随着硼酸、硫酸浓度的增加，一水硫酸镁的结晶产率逐渐提高。硼酸浓度不能超过 4.5%，否则有共结晶现象，影响实验结果。

（2）硫酸镁加入硼酸溶液时，硫酸镁可能吸附在硼酸晶面上，对硼酸的结晶起抑制作用。硫酸镁的浓度越高，硼酸结晶率越低。

9.3 红土镍矿加压酸浸技术

9.3.1 红土镍矿资源概述

含铁的氧化矿石呈红色因而被称为红土矿（laterite），镍是亲铁元素，氧化镍矿主要以红土镍矿形式存在。地球中镍的总含量约为 3%，在地壳中的平均含量约为 0.008%，其丰度居第 24 位。地球上有硫化镍矿、氧化镍矿、含砷镍矿和深海含镍锰矿四种含镍矿物。红土镍矿主要分布在南、北回归线一带（澳大利亚、巴布亚新几内亚、新喀里多尼亚、印度尼西亚、菲律宾和古巴等），世界上重要红土镍矿资源分布状况见表 9-1。

表 9-1　世界重要红土镍矿资源分布状况（以镍计）

国　家	古巴	新喀里多尼亚	印度尼西亚	澳大利亚	菲律宾	多米尼加	中国
储量/万吨	2300	1500	1300	1100	1100	900	50

红土镍矿分为褐铁矿型 $[(Fe,Ni)O(OH) \cdot nH_2O]$ 和硅镁镍矿型红土镍矿两种，前者主要成分是含铁的氧化矿物，氧化镍与铁的氧化物组成固溶体存在于氧化矿床的表层；后者是镍、铁、钴的氧化物以不同的比例取代了硅镁矿中的氧化镁（如蛇纹石 $[Mg_6Si_4O_{10}(OH)_8]$ 中的部分 MgO 被 NiO 取代），通常储存于氧化矿床的深层[28]。

在地层中，红土镍矿的可采部分一般由 3 层组成：褐铁矿层、过渡层和腐殖土层，其中有价元素的分布见表 9-2。

表 9-2　红土镍矿中有价元素的分布

矿　层	化学成分（质量分数）/%				特　点
	Ni	Co	Fe	Mg	
褐铁矿层	0.8~1.5	0.1~0.2	40~50	0.5~5	高铁低镁
过渡层	1.5~1.8	0.02~0.1	25~40	5~15	过渡
腐殖土层	1.8~3	0.02~0.1	10~25	15~35	低铁高镁

9.3.2 红土镍矿的处理技术

褐铁矿型红土镍矿镍品位较低，适合采用湿法冶金技术处理；硅镁镍矿型红土镍矿镍品位相对较高，适合火法冶金技术处理[29]。

9.3.2.1 火法技术

火法技术包括：

（1）镍铁工艺。将破碎到 50~150mm 的矿石送干燥窑干燥后再送回转窑焙烧得到焙砂，加入 10~30mm 的挥发性煤，在 1000℃的电炉中经还原熔炼后得到粗镍铁合金，粗镍铁合金经吹炼产出成品镍铁合金。产品中镍的质量分数为 20%~30%，镍回收率为 90%~95%，此方法无法回收钴。

（2）镍锍工艺。镍锍工艺是在镍铁工艺的 1500~1600℃熔炼过程中加入硫黄，产出低镍锍，再经过转炉吹炼生产高镍锍。高镍锍产品中，镍的质量分数为 79%，硫质量分数为19.5%。全流程镍回收率为 70%左右，能耗较高。

9.3.2.2   湿法技术

湿法技术包括:

(1) 还原焙烧—氨浸工艺。干燥后的红土镍矿在 600~700℃ 温度下还原焙烧,镍、钴和部分铁还原成合金,然后经过多级逆流氨浸(镍和钴可与氨形成配合物)可以得到含镍、钴的浸出液。浸出液经硫化沉淀,母液经过除铁、蒸氨,得到碱式硫酸镍,经煅烧生产氧化镍,也可以经还原生产镍粉。

还原焙烧—氨浸工艺全流程镍的回收率为 75%~80%,钴回收率为 40%~50%。镍和钴的回收率都比较低,该方法不适合处理含铜和含钴高的氧化镍矿以及硅镁镍型红土镍矿,只适合于处理表层的褐铁型红土镍矿,同时存在能耗高、试剂消耗多等缺陷,极大地限制了氨浸工艺的发展。

(2) 加压酸浸工艺。在 230~270℃、3~5MPa 的高温高压条件下,用稀硫酸作浸出剂,通过控制 pH 值,使镍、钴选择性进入浸出液中,铁、铝和硅等杂质元素水解进入渣中。浸出液用硫化氢还原中和、沉淀,得到高质量的镍钴硫化物,进而通过传统的精炼工艺产出最终产品。

加压酸浸工艺的优点是镍和钴的浸出率都可以达到 90% 以上,但仅适合于处理含 MgO 比较低的褐铁型红土镍矿。镁含量高会增加酸耗,提高操作成本,同时需要昂贵的钛材制造的高压设备。目前,世界上采用加压酸浸工艺的企业只有三家,且生产都不稳定。

(3) 常压酸浸工艺。将磨细后的红土镍矿与洗涤液和硫酸按一定的比例混合,在加热的条件下进行反应,矿石中的镍浸出进入溶液,用碳酸钙进行中和、过滤,得到的浸出液用 CaO 或 Na_2S 作沉淀剂进行沉镍。常压浸出方法工艺简单、能耗低、投资费用低、操作条件易于控制,但沉铁渣过滤性能差、渣量大且渣含镍高,有待于进一步的研究。

(4) 微波烧结—常压浸出工艺。先将红土镍矿加硫酸后在微波炉中微波烧结处理,再在常压下对烧结产物进行浸出。红土镍矿的微波烧结—常压浸出是一种强化浸出方式,可以缩短反应时间、降低能耗且提高镍的浸出率。但存在很明显的缺点:酸矿比达 1.5 以上,酸耗大;铁的浸出率达 60%~75%,为非选择性浸出,需要增加黄钠铁矾法除铁工序。

9.3.3   红土镍矿微波烧结—加压浸出工艺

红土镍矿高压酸浸工艺过程中,大量铁杂质会以赤铁矿的形式沉降进入渣中,浸出与除铁在同一容器一步完成。在 220℃ 的温度以下,压力随温度的变化遵循线性关系,温度高于 220℃ 时,压力随温度的变化则是以指数的关系递增;在 200℃ 左右,Fe^{3+} 能以赤铁矿的形式沉降。微波能破坏矿物的晶格,实现镍、钴浸出率的提高,利用微波烧结破坏矿物晶格,再用低于 220℃ 的温度加压浸出,实现铁离子以赤铁矿的形式析出沉淀,达到强化浸出、降低高压酸浸温度和压力的目的,为此提出了红土镍矿的微波烧结—加压浸出技术。

将红土镍矿与含碳还原剂(纳米碳粉、活性炭、木炭、烟煤或无烟煤等)混合,在 2450MHz 或 916MHz 的微波辐照下加热,实现反应物的快速升温,对矿物中镍和钴有价元素还原的同时,控制铁的还原程度,实现矿物的选择性还原焙烧。焙烧之后的还原产物在稀酸溶液中进行镍钴的选择性浸出,实现镍钴的有效提取。该方法焙烧时间短、还原剂消耗量少、能耗低,浸出过程中试剂消耗量小,浸出渣适宜用作炼铁的原料,环境友好[30,31]。

9.3.3.1 浸出温度对镍钴浸出率及铁沉淀率的影响

加压浸出过程中温度是重要因素，它直接关系到压力的大小，同时对镍浸出率和浸出速度有很大的影响。

温度对镍浸出率、铁离子浓度和残酸量的影响研究结果（见表9-3）表明，在180℃时，镍的浸出率只有54%左右，渣中含有0.7%左右未被浸出的镍。镍浸出率随着温度的升高而升高，到220℃时，镍的浸出率达到了99%，渣中只含有0.01%的镍，同时钴的浸出率达到了98%。浸出液中的铁离子含量则由180℃时的6g/L左右降到220℃时的1g/L左右。220℃时，铁主要以赤铁矿的形式沉淀（见图9-15）。

表 9-3 温度对镍钴浸出率、铁离子浓度和残酸量的影响

温度/℃	压力/MPa	酸度/g·L⁻¹	铁离子浓度/g·L⁻¹	渣中镍含量/%	镍浸出率/%	钴浸出率/%
180	1.2	21.76	6.31	0.678	53.8	51.1
190	1.4	22.54	4.87	0.473	68.6	65.7
200	1.6	25.97	3.54	0.227	85.1	82.9
210	2.0	27.24	1.95	0.051	96.7	94.1
220	2.4	30.38	1.13	0.009	99.2	97.7

注：保温时间1.5h，搅拌速度400r/min。

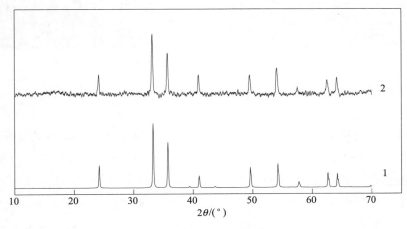

图 9-15 220℃时水解产物的 XRD 图
1—赤铁矿标准 XRD 图谱；2—220℃时反应所得水解产物

对220℃时的沉淀物做扫描电镜（SEM）分析（见图9-16）。图9-16（a）和（b）为放大3000倍的图像，颗粒表面疏松成絮状；图9-16（c）和（d）为放大10000倍的图像，可以清晰地看到样品表面的疏松多孔结构，与原矿的 SEM 分析有很大差别，说明物相已经发生改变。

浸出温度为220℃时的浸出液中酸含量高达30g/L，其原因为铁离子以赤铁矿沉淀过程中释放出酸，相关反应如下：

$$Fe_2(SO_4)_3 + 3H_2O \Longrightarrow Fe_2O_3 + 3H_2SO_4 \tag{9-11}$$

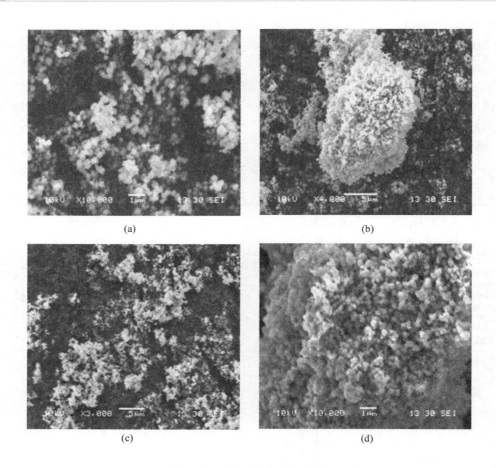

图 9-16　赤铁矿的扫描电镜图

赤铁矿沉淀反应越完全，产生并进入溶液的 H_2SO_4 量越大，浸出液的残酸量越高。

在浸出温度为 180℃和 190℃时，渣样中还有部分针铁矿没有反应完全（见图 9-17 的线 1 和线 2 中还有针铁矿的衍射峰），说明此时矿样的晶格没有被破坏完全，所以镍不能完全释放出来，镍浸出率低；在 180℃时，溶液中的铁离子以赤铁矿的形式沉淀下来，随着反应温度的升高和压力的增加，原矿中的针铁矿充分反应；浸出温度升高到 200℃时，针铁矿已经反应完全，转化为赤铁矿。

9.3.3.2　浸出反应保温时间对镍钴浸出率的影响

红土镍矿的高温高压浸出动力学结果表明，镍的浸出主要在 20min 内就进行完全，1h 后达到稳定状态。铁的溶出集中在 5min 之内，后续的水解沉铁过程需要 1h。保温时间对镍浸出率、铁离子浓度和残酸量的影响结果（见表 9-4）表明，在反应温度为 220℃时，保温 1h 后，镍浸出率达到 98.9%，仅有 0.017%的镍存在于浸出渣中。保温 1.5h 后，镍浸出率达到 99.2%，保温时间增加到 3h，镍的浸出率变化不大。浸出反应保温时间不宜过长，否则会加大能耗。

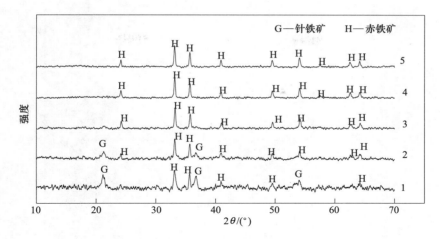

图 9-17 不同温度下赤铁矿渣的 XRD 比较

1—180℃；2—190℃；3—200℃；4—210℃；5—220℃

表 9-4 保温时间对镍钴浸出率、铁离子浓度和残酸量的影响

保温时间/h	压力/MPa	酸度/g·L⁻¹	铁离子浓度/g·L⁻¹	渣中镍含量/%	镍浸出率/%	钴浸出率/%
1	2.4	27.44	3.65	0.017	98.9	97.4
1.5	2.4	30.38	2.63	0.011	99.2	97.9
2	2.4	32.34	1.91	0.009	99.3	98.1
3	2.4	32.83	1.24	0.009	99.3	98.1

注：反应温度 220℃，搅拌速度 400r/min。

保温时间从 1h 增加到 3h 时，浸出液中的 Fe^{3+} 浓度从 3.65g/L 减少到 1.24g/L，酸含量由 27.44g/L 增加到 32.83g/L，保温时间的延长有利于 Fe^{3+} 的沉降，残酸含量随着 Fe^{3+} 的沉降而增加（理论上水解 1g 的 Fe^{3+} 产生 2.6g 酸）。

不同保温时间条件下，赤铁矿渣的 XRD 分析表明：水解反应很完全，沉淀物均为赤铁矿形式（见图 9-18）。

9.3.3.3 硫酸量对镍钴浸出率及铁沉淀率的影响

加压浸出反应必须考虑酸度的影响因素。微波烧结时加入较多的酸可以加速矿物晶格的破解，提高镍的浸出率；但是过量的酸不但增加试剂消耗，不利于铁的沉降，同时增加设备的负担。赤铁矿的沉铁条件要求高温、高含铁量和低酸度，才能保证沉铁产物是赤铁矿而不是碱式硫酸铁。

硫酸用量对镍浸出率、铁离子浓度、残酸量影响（见表 9-5）的研究表明，在浸出温度为 180℃时，镍的浸出率随着酸量的增加而增长（从 30% 增加到 75%），但浸出率只有 75%。浸出温度为 180℃时，浸出反应不完全，增加酸量并不能大幅提高镍浸出率。

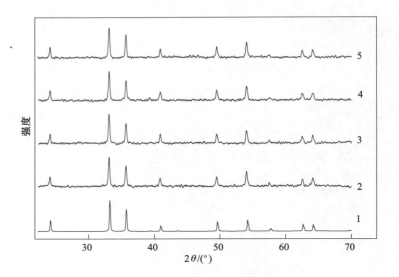

图 9-18   不同保温时间下赤铁矿渣的 XRD 图

1—赤铁矿标准谱图；2—1h；3—1.5h；4—2h；5—3h

表 9-5   硫酸用量对镍浸出率、铁离子浓度和残酸量的影响

每克矿的硫酸用量/g	温度/℃	压力/MPa	酸度/g·L⁻¹	铁离子浓度/g·L⁻¹	渣中镍含量/%	镍浸出率/%
0.25	180	1.2	11.27	1.72	0.921	30.2
	200	1.6	12.45	1.24	0.711	49.2
	220	2.4	12.94	0.75	0.457	67.2
0.5	180	1.2	21.76	6.85	0.678	53.7
	200	1.6	25.97	3.46	0.227	85.0
	220	2.4	30.7	1.05	0.009	99.3
0.75	180	1.2	19.11	17.98	0.016	61.3
	200	1.6	22.05	17.17	0.225	85.6
	220	2.4	29.52	15.20	0.614	99.1
1.0	180	1.2	10.29	43.33	0.346	74.8
	200	1.6	12.94	32.38	0.285	84.5
	220	2.4	14.21	23.58	0.131	90.7

注：反应温度 220℃，保温时间 1.5h，搅拌速度 400r/min。

在浸出温度为 200℃、酸量增加到每克矿 0.5g H_2SO_4 时，浸出率达到 85%，继续增加酸量后浸出率几乎保持不变。在浸出温度为 220℃、酸量为每克矿 0.5g H_2SO_4 时，浸出率可达 99%，酸量增加到每克矿 1.0g H_2SO_4 时，浸出率减小到 90%，酸量增大引发溶液中发生多种化学反应，导致镍浸出率下降。

当硫酸量为每克矿 0.5g，浸出温度为 220℃时，镍浸出率可以达到 99%。在硫酸量为每克矿 0.25g 时，浸出反应不完全，水解产物中仍然存在针铁矿（见图 9-19 中的线 1 存在针铁矿的衍射峰）。当硫酸量为每克矿 0.5g 和 0.75g 时，针铁矿反应完全，沉淀产物为赤铁矿，此时镍的浸出率达到 99% 左右。加大硫酸量到每克矿 1.0g 时，部分水解产物为碱式硫酸铁，镍的浸出率下降到 90%。浸出液中的铁在有多余酸存在的情况下，除部分生成赤铁矿外，还会生成碱式硫酸铁 $Fe(OH)SO_4$：

$$Fe_2(SO_4)_3 + 2H_2O \longrightarrow 2Fe(OH)SO_4 + H_2SO_4 \tag{9-12}$$

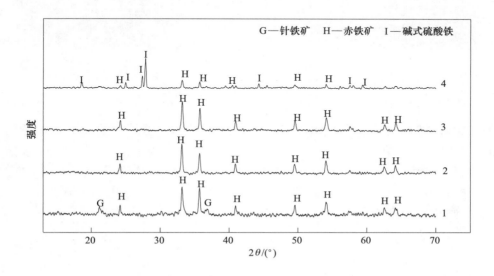

图 9-19　不同硫酸用量下浸出渣的 XRD 图

1—每克矿 0.25g H_2SO_4；2—每克矿 0.5g H_2SO_4；3—每克矿 0.75g H_2SO_4；4—每克矿 1.0g H_2SO_4

高酸量（每克矿 1.0g H_2SO_4）条件下水解产物的扫描电镜（SEM）如图 9-20 所示，由图可见形成的碱式硫酸铁与赤铁矿的不同。图 9-20（a）、（b）为放大 3000 倍的 SEM 图像，（c）和（d）为放大 10000 倍的 SEM 图像。相比于原矿、赤铁矿的 SEM 图像，碱式硫酸铁的 SEM 图像中，颗粒呈长条或柱状的晶体结构，柱状的表面比较疏松，有较多孔隙。

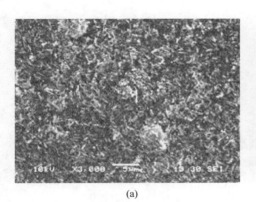

(a)　　　　　　　　　　　　　　(b)

(c)   (d)

图 9-20   碱式硫酸铁的扫描电镜图

通过能谱（见图 9-21）分析比较赤铁矿和碱式硫酸铁的差异。图 9-21（a）中的 S 含量仅有 1.89%，Fe 的含量高达 50.31%；图 9-21（b）中的 S 含量为 12.91%，Fe 的含量为 28.79%。分析认为：图 9-21（a）以赤铁矿为主，夹杂有 SO_4^{2-}；图 9-21（b）中生成的是碱式硫酸铁 $FeOHSO_4$，其铁含量要比赤铁矿的低，而 S 的含量则远高于赤铁矿，充分说明两者的物相和成分不相同。

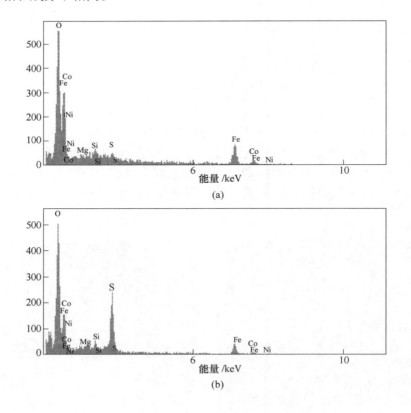

图 9-21   赤铁矿（a）和碱式硫酸铁（b）的 X 射线能谱分析图

当硫酸的加入量为每克矿 0.25g，反应温度为 220℃ 时，浸出液中铁的含量只有 0.75g/L；硫酸加入量为每克矿 0.5g 时，浸出液中铁的含量为 1g/L；硫酸加入量为每克矿 0.75g 时，浸出液中铁的含量大约是 15g/L。

在浸出液的水解反应过程中，赤铁矿反应进行得越完全，释放出的酸越多。在硫酸加入量为每克矿 0.25g 时，残酸量仅有 10g/L 左右；硫酸加入量为每克矿 0.4~0.5g 时，残酸量为 20~30g/L，这为合适的酸量。同时浸出液中残留的铁仅有 1~3g/L，大部分的铁以赤铁矿形式水解沉淀；在硫酸加入量为每克矿 0.75g 和 1.0g 时，浸出液中的酸含量反而降低，仅为 10~15g/L。由沉淀产物的 XRD 分析可知，这是由于高酸度条件下产生了碱式硫酸铁造成的后果。生成碱式硫酸铁时，释放的酸只有生成赤铁矿的酸的 1/3，所以浸出液最终的酸量较少。

9.4 钨钼加压浸出技术

9.4.1 钨钼资源概述

9.4.1.1 钨资源概述

自然界已发现的钨矿物有 20 多种，但具有工业价值的钨矿物仅有黑钨矿和白钨矿。黑钨矿主要包括 3 种矿物，即钨锰矿（$MnWO_4$，含 WO_3 76.6%）、钨铁矿（$FeWO_4$，含 WO_3 76.3%）和钨锰铁矿（$(Fe, Mn)WO_4$，含 WO_3 76.5%）。通常钨锰矿中含少量铁，钨铁矿中含少量锰。矿物中 $w(FeWO_4) : w(MnWO_4) \leqslant 20 : 80$，为钨锰矿，两者比值不小于 20 : 80，为钨铁矿，钨锰铁矿则是钨锰矿和钨铁矿在 20%~80% 之间的混合物。

白钨矿是钙钨酸盐，分子式为 $CaWO_4$，含 WO_3 80.6%。结晶呈正方晶系；钼常取代白钨矿中的钨，形成类质同象的钼酸钙（$CaMoO_4$）。白钨矿还常与石榴子石、辉石、石英、辉钼矿、辉铋矿和黄铁矿等伴生。

钨矿床的形成与岩浆活动或变质作用密切相关。根据矿床成因、产状等特征，钨矿床可分为 4 种主要工业类型，即：石英脉型钨矿床、矽卡岩型钨矿床、斑岩型钨矿床、层状型钨矿床[32]。

9.4.1.2 钼资源概述

钼是分布量很少的一种元素，它在地壳中的丰度为 $3×10^{-4}$%。据统计世界钼储量大约为 1470 万吨，其中 2/3 是可以回收的。钼资源的分布主要集中在美国、加拿大、智利、苏联和中国[33]。这 5 个国家总储量约占世界钼储量的 90%。我国钼储量相当丰富，全国有 25 个省、市、自治区已发现含钼矿山 170 多个，已查明保有储量 855 万吨，钼金属量达 500 万吨，可回收的钼约 300 万吨。

钼矿床按成因特征主要有 3 种类型：（1）热液脉型钼矿床；（2）斑岩型钼矿床；（3）矽卡岩型钼矿床。

提取钼的主要原料为辉钼矿，处理辉钼矿的方法有火法和湿法两大类。无论是火法还是湿法，其共同点是将硫化矿氧化为氧化物或其盐类，之后再将这种不纯的中间产品进一步提纯为纯的钼化合物。目前的辉钼矿处理方法主要以火法即氧化焙烧法为主，但该方法在生产过程中会释放大量的二氧化硫。随着资源、环保要求和现代工业的发展，研究开发固硫工艺或湿法处理工艺具有重要意义。

9.4.2 钨钼加压浸出原理

9.4.2.1 钨的加压浸出原理

A 苏打高压浸出法

用苏打高压浸出法处理钨矿物的流程如图 9-22 所示。在配料中加入 Al_2O_3 的目的主要是为了抑制 SiO_2，当原料中含黑钨矿时，往往加入 NaOH 以中和可能产生的 H_2CO_3，有时也加入硝石，将铁、锰氧化为高价，以利于分解[34]。

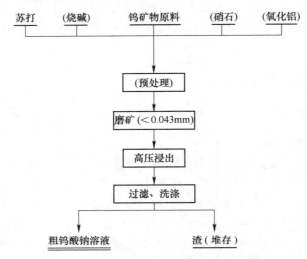

图 9-22 苏打高压浸出法处理钨矿物原料的原则流程

苏打高压浸出过程的主要反应如下：

黑钨矿：

$$(Fe,Mn)WO_4(s) + Na_2CO_3(aq) = Na_2WO_4(aq) + FeCO_3(s)(或MnCO_3(s)) \quad (9-13)$$

$$FeWO_4(s) + Na_2CO_3(aq) = Na_2WO_4(aq) + FeCO_3(s) \quad (9-14)$$

$$MnWO_4(s) + Na_2CO_3(aq) = Na_2WO_4(aq) + MnCO_3(s) \quad (9-15)$$

$$FeCO_3 + 2H_2O = Fe(OH)_2(s) + H_2CO_3(aq) \quad (9-16)$$

$$3Fe(OH)_2(s) = Fe_3O_4 + 2H_2O + H_2 \quad (9-17)$$

$$MnCO_3(s) + 2H_2O = Mn(OH)_2(s) + H_2CO_3(aq) \quad (9-18)$$

白钨矿：

$$CaWO_4(s) + Na_2CO_3(aq) = Na_2WO_4(aq) + CaCO_3(s) \quad (9-19)$$

B 热球磨碱浸工艺

热球磨碱浸过程是将钨矿原料与 NaOH 溶液一起加入热磨反应器中进行浸出，将矿物的磨细作用、机械活化作用、对矿浆的强烈搅拌作用与浸出过程中的化学反应结合在一个设备中完成，可以不断去除包裹在矿物表面的固体反应物，使反应大大加速，能在较短时间内获得高的浸出率。该方法优点是：对原料适应性广，对于白钨矿或含钙高的体系，可添加 Na_3PO_4 提高分解率并防止可逆反应造成钨损失，能有效处理黑钨精矿、低品位黑白钨混合矿；省掉了磨矿工序，可在较低的碱用量下获得较高的分解率，流程短，回收率高。此方法工业化的关键是需要耐浓碱、高温与机械冲击的抗磨材料来制造球磨筒[34]。

主要反应如下：

黑钨矿：

$$(Fe,Mn)WO_4(s) + 2NaOH(aq) \Longrightarrow Na_2WO_4(aq) + Fe(OH)_2(s)(或Mn(OH)_2(s))$$
$$(9-20)$$

白钨矿：

$$CaWO_4(s) + 2NaOH(aq) \Longrightarrow Na_2WO_4(aq) + Ca(OH)_2(s) \qquad (9-21)$$

近年来，中南大学赵中伟教授团队在钨的提取冶金方面做了大量卓有成效的工作[35]。发明的硫磷混酸协同常压分解、调控消除产物阻滞膜、母液循环浸出等关键技术，实现了白钨矿的常压分解、磷酸再生和浸出液回用，降低了钨冶炼对原料品位的要求，提高了浸出率，解决了选冶回收率难以兼顾的矛盾。相关技术可处理高磷高钼白钨矿、钨和萤石共伴生矿、黑白钨混合矿等复杂难处理的钨矿原料。

9.4.2.2 钼的加压浸出原理

A 辉钼矿湿法氧化的基本原理

辉钼矿湿法分解的任务就是将矿物中的硫化钼氧化为可溶性的钼酸盐，以便进一步净化和制取纯钼化合物；使杂质进入溶液，钼大部分以酸的形态留在固相中，经干燥煅烧制取三氧化钼。

B 辉钼矿的湿法分解工艺

目前，已经形成了许多辉钼矿湿法冶金方法，按照反应体系、操作环境和使用设备的不同，可以分为常压氧化分解和高压氧化分解。常压氧化分解主要包括硝酸氧化分解法、次氯酸钠分解、电氧化法、超声波电氧化法、生物氧化浸出等。与常压氧化分解相比，高压氧化分解通过提高温度和压力加快了反应速度，缩短了分解时间，并使一些在常温常压下难以发生的反应成为可能。主要有高压氧化酸分解和高压氧化碱分解[36~39]。

在硝酸介质中辉钼矿的高压氧浸过程的主要反应如下：

$$MoS_2 + 6HNO_3 \longrightarrow H_2MoO_4 + 2H_2SO_4 + 6NO \qquad (9-22)$$

$$MoS_2 + 8HNO_3 \longrightarrow MoO_2^{2+} + 2NO_3^- + 4H^+ + 2SO_4^{2-} + 6NO + 2H_2O \qquad (9-23)$$

$$3ReS_2 + 19HNO_3 \longrightarrow 3HReO_4 + 6H_2SO_4 + 19NO + 2H_2O \qquad (9-24)$$

$$3MeS + 8HNO_3 \longrightarrow 3MeSO_4 + 8NO + 4H_2O(Me 为 Cu、Ni、Fe、Zn 等金属)$$
$$(9-25)$$

$$4NO + 3O_2 + 2H_2O \longrightarrow 4HNO_3 \qquad (9-26)$$

分解过程产生的 NO 气体在高压釜内与氧气和水蒸气作用生成硝酸，从而减少了硝酸的用量。

碱性条件高压氧分解过程的主要反应如下：

$$2MoS_2 + 12NaOH + 9O_2 \longrightarrow 2Na_2MoO_4 + 4Na_2SO_4 + 6H_2O \qquad (9-27)$$

反应过程主要工艺条件为：温度 130~200℃，总压力 2.0~2.5MPa，反应时间 3~7h，NaOH 用量为理论量的 1.00~1.03 倍。碱性高压氧浸处理辉钼矿生产钼酸铵产品的工艺流程如图 9-23 所示。

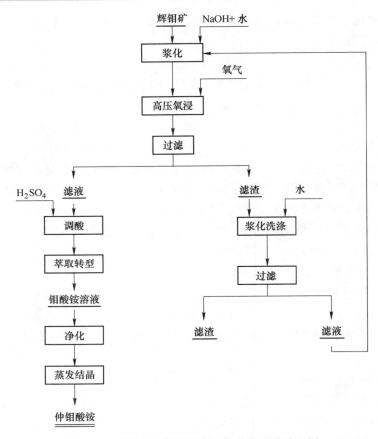

图 9-23　碱性条件下钼的高压氧分解工艺流程图

与酸性条件下高压氧分解工艺相比，该工艺具有金属回收率高，钼、铼回收率 95% ~ 99%，反应介质对设备的腐蚀性小，钼在分解过程中全部进入分解液中等优点。不足之处在于该工艺反应时间较长，使其生产率和能耗等经济技术指标受到影响。

9.4.3　钨钼加压浸出过程

9.4.3.1　钨的加压浸出过程

A　影响苏打高压浸出效果的因素

a　浸出温度

П. М. 佩尔洛夫在处理含 25.1% WO_3 的白钨精矿时，当温度为 280℃，苏打用量仅为理论量的 2.25 倍，15min 内渣含 WO_3 也可降至 0.048%（见表 9-6）。佩尔洛夫等认为提高温度以降低苏打用量、提高浸出率是当前苏打高压浸出努力方向之一。

b　苏打用量及苏打起始浓度

当起始浓度一定时，苏打用量增加浸出率相应提高；当苏打用量一定时，起始浓度降低浸出率增加。因此一般认为 Na_2CO_3 起始浓度以 70 ~ 200g/L 为宜。当 Na_2CO_3 浓度超过 230g/L 时，浸出渣中还存在成分近似为 $Na_2CO_3 \cdot CaCO_3$ 的复盐和微量的 $Na_2CO_3 \cdot 2CaCO_3$。

c 溶液的 pH 值

浸出过程溶液的 pH 值越高，则钨的浸出率越高，这是由于 pH 值低时，有利于进行下列逆反应：

$$CaCO_3(s) + Na_2WO_4(aq) \Longrightarrow CaWO_4(s) + Na_2CO_3(aq) \qquad (9-28)$$

在 CO_3^{2-}、HCO_3^- 体系中，pH 值降低，则平衡向 HCO_3^- 迁移，故体系中 CO_3^{2-} 所占比例降低。根据计算，25℃ 时，当 pH 值分别为 12、11、10 时，CO_3^{2-} 所占比例分别约为 100%、85.7% 和 36%，这一情况也可解释 pH 值对浸出率的影响。因此在处理黑钨矿或混合矿时，应加入部分 NaOH 或 CaO，以中和反应生成的 H_2CO_3。

d 矿物种类和成分

白钨矿较易浸出，而黑钨矿的浸出条件较苛刻；在黑钨矿中钨铁矿较易浸出（不同类型钨矿物浸出条件及效果见表 9-6）。

表 9-6 矿物种类对浸出率的影响（浸出时间 15min，П. M. 佩尔洛夫）

编号	原料特点	浸出条件			渣含 WO_3/%	浸出率/%
		温度/℃	苏打用量	NaOH 用量		
1	白钨，含 19.68%WO_3	280	3.2	0	0.07	99.71
2	白钨，含 25.1%WO_3	280	2.25	0	0.048	99.86
3	白钨为主，加少量黑钨，含 25%WO_3	300	4.0	0	0.43	98.7
4	黑钨为主，含 32%WO_3	300	5.0	0	17.6	51.0
5	黑钨为主，含 57.5%WO_3	300	5.0	0	4.3	97.06
6	黑钨为主，含 32%WO_3	300	5.0	4.0	0.88	98.47
7	黑钨为主，含 57.5%WO_3	300	5.0	3.0	0.5	99.69
8	白钨，含 3.25%WO_3	280	5.0	0	0.05	98.5

原矿中的有机物（如浮选剂等）会影响浸出率和过滤速度。另外在矿物原料中加入总重 25% 的石英或绿泥石，将使浸出率降低 10%～15%，而滑石、云母、磁黄铁矿、萤石等对浸出率影响不大。在苏打高压浸出过程中可使用机械活化、热活化以及超声波活化等方式提高浸出效率。

B 杂质的行为及抑制方式

苏打高压浸出过程中部分杂质行为见表 9-7。

表 9-7 苏打高压浸出过程中杂质的行为

元素	矿物	与苏打反应的特征	进入溶液形态
P	磷灰石	极少量发生交互反应，生产磷酸氢钠和氟化钠、碳酸钙	Na_2HPO_4、NaF
As	砷黄铁矿	无氧化剂存在下不反应	Na_2HAsO_4
	臭葱石	生成砷酸氢钠	
F	萤石 磷灰石	磷灰石极少量发生反应 在矿物中 F 为 4.8%～25.2% 时，溶液中 F^- 浓度为 2.4～2.7g/L，F^- 浓度随苏打用量的增加、温度的升高和时间的延长而增大	F^-

元素	矿 物	与苏打反应的特征	进入溶液形态
Si	石英、硅酸盐	部分硅酸盐反应生成可溶解性硅酸钠,有氧化铝存在时,转化为水和硅铝酸钠沉淀	Na_2SiO_3
Mo	辉钼矿	在无氧化时不反应	Na_2MoO_4
	钼酸钙矿	发生交互反应	
Sn	锡石	不反应	
	黝锡	少量反应,无氧化剂时难反应	
Cu	黄铜矿	部分反应生成不稳定的 $Cu(CO_3)_2^{2-}$	溶液中和时 $Cu(CO_3)_2^{2-}$ 水解成 $Cu(OH)_2$ 沉淀
Sb	辉锑矿	不反应	
Bi	辉铋矿	不反应	
Sc		发生反应 $Sc_2(WO_4)_3 + 8Na_2CO_3 = 3Na_2WO_4 + 2Na_5[Sc(CO_3)_4]$ 高于150℃进一步分解为 $Sc_2(CO_3)_3$ 沉淀,全部进入渣中	$Na_5[Sc(CO_3)_4]$

在苏打浸出过程中加入 Al_2O_3 或铝土矿有利于抑制硅及部分 P、As 的浸出,其反应为:

$$2Na_2SiO_3 + 2NaAlO_2 + (n+2)H_2O = Na_2O \cdot Al_2O_3 \cdot 2SiO_2 \cdot nH_2O + 4NaOH$$

(9-29)

另外,在浸出过程中添加镁的化合物或氢氧化钙也可以抑制硅的浸出,用 Al_2O_3 从矿浆中除硅时 Al_2O_3/SiO_2 一般为 0.8~1.7。

白钨矿与 Na_2CO_3 反应机理的部分研究结果见表 9-8,目前大部分研究认为在 155℃以上且搅拌速度足够快时,溶出过程主要受化学反应控制,因而升高温度可大大加快反应速度且缩短反应时间。T. Ш. 阿格诺柯夫指出天然钨锰矿的浸出速度明显低于天然钨铁矿,对钨铁矿(含 16.14%FeO 和 6.49%MnO)而言,其起始浸出速度与温度的关系在 225~250℃ 范围内符合化学反应控制规律,表观活化能为 100kJ/mol,温度高于 250℃ 则符合扩散控制规律,表观活化能为 25kJ/mol。对钨锰矿(含 13.75%MnO、4.89%FeO)而言,在 225~300℃ 范围内均为化学反应控制,表观活化能为 100kJ/mol。对上述两种矿而言,在一定温度下随着反应的进行,由于生成物膜增厚,逐步过渡到扩散控制。

表 9-8 白钨矿与 Na_2CO_3 的反应机理

作者及研究年代	研究结果	表观活化能/kJ·mol^{-1}
B. B. 贝利科夫,等 (1965)	在 150~250℃,生成物膜对反应速度无明显影响,属化学反应控制	59.38~92.00(对片状物料) 73.57(对磨细料)
P. B. 奎缪,等 (1969)	100~155℃ 范围内单位面积上浸出的钨量与时间的关系服从抛物线规律,过程为 Na_2CO_3 通过产物层的扩散控制,155℃ 以上服从直线规律	58.79
Ф. M. 别列马恩 (1972)	分别用 Na_2CO_3 和 K_2CO_3 分解人造白钨,温度为 40~80℃,发现在上述温度范围内反应很慢	95.94(Na_2CO_3) 105.34(K_2CO_3)

作者及研究年代	研究结果	表观活化能/kJ·mol^{-1}
A. H. 节里克曼，等 （1978）		54.78
恩华何 （1988）	150～190℃ 范围内为化学反应控制；Na_2CO_3 < 0.25mol/L 时，浸出速度随 Na_2CO_3 浓度的增加而加快；大于 0.25mol/L 则影响不大，过程速度取决于 Na_2CO_3 在矿物表面的吸附	69.80

9.4.3.2　钼的加压浸出过程

我国某厂研究了碱性高压氧浸处理辉钼矿生产钼酸铵产品的工艺[37,38]，高压釜采用不锈钢材质制造，容积 3.7m^3，加热方式为蒸汽盘管加热，盘管传热面积 7.5m^2，设计温度为 200℃，设计压力 2.6MPa。

该厂处理的钼精矿成分（%）为：Mo 45.47～46.27，Cu 0.162～0.188，Pb 0.103～0.170，CaO 1.13～1.22，SiO_2 10.43～11.16，P 0.01。钼精矿、烧碱和水在制浆槽中按 200∶115∶1800（kg）的比例制浆后放入高压釜，通蒸汽加热至 85℃，向釜中通入氧气，浸出反应开始进行。由于反应是放热过程，随着蒸汽压力的升高，温度逐渐上升。压力达到 1.6MPa 时，体系温度升至 160℃，此后随时补充氧气以维持温度和压力，保温 3h。反应结束后，通入自来水降温至 85℃，停止搅拌，排气放料，浸出矿浆在吸滤盘中过滤，滤饼在搅拌槽中浆化过滤，回收渣中的钼。钼浸出率最高达 99%，浸出液成分（平均值）为：Mo 55.33g/L，SiO_2 0.199g/L，渣含钼与每釜精矿处理量有关，每釜处理量升高，渣含钼也随之升高。每吨精矿耗氧（标态）590m^3，全流程钼的回收率最高可达到 95.54%。

参 考 文 献

[1] 李文光. 我国硼矿资源概况及利用 [J]. 化工矿物与加工，2002 (9)：37.

[2] 邵世宁，熊先孝. 中国硼矿主要矿集区及其资源潜力探讨 [J]. 化工矿产地质，2010，32 (2)：65～74.

[3] 全跃. 硼及硼产品研究与进展 [M]. 大连：大连理工大学出版社，2008：3～30.

[4] 付喜林，杨晓军，符寒光. "工业味精"之硼 [J]. 云南化工，2017，44 (5)：3～4.

[5] 崔传孟，刘素兰，张国潘，等. 硼铁矿高炉法提硼研究 [J]. 矿冶，1998，7 (4)：51～53.

[6] 张廷安，王艳玲，杨欢，等. 富硼渣缓冷工艺放大过程的研究（Ⅰ）[J]. 东北大学学报（自然科学版），1998，19 (s)：258～260.

[7] 徐莹. 硼镁铁矿的硫酸浸出工艺研究 [J]. 辽宁师专学报，2006，8 (1)：106～107.

[8] 吕秉玲. 从硼镁矿硫酸分解液中分级结晶硼酸和水镁矾 [J]. 无机盐工业，2006，38 (10)：18～21.

[9] 郭如新，沈世才. 硫镁肥的过去、现状和将来 [J]. 海湖盐化工，2000，29 (1)：19～22.

[10] 李杰，樊占国. 富硼渣钠化法制备硼砂过程中的影响因素 [J]. 东北大学学报（自然科学版），2009，30 (12)：1755～1758.

[11] 肖景波，郭捷. 我国硼砂工业的发展现状与展望 [J]. 河南化工，2010，27 (10)：3～5.

[12] Erdogan Y, Aksu M, Demirbas A, et al. Analyses of boronic ores and sludges and solubilities of boronminerals in CO$_2$-saturated water [J]. Resources Conservation and Recycling, 1998, 24: 275~283.

[13] 王令, 杨曾焜. 碳碱法加工硼镁矿制硼砂 [J]. 无机盐工业, 2005, 37 (10): 31~33.

[14] 陈吉, 刘索兰, 张显鹏. 富硼渣碳碱法制取硼砂 [J]. 东北大学学报 (自然科学版), 1996, 17 (5): 508~511.

[15] 李炳焕, 曹文华. 碱解法从硼铁矿中提取硼的研究 [J]. 化学工程师, 2006, 89 (2): 14~15.

[16] 王令. 碳碱法加工硼镁矿制硼砂 [J]. 无机盐工业, 2005, 37 (10): 31~33.

[17] 吉兆熹, 胡品芳. 利用天然二氧化碳与低品位硼镁矿生产硼砂 [J]. 江苏化工, 1988, 31 (3): 35~36.

[18] 李人林, 赵龙涛, 石昌. 硼镁矿常压法制取硼砂的工艺研究 [J]. 2002 (1): 29~31.

[19] 李杰, 刘艳丽, 刘索兰, 等. 低品位硼镁矿制备硼酸及回收硫酸镁的研究 [J]. 矿产综合利用, 2009 (1): 3~7.

[20] 孙新华, 欧秀芹, 庄福成. 由西藏硼镁矿制取硼砂的工艺研究 [J]. 无机盐工业, 1999, 31 (6): 10~12.

[21] 李杰. 低品位硼镁矿及富硼渣综合利用研究 [D]. 沈阳: 东北大学, 2010.

[22] 刘雪艳, 文忠波. 硼砂碳解率的影响因素浅析 [J]. 辽宁化工, 1997, 26 (5): 261~262.

[23] 吕秉玲. 采用二乙醇胺作活化剂的碳碱法生产硼砂 [J]. 无机盐工业, 2006, 38 (12): 34~36.

[24] 吴致中. 碳碱法硼砂工艺的改革和提高 [J]. 无机盐工业, 1982 (10): 28~30.

[25] 郑学家. 硼化合物生产与应用 [M]. 北京: 化学工业出版社, 2007: 77.

[26] 安静. 我国硼工业生态化研究 [D]. 沈阳: 东北大学, 2011.

[27] 亓峰. 碳碱法加工硼矿的过程研究 [D]. 大连: 大连理工大学, 2011.

[28] 黄其兴, 王立川, 朱鼎元. 镍冶金学 [M]. 北京: 中国科学技术出版社, 1990.

[29] 翟秀静, 符岩, 衣淑立. 镍红土矿的开发与研究进展 [J]. 世界有色金属, 2008 (8): 36~38.

[30] 翟秀静. 重金属冶金学 [M]. 北京: 冶金工业出版社, 2011.

[31] 钮因健. 有色金属工业科学发展——中国有色金属学会第八届学术年会论文集 [M]. 长沙: 中南大学出版社, 2010.

[32] 赵中伟. 钨冶炼的理论与应用 [M]. 北京: 清华大学出版社, 2013.

[33] 向铁根. 钼冶金 [M]. 长沙: 中南大学出版社, 2002: 18~19.

[34] 《有色金属提取冶金手册》编辑委员会. 有色金属提取冶金手册: 稀有高熔点金属 (上) [M]. 北京: 冶金工业出版社, 1999.

[35] 何利华, 赵中伟, 杨金洪. 新一代绿色钨冶金工艺——白钨硫磷混酸协同分解技术 [J]. 中国钨业, 2017 (3): 49~53.

[36] 何树荣. 工业氧化钼实用生产技术及进展 [J]. 材料开发与应用, 2013 (1): 100~105.

[37] 张启修, 赵秦生. 钨钼冶金 [M]. 北京: 冶金工业出版社, 2005: 163~167.

[38] 公彦兵, 沈裕军, 丁喻. 辉钼矿湿法冶金研究进展 [J]. 矿业工程, 2009, 29 (1): 78~81.

[39] 谢铿. 辉钼精矿加压湿法冶金技术研究进展 [J]. 金属矿山, 2014, 43 (1): 74~79.

10 加压制备与合成

10.1 引言

加压湿法冶金技术除用于矿物加压浸出之外，还可用于加压沉淀（加压制备）、加压合成（矿物合成）及材料制备等过程。在水溶液体系中可使用氢气加压反应的手段实现钴、镍等过渡金属[1]以及银、铱及铑等稀贵金属的还原[2,3]，在还原的同时实现上述金属与溶液中其他金属离子的分离。在矿物合成方面，加压湿法冶金技术可用来制备金属氧化物、复合氧化物以及金属硫化矿等，如水化石榴石[4]、一水软铝石[5]、金属硫化矿[6]等。通过加压湿法的方式还可以制备气/湿敏材料、铁电体、磁性材料和纳米材料等[7,8]。

加压湿法冶金制备技术的优势主要体现在：（1）采用中温液相控制，能耗相对较低，适用性广，既可用于超微粒子的制备，也可得到尺寸较大的单晶，还可制备无机陶瓷薄膜；（2）原料相对廉价易得，反应在液相快速对流中进行，产率高、物相均匀、纯度高、结晶良好，并且形状、大小可控；（3）可通过调节反应温度、压力、处理时间、溶液成分、pH 值、前驱物和矿化剂的种类等因素，来达到有效地控制反应和晶体生长特性的目的；（4）反应在密闭的容器中进行，可控制反应气氛形成合适的氧化还原反应条件，获得某些特殊的物相，尤其有利于有毒体系中的合成反应，这样可以尽可能地减少环境污染。

本章通过选取典型案例，重点介绍加压沉淀、加压合成及加压制备三类加压湿法制备过程的特点及效果。

10.2 加压沉淀

加压沉淀是在高温高压下从溶液中沉淀金属或金属氧化物的过程，其中利用加压湿法冶金技术制备金属主要采用还原的方式。因加压氢还原（hydrogen pressure reduction）技术具备设备紧凑、占地面积少、污染程度轻、金属回收率和生产效率均高等特点，本节重点介绍加压氢还原在镍、钴过渡金属以及银、铱等贵金属过程中的应用。

加压氢气还原法是指在密闭容器内用氢气使水溶液中的金属水溶物还原成金属化合物或低价离子的化学提取方法。过程的特点是用氢气作还原剂，在高温、加压、适宜的溶液酸碱度以及使用催化剂和添加剂条件下，发生还原并沉出金属、氧化物或硫化物，或只将溶液中的高价金属离子还原为低价金属离子。

1859 年，就有人用此法沉淀析出银和汞。1901~1931 年期间，人们对这种方法进行了大量的研究，并成功地从水溶液中沉淀析出了金属铜、镍、钴、铅、铋、砷、锑、铂和铱。自 1955 年工业上开始用这种方法生产铜、镍、钴粉以来，相继建成了许多这类工厂，有的工厂规模年产金属在万吨以上。如今，加压氢还原成为金属分离和生产纯金属或金属化合物的一种新方法，也是加压湿法冶金的重要部分[9]。

10.2.1　加压氢还原镍、钴等过渡金属

10.2.1.1　加压氢还原镍、钴过程热力学

用 H_2 从金属盐溶液中还原 Co 或 Ni 过程是一个电化学过程，主要反应如下[1]：

阳极反应及电位表达式（25℃）：

$$H_2 \Longrightarrow H^+ + 2e$$

$$E_{H^+/H_2} = -0.0591pH - 0.0295 lg p_{H_2} \tag{10-1}$$

阴极反应及电位表达式（25℃）：

$$Me^{2+} + 2e \Longrightarrow Me$$

$$E_{Me^{2+}/Me} = E^{\ominus}_{Me^{2+}/Me} + 0.0295 \tag{10-2}$$

在相关反应的 E-pH 图中（见图 10-1），低 pH 值区域 Me 线低于 H_2 线，高 pH 值区域 Me 线高于 H_2 线。对 Me^{2+} 活度为 1 的体系，在 pH>4.75 和 pH>4.20 的条件下，H_2 还原溶液中的 Co 或 Ni 制备金属粉末过程在热力学上是可行的。

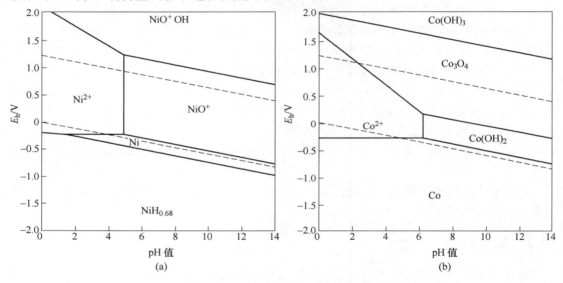

图 10-1　溶液体系 H_2 还原 Co 或 Ni 过程 E-pH 图（25℃）

（a）Ni-H_2O 系；（b）Co-H_2O 系

随着还原反应的进行，Me^{2+} 活度不断降低，其电极电位也随之下降，同时溶液中 H^+ 的活度不断提高。当 Me 电极电位等于 H_2 电极电位，即反应达到平衡时的表达式为：

$$lg c_{Me^{2+}} = -2pH - lg p_{H_2} - \frac{E_{Me^{2+}/Me}}{0.0295} \tag{10-3}$$

10.2.1.2　加压氢还原镍、钴过程动力学特点及强化方式

A　阳极过程

在多相体系中阳极反应一般按照以下反应历程进行：

（1）H_2 分子溶解并扩散到电极表面；

（2）溶解氢在电极表面离解、吸附形成吸附氢；

（3）吸附氢电化学氧化。

在中性或碱性体系中，Co 或 Ni 等电极上的交换电流约为 $10^{-5}\,A/cm^2$，而溶液扩散极限电流一般为 $2\times10^{-6}\,A/cm^2$。由于扩散极限电流低于交换电流，在没有其他因素的影响下，H_2 从金属盐溶液中还原 Co 或 Ni 阳极过程受 H_2 的溶解扩散控制。

王峰珍等人[1]研究表明，提高该过程的阳极反应速度，首先必须强化 H_2 的溶解速度，而后是提高 H_2 的氧化速度，两者缺一不可。主要措施是提高 H_2 的压力、反应温度，加快搅拌速度或添加 $CrSO_4$ 添加剂等。

B　阴极过程

阴极转化效率的提高主要通过提高阴极过电位的手段，除了需要提高阳极反应速度之外，还须降低阴极反应速度。主要途径包括以下两种：

（1）添加络合剂，能够与 Me^{2+} 络合的物质很多，但比较合适的是 NH_3。NH_3 与 Me^{2+} 络合可以产生 1~6 种配位数的络合离子，反应通式为：

$$[Me(NH_3)_{n-1}]^{2+} + NH_3 =\!=\!= [Me(NH_3)_n]^{2+} \tag{10-4}$$

络合离子放电过程如下：

1）络合离子吸附在阴极表面，并生成活化络合物：

$$[Me(NH_3)_n]^{2+} =\!=\!= [Me\cdots(NH_3)_n]^{2+}（活化络合物） \tag{10-5}$$

2）活化络合物与从阳极传递过来的电子发生还原反应：

$$[Me\cdots(NH_3)_n]^{2+} + 2e =\!=\!= Me + nNH_3 \tag{10-6}$$

若把络合离子的放电过程与金属离子 Me^{2+} 的放电过程做比较，不难发现前者多一组配位键的改组步骤。反应阻力较大，从而降低了阴极反应速度。

（2）添加有机活性物质，包括聚丙烯胺、动物胶、脂肪醇等。这些物质影响阴极反应速度的机理与它们在阴极表面吸附有关。一般认为，络合离子的放电是直接在电极表面上进行的，所以有机物质的吸附所形成的吸附层就有明显的阻化作用，从而可降低阴极反应速度。除此之外，有机活性物质还可以防止金属粉末之间的团聚。

胡嗣强等人[10]研究了利用工业碱式碳酸镍直接浆化氢还原直接制备镍粉过程，发现该过程需要经历一个很长的诱导期。在浆料中加入蒽醌或氯化钯等催化剂和一定量的硫酸，可以缩短甚至消除诱导期。获得的镍粉粒度均匀，最细可达 $0.2\mu m$ 左右，性能可满足镍基组合型复合粉末要求，产品粒度可通过控制固体表面活性加以控制。毛铭华等人[11]采用纯水作介质，在不添加氨和其他化学试剂的情况下，在温和还原条件下获得了 $0.1\mu m$ 到几微米的类球型镍粉，产品符合镍电池和 WC 硬质合金要求。张冠东等人利用相关技术在电镀污泥产物中分离铜、镍和锌，其中铜和镍的回收率分别达到 99% 和 98%，排放尾液中的主要重金属离子含量均在 10^{-6} 数量级。

10.2.2　加压氢还原贵金属

加压氢还原技术可用于贵金属如银的提取过程，柯家俊等人[2]研究了利用该技术还原金属银的热力学。

该过程的总反应为：

$$Ag^+ + H_2 =\!=\!= Ag + 2H^+ \tag{10-7}$$

其中阳极反应及电位表达式（25℃）为：

$$H_2 \Longrightarrow 2H^+ + 2e$$

$$E_{H^+/H_2} = -0.0591pH - 0.0295lg p_{H_2} \tag{10-8}$$

阴极反应及电位表达式（25℃）为：

$$Ag^+ + e \Longrightarrow Ag$$

$$E_{Ag^+/Ag} = E_{Ag^+/Ag}^{\ominus} + 0.0591 \tag{10-9}$$

该反应在很宽的 pH 值范围内可以实现 $E_{Ag^+/Ag} > E_{H^+/H}$，即还原过程可以进行，还原反应达到平衡时的电位表达式为：

$$lg c_{Ag^+} = -pH - \frac{1}{2}lg p_{H_2} - \frac{E_{Ag^+/Ag}^{\ominus}}{0.0591} \tag{10-10}$$

在还原过程中加入氨，随着氨配位数的增加，银的电极电位下降。由于氨的络合作用，可被还原的 Ag^+ 浓度降低，会降低还原速率。但氨的加入可以中和还原过程析出的酸，而有利于还原。

除银外，其他贵金属也可以通过加压氢还原的方式进行处理。聂宪生等人[3]针对盐酸介质体系下加压还原铱的动力学进行了研究，得到以下结论：（1）盐酸介质中铱的氢还原过程中，一旦形成晶核，由于铂族金属具有很强的吸附氢的能力，反应将主要在晶粒表面进行；（2）还原过程前期受界面化学反应控制，表面活化能为 76.1kJ/mol，后期受铱配离子的传质控制，表观活化能为 25kJ/mol；（3）反应前期的速率在宏观上与溶液中铱配离子及氢分压的一次方成正比，后期服从菲克第一定律的扩散速率方程；（4）80℃是氢还原铱的临界温度；（5）该过程的还原机理是被晶粒吸附和活化的原子态氢以铱配离子的配体 Cl^- 为"桥"，向铱传递电子。

加压氢还原的方式还可以实现贵金属的分离，陈景等人[12]发现在室温及低氢压条件下，氢气能选择性还原铑，从而实现铱和铑的分离。然而，该过程单从热力学角度是不可能实现的，其原因为 $IrCl_6^{3-}$ 还原的反应推动力比 $RhCl_6^{3-}$ 的还原推动力大得多。对于铂族金属配离子在水溶液中的化学过程，动力学因素更重要。由于 Ir(Ⅲ) 离子含有 14 个 4f 电子，它们对 5d 轨道的屏蔽效应较差。因此，Ir(Ⅲ) 的有效核电荷高于 Rh(Ⅲ)，Ir(Ⅲ) 对氯配离子的静电吸引也大于 Rh(Ⅲ)，这是造成 $IrCl_6^{3-}$ 的热力学稳定性和动力学惰性高于 $RhCl_6^{3-}$ 的主要原因。

10.3 加压合成

利用加压湿法合成矿物过程的特点是制备的粒子纯度高、分散性好、晶型可控，尤其是粒子的表面能低，无团聚或少团聚。因此可以采用该方法制备复合氧化物矿物或纯度较高的单一矿相并用于相关研究，本节重点介绍水化石榴石和一水软铝石加压制备过程。

10.3.1 加压合成水化石榴石过程

石榴石是一类硅酸盐矿物，可用化学式 $X_3Y_2(SiO_4)_3$ 表示。水化石榴石（也称水钙铝榴石）是钙铝榴石的交代产物，化学组成为 $Ca_3Al_2(SiO_4)_{3-x}(OH)_{4x}$，其中体积更小的 $(OH)_4^{4-}$ 可替代部分 SiO_4^{4-}，其结晶状态为晶质体或晶质集合体，属等轴晶系，晶体习性是常呈块状集合体，主要应用于橡胶和 PVC 等行业。目前针对水化石榴石的结构，国内外相关人员进行了大量的研究，但主要集中于一种或几种水化石榴石[13~24]，围绕加压体系下过程参数对水化石榴石结构转化的系统研究较少。

水化石榴石的成分差异主要体现在 $(OH)_4^{4-}$ 和 SiO_4^{4-} 的取代程度，即分子式中的 x。为构建加压湿法冶金过程参数与水化石榴石结构的关系，东北大学特殊冶金创新团队利用纯物质合成的手段对加压湿法冶金过程水化石榴石结构特性及硅饱和系数 x 进行了系统的研究[4,25,26]，并提出了相应的计算模型。

10.3.1.1 水化石榴石硅饱和系数计算方法

依据 XRD 卡片，选取典型不同硅饱和系数的水化石榴石 XRD 卡片数据，其对应的卡片号、化学式、三强峰位置以及 d 值（布拉格公式是 $2d\sin\theta = n\lambda$，其中，d 为晶体晶格某个方向上的晶面间距）见表 10-1。

表 10-1 水化石榴石 XRD 卡片数据

卡 片	化 学 式	饱和系数	三强峰峰强	$2\theta/(°)$	d 值/nm
01-076-0557	$Al_2O_3(CaO)_3(H_2O)_6$	0	100	17.27	0.513
			75.9	39.22	0.229
			61.5	44.39	0.204
01-084-1354	$Ca_3Al_2(O_4H_4)_3$	0	100	17.27	0.513
			65.5	39.24	0.229
			64.1	44.41	0.204
01-075-1690	$Ca_3Al_2(SiO_4)_{1.53}(OH)_{5.88}$	1.53	100	32.88	0.272
			43.5	56.52	0.163
			41.5	45.92	0.197
01-073-1654	$Ca_3Al_2Si_2O_8(OH)_4$	2	100	32.97	0.271
			48.3	29.41	0.304
			36	55.70	0.162
00-045-1447	$Ca_3Al_2(SiO_4)_{1.25}(OH)_7$	1.25	100	32.56	0.275
			65	45.46	0.199
			60	40.16	0.224
01-072-0071	$Al_2Ca_3(SiO_4)_{2.16}(OH)_{3.36}$	2.16	100	33.54	0.267
			37.2	57.73	0.160
			33.8	29.91	0.299
01-084-1353	$Ca_3Al_2(O_4H_4)_3$	0	100	17.27	0.513
			88.9	39.24	0.229
			83	44.41	0.204
01-077-1713	$Ca_{2.93}Al_{1.97}(Si_{0.64}O_{2.56})(OH)_{9.44}$	0.64	100	32.31	0.277
			74.4	45.11	0.201
			70	39.85	0.226
01-084-0917	$Ca_{2.93}Al_{1.97}Si_{0.64}O_{2.56}(OH)_{9.44}$	0.64	100	32.31	0.277
			75.1	45.11	0.201
			70.2	39.85	0.226

卡　片	化 学 式	饱和系数	三强峰峰强	$2\theta/(°)$	d 值/nm
00-024-0217	$Ca_3Al_2(OH)_{12}$	0	100	39.22	0.230
			95	44.39	0.204
			90	12.27	0.513
00-038-0368	$Ca_3Al_2(SiO_4)(OH)_8$	1	100	32.38	0.276
			58	39.91	0.226
			58	45.21	0.200
01-071-0735	$Ca_3Al_2O_6(H_2O)_6$	0	100	17.26	0.513
			13.3	39.21	0.230
			12.3	31.80	0.287
01-072-1109	$(CaO)_3Al_2O_3(H_2O)_6$	0	100	17.26	0.513
			58.3	31.80	0.281
			58.2	39.21	0.230
01-084-1353	$Ca_3Al_2(O_4H_4)_3$	0	100	17.27	0.513
			88.9	39.24	0.229
			83	44.41	0.204
00-031-0250	$Ca_3Al_2(SiO_4)_2(OH)_4$	2	100	33.41	0.268
			80	29.76	0.3
			80	57.17	0.161

　　水化石榴石的化学式为 $3CaO \cdot Al_2O_3 \cdot xSiO_2 \cdot (6-2x)H_2O$，$x$ 取值 0~3。硅饱和系数 x 不同时，XRD 峰位置有一定程度的偏移，随着硅饱和系数的增大，XRD 峰位置向 2θ 角度增大的方向偏移，并且合成的晶体的晶胞棱长和饱和系数 x 有一定的线性关系。根据表 10-1 的 XRD 卡片数据，对硅饱和系数和三强峰位置进行拟合，得到水化石榴石硅饱和系数与角度关系拟合结果，如图 10-2 所示。

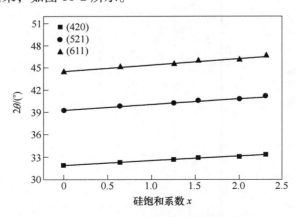

图 10-2　水化石榴石硅饱和系数与角度关系

　　由此，得到水化石榴石硅饱和系数和三强峰位置关系式。把此方法称为"峰强法"，并把峰随着硅饱和系数的变化而出现偏移的现象称为"峰的偏移"。

(420) 晶面：$\qquad$ $y = 31.86 + 0.6115x$ $\qquad$ (10-11)

(521) 晶面：$\qquad$ $y = 39.29 + 0.7655x$ $\qquad$ (10-12)

(611) 晶面：$\qquad$ $y = 44.46 + 0.8774x$ $\qquad$ (10-13)

水化石榴石（$3CaO \cdot Al_2O_3 \cdot xSiO_2 \cdot (6-2x)H_2O$）中，硅饱和系数 x 不同时，XRD 峰位置有一定程度的偏移，水化石榴石晶胞随硅饱和系数的变化也呈现出一定的规律性。从 XRD 卡片数据库发现，随着硅饱和系数的增大，水化石榴石晶面间距 d 值减小，对硅饱和系数和晶面间距 d 值进行拟合，得到水化石榴石硅饱和系数与晶面间距拟合结果，如图 10-3 所示。

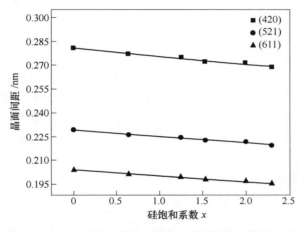

图 10-3　水化石榴石硅饱和系数与晶面间距 d 值的关系

由此，得到水化石榴石硅饱和系数和三强峰位置关系式。将此方法称为"晶面间距法"。

(420) 晶面：$\qquad$ $y = 2.80 - 0.0502x$ $\qquad$ (10-14)

(521) 晶面：$\qquad$ $y = 2.29 - 0.041x$ $\qquad$ (10-15)

(611) 晶面：$\qquad$ $y = 2.03 - 0.036x$ $\qquad$ (10-16)

除了上述水化石榴石硅饱和系数和三强峰位置、晶面间距 d 值呈线性关系以外，水化石榴石硅饱和系数和水化石榴石晶胞棱长 a 值也呈线性关系。水化石榴石硅饱和系数和晶胞棱长数据如图 10-4 所示。随着硅饱和系数的增大，水化石榴石晶胞棱长减小，且呈较好的线性关系。进行线性拟合，得到水化石榴石硅饱和系数和晶胞棱长关系式（10-17），相关计算方法称为"晶胞棱长法"。

$$y = 12.571 - 0.2614x \qquad (10-17)$$

10.3.1.2　硅饱和系数计算模型的选择

分析上述三种方法求解的硅饱和系数典型结果不难看出：求出的硅饱和系数相差较大，就同一种方法的不同晶面来说，硅饱和系数值相差也较大。以峰强法为例，（420）晶面求得的硅饱和系数值为 0.8 左右，但是（521）晶面和（611）晶面求出的硅饱和系数在 1 左右，两者相差 0.2。通过对后续 71 组实验的硅饱和系数的求解发现，用峰强法（521）晶面和（611）晶面求解的硅饱和系数值总为 1 左右，由此可得，水化石榴石晶体

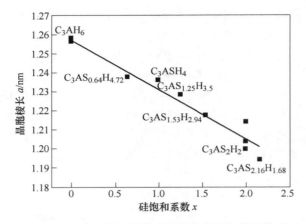

图 10-4   水化石榴石硅饱和系数与晶胞棱长的关系

在生长中，受晶面稳定性的驱使，稳定晶面优先生长，即水化石榴石的生成具有晶面的择优取向性，（420）晶面是水化石榴石的最优生长方向，而（521）晶面和（611）晶面的生长受实验条件影响很小。由此，在后续计算硅饱和系数中，只考虑（420）晶面和晶胞棱长法所求得的硅饱和系数，而不考虑（521）晶面和（611）晶面。

从图 10-5 还可以看出，用峰强法（420）晶面、晶面间距法（420）晶面和晶胞棱长法计算出的硅饱和系数误差较小。

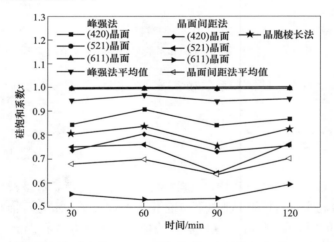

图 10-5   水化石榴石硅饱和系数和反应时间的关系

10.3.1.3   反应温度对水化石榴石硅饱和系数的影响

东北大学特殊冶金创新团队针对合成过程参数对水化石榴石硅饱和系数的影响进行了系统的研究[19~21]，发现反应温度是影响产物硅饱和系数的主要因素（见图 10-6）。温度小于 60℃时，体系中有水合铝酸钙和氢氧化钙相。氢氧化钙首先大量与溶液中的铝酸钠反应生成水合铝酸钙，生成的水合铝酸钙未能与 $H_2SiO_4^{2-}$ 进一步反应生成水化石榴石。

$$2NaAl(OH)_4 + 3Ca(OH)_2 \rule[0.5ex]{1.5em}{0.4pt}\rule[0.5ex]{1.5em}{0.4pt} 3CaO \cdot Al_2O_3 \cdot 6H_2O + 2NaOH \qquad (10\text{-}18)$$

当温度进一步升高至 90℃时，水合铝酸钙和溶液中游离的硅酸根离子反应生成水化石

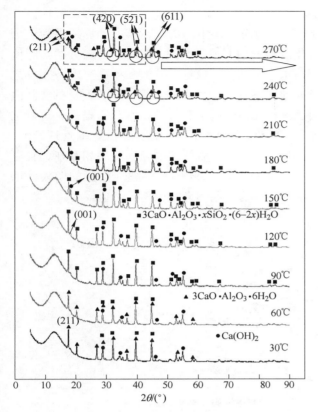

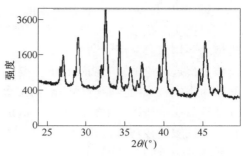

图 10-6　温度对水化石榴石生成的影响（苛性比 3.1）

榴石。

$$3CaO \cdot Al_2O_3 \cdot 6H_2O + xH_2SiO_4^{2-} \Longrightarrow 3CaO \cdot Al_2O_3 \cdot xSiO_2 \cdot (6-2x)H_2O + 2xOH^-$$

(10-19)

温度为 120℃时，氢氧化钙相特征峰（001）晶面开始"长"出来，且随着温度的升高进一步"长大"。当温度达到 240℃以上时，水合铝酸钙相再次出现，在水化石榴石的特征峰，尤其在（211）晶面以及水化石榴石的三强峰（420）晶面、（521）晶面和（611）晶面的左侧"长"出一个小峰，此峰经过物相检测，确认为水合铝酸钙相。由水合铝酸钙生成水化石榴石的反应吉布斯自由能变较大，硅饱和系数 $x<0.2$ 时，反应吉布斯自由能变大于 $-10kJ/mol$；$x<1$ 时，反应吉布斯自由能变大于 $-40kJ/mol$，过程驱动力小。当温度达到 240℃以上时，水化石榴石开始破坏分解向生成水合铝酸钙的方向进行。此外，向体系加入氧化钙后，氧化钙大量水化生成氢氧化钙，氢氧化钙结合溶液中的铝酸根离子生成水合铝酸钙，而后 $(SiO)_4^{4-}$ 替代水合铝酸钙中的 $(OH)_4^{4-}$ 生成水化石榴石。因此，水化石榴石颗粒由内向外物相依次为氢氧化钙、水合铝酸钙、水化石榴石，且外层水化石榴石的 SiO_2 饱和系数大。此种假设也能解释钙化渣中同时出现水化石榴石和水合铝酸钙相。

除温度外，其他过程参数对水化石榴石硅饱和系数影响相对较小，在此不再赘述。

10.3.1.4   硅饱和系数计算模型稳定性判定

对比实际化学成分，对该模型的稳定性进行判定（见图10-7），其中计算结果为三个模型的平均值。从图中结果不难看出，水化石榴石中 CaO、Al_2O_3 和 SiO_2 各组分的实际值总体上接近理论值，表明钙化渣主要物相是水化石榴石。数据在硅饱和系数为 0.8~1.0 之间较为集中，表明实验所得的水化石榴石硅饱和系数以 0.8~1.0 居多。$w(CaO)$ 的实际值和理论值在有些组别上相差较大，这是由于钙相在钙化渣中有可能以水化石榴石、氢氧化钙和原硅酸钙存在，且三个物相比例存在不确定性。$w(Al_2O_3)$ 的实际值更接近理论值，较 $w(CaO)$ 和 $w(SiO_2)$ 具有更小的误差，铝相以水化石榴石和水合铝酸钙相存在，且以水化石榴石为主。当饱和系数大于 0.8 后，$w(SiO_2)$ 的实际值不再随理论值的增大而增大，呈稳定趋势，可能是由于此时铝酸钠溶液中没有游离的硅酸根离子所造成的。

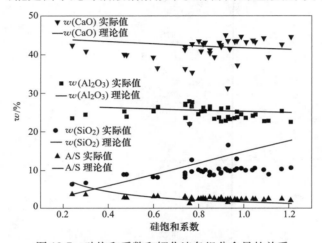

图 10-7   硅饱和系数和钙化渣各组分含量的关系

10.3.2   加压合成一水软铝石过程

10.3.2.1   一水软铝石合成方法

铝土矿由多种矿物组成，根据铝土矿中主要含铝相的差异，可将铝土矿分为三水铝石矿、一水软铝石矿和一水硬铝石矿。部分地区铝土矿为多种含水铝石矿物共生，如澳大利亚韦帕矿的主要成分为三水铝石+少量一水软铝石，希腊、俄罗斯部分地区铝土矿的含铝相为一水硬铝石+部分一水软铝石。为确定不同类型含水铝石矿物的反应特性，东北大学特殊冶金创新团队在加压湿法体系下合成了纯一水软铝石矿相[27]。

一水软铝石的晶体结构属于斜方晶系，$a_0 = 0.369nm$，$b_0 = 1.224nm$，$c_0 = 0.286nm$[28]。一水软铝石的晶体结构如图10-8所示，$Al(O,OH)_6$ 八面体在 a 轴方向上共棱方式构成平行于 (010) 的波状层。氧位于层内，OH 位于层外，层间 OH—OH 距离为 0.247nm，层与层之间以 OH—H 键连接。H 在其所连接的一对氧之间，居于不对称的位置，由于这种 OH—H 键键力很弱，就造成一水软铝石出现完全的 (010) 解离。

根据 Al_2O_3-H_2O 系平衡状态图[29]可知。当温度达到100℃时，三水铝石可以转变为一水软铝石。因此，利用水热合成法，以三水铝石作为原料，在适当的温度和压力下可以合成一水软铝石[30~34]，如图10-9所示。

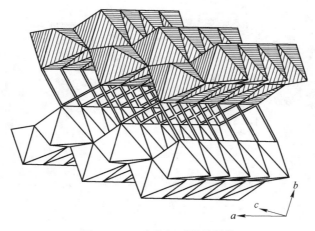

图 10-8　一水软铝石晶体结构
（图中双线表示 OH—H 键）

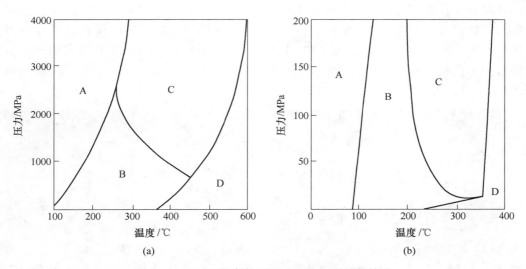

图 10-9　不同压力条件下 Al_2O_3–H_2O 系的相关系
（a）高水压条件下；（b）低水压条件下
A—三水铝石；B——水软铝石；C——水硬铝石；D—刚玉

由于动力学方面的原因，三水铝石向一水软铝石转变的速度非常缓慢，在 100℃ 左右根本得不到一水软铝石。相关研究发现温度对反应影响较大，升高温度能促进三水铝石转化为一水软铝石；随反应时间延长，反应转化率提高；在溶液体系中加入适量的苛性碱有利于反应向生成一水软铝石方向转化[33]。因此，相关研究采用三水铝石为原料，与 1mol/L 的 NaOH 溶液进行反应，在高压釜中保温 25 天后，获得一水软铝石产物。

10.3.2.2　合成产物表征

用水热合成法合成的固体颗粒的 XRD 物相分析结果如图 10-10 所示。从图中可以看出，检测得到的 XRD 衍射峰位与标准卡片上一水软铝石的衍射峰位匹配，因此，合成固体的主要物相为一水软铝石。经化学分析，计算得到的固体样品的纯度为 98.02%。

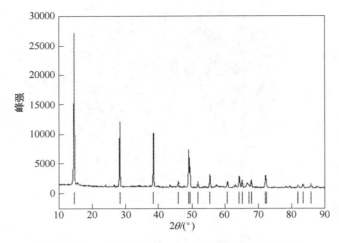

图 10-10 水热法合成一水软铝石的 XRD 分析图

合成一水软铝石的扫描电镜检测结果如图 10-11 所示。可以看出，经过水热合成过程后，颗粒形状由如图 10-11（a）所示的三水铝石集合体的晶型结构在高压和高温的条件下有的分裂成小的颗粒（见图 10-11（b）中实线箭头），有的集合体表面形态由原来的假六方板状变为细小片状的集合体，形成的片状结构表面光滑且致密，如虚线箭头所示。

 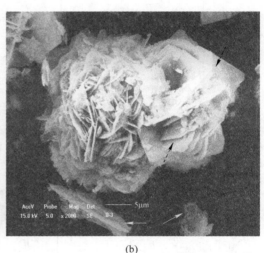

(a)   (b)

图 10-11 水热合成前后矿物扫描电镜图
（a）原三水铝石；（b）合成的一水软铝石

10.4 加压制备

加压湿法材料制备过程的总原则是保证反应物处于高的活性态，使该反应物具有更大的反应自由度，从而有机会获得尽可能多的热力学介稳态。从反应动力学历程来看，起始反应物的高活性意味着自身处于较高的能态，因而能在反应中克服较小的活化势垒。在加压湿法（水热法）过程中，由于水处于高温高压状态，在反应中具有传媒剂作用；另外，高压下绝大多数反应物均能完全（或部分）溶解于水，从而加快反应的进行。按研究对象和目的，可分为水热晶体生长、水热合成、水热处理和水热烧结等，已成功应用于各种单晶的生长、超细粉体和纳米薄膜的制备、超导体材料制备和核废料固定等研究领域。

10.4.1 纳米金属氧化物的加压制备

10.4.1.1 制备纳米 TiO_2

在众多的纳米材料当中，TiO_2 由于具有高活性、安全无毒、化学性质稳定（耐化学及光腐蚀）及成本低等优点，被认为是最具开发前途的环保型光催化材料之一。除作为光催化材料外，TiO_2 还因其能屏蔽紫外线、消色力高、遮盖力强（透明度高）等优异性能而应用于化妆品、纺织、涂料、橡胶和印刷等行业。因此，纳米 TiO_2 材料成为不同生产商竞相开发和生产的热点[35]。

利用加压湿法（水热法）制备纳米 TiO_2 技术可使用 $TiCl_4$ 作为钛源。主要过程包括：（1）以尿素作为结晶引发剂，进行第一步反应，诱发晶核生成；（2）在150℃的水热条件下，进行第二步反应，可以有效抑制晶粒生长，并使晶粒能够在有机溶剂中分散生长，可以得到粒度为20nm，具有较高分散度的纳米 TiO_2。该过程主要反应如下：

$$TiCl_4 + 2H_2O \Longrightarrow TiO_2 + 4HCl \qquad (10\text{-}20)$$

李晓翔等人[36]在水热温度为160℃、水热反应时间为16h、$TiCl_4$ 浓度为0.013mol/L 时得到形状比较均匀且分散性较好的 TiO_2，由纺锤棒堆成为菱花状；$TiCl_4$ 浓度为0.026mol/L 时得到形状不均匀、呈花球状的 TiO_2；$TiCl_4$ 浓度为0.053mol/L 时得到形状呈不太规则的球形 TiO_2，且表面有大脑皮层状折皱；$TiCl_4$ 浓度为0.11mol/L 时得到形状单一，分散均匀，呈规则的球状 TiO_2（见图10-12）。

丘永樑等人[37]将 $TiCl_4$ 添加 $CdCl_2$ 和 Na_2S 溶液在200℃的密闭釜中进行6h水热反应，得到 CdS/TiO_2 的混合相。当 $CdS : TiO_2 = 1.5 : 1$ 时光催化效果最好，30min内紫外光降解罗丹明 B（4.0mg/L）的降解率达74.3%。

 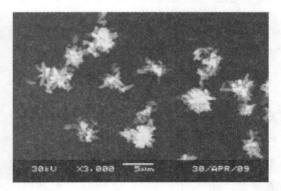

(a)

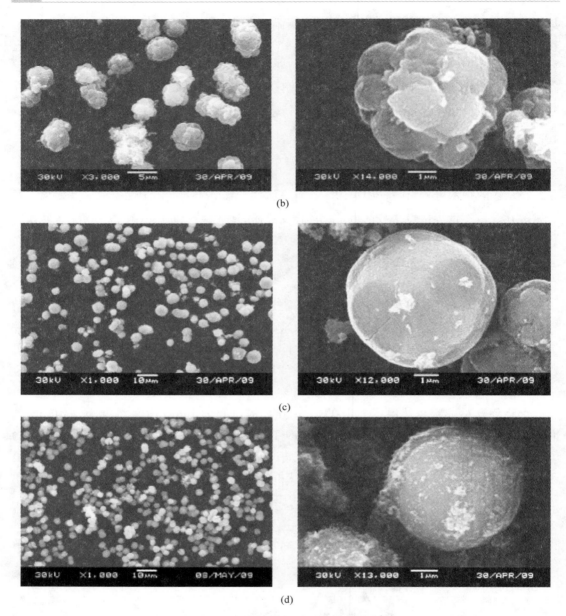

图 10-12   水热法合成 TiO_2 的微观形貌[36]

（a）$TiCl_4$ 浓度为 0.013mol/L；（b）$TiCl_4$ 浓度为 0.026mol/L；

（c）$TiCl_4$ 浓度为 0.053mol/L；（d）$TiCl_4$ 浓度为 0.11mol/L

10.4.1.2   制备纳米 SnO_2

SnO_2 材料因具有导电、气敏和透光性质，是制作透明电极、气敏元件的最佳材料。由于 SnO_2 气敏元件属于表面控制型的材料，其粒度越小，表面积越大，可吸附气体的量就越多，元件的电导率变化越大，灵敏度升高。因此，合成粒度更小的纳米级 SnO_2 是相关领域的发展趋势之一[38]。

况新亮等人[39]对多种纳米 SnO_2 制备进行了研究和优化，不同形貌的 SnO_2 产物如图 10-13 所示。

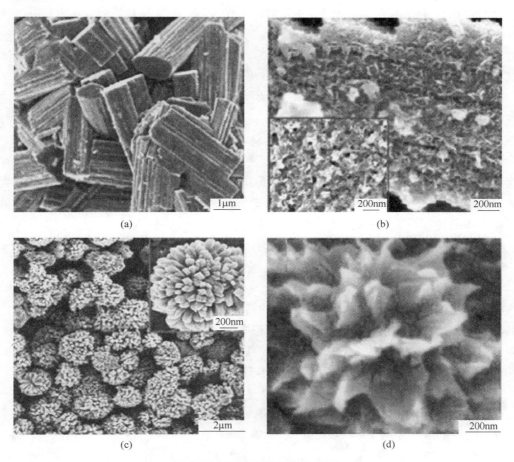

图 10-13　不同形貌的 SnO_2 产物

（a）实心棒状；（b）多孔棒状；（c）纳米锥体组装的 SnO_2 花状结构；（d）多孔 SnO_2 花状结构

（1）实心棒状 SnO_2。采用 $SnCl_2 \cdot 2H_2O$ 和 CTAB（十六烷基三甲基溴化铵）溶解在去离子水和乙醇混合溶剂（两者比例 1:1）中，形成透明的溶液；然后将 NaOH 在持续搅拌的条件下加入上述溶液中；再将混合溶液转移至反应釜中在 180℃ 加热 12h。自然冷却后，获得的沉淀收集至离心管中，进行离心洗涤，分别用水和无水乙醇洗涤各三次，最后在 60℃ 干燥，得到最终的样品粉末，该结构传感器的响应时间为 6~7s，恢复时间为 7~8s。

（2）多孔棒状 SnO_2。将 $SnCl_2 \cdot 2H_2O$、NaOH、PEG（聚乙二醇）、$Na_3C_6H_5O_7 \cdot 2H_2O$ 溶解在去离子溶液中，在磁力搅拌器上充分搅拌直至溶解，形成透明的溶液，然后转移至不锈钢反应釜中在 180℃ 加热 12h 后获得样品。该结构传感器的响应和恢复时间分别为 5~6s 和 7~8s。

（3）纳米锥体组装的 SnO_2 花状结构。将 $SnCl_2 \cdot 2H_2O$ 溶于去离子水和乙醇（两者比例为 1:1) 后添加 $Na(CH_3COO)_2 \cdot H_2O$ 均匀混合，将上述混合溶液转移至水热反应釜中在 180℃下恒温反应 24h。自然冷却至室温，收集沉淀，用去离子水和乙醇各离心洗涤三次，之后在 60℃干燥箱中烘干样品。该材料制备而成的气敏元件对乙醇气体有较好的气敏特性，在最佳工作温度 313℃时，气体灵敏度达到最大值 35。此外，器件有着较快的响应恢复特性，响应和恢复时间分别为 7~8s 和 9~10s。良好的气敏性能表明了它用作气体传感器的潜能。

（4）一步水热法合成的多孔 SnO_2 花状结构。将 $SnCl_2 \cdot 2H_2O$ 溶于去离子水中形成悬浊液 A，将 NaOH 溶解在去离子水中搅拌得到一个澄清的溶液 B。然后，在连续的磁力搅拌下，将 A 溶液缓慢添加到 B 溶液中。随后将 CTAB（十六烷基三甲基溴化铵）加入上述混合溶液至溶解，在 180℃下加热 12h。再经冷却洗涤等流程后获得样品。该传感器有显著增强的气敏性能，在最佳工作温度 350℃下，对乙醇的响应最大值达到 46。这是因为纳米花瓣能提供许多吸附、解吸气体的快速通道。这种独特的形貌使得 SnO_2 作为气敏材料应用在未来的传感器领域有更大的潜能。

10.4.2 锆钛酸钡加压制备过程

锆钛酸钡（$BaZr_xTi_{1-x}O_3$，简称 BZT）是 $BaTiO_3$ 与 $BaZrO_3$ 形成的具有钙钛矿结构的连续性固溶体（见图 10-14）。在 Zr 含量较低的情况下，它与钛酸钡（BT）一样，也存在四种晶型（三方、斜方、四方、立方）和三个相变温度（立方—四方、四方—斜方、斜方—三方）。BZT 陶瓷随着 Zr 含量的变化可以由正常铁电体转变为弛豫铁电体。因其优良的介电性能和居里温度可调而成为陶瓷电容器的候选材料之一[40]。

图 10-14   BZT 陶瓷粉末

钛酸钡以及相应的同族晶体粉末 $BaZr_xTi_{1-x}O_3$ 烧结温度低，具有良好的介电性能，促进了多层陶瓷电容器（MLC）的小型化和高品质。其关键是制备出组成精确、纯度高、球形、粒度分布窄的晶体细粉（0.05~0.2μm）。水热合成法能制备出满足这些特性的晶体粉末，该法工艺简单、投资少、产品成本低，比通常采用氧化物或碳酸盐高温灼烧合成的产物粒度范围易控，均匀性也得以改善，从而提高了产品的性能[41,42]。

Lee 等人[43]水热合成 $BaZr_xTi_{1-x}O_3$ 晶体粉末：以 $BaCl_2$、$ZrOCl_2$、$TiOCl_2$ 为原料，在装有 pH 值为 12 的氨水溶液密封釜中进行水热合成反应，水热条件为 130℃，时间 1h。反应方程式为：

$$2BaCl_2 + 2xZrOCl_2 + 2(1-x)TiOCl_2 + 8NH_4OH \Longrightarrow Ba_2Zr_{2x}Ti_{2(1-x)}O_6 + 8NH_4Cl + 4H_2O$$

$$(10\text{-}21)$$

反应结束后，将粉末过滤洗涤后，在 600℃下煅烧 1h，得到粒度为 35nm 的 BZT 陶瓷粉末，其比表面积达到 $30m^2/g$。在室温下，该种粉末铁电-顺电转变区更宽，并且介电常数的温度依赖性降低（<20%）。

除上述材料外，加压湿法技术在特种材料制备方面还有大量的应用。如王海增等人[44]对 $NaZr_2(PO_4)_3$ 晶体加压湿法制备过程进行了研究：在摩尔比为 $P_2O_5 : ZrO_2 = 30 \sim 0.75$，$Na^+ : P \geqslant 1 : 3$，$H_2O : ZrO_2 = 900 \sim 215$，$pH \leqslant 2.0$，250℃的条件下制备了较大的纯相 $NaZr_2(PO_4)_3$ 晶体。

孙峰等人[45]利用 $MnSO_4$ 和 $(NH_4)_2S_2O_8$ 的氧化还原反应，在水热体系中合成了纳米单晶 $\beta\text{-}MnO_2$，并在此基础上以 $(NH_4)_2SO_4$ 调变反应体系中 SO_4^{2-} 的浓度，合成了纳米 $\alpha\text{-}MnO_2[(NH_3)_2Mn_8O_{16}]$ 和纳米 $\gamma\text{-}MnO_2$，获得的产物具有良好的电化学性能。

庄大高等人[46]以分析纯的 $FeSO_4$、H_3PO_4 和 $LiOH$ 为原料，在加压条件下得到纯度高、结晶好的纳米 $LiFePO_4$。在该过程中，首先合成中间产物 Li_3PO_4，然后与 Fe^{2+} 反应形成 $LiFePO_4$。水热合成产物经 550℃聚丙烯裂解碳包覆处理后，以 0.05C 充放电，可逆电容量达到 163mA·h/g；以 0.5C 充放电，可逆电容量达到 144mA·h/g。

白利忠等人[8]以钼酸铵作为钼源，硫脲作为硫源和还原剂，采用简便的加压湿法冶金法合成二硫化钼花状微球。结果表明，当钼硫摩尔比为 1:2.25、反应温度为 220℃、反应时间为 18h 时合成了结晶性好的纳米片（厚度为 10nm）组装而成的二硫化钼花状微球，其具有较大的比表面积，是一种性能优异的锂离子电池电极材料。

高奇等人[47]采用微波辅助湿法冶金过程制备了 $NiGa_2O_4$ 纳米粉体。在微波水热下，180℃反应 2h 合成晶型较好的 $NiGa_2O_4$ 粉体。在 pH 值为 10、温度为 180℃条件下反应 2h 合成的 $NiGa_2O_4$ 于室温下对三甲胺有较高的响应和较好选择性。对 $10×10^{-6}mL/m^3$ 三甲胺响应值达到 3.5，响应时间约为 75s，恢复时间约为 45s；最低检测限为 $1×10^{-6}$，响应约为 1.8。

全洪新等人[48]利用石英螺旋管自制光催化反应器在加压湿法体系制备纯二氧化钛薄膜。结果表明：在紫外光照射下，水热合成反应温度为 160℃、反应时间为 6h、原料 $TiCl_4$ 的浓度为 1mol/L 时，制备的 TiO_2 薄膜对亚甲基蓝溶液的光催化降解率达到了 27.5%。自制光催化反应器的最佳工艺参数为：亚甲基蓝溶液 pH 值为 7.7，反应器长度 45cm，反应器亚甲基蓝溶液进入速率 10r/min，反射面距反应器距离 5cm，该条件下的自制光催化反应器的降解率为 45.5%。

随着原料、工艺和产品需求不同，加压湿法冶金技术在制备过程也可以呈现多种不同的形式，如加压生物质还原、加压—盐析制备粉体材料以及水热裂解生物质材料等，篇幅所限，在此不一一赘述。

参 考 文 献

[1] 王峰珍. 加压氢还原沉析钴和镍的动力学 [J]. 有色金属（冶炼部分），1982（4）：53~56.

[2] 柯家骏. 在氨性溶液中用加压氢还原析出金属银的热力学 [J]. 黄金，1983（2）：32~34.

[3] 聂宪生，陈景. 从盐酸介质中加压氢还原铱的动力学 [J]. 贵金属，1990，11（3）：1~12.

[4] 郑朝振. 水化石榴石生成过程及碳化分解性能研究 [D]. 沈阳：东北大学，2015.

[5] 鲍丽. 铝土矿溶出过程热分析动力学及溶出模型的研究 [D]. 沈阳：东北大学，2011.

[6] 代辉. 特殊形貌无机材料的水热合成 [D]. 大连：大连理工大学，2002.

[7] 唐培松，洪樟连，周时风，等. 水热合成温度对纳米 TiO_2 特性及其可见光波段光催化性能的影响 [J]. 环境科学学报，2005，25（8）：1021~1025.

[8] 白利忠，李方，高玉伟，等. 二硫化钼花状微球的水热合成及其微观结构表征 [J]. 材料导报，2016（2）：202~205.

[9] Jerzy W, Witold A. Reduction of aqueous nickel（Ⅱ）from acetate buffered solution by hydrogen under pressure [J]. Hydrometallurgy, 1991, 27（2）：191~199.

[10] 胡嗣强，师洁琦. 湿法冶金加压氢还原制取微细镍粉 [J]. 粉末冶金技术，1988（3）：21~27.

[11] 毛铭华，涂桃枝，高文考. 碱式碳酸镍水浆加压氢还原制取超细镍粉的研究 [J]. 化工冶金，1988（4）：20~26.

[12] 陈景，聂宪生. 加压氢还原法分离铑铱 [J]. 贵金属，1992（2）：7~12.

[13] Zhang R, Zheng S L, Ma S H, et al. Recovery of alumina and alkali in Bayer red mud by the formation of andradite-grossular hydrogarnet in hydrothermal process [J]. J. Hazard. Mater., 2011, 189：827~835.

[14] Mercury J M, Pena P, De Aza A H, et al. Solid-state ^{27}Al and ^{29}Si NMR investigations on Si-substituted hydrogarnets [J]. Acta Mater., 2007, 55（4）：1183~1191.

[15] Lager G A, Nipko J C, Loong C K. Inelastic neutron scattering study of the（O_4H_4）substitution in garnet [J]. Physica B Condensed Matter, 1998, 241（20）：406~408.

[16] Ballaran T B, Woodland A B. Local structure of ferric iron-bearing garnets deduced by IR-spectroscopy [J]. Chem. Geol., 2006, 225（3~4）：360~372.

[17] Hawthorne F C. Some systematics of the garnet structure [J]. J. Solid State Chem., 1981, 37（2）：157~164.

[18] Locock A J. An excel spreadsheet to recast analyses of garnet into end-member components, and a synopsis of the crystal chemistry of natural silicate garnets [J]. Computers & Geosciences, 2008, 34（12）：1769~1780.

[19] Marin S J, O'Keefee M. The crystal structure of the hydrogarnet $Ba_3In_2(OD)_{12}$ [J]. J. Solid State Chem., 1990, 87（1）：173~177.

[20] Peter S. Reactions of lime under high temperature Bayer digestion conditions [J]. Hydrometallurgy, 2017, 170（7）：16~23.

[21] Jappy T G, Glasser F P. Synthesis and stability of silica substituted hydrogarnet, $Ca_3Al_2Si_{3-x}O_{12-4x}(OH)_{4x}$ [J]. Adv. Cem. Res., 1991, 4：1~8.

[22] Kyritsis K, Meller N, Hall C. Chemistry and morphology of hydrogarnets formed in cement-based CASH hydroceramics cured at 200℃ to 350℃ [J]. J. Am. Ceram. Soc., 2009, 92：1105~1111.

[23] Shoji T. $Ca_3Al_2(SiO_4)_3$-$Ca_3Al_2(ZO_4H_4)_3$ series garnet：composition and stability [J]. J. Mineral. Soc.

Jpn. , 1974, 11: 359~372.

［24］ Zhu G Y, Li H Q, Li S Q, et al. Crystallization of calcium silicate at elevated temperatures in highly alkaline system of Na_2O-CaO-SiO_2-H_2O ［J］. Chin. J. Chem. Eng. , 2017, 25 (10): 1539~1544.

［25］ Lu G Z, Zhang T A, Zheng C Z, et al. The influence of the silicon saturation coefficient on a calcification-tion carbonation method for clean and efficient use of bauxite ［J］. Hydrometallurgy, 2017, 174 (12): 97~104.

［26］ Lu G Z, Zhang T A, Zhu X F, et al. Silicon saturation coefficient changes in hydrogarnets during the Bayer process with lime addition ［J］. Chinese Journal of Chemical Engineering, 2018, 27 (8): 1965~1972.

［27］ 鲍丽. 铝土矿溶出过程热分析动力学及溶出模型的研究 ［D］. 沈阳：东北大学，2011.

［28］ 王濮，潘兆橹，翁玲宝. 系统矿物学 ［M］. 北京：地质出版社，1982,

［29］ May H M, Helmke P A, Jackson M L. Gibbsite solubility and thermodynamic properties of hydroxy-aluminum ions in aqueous solution at 25℃ ［J］. Geochimica et Cosmochimica Acta, 1979, 43 (6): 861~868.

［30］ Tsuchida T, Kodaira K. Hydrothermal synthesis and characterization of diaspore, β-Al_2O_3 · H_2O ［J］. Journal of Materials Science, 1990, 25 (10): 4423~4426.

［31］ Graham C M, Sheppard S M F. Experimental hydrogen isotope studies, Ⅱ. Fractionations in the systems epidote-NaCl-H_2O, epidote-$CaCl_2$-H_2O and epidote-seawater, and the hydrogen isotope composition of natural epidotes ［J］. Earth and Planetary Science Letters, 1980, 49 (2): 237~251.

［32］ Tsuchida T. Preparation and reactivity of acicular α-Al_2O_3 from synthetic diaspore, β-Al_2O_3 · H_2O ［J］. Solid state ionics, 1993, 63: 464~470.

［33］ Tsuchida T, Horigome K. The effect of grinding on the thermal decomposition of alumina monohydrates, α- and β-Al_2O_3 · H_2O ［J］. Thermochimica Acta, 1995, 254: 359~370.

［34］ 李小斌，潘军，刘桂华，等. 从铝酸钠溶液中析出一水软铝石的实验研究 ［J］. 中南大学学报（自然科学版），2006, 37 (1): 25~30.

［35］ 张拓，王树众，孙盼盼. 纳米二氧化钛颗粒的超临界水热合成 ［J］. 能源化工，2017, 38 (1): 43~46.

［36］ 李晓翔. 球状二氧化钛的水热合成及性能表征 ［J］. 枣庄学院学报，2014, 31 (5): 82~85.

［37］ 丘永樑. 水热法 TiO_2 制备及光活性修饰研究 ［D］. 南京：南京工业大学，2004.

［38］ 张鹤. 二氧化锡纳米材料的水热合成及其气敏性能研究 ［D］. 重庆：重庆大学，2016.

［39］ 况新亮. 二氧化锡的水热合成及其气敏性能研究 ［D］. 重庆：重庆大学，2015.

［40］ 胡嗣强，黎少华. 水热合成锆钛酸钡（BZT）固溶晶体的形成规律研究 ［J］. 化工冶金，1996 (4): 304~309.

［41］ 焦静涛，姜芸，杨松，等. 锆钛酸钡钙的结构与铁电光学性能研究 ［J］. 硅酸盐通报，2019, 38 (11): 3524~3528.

［42］ 徐源. 锆钛酸钡陶瓷的制备及改性研究 ［D］. 汉中：陕西理工大学，2019.

［43］ Lee B W, Cho S B. Preparation of $BaZr_xTi_{1-x}O_3$ by the hydrothermal process from peroxo-precursors ［J］. Journal of the European Ceramic Society, 2005, 25 (12): 2009~2012.

［44］ 王海增，庞文琴. 水热合成 $NaZr_2(PO_4)_3$ 的研究 ［J］. 吉林大学自然科学学报，1993 (1): 87~91.

[45] 孙峰. 纳米 MnO_2 的合成及其电化学行为研究 [D]. 广州: 华南师范大学, 2004.

[46] 庄大高, 赵新兵, 曹高劭, 等. 水热法合成 $LiFePO_4$ 的形貌和反应机理 [J]. 中国有色金属学报, 2015 (12): 2034~2039.

[47] 高奇, 蒋余芳, 储向峰, 等. 微波水热合成 $NiGa_2O_4$ 纳米粉体及其气敏性能 [J]. 硅酸盐学报, 2019 (4): 427~432.

[48] 全洪新, 徐莫临. 水热合成二氧化钛薄膜及光催化反应器的研究 [J]. 辽宁化工, 2018, 47 (10): 18~20.

11 新型加压湿法冶金设备技术

11.1 引言

浸出反应器是化工冶金生产过程一系列设备中的核心设备，其型式与尺度直接影响着流动、传热和传质，进而影响反应过程，并在很大程度上决定着产品的产量和质量，因此反应器的型式、尺度和操作条件是化工冶金生产中极为重要的课题。化工冶金生产过程中，往往是以参加反应物质的充分混合为前提的，工业中主要通过采取搅拌的方式达到反应物质的充分混合。鉴于混合过程在化工冶金反应中的重要性，浸出反应器往往都带有搅拌装置。

浸出反应器广泛应用在化工冶金的配料、浆化、浸出、结晶、溶解、还原、分解和萃取等工序中。如氧化铝生产过程中采用的管道化溶出设备和机械搅拌种分槽，硫化锌精矿直接溶出过程中采用的大型机械搅拌槽，镍钴湿法冶炼过程中采用的耐温耐压机械搅拌设备，镍锌电解液净化过程中采用的耐腐蚀搅拌设备等。中国恩菲工程技术有限公司对全国有色系统冶炼厂搅拌设备的调查和统计结果表明，许多湿法冶炼车间50%以上的功率是消耗在搅拌作业上。因此，高效浸出反应器的研究一直是学术界和工业界关注的热点。

常用的浸出反应器分为釜式反应器和管式反应器两种基本类型。典型浸出反应器示意图如图11-1所示。

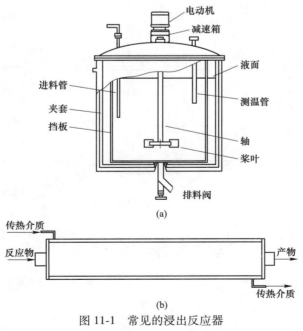

图 11-1　常见的浸出反应器
（a）釜式反应器；（b）管式反应器

　　釜式反应器又称为反应釜或反应槽，通常为立式圆筒型设备，高度一般与直径相等或稍高，范围约在其直径的 1～3 倍之间，釜内一般设有搅拌装置和挡板，用来达到使反应器内物料均匀混合的目的。其根据不同的需要在釜内或者釜外安装换热器进行加热或者冷却进而维持反应所需的温度。

　　釜式反应器的性能特点为：在搅拌装置的作用下，反应器内物料能够达到充分混合，在反应进行的任一时间，物料浓度和温度在反应器内处处相等，且等于反应器出口物料的浓度和温度，不随时间发生变化。物料微元在反应器内的停留时间差别较大，返混程度大。具有工作温度和压力范围较宽、适应性强、操作弹性大、产品质量均一、投资少、投产容易等优势，因此得到广泛应用。但其换热面积小，搅拌及密封问题难以解决，溶出效率较低，反应温度不易控制，压力难以提高，常用于中、低压操作，绝大多数用于有液相参与的反应，液-液、液-固、气-液、气-液-固反应等[1]。

　　管式反应器是一种呈管状的、长径比很大的反应器。反应器内可以根据需要设置搅拌装置及介质等。反应器外也可根据需要分段设置加热或冷却装置。反应物料从反应器的一端连续稳定地加入，产物从另一端连续流出。工业上常用的管式反应器结构如图 11-2 所示。

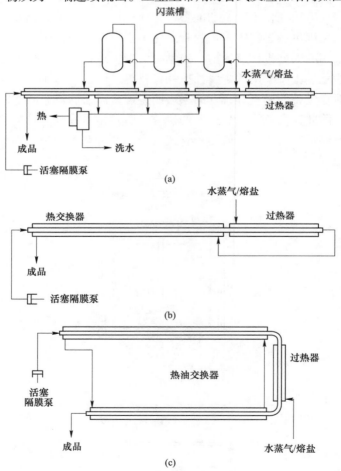

图 11-2　工业上常见的管式反应器结构
（a）带闪蒸槽的管式浸出器；（b）套管式浸出器；（c）带热油交换的管式浸出器

　　相比于釜式反应器，管式反应器在以下几个方面具有显著的优势[2]：（1）只有一个机械设备（活塞泵）有转动部件，而高压釜装置则有许多搅拌器，因此需要添加密封等附加设备；（2）由于高速流动的矿浆形成很强的湍流，因此比机械搅拌高压釜有更高的传质和热交换效率；（3）传热系数高，热交换器的面积可以减小；（4）通过提高反应温度，可以缩短反应时间，如铝土矿的浸出反应时间由 2 个多小时缩短为 5~15min，因此可以减小设备容积，节约投资；（5）在管式反应器中流体是活塞流，排除了回混现象，因而可以获得准确的停留时间；（6）设备的启动和停车快，维修简单，因而设备利用率高；（7）可以进行有气相参加的反应，如通入氧气使黄铁矿生成硫酸浸出铀或其他矿石。

　　管式反应器的性能特点：由于反应物料从入口处连续稳定地加入，因此反应器内温度、压力和物料组成不随时间变化，只随管长变化，物料微元在反应器内停留时间相等，几乎没有返混现象。管式反应器结构简单、加工方便、耐高压、体积小、比表面积大、单位容积的传热面积大，可实现分段温度控制，适用于热效应较大的反应；反应物料在反应器中反应速度快、流速快，产品质量稳定，易于自动控制，所以生产能力高，适用于大型化和连续化的工业生产；在流速较低的情况下，其管内流体流型接近理想流体，适用于气-液-固等多相反应和高温高压反应。但是当反应器内物料的反应速率很低时所需管道过长，工业上不容易实施；在管壁上容易形成结疤，阻碍反应器的正常生产运行。

　　比较典型的管式与釜式结合的技术是管道预热—停留罐溶出技术，该技术是郑州轻金属研究院针对我国一水硬铝石拜耳法溶出特点专门开发的，适用于处理需要较长溶出时间的一水硬铝石型铝土矿，结构简单，设备维修方便，容易实现自动控制和保持较高的设备运转率，已在我国很多氧化铝厂投入使用。但是管道化溶出设备在管道口及弯道处结疤严重甚至形成堵塞，影响企业正常的生产。虽然国内外的学者已经做了大量的实验和研究，但目前还没有根除结疤问题的方法。只能采用工艺手段减轻结疤，并进行定期的清理，目前还在进一步的研究改善当中。

11.2　外搅拌管式浸出反应器

11.2.1　外搅拌管式浸出反应器的原理

　　为了强化管式反应器内的混合效果，并预防和延缓管道结疤。结合釜式搅拌反应器和管式反应器的优点，东北大学特殊冶金创新团队开发了新型的外搅拌叠管式反应器[3]，有效地改善了流体的流体力学特性，使得容器内介质混合更加均匀，有利于化学反应的发生；同时独特的 T 形搅拌叶片，又能刮擦管壁，防止结疤。其组成如图 11-3 所示。

　　外搅拌管式浸出反应器具有以下特点：

　　（1）在传统管式反应器的基础上增加了搅拌装置，在搅拌的作用下介质以螺旋路线在管内环流前进，在管内壁形成流动膜。其中搅拌装置由一系列等间距的搅拌叶片构成，而搅拌叶片又具有刮板的功能，能持续刮擦管壁各处，对防止或延缓设备结疤有重要作用。

　　（2）独特的叠管式设计，管与管上下叠起，液-固两相流沿管切线从一根管流入另一根管，减少了单管长度，大大节省了占地面积。

　　从动力学角度分析，传热表面结疤基本上可以分成三步，一是结疤物质在液相中的析出，二是结疤物质向传热表面传输，三是结疤物质在传热表面沉积。第一步取决于热力学条件和主体工艺；第二、三步取决于动力学过程，控制动力学条件，也就是控制结疤物质

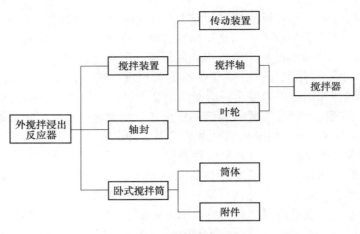

图 11-3   搅拌设备组成

向传热面的迁移和沉积。外搅拌管式浸出反应器中具有刮板功能的新型叶片能有效控制结疤物在传热面附着。

采用内环流流动方式，与现有管道化反应器相比，其混合时间是在相同条件下管道化溶出设备的 $1/N$，从而能够增加设备产能。该反应器设计具有细长外形的特点，避免了高应力使容器断裂的危险并且制造方便、密封容易。最主要的优点是长径比较大，大大地降低了动力消耗，在生产实践中不会因为搅拌器功率过大而造成浪费，是一种经济高效的新型化工设备。

外搅拌管式浸出反应器主要由容器、搅拌轴、搅拌叶片、支架和动力设备等关键构件组成。其冷模装置容器采用有机玻璃材质，便于观察流型，不妨碍用照相法拍摄流场和反应器内的混合情况。容器内径 0.186m。外搅拌叠管式搅拌反应器的外观如图 11-4 所示。

图 11-4   新型叠管式搅拌反应器实拍图

11.2.2 外搅拌管式浸出反应器的特性

混合时间是表征混合效果的重要参数。实验表明外搅拌叠管式浸出反应器混合时间跟单管的混合时间相比仅是时间的增加，二者随搅拌转速的变化趋势是一致的。测定混合时间的主要目的就是考察搅拌转速对混合时间的影响趋势[4]。

混合时间曲线如图 11-5 所示。从图中可以看出，搅拌转速在 250r/min 时混合时间最短，混合效果最好。在 0~250r/min 内，随着转速的增大，混合时间不断减少，混合效果越来越好。其中 0~100r/min 内，混合时间下降迅速，在这个范围内增加转速可以大大减少混合时间。100~250r/min 内，增加转速，混合时间下降缓慢，此时混合时间是不加搅拌时的 1/5~1/3。而当搅拌转速超过 250r/min 时，混合时间又有小幅增加，也就是说，此时，混合效果稍差。这是因为，当搅拌转速超过一定值（250r/min）时，反应器内流体在高转速下会产生离心现象，影响介质的混合效果，即延长了混合时间。

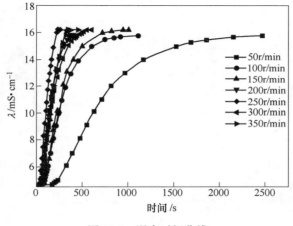

图 11-5 混合时间曲线

由流量与停留时间分布关系（见图 11-6）可以看出，随着流量的增大，峰形越来越

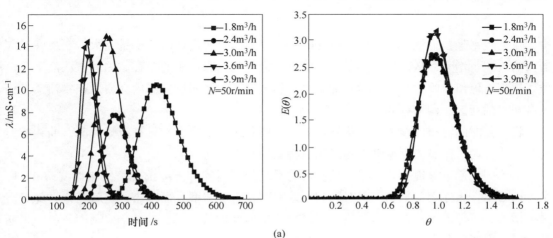

(a)

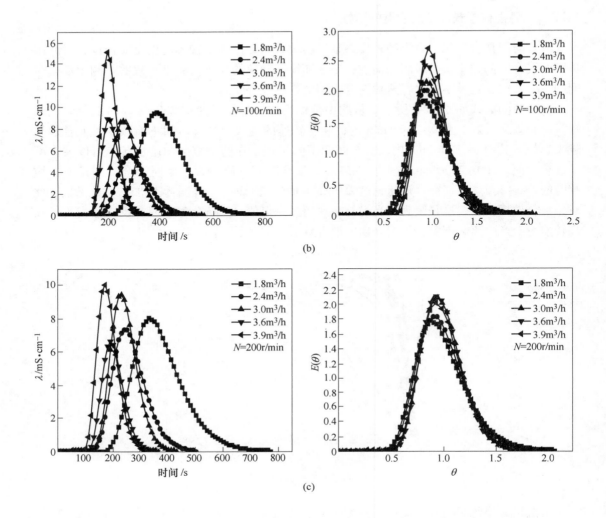

图 11-6   流量对停留时间分布的影响

窄，流动越来越接近活塞流。同时响应时间也越来越短，这是由于流量增大，介质在反应器内的流速也增大，从而导致测量仪器能更快检测到示踪物质的存在。另外，浓度平均值位置适当，停留时间分布（RTD）曲线没有拖尾现象，说明反应器内介质为正常流动，而没有明显的死区、沟流等问题存在。

　　将停留时间分布曲线无因次化处理后，各条曲线基本吻合。只是流量大时，曲线相对要窄，也证明了流量大则流动更趋近于活塞流的事实。

　　从不同流量下外搅拌管式浸出反应器的平均停留时间和方差值计算结果（见表 11-1）中可以看出，大体上，平均停留时间和方差都随着流量的增大而减小，也就是说，随着流量的增大，流体流动更接近活塞流。无因次停留时间曲线重合性很好（见图 11-7），说明转速对停留时间分布影响很小。

表 11-1 不同流量下的平均停留时间和方差值

流量/m³·h⁻¹	转速/r·min⁻¹	平均停留时间/s	方 差
1.8	50	426.4	0.023
2.4	50	286.6	0.0211
3.0	50	262.3	0.0225
3.6	50	202	0.0167
3.9	50	193.5	0.0162

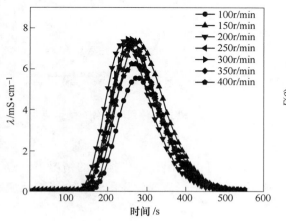 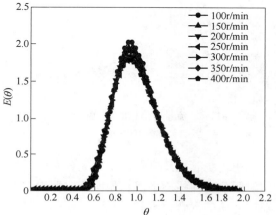

图 11-7 转速对停留时间分布的影响

(流量为 2.4m³/h)

从不同搅拌转速下，流体流动的平均停留时间和方差值计算结果（见表 11-2）可知，转速增加平均停留时间有所减少，但减少的数值较小。这进一步说明了转速对平均停留时间影响不大。

表 11-2 不同转速下的平均停留时间和方差

流量/m³·h⁻¹	转速/r·min⁻¹	平均停留时间/s	方 差
2.4	100	296.1	0.0429
2.4	150	295	0.0432
2.4	200	264.1	0.0518
2.4	250	276	0.0586
2.4	300	276.2	0.0464
2.4	350	280.8	0.0487
2.4	400	290.9	0.0569

流量和转速也会对单管搅拌反应器内停留时间的分布造成影响（见图11-8、图11-9）。与叠管式搅拌反应器内相同，流量增大时，反应器内流体流动趋向于活塞流。而搅拌转速对停留时间分布影响不大。

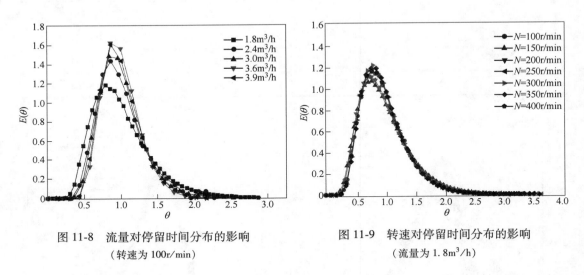

图 11-8   流量对停留时间分布的影响
（转速为 100r/min）

图 11-9   转速对停留时间分布的影响
（流量为 1.8m³/h）

由传统管式反应器停留时间分布图（见图11-10）可以看出，不带搅拌的情况下，停留时间分布曲线不平滑，说明反应器内有平行流或沟流。平行流或沟流的存在会影响反应器内介质的混合，不利于化学反应的进行。

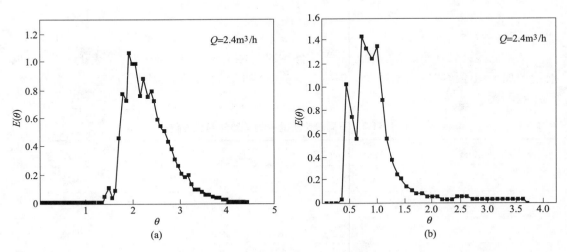

图 11-10   传统管式反应器内停留时间分布
（a）叠管；（b）单管

因为外搅拌管式浸出反应器中每根反应器管的结构尺寸均相同，总功率是单管反应器的 3 倍。所以，直接用所测得的单轴搅拌功率即可说明问题。以下如果不作特别说明，功率均指单轴功率。

通过测定搅拌功率与搅拌转速之间的关系（见图 11-11）发现，转速增加，搅拌功率也随之增大，经回归分析发现，搅拌功率与 $N^{1.3~1.4}$ 呈如下的比例关系：

$$P \propto N^{1.3 ~ 1.4} \tag{11-1}$$

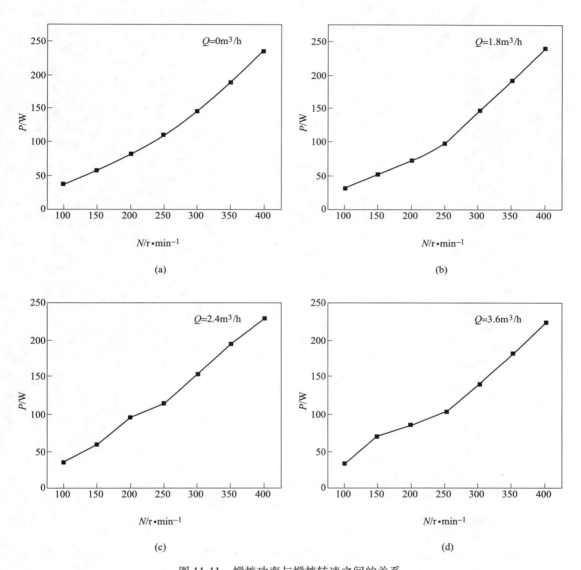

图 11-11　搅拌功率与搅拌转速之间的关系

流量为零时曲线最平滑，说明流量对功率具有一定的干扰作用，但总体上看，转速相同时，不同流量下功率相差不大，说明流量对搅拌功率的影响很小。

用功率准数 Np 对雷诺数 Re 来进行关联发现，在双对数坐标下，Np 与 Re 呈很好的线性关系，经回归分析后发现（见图 11-12），Np 与 Re 满足下列关系式：

$$Np = 10^{9.79} \cdot Re^{1.69} \tag{11-2}$$

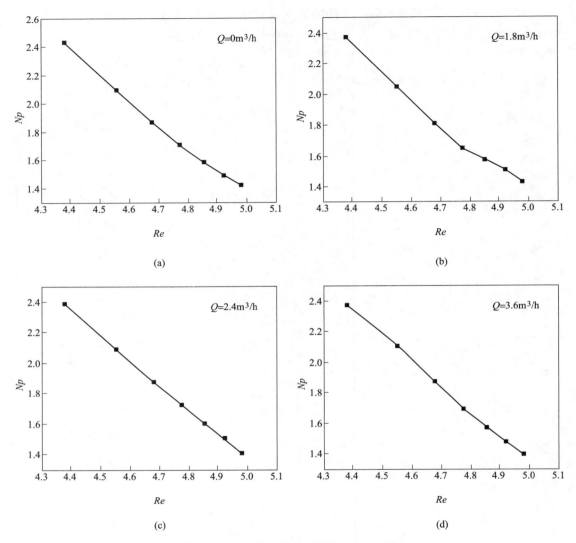

图 11-12 对数坐标下功率准数与雷诺数的关系

11.3 自搅拌管式浸出反应器

外搅拌管式浸出反应器是结合了管式和釜式反应器双重优点的反应器，但该反应器在高温下也存在机械密封的问题。基于以上问题，东北大学特殊冶金创新团队提出了压力能驱动的自搅拌管式浸出反应器[5]。该反应器依靠流体压力能驱动透平涡轮，带动从动桨转动，此过程不需要提供外部驱动电机，使管式反应器的密封性得到了保证。相比于传统外搅拌管式反应器，自搅拌管式浸出反应器在机械加工方面更容易，因此在运行过程中能极大地减少运营和维护成本，同时也降低了泄漏的风险。另外，与传统管式浸出反应器相比，该反应器可以预防和减缓结疤问题，降低生产成本，搅拌还能够加速传质传热速率，对于提高生产效率极为有利。

11.3.1　自搅拌管式浸出反应器的原理

压力能回收技术的形式多样，从工作原理上可分为液力透平和正位移两种形式。这两种压力能回收技术在能量回收领域广泛应用[6~11]。第一类液力透平（hydraulic turbine），有时也称做离心技术（centrifugal technology）。液力透平属旋转式能量回收机，在结构上与离心泵相似但作用与泵相反。液力透平能量的回收过程是高压流体的压力能通过透平作用转化为轴功，再利用轴功驱动泵，将流过泵的低压流体进行增压，即"压力能—轴功—压力能"。其典型的结构形式有反转泵型、液力涡轮等液力透平。当泵反转作透平时，泵的进口为液力透平的出口，泵的出口为液力透平的进口，叶轮在高压流体作用下反向运转，将压力能转化成了液力透平的机械能。

第二类为正位移原理回收技术（positive displacement）。正位移原理技术直接利用高压流体增压低压流体，高低压流体仅需一个自由活塞分隔，甚至可以直接接触，利用结构上的设计避免了高低压流体的掺混，这种设计可实现"压力能—压力能"的一次转换过程。根据高低压流体分隔情况，主要分为三种，即活塞式、旋转直接接触式和阀控直接接触式。

自搅拌反应器根据泵反转液力透平的工作原理，提出利用冶金工业的高压流体冲击叶轮，使旋转的叶轮带动搅拌轴转动，通过搅拌叶片的转动对多相流体进行搅拌，促进多相流体的混合，最终实现能量的转换和利用。

自搅拌反应器主体结构如图 11-13 所示。

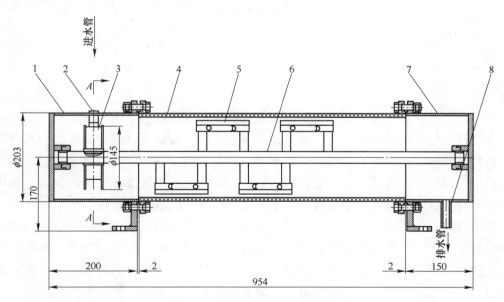

图 11-13　自搅拌反应器主体结构

1—左端盖；2—进水口；3—驱动叶轮；4—筒体；5—搅拌器；6—搅拌轴；7—右端盖；8—排水口

自搅拌反应器包括反应器筒体、进口通道、出口通道、涡轮装置、搅拌轴和框式柔性搅拌器，反应筒体由筒壁和两个端板构成；框式柔性搅拌器位于进口通道和出口通道之间，由轴套、框式搅拌桨叶和柔性刮板组成；框式搅拌桨叶固定在轴套上，框式搅拌桨叶的外端固定有柔性刮板，并且柔性刮板与筒壁接触；轴套套在搅拌轴上，搅拌轴的两端装配在反应器筒体的两个端板上，搅拌轴上还固定有涡轮装置；进口通道和出口通道设在筒壁的两侧，其中涡轮装置与进口通道相对。

框式柔性搅拌器结构如图 11-14 所示，涡轮装置如图 11-15 所示。

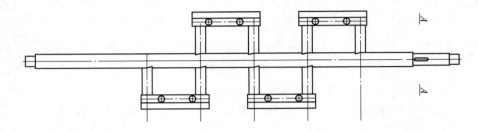

图 11-14 框式柔性搅拌器结构

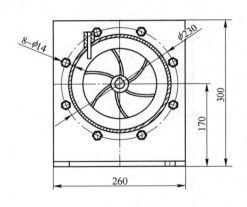

图 11-15 涡轮装置

自搅拌反应器在传统管式反应器的管内增加了搅拌装置，该搅拌装置由一系列等间距的搅拌叶片构成，4 组互成 180° 的 Ⅱ 形叶片均匀分布于轴上。在高压流体通过管道进入搅拌反应器时，充分利用高压流体的能量，将其转换成机械能推动涡轮装置，涡轮装置带动搅拌轴及搅拌桨叶一起旋转，由于叶片顶端离反应器管壁较近，使搅拌叶片又具有刮板的功能，能持续刮擦管壁各处，对防止或延缓设备内管壁出现结疤有重要作用。在搅拌的作用下，介质以螺旋状在管内环流前进，在管壁附近形成流动膜，增强其混合特性，使物料能在前进过程得到充分混合和反应，强化了传质传热过程，压力能自搅拌反应器无需外加动力驱动，节约能源，且端部静密封，不泄漏，满足高温高压湿法冶金反应过程[12]。

流体通过泵增压后，通过管道进入自搅拌反应器，通过调节三通阀门，可以改变进入自搅拌反应器流体压力，通过调节流体出口处阀门，可以改变自搅拌反应器内液面高度，该装置的冷态模拟系统如图 11-16 所示。

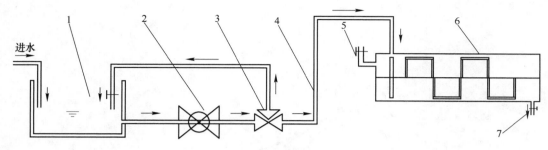

图 11-16　实验装置流程图

1—储水箱；2—泵；3—三通阀；4—管道；5—示踪剂加入口；6—管式搅拌反应器；7—液体出口

11.3.2　自搅拌管式浸出反应器的特性

11.3.2.1　冷态物理模拟

为了验证自搅拌管式反应器的可行性，通过高速照相法、脉冲示踪法、因次分析法及 PIV 流场测速等分析手段研究了压力能驱动的自搅拌反应器的停留时间分布和返混特性、自搅拌转速、流场分布特性等，并建立了自搅拌转速与各因素之间关系的准数方程。

冷态模拟过程采用的流体压力、相对液位高度及流体黏度等条件见表 11-3。

表 11-3　实验条件

序　号	1	2	3	4	5
流体压力/MPa	1.5	2.0	2.5	3.0	—
相对液位高度	$1/6D$	$2/6D$	$3/6D$	$4/6D$	$5/6D$
流体黏度/mPa·s	1	8.26	16.9	21.8	33

以水作为流动介质，不同液位高度下（见图 11-17）的无因次停留时间分布分析结果（见图 11-18）表明：入口压力为 1.5MPa 时，不同液位下的停留时间分布曲线出峰时间均较早，说明自搅拌反应器内流体流动可能存在不同程度的短路和沟流。且曲线有拖尾现象，说明反应器内也存在死区。

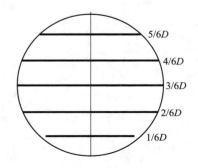

图 11-17　搅拌反应器液位高度示意图

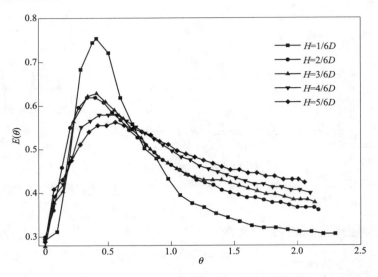

图 11-18   入口压力 1.5MPa 时不同液位高度下的停留时间分布曲线

由入口压力为 1.5MPa 时不同液位高度下方差和佩克莱数的计算结果（见表 11-4）可知，自搅拌反应器返混程度随液位高度的增大而减小；入口压力为 1.5MPa 时流体的平均停留时间对应方差的平均值为 0.3706，说明该条件下自搅拌反应器更接近于平推流。

表 11-4   入口压力为 1.5MPa 时不同液位高度下方差和佩克莱数

液位高度	1/6D	2/6D	3/6D	4/6D	5/6D
σ^2	0.4286	0.3746	0.3652	0.3465	0.3381
Pe'	0.2143	0.1873	0.1826	0.1733	0.1691

自搅拌转速随着流体压力的升高而增大（见图 11-19）。自搅拌转速与压力之间近乎呈线性变化关系。以水作为流动介质时，自搅拌转速受压力变化的影响最大。液位高度变化对自搅拌转速大小的影响程度大于高黏度流体的情况。

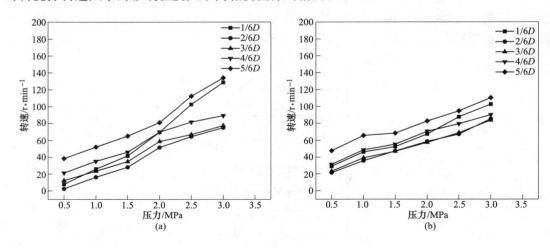

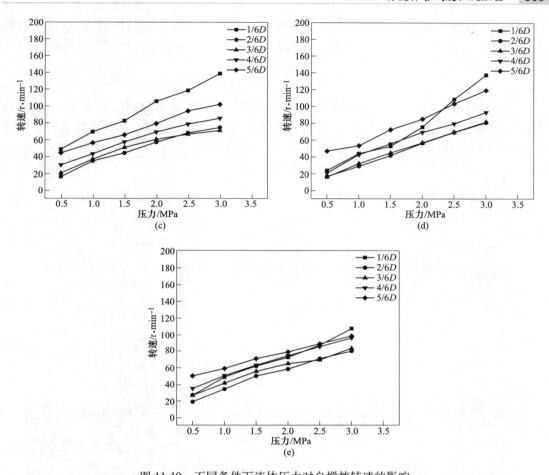

图 11-19　不同条件下流体压力对自搅拌转速的影响

（a）$\mu = 1mPa \cdot s$；（b）$\mu = 8.3mPa \cdot s$；（c）$\mu = 16.9mPa \cdot s$；（d）$\mu = 21.8mPa \cdot s$；（e）$\mu = 33mPa \cdot s$

由不同液位高度、流体压力下的自搅拌转速变化规律（见图 11-20）可以看出，两种密

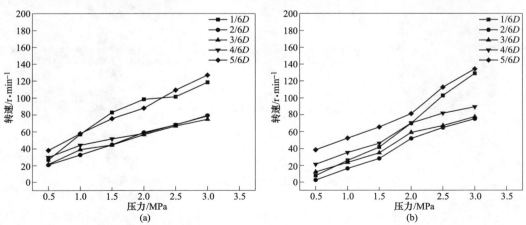

图 11-20　不同液位高度条件下流体压力对自搅拌转速的影响

（a）$\rho = 1.3 \times 10^3 kg/m^3$；（b）$\rho = 1.0 \times 10^3 kg/m^3$

度流体的自搅拌转速均随流体压力的增大而增大，液位高度在（1/6~3/6）D 时，自搅拌转速随压力变化的曲线几乎重合，液位高度为 4/6D、5/6D 时，自搅拌转速随压力变化的趋势一致。

11.3.2.2　数值模拟

进一步对自搅拌管式反应器内流体流动特性进行了数值模拟研究，采用 Solidworks 软件绘制几何模型，采用 ICEM 对反应器划分四面体、六面体混合网格，在搅拌桨区域和进出口区域进行网格加密处理[13~15]。根据不同模型，网格数量在 30 万~200 万之间。反应器几何模型和网格划分示意图如图 11-21 和图 11-22 所示。

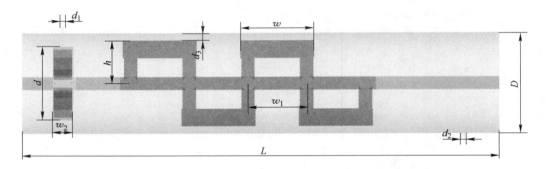

图 11-21　几何模型示意图

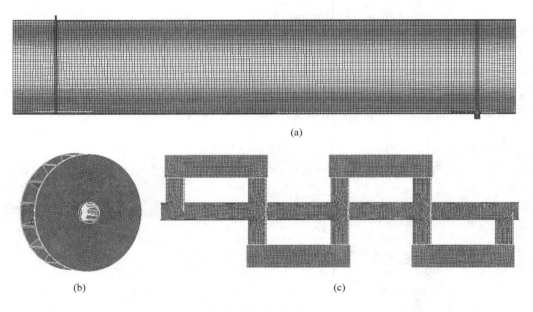

(a)

(b)　　　　　　　　　　　　(c)

图 11-22　网格示意图
（a）反应器网格划分；（b）涡轮桨的网格划分；（c）搅拌桨的网格划分

压力和液位高度是影响速度场的主要因素，研究不同入口压力 p 和液位高度 H 下自搅拌反应器的速度场。为了便于分析，取 $X=0$ 轴向监测面和 $Z=0.03\text{m}$、$Z=0.51\text{m}$、$Z=0.83\text{m}$ 三个径向监测面作为监测面，监测面位置示意图如图 11-23 所示。

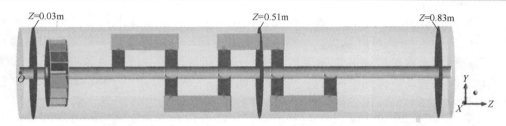

图 11-23 监测面示意图

图 11-24 所示为液位高度为 D（满管）时，入口压力分别为 3MPa、2.5MPa、2MPa 时自搅拌反应器内的速度云图。对比图 11-24（a）、（b）和（c）三图可以看出，虽然入口压力不同，但反应器内的速度分布趋势是相同的。由于反应器动力是由入口的高压流体提供的，所以在反应器入口处速度最大；其次是在涡轮搅拌桨和搅拌桨周围；在搅拌桨的两个桨叶之间的中间位置速度最低大约只有 0.05m/s，这是由于桨叶向两边的排水作用互相抵消所致；在反应器末端没有搅拌桨的区域速度较低，此区域容易形成死区。对比图11-24（b）和（c）可以看出，入口压力的增加能够提高反应器内的平均流速，使反应器内速度分布更加均匀。对比图11-24（a）和（b）可得，过高的入口压力反而会导致反应器内速度梯度变大，不利于反应器内的速度均匀分布。

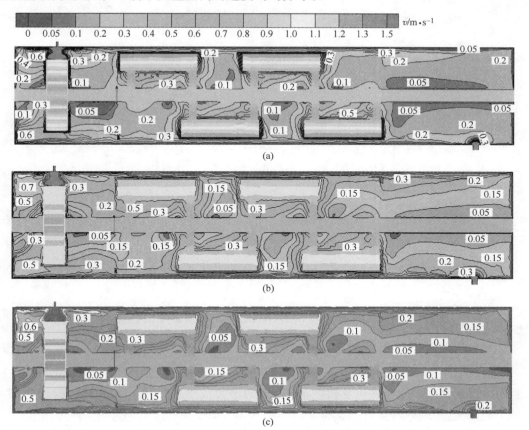

图 11-24 液位高度为 D 时不同流体压力下 $X=0$ 监测面上的速度云图
（a）3MPa；（b）2.5MPa；（c）2MPa

为了进一步分析反应器内的流场分布，图 11-25 为对应条件下的速度矢量图。从图 11-25（a）、（b）、（c）可以看出，虽然入口压力不同，但是流型几乎是完全相同的。在反应器左端壁面与涡轮搅拌桨之间区域，在入口高压流体的冲击带动涡轮桨转动的作用下，流体沿轴向流动后碰到壁面回流，在搅拌轴上、下侧各形成一个轴向环流，能够有效抑制反应器左端角部区域形成死区；在涡轮搅拌桨和搅拌桨之间区域，涡轮搅拌桨驱动流体沿轴向向右运动，搅拌桨的左端桨叶驱动流体沿轴向向左运动，所以流体在此区域内也形成一个轴向环流；在搅拌桨搅拌区域，由于搅拌桨转动的排水作用，流体在随着桨叶做径向环流时同时在轴向方向上向着远离桨叶的方向流动；桨叶周围的速度最大。在搅拌桨到反应器右端壁面区域，流体受桨叶排水作用沿轴向向右运动，碰到壁面后回流，所以在搅拌轴上方形成一个大的轴向环流区，从而保证在没有搅拌桨叶的区域也不易形成死区。

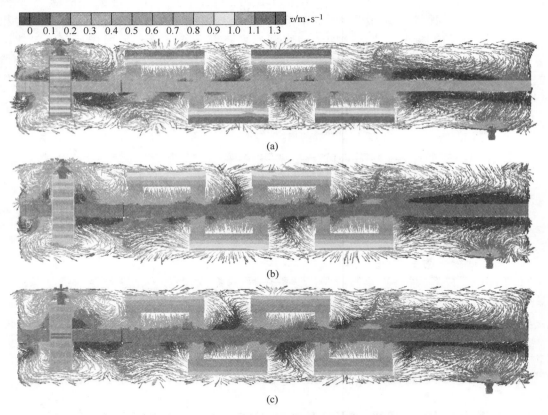

图 11-25 液位高度为 D 时不同入口压力下 X=0 监测面上的速度矢量图
（a）3MPa；（b）2.5MPa；（c）2MPa

从液位高度为 D 时不同入口压力下的反应器轴向最大速度分布情况（见图 11-26）可以看出，反应器内轴向最大速度随着入口压力的增大而增大，在反应器右端没有搅拌桨的区域，最大速度在 0.2m/s 左右保持恒定，不随压力的改变而改变。

进一步对三个径向监测面上的速度分布进行研究。从图 11-27（a）中可以看出，由于离反应器入口较近，受入口处高压流体的影响，监测面 $Z=0.03m$ 上端速度较高，呈阶梯

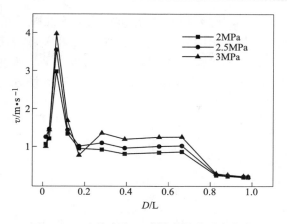

图 11-26　液位高度 D 时轴向最大速度分布

状减小，搅拌轴附近区域流速较低，其余区域速度约为 0.5m/s，在顶底两端的中心位置各形成一个径向环流。从图 11-27（b）可以看出，与监测面 $Z=0.03$m 不同，监测面 $Z=0.45$m 除在搅拌桨叶片下部空隙处形成一个小的径向环流区域外，整体基本上是在搅拌桨叶片的带动作用下做径向环流，在搅拌桨叶片附近速度较大，在监测面底部区域速度较小。从图 11-27（c）可以看出，监测面 $Z=0.83$m 处在反应器右端尾部，监测面左端流体向下流动，右端向上流动，整个监测面上速度均匀分布在 0.18m/s 附近，搅拌轴右下侧较小区域内速度较低。

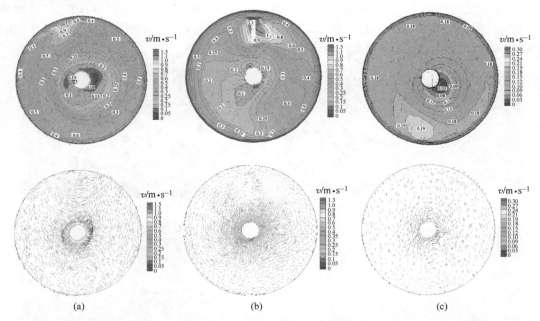

图 11-27　入口压力 3MPa、液位高度 D 时不同径向监测面上的速度云图及矢量图
(a) $Z=0.03$m；(b) $Z=0.45$m；(c) $Z=0.83$m

11.3.2.3　PIV 流场的测量

采用粒子图像测速法技术（PIV）对自搅拌反应器内的流场分布进行测定，用脉冲激

光照亮反应器待测区域，利用双曝光的 CCD 相机记录下示踪粒子在流场中连续时刻不同位置的数字图像并传入计算机，运用数字图像处理技术及相关算法获得示踪粒子在较短时间间隔内的平均速度。时间间隔足够小时，瞬时速度可以由平均速度来代替，示踪粒子所在位置的流场速度可以由示踪粒子的速度代替，从而获取流场分布。图 11-28 所示为该 PIV 测试系统示意图。

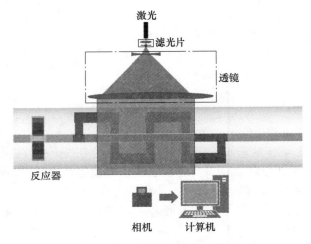

图 11-28　PIV 测试系统示意图

从不同压力作用下，自搅拌反应器内部搅拌桨处于相同位置时，反应器内流体状态和速度矢量图如图 11-29 和图 11-30 所示，由图中可以看出，压力越大，反应器内搅拌桨的驱动能越大，搅拌桨的转速越大，湍流程度加强。

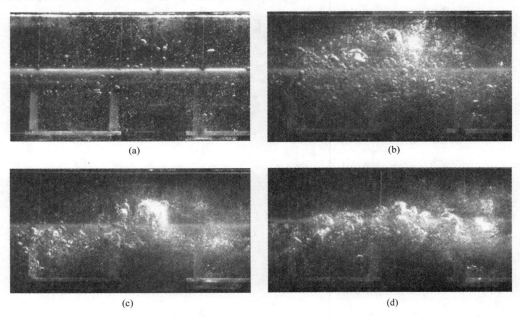

图 11-29　不同压力下搅拌桨处于桨轴上方位置时反应器内流体状态图

(a) $p_a = 0.5$MPa；(b) $p_b = 1.5$MPa；(c) $p_c = 2.5$MPa；(d) $p_d = 3.0$MPa

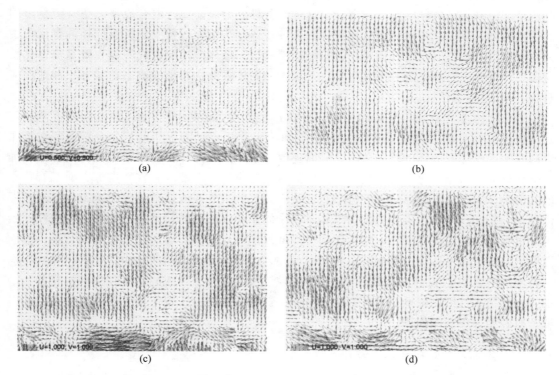

图 11-30 不同压力下搅拌桨处于桨轴上方位置时 PIV 测定流体速度矢量图
（a）$p_a = 0.5MPa$；（b）$p_b = 1.5MPa$；（c）$p_c = 2.5MPa$；（d）$p_d = 3MPa$

随着入口压力的增大，搅拌桨转速越大，反应器自搅拌的驱动力越大，反应器内流体受搅拌桨旋转影响越明显，即流体的速度矢量越大。图 11-30（a）所示速度矢量较小，不利于流体在反应器内的混合。图 11-30（b）、（c）所示随着压力不断增大，反应器内部流场出现越来越多的小涡流，利于流体之间介质交换，可强化混合效果和能量传递。

11.4 射流式多相均混反应器

多数加压湿法冶金过程涉及液-固两相或气-液-固三相反应。铝土矿中铝的加压浸出，红土矿中的镍和钴的浸出和钨矿石中的钨的浸出等均为液-固两相体系；气-液-固三相体系有锌精矿的氧压浸出，铀矿加压浸出以及铜电解阳极泥的处理等过程。

对于有气相参与反应的过程，气-液-固三相的均匀分散对于加快反应速度有着重要作用。加压可以使某些气体（例如氧气）或易挥发性的试剂（例如氨）在浸出时有较高的分压，而合理地选用均混反应设备，可以使反应在更有效的条件下进行，从而强化浸出过程，提高金属的提取率。本节以钙化—碳化法处理低品位铝土矿及赤泥的核心设备碳化反应器为例介绍射流多相均混反应器的原理及特性[16~18]。

11.4.1 多相均混反应器

加压湿法冶金过程中，湿法搅拌混合反应器[12,13]是最为常见的多相均混反应器，其可分为两类，一类是机械搅拌混合反应设备，利用搅拌器搅动液体实现多相混合；另一类是利用流体流动搅动物料实现搅拌混合，这种设备称之为流体搅拌混合设备，空气流是常用的搅动流体，因此，一般称为气流搅拌混合设备。湿法冶金过程中的气流搅拌混合设备主要有鼓泡塔、空气升液搅拌槽及空气机械搅拌槽等。液体搅拌混合反应器主要是流态化反应器，它利用上升液体与悬浮其中且上下翻腾的固体颗粒物料形成流态化状态，加速反应过程。

钙化渣（水化石榴石）的加压碳化分解过程涉及气-液-固三相（该过程的工艺原理及反应详见第4章），其操作的要点是必须同时实现气-液-固三相的均匀分散，即在液相中同时实现气体及固体的均匀分散，同时还要考虑气体及固体颗粒对液相混合的影响。加压碳化分解与常压碳化分解在反应体系内的多相反应特性、反应装置特点等方面都有着本质的区别。对气体来说，气体的分散直接关系到气体组分在液相中的传递速率和气泡对固体悬浮的影响。在加压碳化分解的三相浆态床体系中气泡群的运动相当复杂，气泡在开始上升过程中不断地凝并聚合。增加压力会降低气泡的直径从而增加了小气泡的数量；增加温度可以降低表面张力、液相的黏度和气泡的稳定性，最终的结果是增加小气泡的数量。压力增加气含率也增加。相反，增加固体颗粒浓度会加大悬浮液的黏度和气泡的凝并，增加气泡的稳定性因而降低总体气含率。因此，选择合适的加压碳化反应器对于提高铝的提取率有着至关重要的作用。

11.4.2 射流式多相均混反应器的原理

为了实现碳化钙化法处理赤泥的新工艺，东北大学特殊冶金创新团队设计了一种新型射流式多相均混反应器（文丘里射流反应器）用于碳化过程，实现气-液-固三相均混，促进气-液-固三相反应，进而达到缩短反应时间、节省成本、获得一定的经济效益和环境效益的目的。

文丘里反应器工艺过程简单、投资成本低、易操作、生产质量和生产效率高，被广泛用于化工工业和冶金工业。文丘里管是基于意大利物理学家 G. B. Venturi 文丘里于1791年发表用文丘里管测量流量的研究结果的基础上设计出来的。文丘里管具有压力损失小，设备结构简单易安装，可将不同物料混匀等优点。

文丘里管的设计应充分考虑到以下4个方面：（1）能在喉口部分产生足够的压降；（2）能实现二氧化碳与浆液的均匀混合；（3）压力损失应尽可能小；（4）满足实际安装要求。

文丘里管是一种先收缩而后逐渐扩大的管道（见图11-31），反应过程中，浆态的钙化

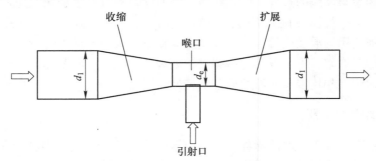

图 11-31 文丘里管结构示意图

渣流入文丘里管的进口，在进口附近产生负压，可将 CO_2 气体吸入，由于物料流速大，气-液-固三相在扩散腔中得到充分混合后射流进入到碳化反应器中，实现气泡的细化和对反应器内气-液-固三相的射流搅拌。

碳化过程的设备流程图如图 11-32 所示，射流式碳化反应器的加热混料釜用于将钙化后的浆态物料进行搅拌混匀，并加热至碳化所需温度，随后，通过泵输送至射流式文丘里管。文丘里管是一种先收缩后逐渐扩大的管道，反应过程中，浆态的钙化渣流入文丘里管的进口，在进口附近产生负压，可将 CO_2 气体吸入，由于物料流速大，气-液-固三相在扩散腔中得到充分混合后喷入碳化反应器中。在碳化反应器中反应后的物料经过一个减压阀，通入气液分离罐，减压阀的目的是保持碳化反应器内的气体压力，降低气液分离罐内的压力。气液分离罐里的物料可以排出，也可通过管道返回加热混料釜，循环反应。

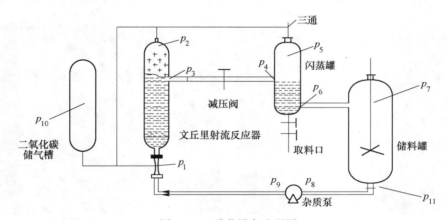

图 11-32　碳化设备流程图

11.4.3　射流式多相均混反应器的特性

掌握新型文丘里式射流反应器内多相流体的流动特性对于合理选择工艺条件起着关键作用，通过数值模拟和物理模拟的手段对射流式多相均混反应器中多相流体流动特性进行表征，包括气泡分散和细化、气-液两相混合、赤泥泥浆-气-液三相混合特性。

11.4.3.1　气泡微细化效果

A　表观气速对气泡微细化的影响

通过高速相机连续拍摄得到气-液两相在碳化反应器内的混合过程。在进入反应器之前，气液完成混合后喷射进入反应器。从图 11-33 可以看出，反应器内气泡微细化效果良好，随着气体表观速度的增加，气泡在溶液中数量明显增加，并且气液接触面积随之增加，气液混合更加均匀。

不同表观气速条件下，气泡数量分布与气泡索特尔直径之间的关系（见图 11-34）表明：气泡直径分布于 1.0~3.5mm 之间，表观气速增大，大直径的气泡的数目也随之增加。气泡数目随着表观气速的增加而增加，此时气泡聚合率也随之增加。表观气速的增加使得气泡的索特尔直径（d_{32}）也随之增加。随着表观气速的增加，气液接触面积也随之增加，气液混合效果和气泡细化效果更加良好。

图 11-33 不同表观气速下实验现象

（a）$U_g = 3.54\text{m/s}$；（b）$U_g = 10.61\text{m/s}$；（c）$U_g = 17.68\text{m/s}$；（d）$U_g = 24.76\text{m/s}$

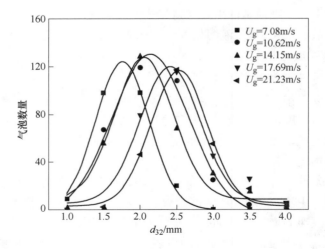

图 11-34 气泡尺寸分布

B 表观液速对气泡微细化的影响

随着表观液速的增长，气液混合变得更加均匀，气泡微细化效果更加良好，促进气液反应的进行。不同的液速条件下，在 0.89~1.77m/s 范围内液速不同气泡分布会有轻微的不同（见图 11-35）。

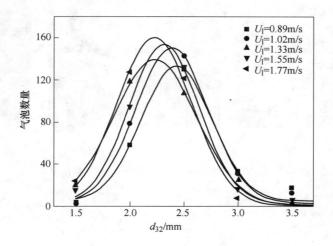

图 11-35 气泡尺寸分布

气泡尺寸主要分布于 1.5~3.0mm 之间。液速的增长导致气泡的索特尔直径（d_{32}）轻微降低（见图 11-36）。这是因为液速增大，流体在反应器内部湍流强度增加，大气泡细化为小气泡的概率增加。因此反应器中小气泡数目增加，大直径气泡数减小。

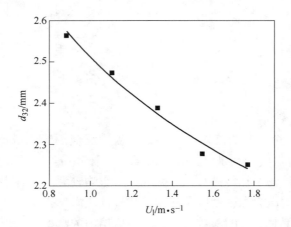

图 11-36 气泡索特尔直径和表观液速的关系

C 高径比对气泡微细化的影响

随着高径比的增大，反应器内部直径缩小，气泡直径轻微的降低，气液接触面积减少（见图 11-37）。当其他参数固定，降低反应器内部直径，气液接触面积减小，气液混合效果被强化，湍流效果更强，气泡细微化的效果增强，小气泡数目增加（见图 11-38）。

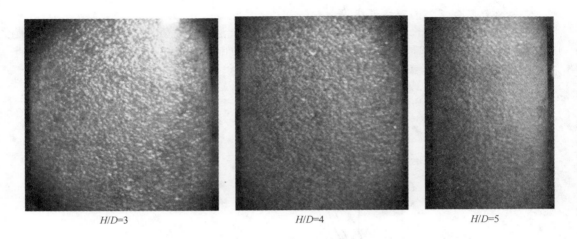

H/D=3   H/D=4   H/D=5

图 11-37   不同高径比反应器内气泡分布情况

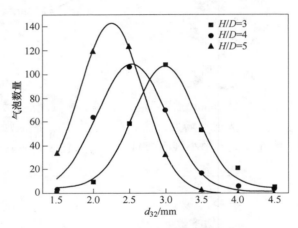

图 11-38   气泡分布随高径比变化

11.4.3.2   气含率

气含率（ε）是一个重要的流体力学参数，被广泛应用于测量流化床和气泡塔的气-液-固三相流体的性能。气含率是气体在反应器中的体积分数，表示气液相间接触面积的大小。气含率对质量传输、热传输和反应微观速率影响较大。气含率的分布主要受表观气速、固体浓度、各相的压力和密度以及液相的物理性质影响。

碳化过程的气含率是重要的参数之一，它对床层内的流型、气液接触面积、反应速率等其他流体力学参数有重要影响，是反应器设计必不可少的重要参数，也是表征气-液-固三相反应器流体力学的重要参数，利用气含率与表观气速和平均气泡直径，可求得气相平均停留时间和气液界面接触面积。

A   表观气速对气含率的影响

气含率主要受气速影响，并且随着液固比的增加有轻微的增加。随着气速的增加气泡数目增加（见图 11-39），导致两个结果：

（1）随着体系中气量的增加搅拌强度增加。大气泡更容易破碎生成小气泡，小气泡上升速度变得缓慢，导致气含率增加。

（2）随着气泡数目的增加，气泡聚合的机会增加，增加气泡平均直径的概率也随之增加。

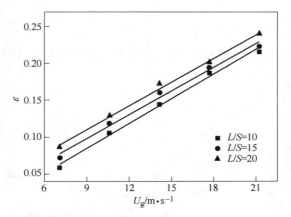

图 11-39   在不同液固比条件下气含率和表观气速之间的关系

添加固体颗粒，流体相性质被改变。固相阻止离散的大气泡变成小气泡，小气泡聚合成大气泡。随着液固比增加，反应器中的固体浓度降低，液体黏度降低，气泡喷射进入反应器更容易，并且气泡更容易破碎成小气泡。小气泡上升速度减弱。气相在液相中停留时间被延长，气含率增加。

B   表观液速对气含率的影响

随着表观液速增加，流体的搅拌强度被强化，使得气泡聚合概率增加，气泡直径增加，气体上升速度增加，气含率降低（见图 11-40）。

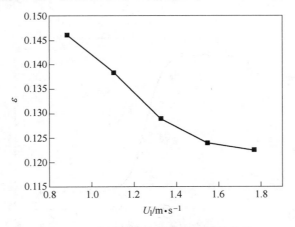

图 11-40   气含率与表观液速之间的关系

11.4.3.3   均混时间

在碳化反应器中，气体不仅参与反应，同时也为反应器提供动力。因此，研究均混时间是十分必要的。在反应器内部任意位置添加示踪剂，并在反应器内任一点测量溶液的浓度值，当溶液内部浓度值变化不超过 5% 时认为反应器内部溶液达到均匀混合，该过程所需时间（τ）即为均混时间。通常采用电导率仪测量均混时间，使用 NaCl 作为示踪剂，电导率仪用于测量反应器内溶液浓度的变化。在测量过程中，当 $c/c_\infty = 1$（其中，c 是 t 时刻测得示踪剂浓度，c_∞ 是达到完全混合时示踪剂浓度）时认为反应器内部各相达到均匀混合。

A 表观气速对均混时间的影响

随着表观气速的增大，均混时间缩短。当表观气速增加到一个确定值后，表观气速对均混时间的影响减弱（见图 11-41）。

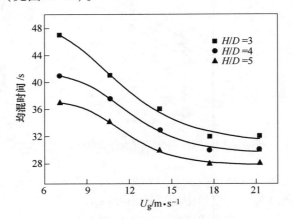

图 11-41 均混时间与表观气速之间的关系

B 表观液速对均混时间的影响

当改变液速时，均混时间和表观液速之间关系如图 11-42 所示。液速在 1.1～1.4m/s 时，液速升高均混时间急速降低。当液速达到 1.5m/s 以上时，液速对均混时间的影响不明显。

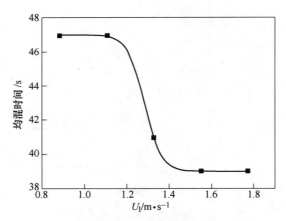

图 11-42 均混时间与表观液速之间的关系

11.4.3.4 数值模拟

碳化分解过程在高温高压体系下进行，无法直观观察到反应器内流体流动状况，因此，借助数值模拟手段可以有效地获取真实工况下流体流动特性。碳化设备是一种自搅拌射流式反应器。圆柱形垂直剖面下部链接圆锥体，并且底部装备有文丘里喷射装置，如图11-43 所示。

碳化反应器用于多相混合系统，这个过程需要大的界面区域用于相传输和高效的混合。在反应器中气柱一般分散成气泡。碳化反应效率依赖于气液间的表面接触区域，气泡尺寸的缩减是增加界面区域的主要方法，气液相间的接触区域由气泡直径直接决定。对于每个单元体积而言，小气泡的生成可增大气液间接触区域。

反应器中心剖面的液体流动的模拟结果显示气含率在锥体部分分布不均匀，流体柱的分布呈现周期性往复摆动，这种摆动在两相流动中起到良好的搅拌作用（见图11-44）。搅拌波在反应器中由下至上传递，因此上升气体在反应器锥体段流体中轴向分布更为均匀，这是此种反应器对多相反应的优势。

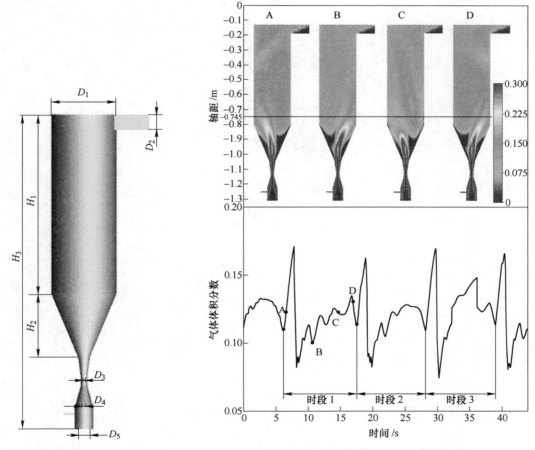

图 11-43　碳化反应器几何模型　　　　图 11-44　不同液体流量下气体气含率

图 11-45 显示了文丘里碳化反应器内部压力变化情况。在反应器底部压力随着轴向位置的升高而降低。文丘里管入口处负压呈周期性变化。气体通过负压在无气体能量输入的条件下卷吸进入反应器，流体周期性摆动是由流体压缩产生的。

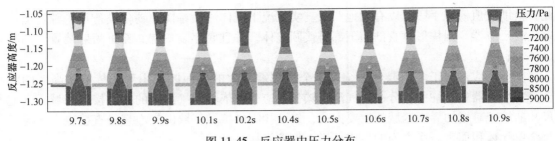

图 11-45　反应器中压力分布

图 11-46 显示了三个周期内反应器下部不同位置压力变化情况，可以看出压力呈周期性的跳跃，压力值的变动随反应器高度增加，其压力波形依次向上传递，由于压力变化导致气体分布呈周期性摆动。这种现象有利于气含率的均一分布，气泡均一分散可以促进碳化反应效率的提高。

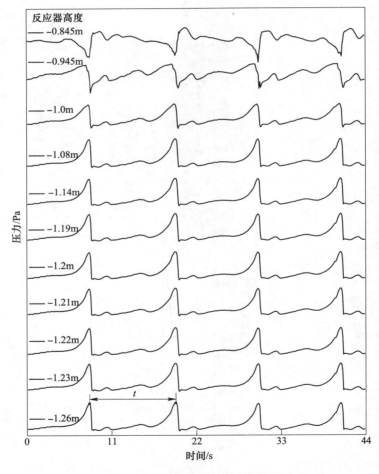

图 11-46　反应器内部流体压力的周期性变化

液体体积流率对气泡直径的影响（见图 11-47）表明：液体和轴向位置的结果指出高液速更加有利于气泡轴向的均匀化。液体体积流量的增加使得气泡直径增加，气泡尺寸逐渐轴向均一。高速流体增加气泡破碎聚合的机会。随着液速的增加反应器内气泡尺寸轴向均匀。

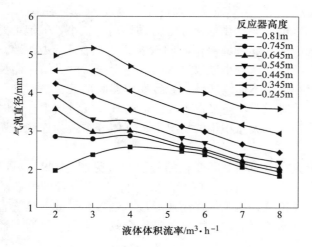

图 11-47　横截面平均气泡直径随液体体积流率的变化

在低液速条件下，近入口区域，流体以高速度进入反应器，气液之间有着强烈的搅拌。大气泡破碎为小气泡，小气泡被高速流体携带流向反应器上部。流体速度随着反应器高度的增加，在重力作用下速度逐渐降低，搅拌效果逐渐降低，其聚合效果大于破碎效果。反应器上部液体对气泡上升起到抑制作用，气泡在反应器上部富集，气泡聚合能力增加。所以反应器上部气泡尺寸高于反应器底部的气泡尺寸。

高液速的条件下，气泡直径分布轴向均匀，泵所提供的能量足以克服重力的影响。可以选择一个合适的液体体积流率控制碳化反应器中气泡尺寸的均匀，也可以根据模拟结果，通过改变反应器高径比和装备其他内部部件改善顶部位置的流体流动。

随着液体体积流率的增加，不同横截面气体平均体积分数间的差距变小。高液速较低液速携带气泡上升速度更快，体积分数轴向分布更均匀（见图 11-48）。

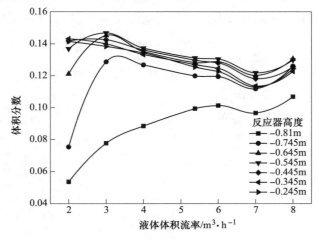

图 11-48　横截面平均气含率与液体体积流率间关系

由于液速较高时的气泡移动较快，反应器底部气含率低，重力使得反应器上升区域更稳定。气泡尺寸更大，浮力更大，气体体积分数更小。体积分数分布均匀促进反应效果。液速较高时（5~7m³/h），气含率在反应器内不同高度分布均匀。

液体流率为2m³/h时，泵提供给流体上升的推动力较小，气泡上升的阻力较大。气泡逸出速度较小导致气泡在上部区域停留时间较长，于是在上部区域气泡聚合起主要作用。在反应器底部，由于液体流速较小导致进入的气体无法持续供给，而反应器底部锥体部分使得在反应器底部存在气泡不连续区域，导致反应器底部气含率较低。

当液体流速较高的时候，被卷吸进入反应器的气体气量增大，同时也因为反应器底部区域体积小的原因，在气量大体积小的情况下，气体分布较为连续，所以导致反应器内部气含率分布均匀。

从反应器中气泡直径分布随时间变化的剖面图（见图11-49）可以看出，反应器内部气泡直径主要分布在2~6mm之间，在研究区域内，气泡直径的分布随时间的变化呈周期性摆动。在反应器锥体位置，由于气体高速通过，气含率很低，气泡直径在反应器内由下往上逐渐增大。这也证明了反应器上部区气泡聚合效果明显，气泡直径增大。

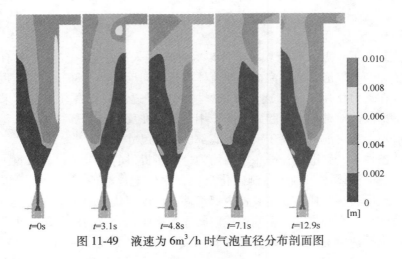

$t=0s$ $t=3.1s$ $t=4.8s$ $t=7.1s$ $t=12.9s$

图11-49 液速为6m³/h时气泡直径分布剖面图

从不同液体流量下液速轴向分布随位置变化情况（见图11-50）可以看出，靠近底部

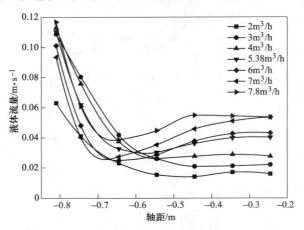

图11-50 不同液体流量下液速分布随位置变化

的液体速度较高，随着轴向位置升高，在高度低于-0.6m时液速快速下降，反应器内部流体流动较为紊乱，破碎效果占主导作用。此后随着位置升高，液速基本保持不变。高度高于-0.6m时，反应器内部液体流速较为稳定，气泡聚合起主要作用。入口液速增大，各位置径向平面的平均液速也随之增大。

11.4.4 加压酸浸反应器材质及设计要求

相比于碱浸过程，加压酸浸过程对设备材质的要求更高，包括耐蚀性及耐磨性等。若体系酸度不高，可以采用钛钢复合板作为反应器内衬。钛钢复合板是一种钛与钢结合在一起的特殊复合材料。这种材料在300℃以内、氧化性酸环境下具有良好的耐蚀性和经济性。近年来，各种规格的钛钢复合板卧式、立式反应釜在钴镍硫化矿精矿、红土镍矿、稀贵金属渣等资源的湿法加压酸浸技术中得到了广泛应用。

由于钛钢复合板材料本身的特殊性及湿法加压酸浸工况的复杂性，钛钢复合板釜设计中需要采取一些措施保证设备的安全运行。相关要求主要包括壳体选材、规避不利介质以及防磨设计等。

11.4.4.1 反应壳体选材要求

钛钢复合板根据材料成型方法不同可以分为轧制复合板、爆炸复合板和爆炸—轧制复合板三类，钛钢复合板反应釜壳体材料几乎都为爆炸复合板。爆炸复合板即通过爆炸成型的方式将钛复层（工业纯钛或钛合金）与钢基层（碳钢或低合金钢）结合为一体所形成的复合板。可用作钛钢复合板复层的国产钛及钛合金牌号主要有TA0、TA1、TA2、TA9、TA10。其中TA1、TA2钛纯度高，爆炸成型缺陷少，贴合强度高，反应釜壳体复层材料多选用TA1或TA2。

钛钢复合板爆炸复合后应通过退火消除内应力。此外，钛钢复合板反应釜设计文件中应规定用于设备制造的爆炸复合板类别。爆炸复合板类别及特点见表11-5。

表 11-5 爆炸复合板类别及特点

类　别	代　号	剪切强度/MPa	面积结合率/%
0 类	B0	≥196	100
1 类	B1	≥140	>98
2 类	B2	≥140	>95

注：相关数据出自中华人民共和国标准《钛-钢复合板》（GB/T 8547—2006）。

由表11-5可知，B0类复合板力学性能最优，但B0类复合板在爆炸成型过程中良品率低，造价成本高。钛钢复合板反应釜绝大多数属于中低压反应容器，B1、B2类复合板通常可以满足要求。此外，为保证一些特殊工况下钛钢复合板的贴合强度，设计人员应额外对钛钢复合板的剪切强度提出明确要求。

11.4.4.2 规避不利介质

钛之所以在许多介质中耐腐蚀性强于钢材，主要是由于钛在空气或者氧化性、中性水溶液介质中，其表面容易形成致密的氧化钛钝化膜[19]。但是钛在一定条件下接触氢氟酸、氢气、干氯气、氟化物溶液、四氯化碳、熔融金属盐等介质后，钛表面氧化膜易被破坏，导致钛材耐腐蚀性急剧下降并引发应力腐蚀，甚至燃烧、爆炸[20]。在这些介质环境下应回避使用钛钢复合板或采取其他措施。设计人员应在反应釜设计前详细了解反应釜内浸出原料成分及反应副产物。例如，对于氟含量过高的待浸原料，应考虑在进入反应釜前对这些物料脱氟处理。又例如，某些合金废渣料的加压过程会副产少量氢气，设计中可考虑物料进反应釜前通过预浸工序将氢气排除。

11.4.4.3　防磨设计

加压酸浸过程中钛钢复合板反应釜搅拌器下方一定区域及搅拌器叶片端部与矿浆颗粒之间相对运动速度高容易被磨蚀。特别是卧式反应釜最后一个隔室内由于料位较低、矿浆湍流强度大，矿浆颗粒对于设备的磨损大于其他隔室。反应釜设计中可以采取的有效防磨措施包括：在搅拌器下方易磨损区域内增设钛防磨板，定期对防磨板进行检查补焊；对硬度高、粒度大的反应浆料，可采取选用更耐磨的钛合金材质搅拌桨叶、对搅拌桨叶易磨损区域局部喷涂耐磨层、搅拌桨叶端部边角圆滑过渡等手段保证搅拌器使用寿命；对于卧式反应釜最后一个隔室，可根据物料混合需求及料位情况，选择合适的搅拌功率和桨叶形式来降低矿浆湍流强度。

参 考 文 献

[1] 李素君. 化工过程基础 [M]. 北京：化学工业出版社，2014.

[2] 赵秋月，张廷安，曹晓畅，等. 带搅拌装置的管式反应器停留时间分布曲线 [J]. 东北大学学报，2006，27（2）：206~208.

[3] 赵秋月，张廷安，曹晓畅，等. 管式搅拌反应器中流动特性实验及模型研究 [J]. 化学工程，2007（9）：28~31.

[4] 张廷安，赵秋月，张子木，等. 一种自搅拌管式溶出反应器：中国，201310421791.0 [P]. 2014-01-08.

[5] 鞠茂伟，常宇清，周一卉. 工业中液体压力能回收技术综述 [J]. 节能技术，2005，23（6）：518~521.

[6] Eli O, Wil F P. Integration of advanced high-pressure pump and energy recovery equipment yields reduced capital and operating costs of seawater RO systems [J]. Desalination, 2000, 127：181~188.

[7] Childs W D, Dabiri A. Integrated pumping and/or energy recovery system：United states, US601 720008/909912 [P]. 1997-08-12.

[8] 余良检，陈允中. 液力能量回收透平在石化行业中的应用 [J]. 石油化工设备技术，1996，17（4）：27~31.

[9] 龚朝晖. 导叶对液力透平性能及运行稳定性影响的研究 [D]. 兰州：兰州理工大学，2013.

[10] Chip H. 基于正位移原理的压力交换器能量传递过程动力学数值模拟 [D]. 大连：大连理工大学，2006.

[11] 张子木. 基于压力能驱动的自搅拌反应器的研究 [D]. 沈阳：东北大学，2017.

[12] 郑力铭. ANSYS FLUENT15.0 流体计算从入门到精通 [M]. 北京：电子工业出版社，2015：43~85.

[13] 纪兵兵，张晓霞，古艳. ANSYS ICEM CFD 基础教程与实例详解 [M]. 北京：机械工业出版社，2015：292~300.

[14] 郭旭桓，张子木，赵秋月，等. 自搅拌反应器内液相流动的数值模拟 [J]. 东北大学学报（自然科

学版），2018，39（3）：357~361.

[15] 朱小峰．钙化-碳化法处理中低品位三水铝石矿及赤泥的基础研究［D］．沈阳：东北大学，2016.

[16] 李瑞冰．赤泥处理的钙化-碳化法工艺技术的研究［D］．沈阳：东北大学，2018.

[17] 唐谟堂．湿法冶金设备［M］．长沙：中南工业大学出版社，2004.

[18] 欧阳灿．湿法冶金加压酸浸钛钢复合板反应釜设计探讨［J］．中国有色冶金，2019（5）：65~68.

[19] 闫力．钛钢复合板的特点及应用领域［J］．中国钛业，2011（3）：14~16.

[20] 黄嘉琥，应道宴．钛制化工设备［M］．北京：化学工业出版社，2002.

索　引